职业教育“十四五”规划新形态教材

微信小程序开发实用教程

张治平　叶　敏◎主　编
邹贵财　赵　军　高雄英◎副主编

中国铁道出版社有限公司
CHINA RAILWAY PUBLISHING HOUSE CO., LTD.

内容简介

本书共分 11 单元，由浅入深地介绍了微信小程序开发的有关知识，具体包括移动应用与认识微信小程序、微信小程序开发基础、微信小程序的 JS 文件、微信小程序常用组件、微信小程序页面布局及美化、微信小程序多媒体功能展示、微信小程序 API 应用、微信小程序与数据库系统交互、发挥智能手机功能、form 表单收集信息、微信小程序发布等。书中每个案例都是在 IT 企业实际应用中的典型工作任务，也是一线骨干教师精心设计的课堂案例，每个案例后均附带有对应技能的拓展练习，适用于有网页制作基础的人员阅读使用。

本书适合作为职业院校计算机应用、计算机网络、软件与信息服务、移动开发等专业的教材，也可作为移动应用开发的培训教材，还可作为技能大赛移动开发项目的基础技能训练用书。

图书在版编目（CIP）数据

微信小程序开发实用教程 / 张治平，叶敏主编 .—北京：中国铁道出版社有限公司，2021.10（2023.10 重印）
职业教育“十四五”规划新形态教材
ISBN 978-7-113-28220-2

Ⅰ. ①微… Ⅱ . ①张… ②叶… Ⅲ . ①移动终端 - 应用程序 - 程序设计 - 职业教育 - 教材 Ⅳ . ① TN929.53

中国版本图书馆 CIP 数据核字（2021）第 153781 号

书　　名： 微信小程序开发实用教程
作　　者： 张治平　叶　敏

策　　划： 张松涛　　　　**编辑部电话：**（010）83527746
责任编辑： 张松涛　包　宁
封面设计： 刘　颖
责任校对： 焦桂荣
责任印制： 樊启鹏

出版发行： 中国铁道出版社有限公司（100054，北京市西城区右安门西街 8 号）
网　　址： http://www.tdpress.com/51eds/
印　　刷： 三河市宏盛印务有限公司
版　　次： 2021 年 10 月第 1 版　2023 年 10 月第 3 次印刷
开　　本： 787 mm×1 092 mm　1/16　**印张：** 18.25　**字数：** 431 千
书　　号： ISBN 978-7-113-28220-2
定　　价： 49.80 元

前　言

2017年1月9日，第一批微信小程序正式上线，小程序与订阅号、服务号、企业号在微信中是并行的体系，是一种不需要下载安装即可使用的应用，它实现了应用“触手可及”的梦想，用户扫一扫或者搜一下即可打开应用。也体现了“用完即走”的理念，用户不用担心是否安装太多应用的问题。应用将无处不在，随时可用，但又无须安装卸载。

微信小程序的出现，促使了全新的互联网生态诞生，也促使传统企业向互联网转型的浪潮。从Web网站到APP再到微信小程序，很多开发者包括iOS、Android、Web等工程师，以及很多公司近年来都纷纷加入小程序开发的行列中。

如今的微信已成为国民的一种生活方式，谁能充分利用好微信平台，谁就有可能占领市场先机。未来的小程序时代，绝大多数企业、创业者离不开微信和它的小程序。在移动互联网时代，由于场景技术应用迭代影响，对原本在线下提供服务或销售产品的传统企业冲击相当大，而很多“互联网+”的“独角兽”项目就是伴随着微信、小程序、直播等场景技术的迭代而兴起。

有微信生态的支撑，小程序可以实现低成本开发、低成本推广，降低了很多传统企业转型、升级的难度，也为很多创新、创业者提供了机会。

本书是由高校教授、职业院校骨干教师、IT企业小程序与公众号开发人员联手编写的微信小程序开发实用教程，教材内容既涉及小程序前端知识，又包含了小程序如何与后端进行交互和结合，每个案例均是企业中的典型应用，同时又是一线教师精心设计的课堂学习任务。

本书由张治平、叶敏任主编，邹贵财、赵军、高雄英任副主编，付洪波、曾俊文、林嘉焕、区惠莲参与编写。具体编写分工如下：叶敏编写第1单元，高雄英编写第2单元，邹贵财编写第3、10单元，付洪波编写第4单元，张治平编写第5、8、9单元，林嘉焕编写第6单元，曾俊文编写第7单元，赵军编写第11单元。参与本书编写、程序调试等工作的还有区惠莲。

作者借本书与读者分享多年来在小程序开发实战与教学中的心得，若在教学、学习过程中需要用到教学资源或者辅助资料，请到中国铁道出版社有限公司网站（http://www.tdpress. com/51eds/）下载或发邮件至617282847@qq.com联系作者。

由于教材编写时间仓促，难免有失误和不足之处，敬请各位读者批评指正。

编　者

2021年5月

目录

第1单元
移动应用与认识微信小程序

技能目标

- 微信小程序应用
- 微信小程序优势
- 搜索微信小程序
- 扫码打开小程序
- 收藏微信小程序
- 新建微信小程序项目

微信小程序简称小程序，其英文名称是 Wechat Mini Program，是一种不需要下载安装即可使用的应用，是存在于微信内部的轻量级应用程序。它实现了应用触手可及的梦想，用户扫一扫或搜索一下即可打开应用，也体现了用完即走的理念，用户不用担心是否安装太多应用的问题。应用将无处不在，随时可用，但又无须安装卸载。

微信小程序也是这么多年来中国 IT 行业里一个真正能够影响到普通程序员的创新成果，已有众多开发者加入到微信小程序的开发中，微信小程序应用数量爆发式增长，目前已覆盖到各行各业，每日用户达到几个亿。

微信作为手机中最常用的聊天工具，有很大用户群体，也有很强的用户黏性。而在微信上最为出名的便是小程序，它基本上与现有的软件相差不远，功能甚至比现有软件更强大。为什么大家都喜欢使用小程序呢？其关键原因就是方便，只要用微信一个软件，就可以打开任何一个小程序，而且免安装、有位置定位、支付方便。

本单元重点介绍微信小程序在现实工作、生产、生活、学习等场景中的应用，借助微信小程序解决现实应用中碰到的问题，进而学习使用开发工具创建微信小程序。

任务 1.1　使用小程序扫描文件

任务描述

在开发微信小程序之前，先了解微信小程序的应用。在几年前，经常需要在打印文件的办公室、单位的文印室配备扫描仪，随着科技的进步，现在很少配备扫描仪，只需要在手机上使用微信的扫描小程序或手机扫描 APP，即可实现之前扫描仪的功能。本任务介绍，在没有扫描仪的情况下，只要在微信中打开小程序，找到扫描有关的小程序，可以快速地将纸质文档转换成图片或文字电子版，效果如图 1-1-1 所示。

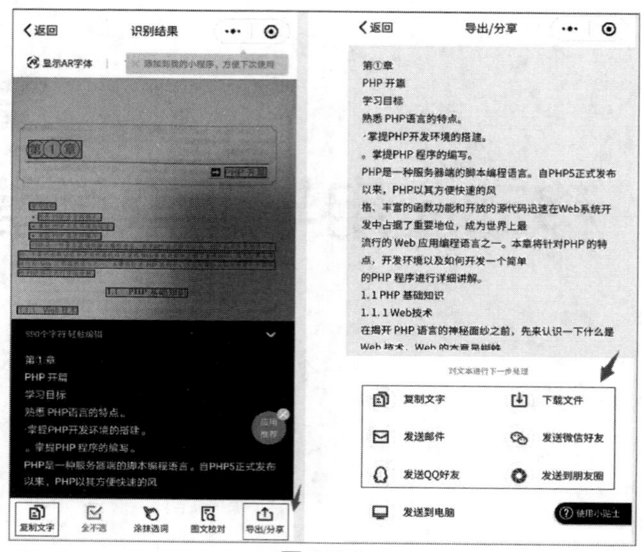

图 1-1-1

任务准备

扫码看课。

使用小程序扫描文件

任务实施

步骤 1：打开微信，点击“发现/小程序”，然后点击搜索图标，如图 1-1-2 所示。

图 1-1-2

> **小贴士**
>
> 微信作为手机中最常用的聊天工具，其中也有很多其他功能，例如当作扫描仪、卡包（绑定身份证、公交车卡、社保卡、各种会员卡、票证、卡券等）等，还有各种小程序，如电视直播、小睡眠、小厨房等。

步骤 2：搜索扫描有关小程序，根据介绍选择其中一款小程序“扫描全能王”，点击“拍照 / 选图”按钮，如图 1-1-3 所示。

图 1-1-3

步骤 3：打开“扫描全能王”后，将摄像头对着书本拍照或者选择已经拍好的文档图片，接着选中需要识别文字的画面区域，然后再点击“开始识别”按钮以识别图片中的文字，如图 1-1-4 所示。

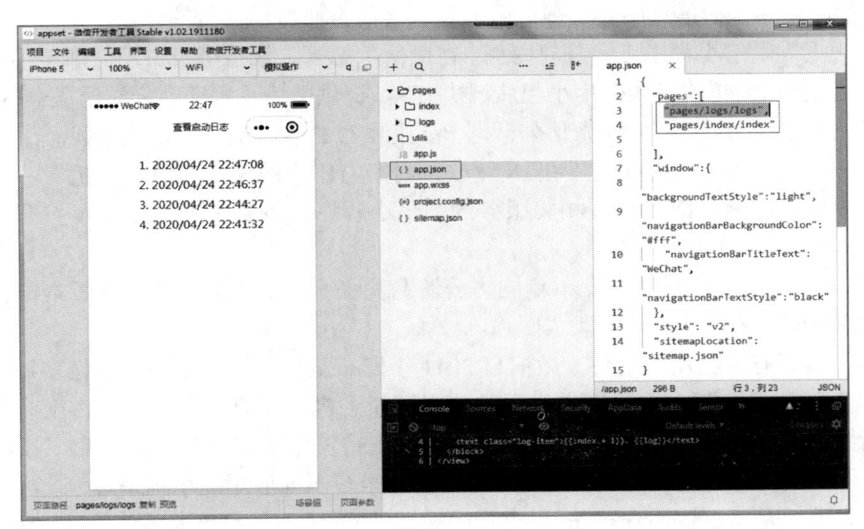

图 1-1-4

步骤 4：选择图片后，即可准确率非常高的自动识别文字。识别后可以选择文字，点击“复制文字”或“导出 / 分享”，实现直接复制成文本文字或者文件扫描导出，如图 1-1-5 所示。

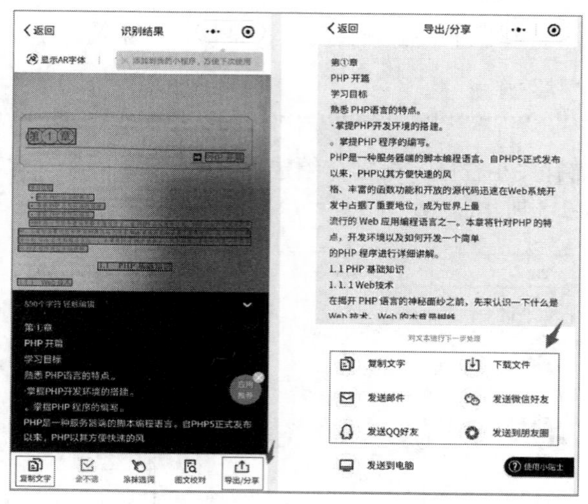

图 1-1-5

> **小贴士**
>
> 现在有好几款手机微信小程序或者手机 APP 软件，只需要搜索一下，打开扫描程序就能将文件扫描成为文字，也可以扫描成图片或者 PDF 文件格式。

相关知识

1. 微信小程序（Wechat Mini Program）是一种不需要下载安装即可使用的应用，它实现了应用“触手可及”的梦想，用户扫一扫或搜索一下即可打开应用。

全面开放申请后，主体类型为企业、政府、媒体、其他组织或个人开发者，均可申请注册小程序。微信小程序、微信订阅号、微信服务号、微信企业号是并行的体系。

2016 年 9 月，微信小程序正式开启内测。在微信生态下，触手可及、用完即走的微信小程序引起广泛关注。腾讯云正式上线微信小程序解决方案，提供微信小程序在云端服务器的技术方案。

2017 年 1 月，张小龙在 2017 微信公开课 Pro 上发布的微信小程序正式上线。

2018 年 9 月，微信“功能直达”正式开放，商家与用户的距离可以更“近”一步，用户微信搜一搜关键词，搜索页面将呈现相关服务的微信小程序，点击搜索结果，可打开微信小程序相关服务页面。

2019 年 8 月，微信向开发者发布新能力公测与更新公告，微信 PC 版新版本中，支持打开聊天中分享的微信小程序。

2. 微信小程序有广泛用户支持。微信自 2011 年发布至今，已经累积了 9 亿多用户，覆盖了中国 94% 以上的手机，基本上可以说只要是使用智能手机的用户，手机里面一定有微信。那么基于微信端如此庞大的用户群体，2017 年 1 月微信正式发布微信小程序，开启了小程序生态的打造，不管是在线支付、线上商城、小游戏都能使用很多不同应用的小程序。

小程序瞄准的是“轻量级服务”，所以小程序能做到的是“满足用户大部分的基础需求”。比如，

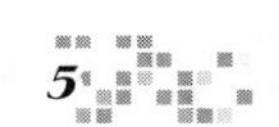

需要点餐，用户不需要下载 APP 或者拨打电话订餐，直接在商家的小程序内进行点餐、支付、备注用餐信息就可以等着食物送上门了。

3. 微信小程序的优势主要有如下几点。

（1）微信直接登录，不用注册：不用安装、用完即走、即开即用，这就是微信小程序相较于手机 APP 的一大优势，不仅节省了下载时间、下载流量，还不占用桌面空间。

（2）可以直接支付。在微信生态中，看到合适的产品或者服务，可以直接支付，不需要跳转到第三方。对于用户而言，如果跳转一次，购买的难度就会增加，谁都怕麻烦，因此在微信小程序中能促进快速成交。

（3）可分享给朋友，进行推广宣传。相较于淘宝店铺来说，运营的成本更低，因为可以直接转发朋友圈、转发给自己的好友，都是熟人的前提下，不仅成交率得到提高，还起到了推广宣传的作用。

（4）开发成本低。对于原生的手机 APP 来说，开发成本没有上万元人民币是做不出来的。而微信小程序则不同，一般使用模板进行开发，成本很低，就算是商城也不会太贵，开发成本至少节约了 80%。

（5）搜索排名、免费获得微信生态流量。小程序可以直接在微信中搜索关键词即可搜索到，并且还有附近的小程序，只要在附近 5 km 范围内，就可以通过附近小程序入口找到附近商家。

（6）连接实体经济，加速发展。对于微信支付和支付宝支付来说，大家购买商品，支付完也就没有之后了，但是有了小程序的出现，可以连接实体，让客户支付之后成为会员，并且可以享受优惠，这样就促进了二次消费，大大提高了实体的发展。

（7）置顶小程序，品牌得到二次推广。用户使用完了小程序之后，该程序会出现在微信首页的顶部，只要我们往下拉，就会出现之前使用过的小程序，这样又为品牌做了一次推广。

拓展训练

1. 打开手机微信，点击“发现 / 小程序 / 附近的小程序”，搜索附近的商家，完成后截图提交，如图 1-1-6 所示。

图 1-1-6

> **小贴士**
>
> 智能手机均可通过组合键实现手机屏幕截图，不同品牌的手机，屏幕截图方式有所不同。

2. 打开手机微信，点击“发现 / 小程序 / 附近的小程序”，搜索“肯德基”点餐小程序，进入小程序后截图提交，如图 1-1-7 所示。

图 1-1-7

任务 1.2　使用小程序快递下单

任务描述

使用微信小程序下单邮寄快件，通过“扫一扫”快递公司的小程序二维码或者搜索找到快递小程序，打开小程序后填报寄件、收件等邮寄信息进行寄件下单，如图 1-2-1 所示。

图 1-2-1

任务准备

扫码看课。

使用小程序快递下单

任务实施

步骤 1：找到“顺丰速运”微信小程序的二维码，然后打开微信，点击“发现 / 扫一扫”，如图 1-2-2 所示。

图 1-2-2

步骤 2：使用微信“扫一扫”功能，对着“顺丰速运”微信小程序的二维码，即可打开顺丰速运的微信小程序，如图 1-2-3 所示。

图 1-2-3

步骤 3：打开“顺丰速运”后，即可点击“寄快递”按钮，填写寄件人信息、收件人信息，等待快递员收件。也可以通过该小程序查询快件运送情况，如图 1-2-4 所示。

步骤 4：在微信小程序右上角点击“三点”图标后，在页面弹出界面中点击“添加到我的小程序”或“添加到桌面”，可以收藏微信小程序或者将其图标放到手机屏幕桌面，以便下次使用时快速找到“顺丰速运”的小程序。下次再次使用时可以在“最近使用”、“我的小程序”列表或“桌面”快速找到它，如图 1-2-5 所示。

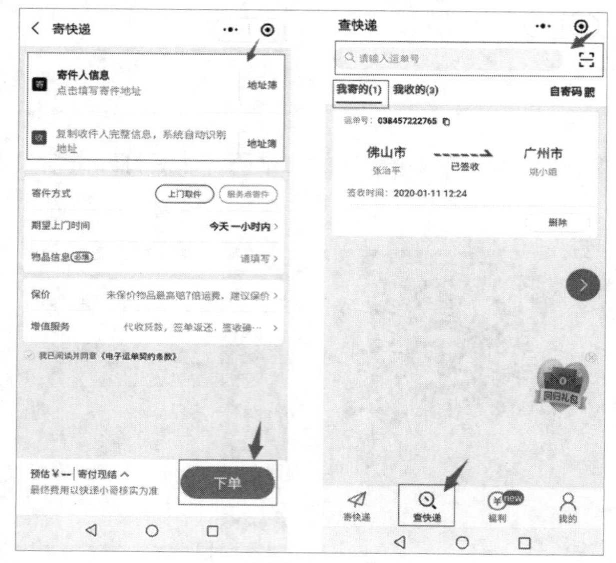

图 1-2-4

图 1-2-5

相关知识

1. 收藏微信小程序

（1）进入小程序后，搜索想要收藏的小程序，打开小程序后，点击页面右上角的“三点”图标。

（2）点击“三点”图标后，在页面弹出界面中 点击添加到“我的小程序”。

（3）点击微信下方的“发现”图标。

（4）点击“发现 / 小程序 / 我的小程序”，就可以看到刚刚收藏的小程序了。

2. 使用、访问微信小程序的方式主要有如下几种

（1）通过别人微信分享、转发的微信小程序。

（2）通过搜索查找，找到需要的微信小程序。

（3）通过微信小程序二维码，再用微信“扫一扫”打开小程序。

（4）通过收藏的“我的小程序”、“最近使用”列表或“桌面”快捷图标等方式打开访问小程序。

3. 微信小程序生成二维码，可以使用“草料二维码”快速生成，如图 1-2-6 所示。

图 1-2-6

拓展训练

1. 使用手机微信，打开“麦当劳”微信小程序进行点餐，点击“发现 / 扫一扫”，扫描图 1-2-7 所示二维码打开需要的小程序后截图提交。

2. 使用手机微信，打开“拼多多”微信小程序进行购物，点击“发现 / 扫一扫”，扫描图 1-2-8 所示二维码打开需要的小程序后截图提交。

图 1-2-7

图 1-2-8

3. 使用手机微信，打开“文档扫描”微信小程序进行扫描，点击“发现 / 扫一扫”，扫描图 1-2-9 所示二维码打开需要的小程序后截图提交。

图 1-2-9

4. 使用手机微信，打开“粤省事”微信小程序进行办事，点击“发现 / 扫一扫”，扫描图 1-2-10 所示二维码打开需要的小程序，并将小程序收藏到“我的小程序”，以及发送到桌面，完成后查

看“我的小程序”列表并截图提交。

图 1-2-10

任务 1.3 创建一个微信小程序

任务描述

小明同学通过学习前面内容，了解到微信小程序应用前景广阔，想进一步学习微信小程序开发。要进行微信小程序开发，首先需要搭建微信小程序开发环境，微信提供了一个开发工具（微信开发者工具），通过微信开发工具，程序员可以轻松地进行微信小程序开发。微信开发者工具可以用来简单、快速、高效地开发微信小程序，集成了微信小程序开发调试、代码编辑、小程序发布等功能。下面介绍如何下载“微信开发者工具”、注册获得“微信小程序 AppID”，以及通过开发工具创建微信小程序项目，效果如图 1-3-1 所示。

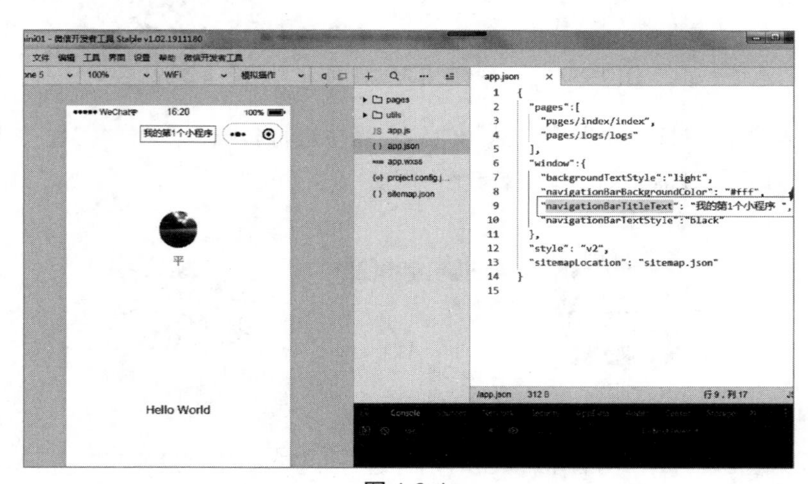

图 1-3-1

任务准备

扫码看课。

创建一个微信小程序

任务实施

步骤 1：在官方网站下载微信小程序的开发工具。

（1）登录官方网址 https://mp.weixin.qq.com，单击“小程序开发文档”超链接，如图 1-3-2 所示。

图 1-3-2

（2）在官方网站上，找到开发工具下载地址，如图 1-3-3 所示，在微信小程序开发工具下载页面中，列出了针对不同操作系统的各个版本，其中 Windows 操作系统又分为 64 位和 32 位两种版本，另一个是针对苹果计算机的 Mac 版；开发者根据本人使用操作系统的情况下载对应版本即可。

图 1-3-3

步骤 2：安装微信小程序的开发工具。

双击下载的安装程序包，比如下载了 Windows 操作系统 64 位开发工具 wechat_devtools_

1.02.2004020_x64.exe，打开图 1-3-4 所示的欢迎界面，按安装指引完成安装。

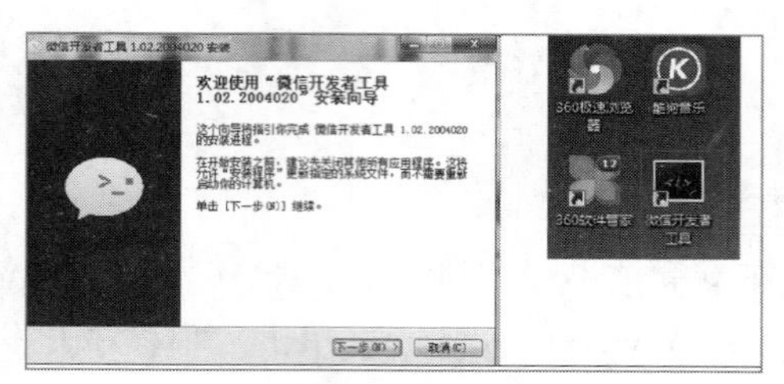

图 1-3-4

步骤 3：注册、获取微信小程序的 AppID。

（1）登录官方网址 https://mp.weixin.qq.com，单击“立即注册”按钮，选择注册“小程序”账号，按指引完成账号注册，如图 1-3-5 所示。

图 1-3-5

小贴士

若开发者开发的微信小程序要发布到微信中运行，必须首先注册获得微信小程序的 AppID。要获得 AppID，首先在官方网站注册一个账号，利用注册的账号，登录 https://mp.weixin.qq.com，即可在官网后台“开发 / 开发管理 / 开发设置”中，查看到微信小程序的 AppID，用于进行小程序开发与发布。

（2）在成功注册账号后，利用已注册的账号登录官方网站，如图 1-3-6 所示。

图 1-3-6

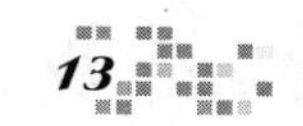

（3）登录时，提示开发者扫描二维码进行登录。手机登录微信，然后使用微信“扫一扫”功能，扫描图 1-3-7 所示的二维码，微信中将出现“微信登录”的确认信息。

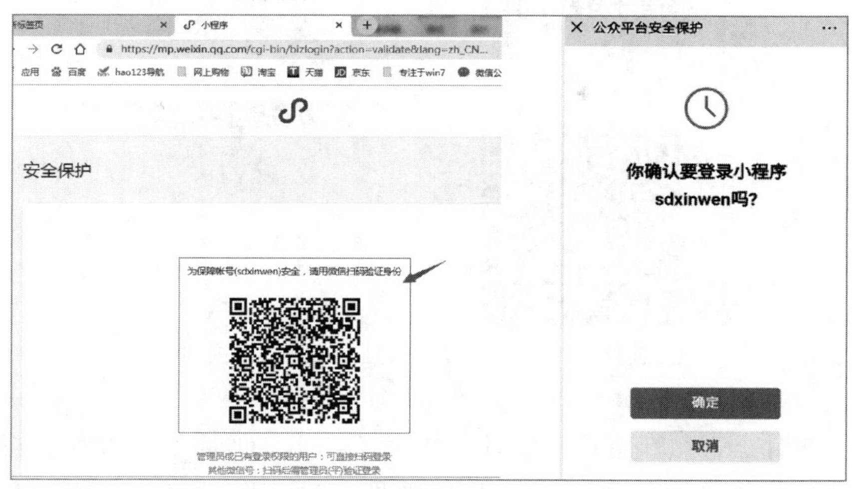

图 1-3-7

（4）利用注册账号成功登录官网后，点击“开发 / 开发管理 / 开发设置”，即可查看到开发者 ID（即 AppID），并记录下来，如图 1-3-8 所示。

图 1-3-8

步骤 4：创建微信小程序项目。

（1）安装好开发工具，启动微信小程序开发者工具之后，提示开发者扫描二维码进行登录。开发者使用手机登录微信，然后使用微信“扫一扫”功能扫描图 1-3-9 所示的二维码，微信中将出现“微信登录”的确认信息。

图 1-3-9

（2）在手机微信点击“确认登录”后，计算机中的开发工具即可进入图 1-3-10 所示界面，单击“+”添加项目，创建一个本地小程序项目，并输入新建项目的项目名称、目录以及开发者 ID（AppID）。

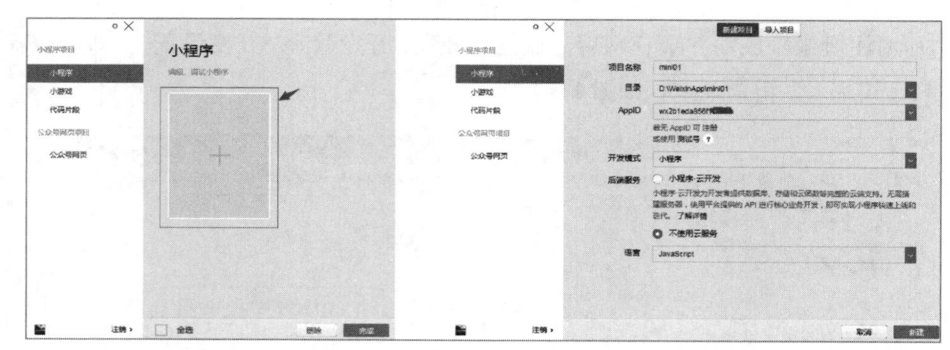

图 1-3-10

（3）打开新建项目，找到 app.json 文件，修改“navigationBarTitleText”显示的文字为“我的第 1 个小程序”，按【Ctrl+S】组合键保存，即可预览小程序效果，如图 1-3-11 所示。

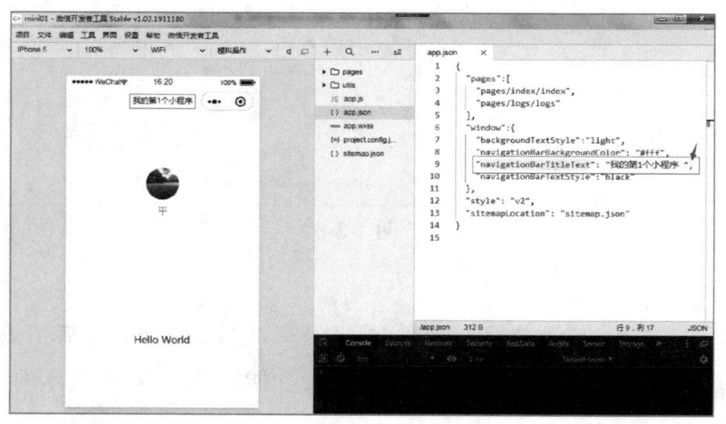

图 1-3-11

相关知识

1. 认识开发工具。要使用微信小程序的开发工具进行开发,首先需要了解 熟悉开发工具界面、常用菜单、常用工具，以及怎么调试、运行小程序。微信小程序开发者工具的操作窗口如图 1-3-12 所示。

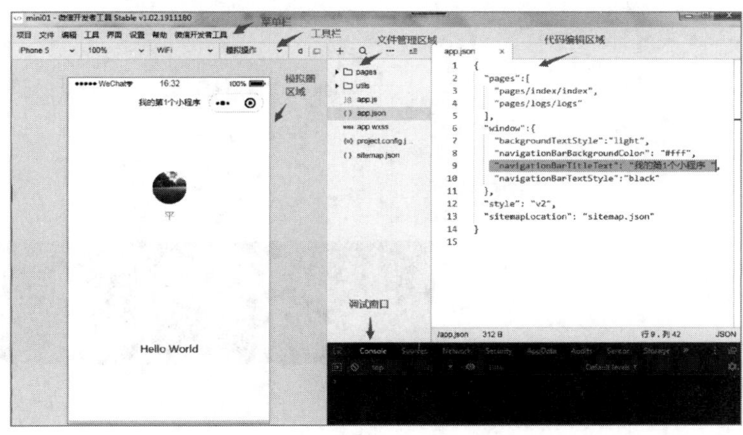

图 1-3-12

2. 开发工具界面。在图 1-3-12 所示界面中，在左上方显示了开发工具的版本号；接着往下是一个菜单栏，有“项目”“文件”“编辑”“界面”“设置”“帮助”等菜单；再往下是开发区域；开发区域分为左、中、右三部分。

3. 程序调试。开发工具的调试功能包括模拟器、调试工具等部分。如图 1-3-12 所示，左侧是模拟器区域，在该界面中，模拟器模拟了微信小程序在客户端真实的逻辑表现，绝大部分 API 都能够在模拟器上呈现正确的状态，在“编辑”状态也可看到模拟器的效果。在模拟器上方显示了当前界面模拟的是 iPhone5 手机的分辨率，单击右侧下拉按钮，展开图 1-3-13 所示的手机型号列表，从中可选择一个型号来模拟。类似的，在手机型号右侧有一个网络模拟列表框，可选择 2G、3G、4G、WiFi、Offline 等网络方式进行模拟。

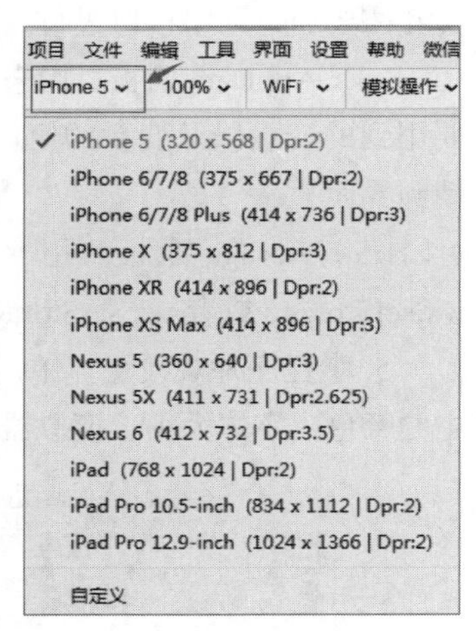

图 1-3-13

4. 调试工具。提供了 10 个调试功能模块，分别是 Console、Sources、Network、Security、Appdata、Audits、Sensor、Storage、Trace、Wxml，这些调试功能模块类似浏览器的开发者工具界面。

（1）Console 面板，是调试小程序的控制面板，当代码执行有错误时，错误信息将显示在该面板中，如图 1-3-14 所示。 在小程序中，可以通过 Console.log() 命令将信息输出到 Console 面板中。通过向控制面板输出信息，了解小程序执行过程中相关变量的值的变化，以达到调试小程序的目的。

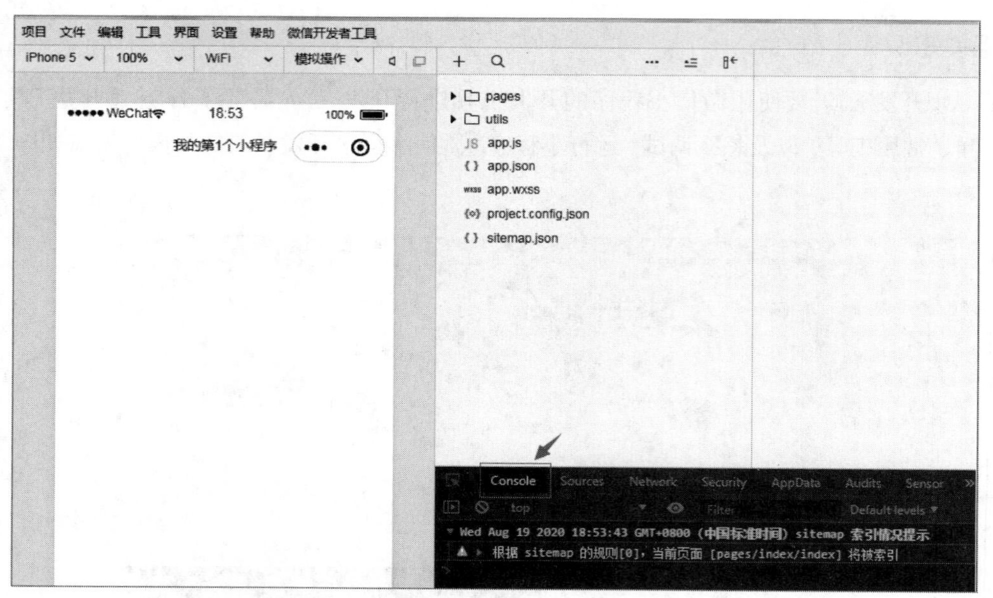

图 1-3-14

（2）Sources 面板，用来显示当前项目的脚本文件，在该面板中，左侧显示源文件的目录结构，中间显示选中文件的源代码，右侧显示调试相关的按钮及变量的值等信息。

（3）Network 面板，用来观察和显示网络请求 request 和 socket 的情况，通过该面板对网络请求进行调试。微信小程序作为前台表示层，通常都需要访问后台服务程序，前、后台之间的交互需要通过网络接口进行。通过该面板，可以观察发送请求以及从服务端返回的响应情况。

（4）AppData 面板，用来显示当前项目的具体数据，实时反馈项目数据情况，比如小程序需要用到的变量以及变量的值。还可以在 AppData 面板中编辑变量的值，修改数据后将会即时反馈到界面上。

（5）Storage 面板，用来显示当前项目使用本地存储的情况，在小程序中可以使用 wx.setStorage 或者 wx.setStorageSync 将数据保存到手机本地。

5. 小程序外观设置。单击菜单栏“工具 / 外观设置”，即可设置开发工具主题颜色、调试器主题颜色、字体大小、模拟器位置等信息，如图 1-3-15 所示。

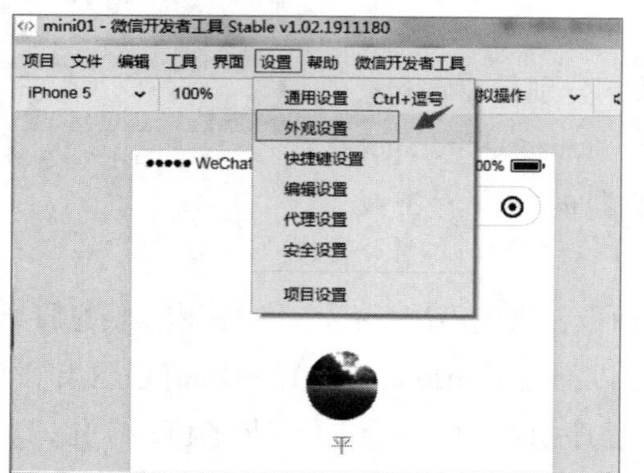

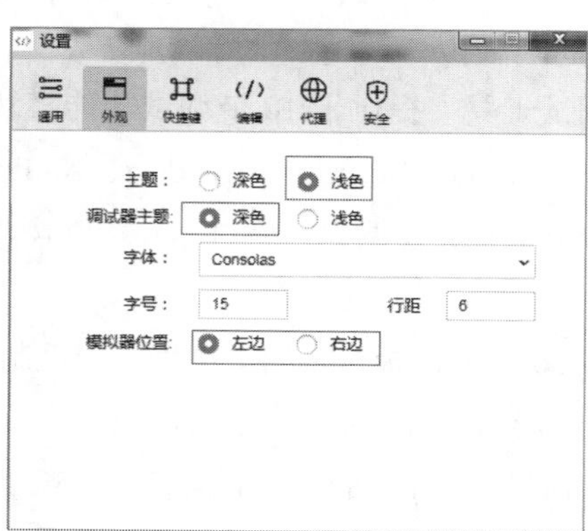

图 1-3-15

6. 微信小程序开发的优势：

（1）自带推广。

（2）触手可及，用完即走。

（3）可搜索。

（4）成本更低。

（5）更流畅的使用体验。

（6）更多的曝光机会。

（7）使用即是用户。

（8）在微信中打开率更高。

（9）高效的流量召回。

（10）公众号加小程序是完美结合。

7. 代码编辑器快捷键：

（1）Ctrl+S，保存文件。

（2）Ctrl+/，把代码注释掉，或者去掉注释。

（3）Ctrl+i，选中当前行。

（4）Ctrl+C，复制。

（5）Ctrl+V，粘贴。

（6）Ctrl+A，全选。

（7）Ctrl+D，选中匹配。

（8）Ctrl+Shift+L，选中所有匹配。

（9）Ctrl+Alt+F，代码格式化。

（10）Ctrl+[、Ctrl+]，代码行缩进。

8. 下次启动计算机后，使用微信开发工具创建第 1 个小程序项目时，需要用到手机或平板扫描二维码，以确认登录“微信开发者工具”。

拓展训练

1. 创建一个微信小程序，项目命名为 mini02，保存目录为 C:\miniPro\02，设置 navigationBarTitleText 显示“张三的微信小程序”，如图 1-3-16 所示。

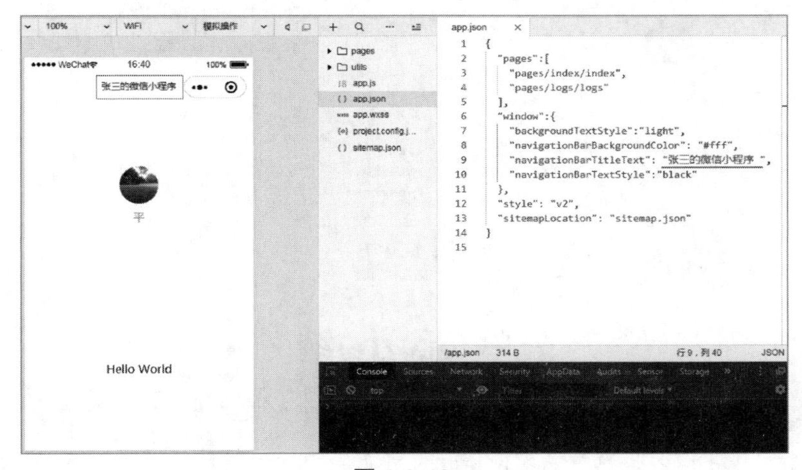

图 1-3-16

2. 创建一个微信小程序，项目命名为 mini03，保存目录为 C:\miniPro\03，设置 navigationBarTitleText 显示“我的微信小程序”，以及设置 index.js 文件代码，实现效果如图 1-3-17 所示。

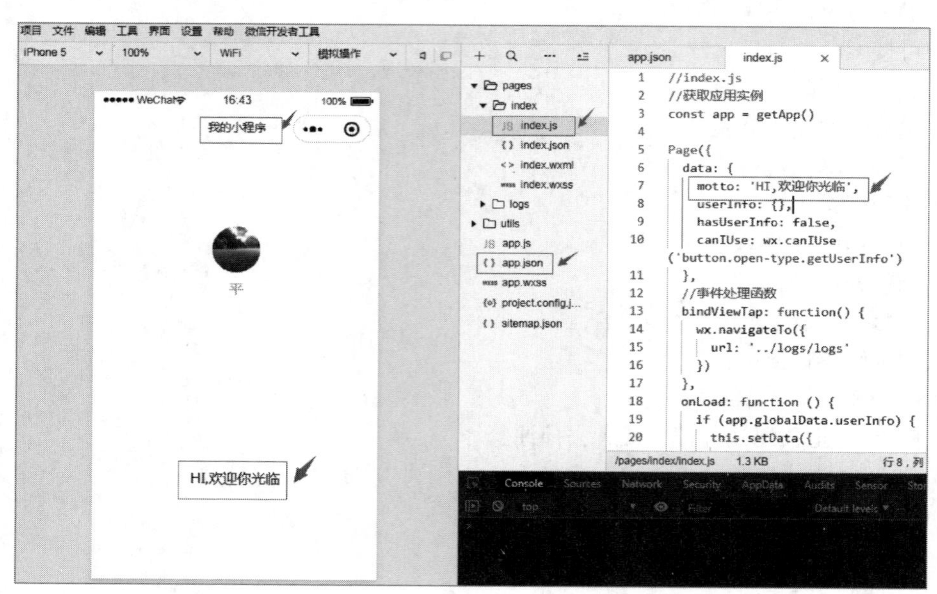

图 1-3-17

（1）在 logs.js 文件中找到 onLoad 函数，加一行调试输出信息命令“console.log("logs 已加载");”，如图 1-3-18 所示。

（2）在 app.json 文件中修改小程序的启动页面是 Logs。

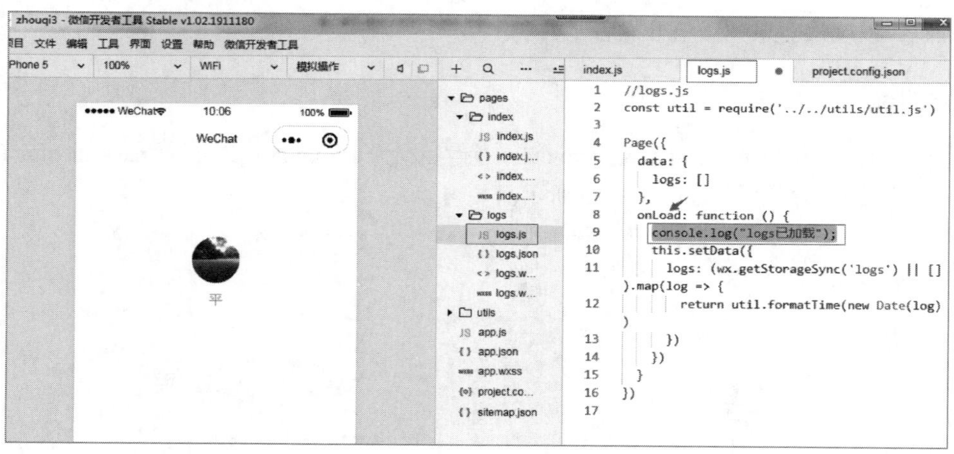

图 1-3-18

单 元 小 结

本单元主要学习了微信小程序的应用，注册微信小程序的开发账号，并查看 AppID，以及创建第一个微信小程序，同时也熟悉了“微信开发者工具”的使用。

第 2 单元
微信小程序开发基础

技能目标

- 设置微信小程序参数
- 了解微信小程序生命周期
- 制作微信小程序导航菜单
- 微信小程序页面跳转
- 调试微信小程序
- 微信小程序页面数据绑定

前面学习了微信小程序的应用、创建了一个微信小程序项目，了解了微信小程序的基本结构，本单元对小程序目录、项目设置进行详细介绍，重点学习微信小程序开发必备的基础知识和基本技能。

一般应用程序软件的应用架构包括数据层、业务逻辑层、服务层、控制层、展示层、用户层等多个层次。但微信小程序只是一套软件系统的展示层（软件开发中所说的前端程序），主要用来展示系统信息。微信小程序在实际应用中通常需要有数据层、业务逻辑层、服务层、控制层等后端程序为它提供支持，才能实现传统应用软件系统中所需要的功能服务，小程序与后端程序交互将在后面章节介绍。

一个微信小程序项目的主体由 app.js、app.json、app.wxss、project.config.json、sitemap.json 5 个文件组成，它们的文件名是固定的。app.js 是微信小程序的主逻辑文件，主要用于注册小程序；app.json 是微信小程序的主配置文件，用来对小程序进行全局配置；app.wxss 是微信小程序的主样式配置文件，与传统网页制作 CSS 文件的作用相同，用来配置页面样式；project.config.json 是项目配置文件，在工具上做的任何配置都会写入该文件，开发项目时的个性化配置，如编辑器的颜色、代码上传时自动压缩等配置都会写入该文件；sitemap.json 配置小程序及其页面是否允许被微信索引，微信现已开放小程序内搜索，小程序页面将可能展示在微信搜索等多个公开场景中，当开发者允许微信索引时，微信会通过爬虫的形式，为小程序的页面内容建立索引，若小程序中存在不适合展示信息（如用户个人信息、商业秘密等），不想被微信索引到，可以关闭页面收录。主体文件如图 2-0-1 所示。

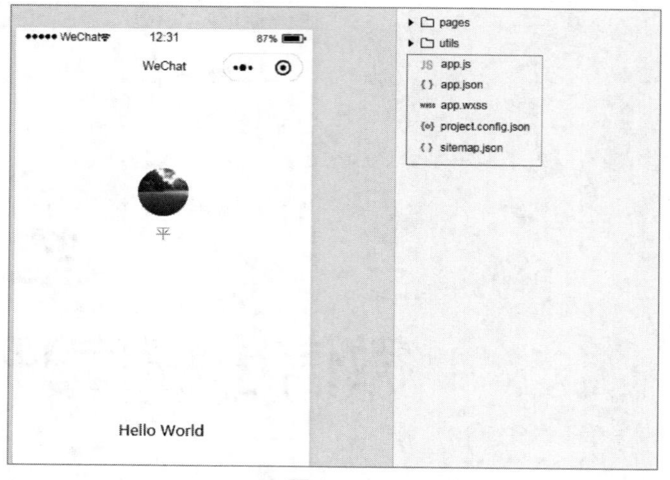

图 2-0-1

微信小程序的每个页面文件一般由 4 个文件构成，这 4 个文件的主文件名相同，并以 4 种不同拓展名来区分（index.js、index.wxml、index.wxss、index.json）。.js 文件是页面的逻辑文件，每个页面必须有一个 .js 文件，在其中编写 JavaScript 代码，控制页面的逻辑；.wxml 文件是页面的描述文件，每个页面也必须有一个 .wxml 文件，在其中用户设计页面的布局，进行数据绑定等操作；.wxss 是页面样式控制文件，如果页面样式在 app.wxss 全局样式中定义了，在页面样式中就可以省略重复定义；.json 是页面配置文件。页面文件如图 2-0-2 所示。

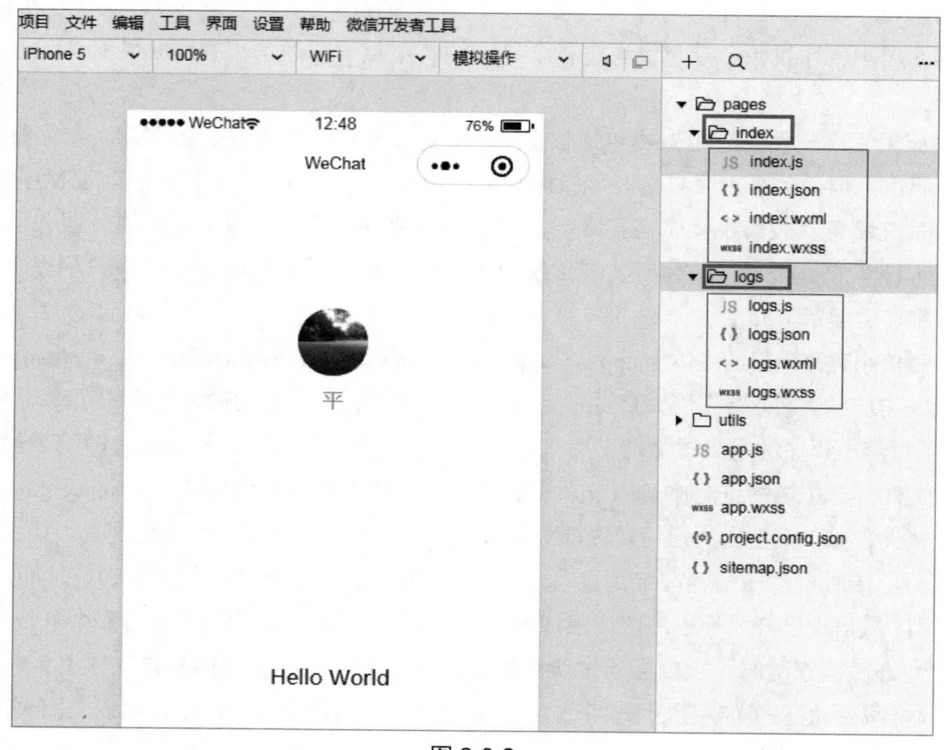

图 2-0-2

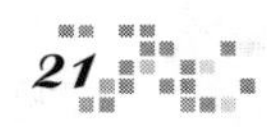

任务 2.1　小程序框架及设置参数

任务描述

小程序最近很热门，越来越受欢迎，小明同学了解到很多之前 PC 端的应用现在都可以搬到手机、平板等移动端完成，认识到学好小程序应用与开发很有必要。要学好小程序，首先需要认识小程序框架与小程序参数设置。下面创建一个微信小程序，设置启动页面、文本的输出以及设置页面的样式，并认识全局样式设置与局部页面样式设置的异同点，效果如图 2-1-1 所示。

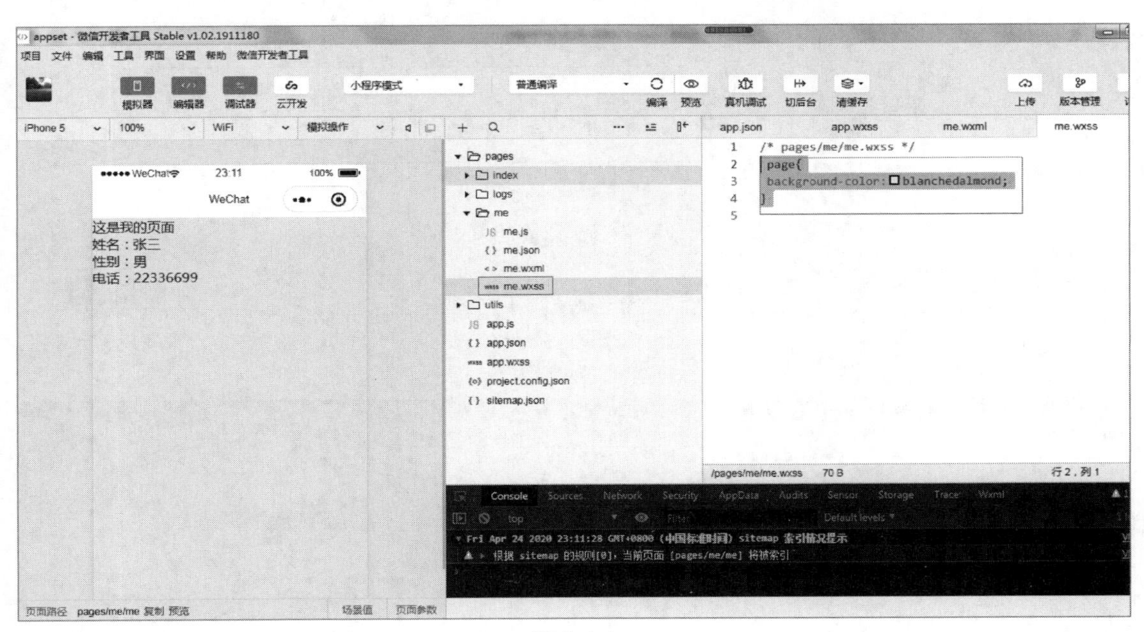

图 2-1-1

任务准备

扫码看课。

小程序框架及设置参数

任务实施

步骤 1：新建一个项目，输入项目名称等信息，如图 2-1-2 所示。

小贴士

AppID 是微信小程序开发者 ID，注册小程序开发账号时，可以查看到，创建小程序项目之后，如果需要在手机中演示，则需要开发者 ID，才可以进行上传发布。

步骤 2：调试运行新建的微信小程序，显示用户的头像、Hello World 等信息，如图 2-1-3 所示。

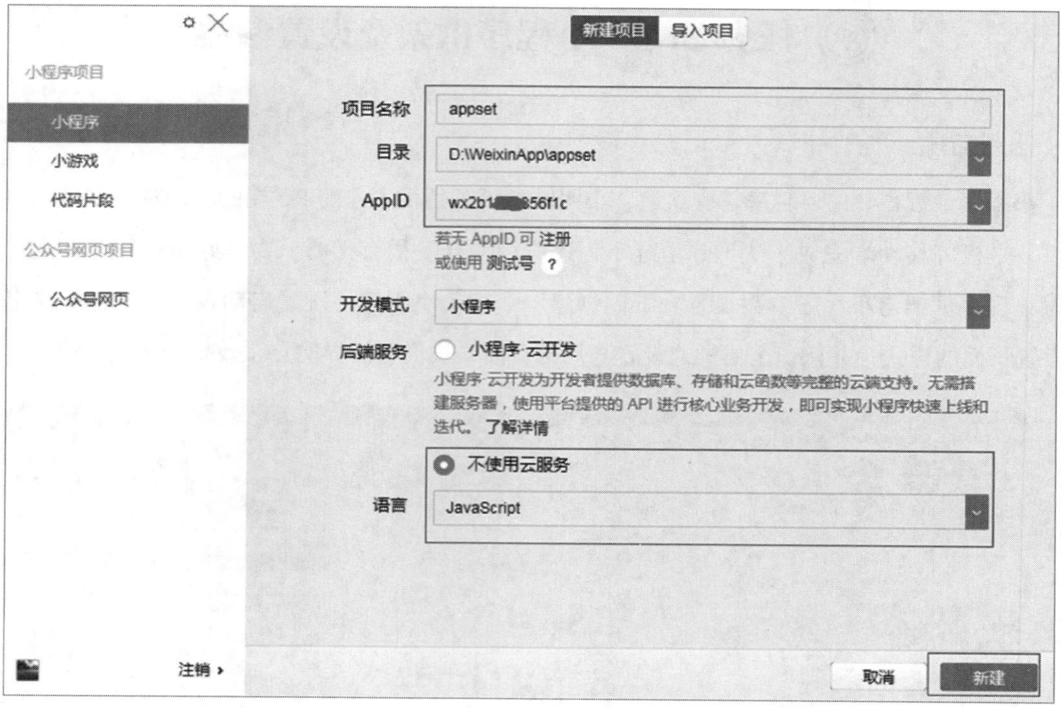

图 2-1-2

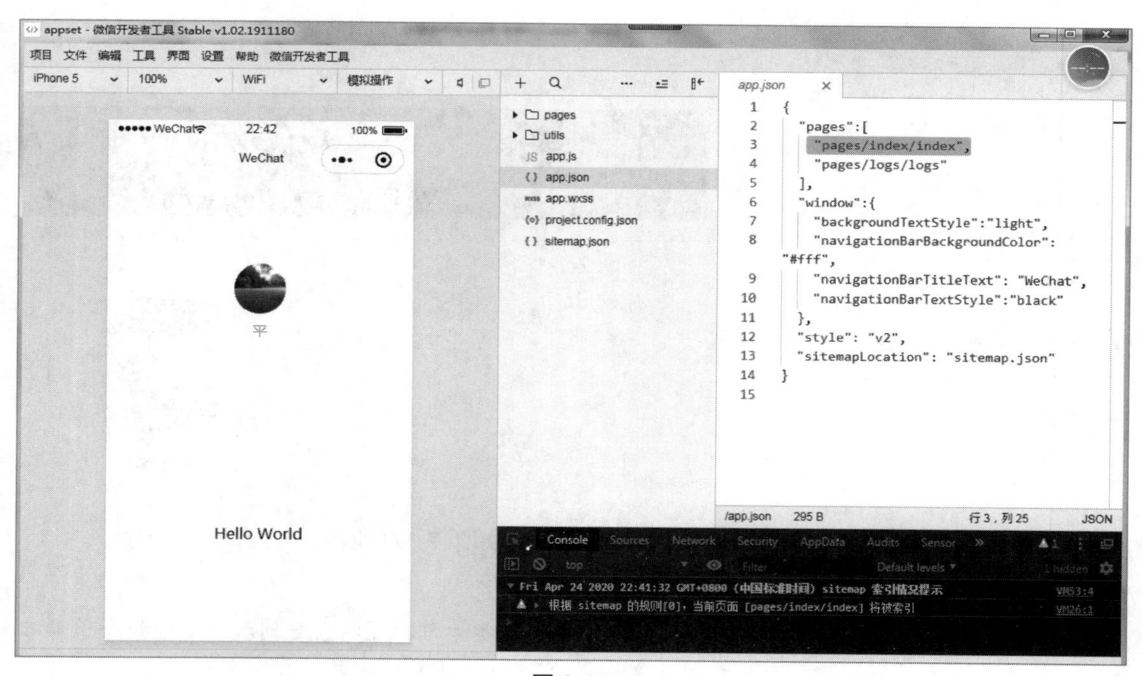

图 2-1-3

步骤 3：打开微信小程序全局配置文件 app.json，将小程序启动页面修改为 Pages/logs/logs，按【Ctrl+S】组合键保存，项目会把 logs 页面放在最前面显示，如图 2-1-4 所示。

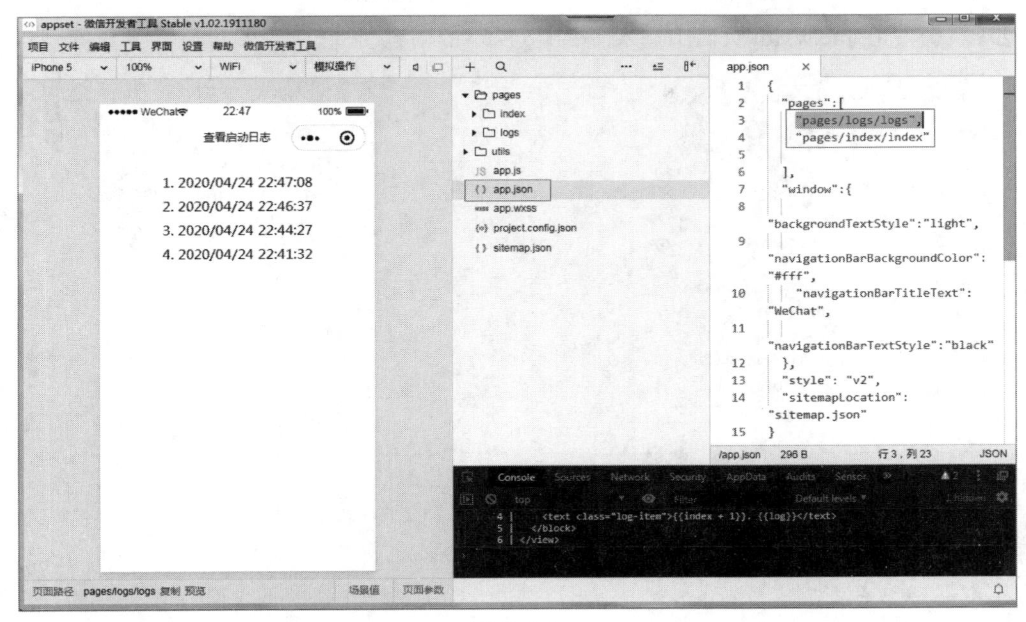

图 2-1-4

> **小贴士**
>
> app.son 文件是全局配置文件，它的设置对整个项目起作用，文件中的 "pages" 项是设置管理页面的作用。

步骤 4：在 pages 目录下新建一个目录，命名为 me，接着再新建一个文件 me.wxml，如图 2-1-5 所示。

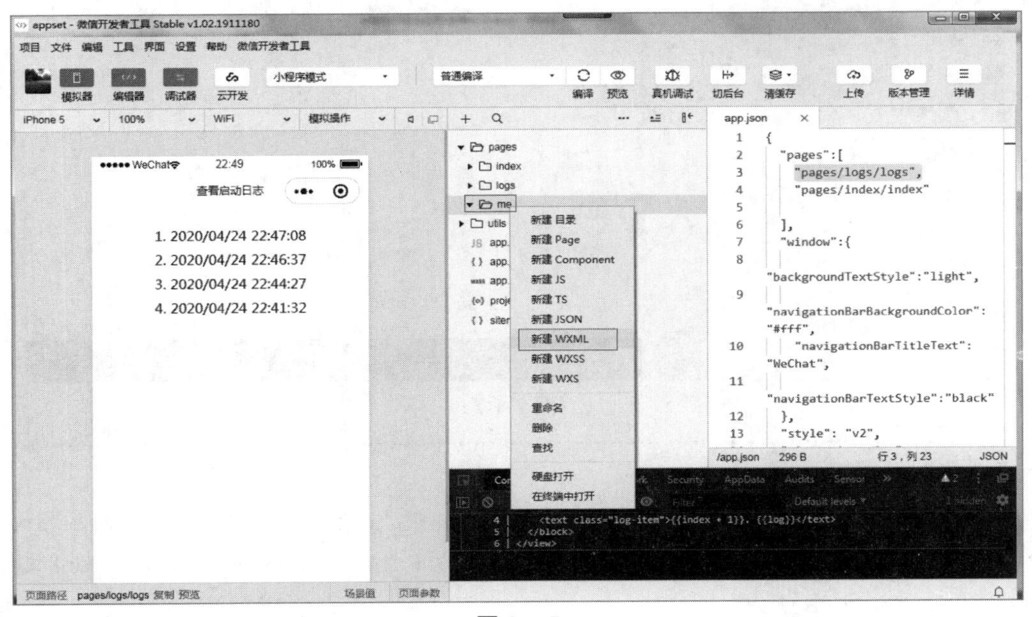

图 2-1-5

步骤 5 ：在 me.wxml 页面中输入图 2-1-6 所示的内容。

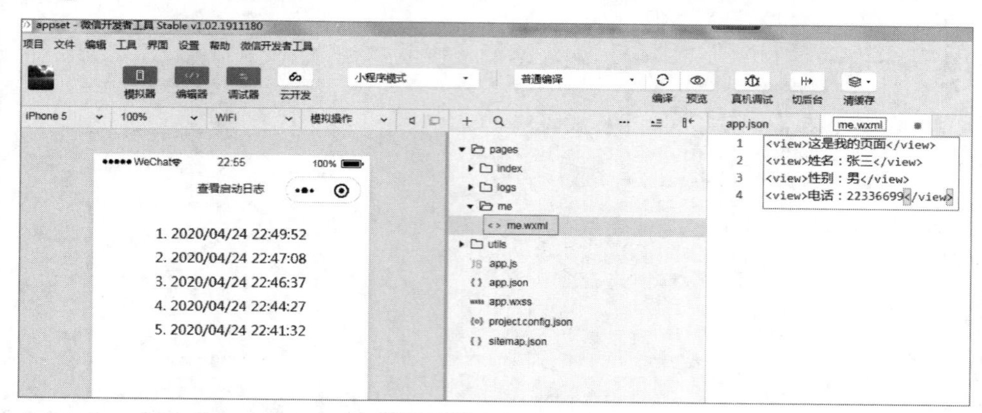

图 2-1-6

me.wxml 页面内容如下：

```
<view> 这是我的页面 </view>
<view> 姓名：张三 </view>
<view> 性别：男 </view>
<view> 电话：22336699</view>
```

步骤 6 ：若要执行 me.wxml 页面，打开微信小程序全局配置文件 app.json，将小程序启动页面设置为 pages/me/me，把 me 放在最前面，按【Ctrl+S】组合键保存项目；项目会自动生成 me.js、me.json、me.wxss 三个文件，如图 2-1-7 所示。

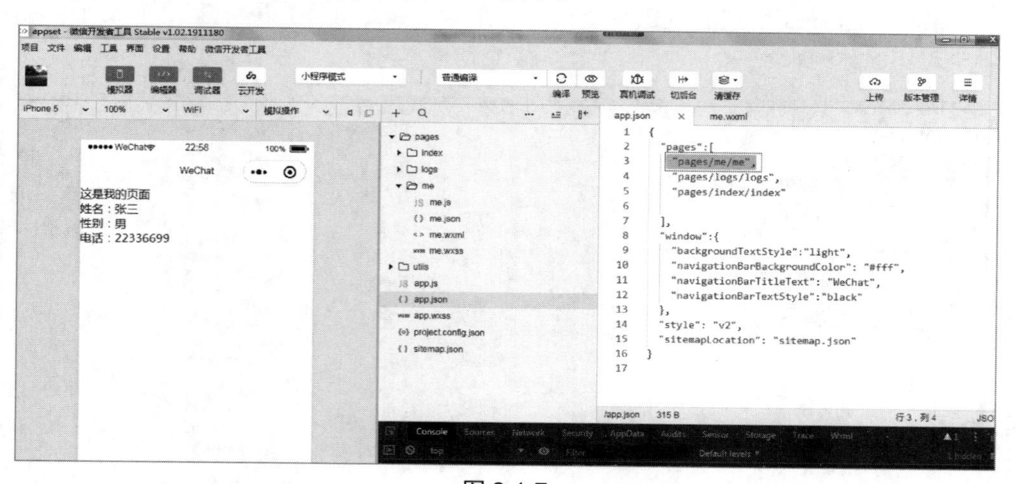

图 2-1-7

> **小贴士**
>
> 快速创建小程序新页面的技巧：将 app.json 文件中 "pages" 项数组中的页面路径指向一个不存在的文件，保存后，则项目会自动创建新页面的 4 个文件（即目录、js 文件、wxml 文件、wxss 文件、json 文件）。

步骤 7：设置页面的背景颜色。打开全局样式，设置文件 app.wxss，修改此文件对所有页面的样式起作用，设置 page{background-color:aquamarine;}，如图 2-1-8 所示。

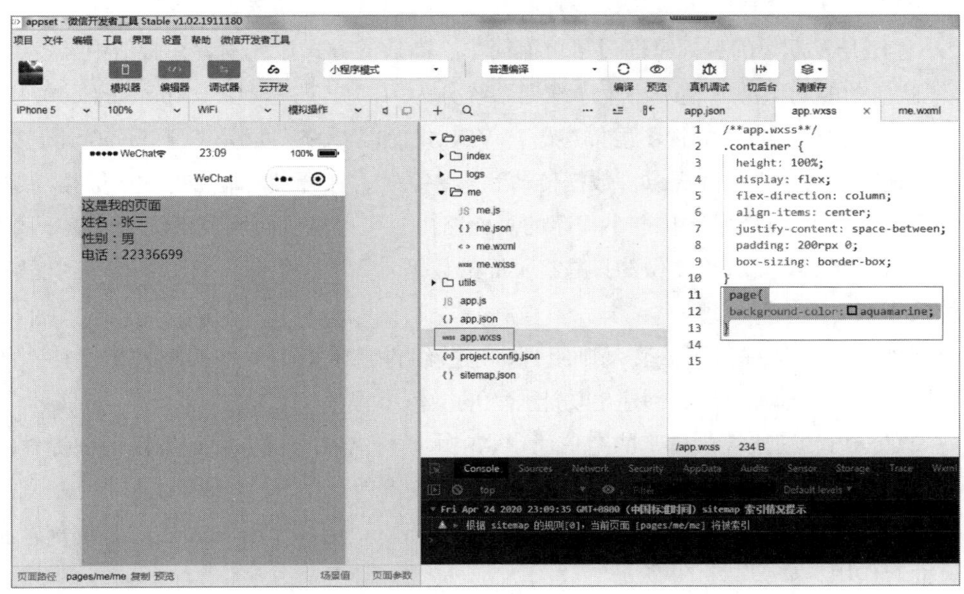

图 2-1-8

> 小贴士
>
> *在全局样式文件 app.wxss 中设置 background-color 值为 aquamarine，会在整个项目起作用。*

步骤 8：也可以在 me 页面的样式文件 me.wxss 中进行设置，me.wxss 样式设置只对 me.wxml 起作用，在此文件中设置 page{background-color:blanchedalmond;}，保存项目后，预览 me.wxml 页面效果时，可看到 me.wxss 的背景颜色设置覆盖了 app.wxss 设置的效果，如图 2-1-9 所示。

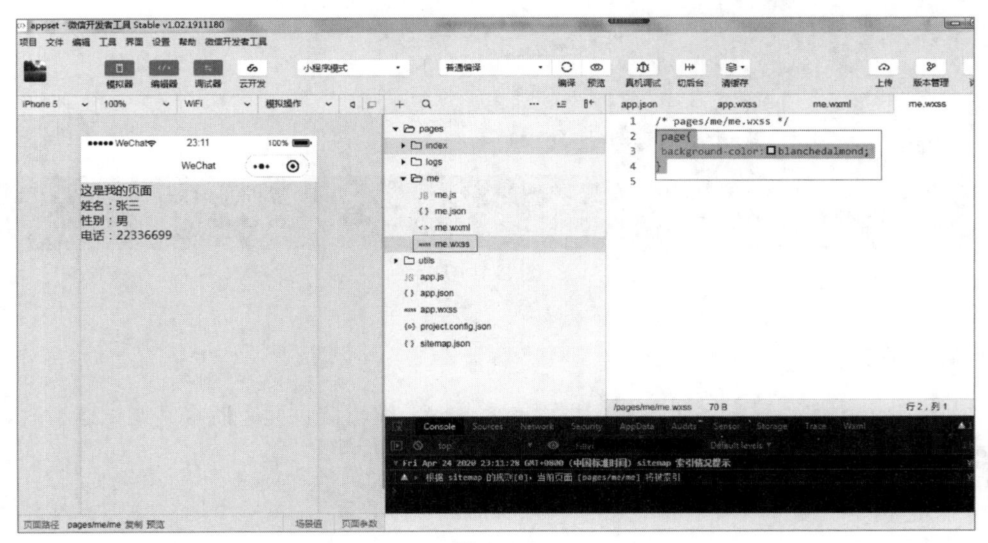

图 2-1-9

步骤 9 ：保存项目。

相关知识

1. 小程序开发框架的目标是通过尽可能简单、高效的方式让开发者在微信中开发出具有原生 APP 体验与功能的服务。整个小程序框架系统分为两部分：逻辑层（App Service）和视图层（View）。小程序提供了自己的视图层描述语言 WXML 和 WXSS，以及基于 JavaScript 的逻辑层框架，并在视图层与逻辑层间提供了数据传输和事件系统，让开发者能够专注于数据与逻辑。

2. 页面管理。框架管理了整个小程序的页面路由，可以做到页面间的无缝切换，并给以页面完整的生命周期。开发者需要做的只是将页面的数据、方法、生命周期函数编写到框架中，其他复杂的操作都交由框架处理。

3. 基础组件。框架提供了一套基础组件，这些组件自带微信风格的样式以及特殊的逻辑，开发者可以通过组合基础组件，创建出功能强大的微信小程序 。

4. 丰富的 API。框架提供丰富的微信原生 API，通过 API 可以方便地调用微信提供的功能，如获取用户信息、本地存储、支付功能、与后台系统交互等。

5. 页面设置。app.wxsss、app.json 是全局配置，对所有页面起作用，me.wxss 是局部页面配置，只对本页面起作用，如图 2-1-10 所示。

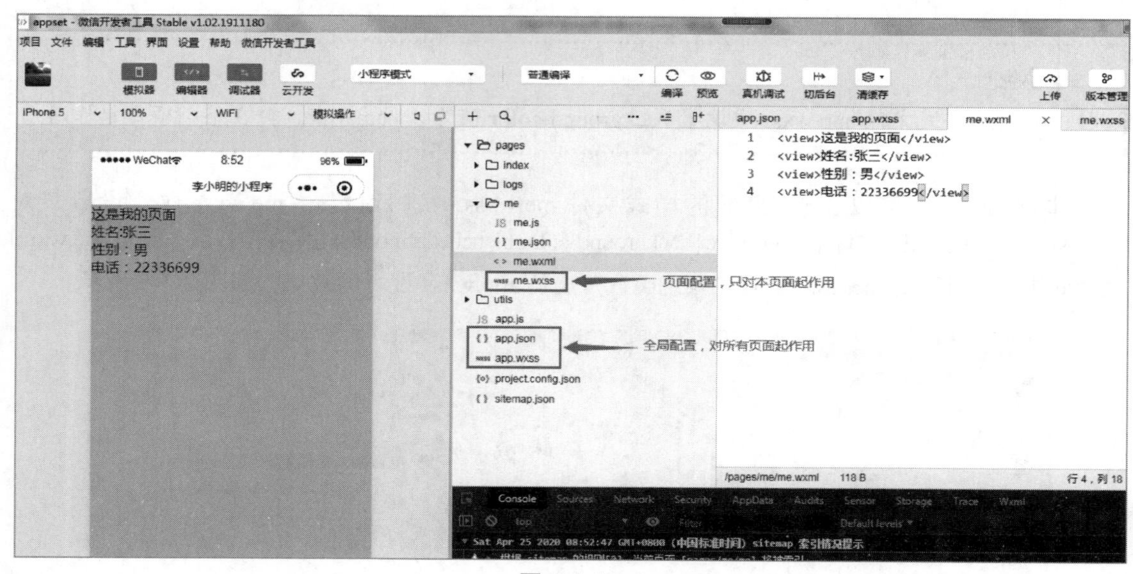

图 2-1-10

拓展训练

1. 创建一个微信小程序，新建一个页面 me.wxml，编辑此页面，使得其调试运行时显示效果如图 2-1-11 所示。

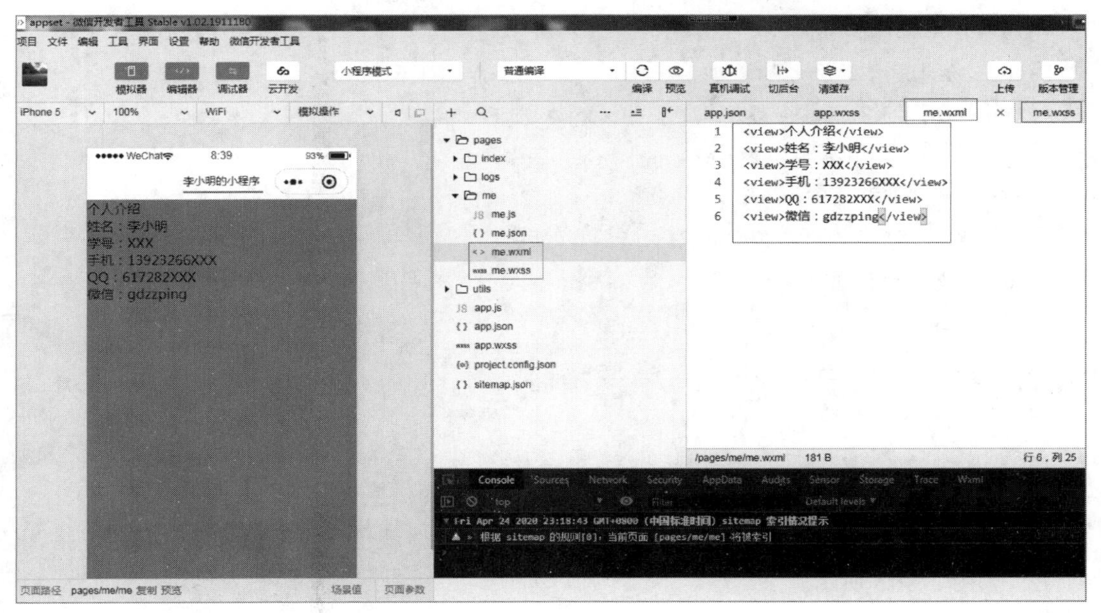

图 2-1-11

me.wxml 主要代码如下：

```
<view>个人介绍</view>
<view>姓名：李小明</view>
<view>学号：XXX</view>
<view>手机：13923266XXX</view>
<view>QQ：617282XXX</view>
<view>微信：gdzzping</view>
```

me.wxss 文件代码如下：

```
page{
   background-color:rgb(148, 151, 199);
}
```

2. 新建一个小程序项目，显示“德意电器”公司信息，包括公司名称、联系人、联系电话、公司地址等信息，字体颜色属性 color 为白色、页面背景为黑色，如图 2-1-12 所示。

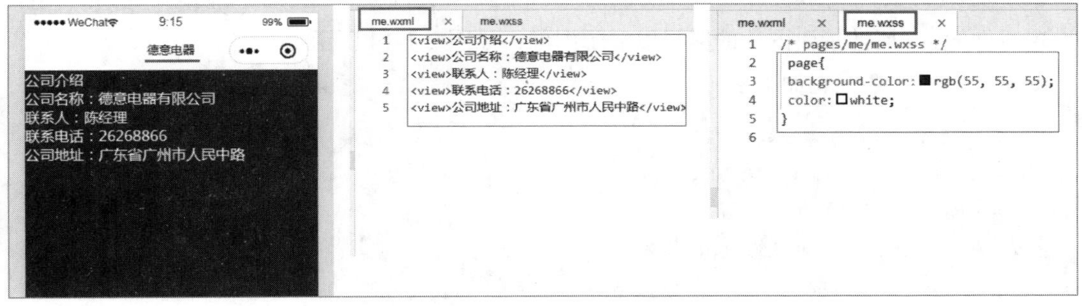

图 2-1-12

me.wxml 主要代码如下：

```
<view>公司介绍</view>
<view>公司名称：德意电器有限公司</view>
<view>联系人：陈经理</view>
<view>联系电话：26268866</view>
<view>公司地址：广东省广州市人民中路</view>
```

me.wxss 文件代码如下：

```
page{
 background-color:rgb(55, 55, 55);
 color:white;
}
```

3. 新建一个小程序项目，显示培训机构“七天英语”的信息。

（1）显示联系老师、联系电话、学校地址等信息。字体颜色、页面背景颜色自定，搭配适当即可，如图 2-1-13 所示。

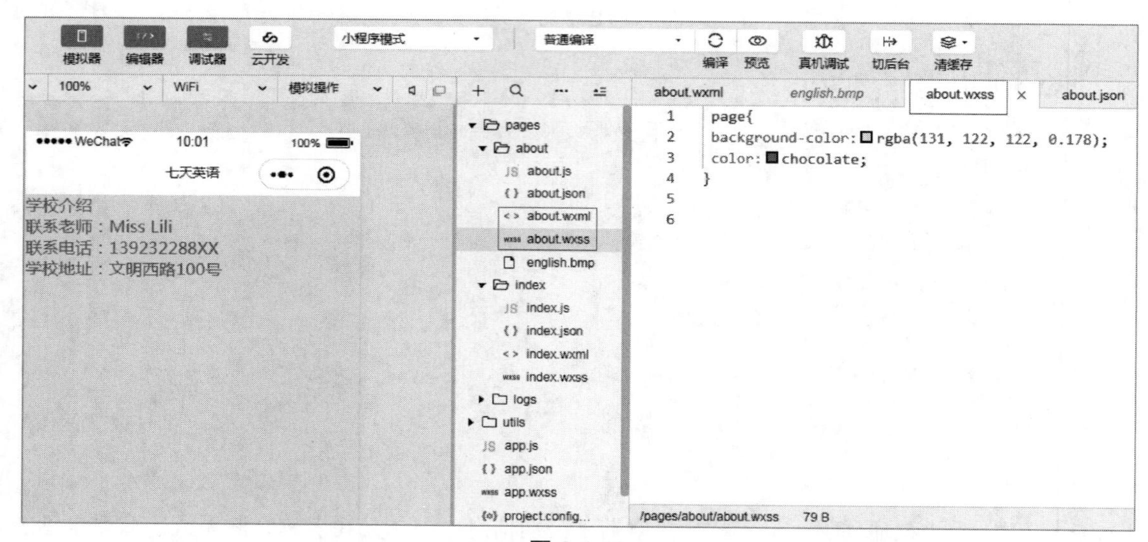

图 2-1-13

（2）将素材文件“english.bmp”放置到项目中页面文件夹，在页面中使用 <image> 组件，并设置组件的 src 属性指引图片的路径以显示图像，如图 2-1-14 所示。

about.wxml 主要代码如下：

```
<view>学校介绍</view>
<view>联系老师：Miss Lili</view>
<view>联系电话：139232288XX</view>
<view>学校地址：文明西路 100 号</view>
<image src="english.bmp"></image>
```

about.wxss 文件代码如下：

```
page{
 background-color:rgba(131, 122, 122, 0.178);
 color:chocolate;
}
```

图 2-1-14

任务 2.2　小程序的导航栏 tabBar

任务描述

微信小程序的底部大都有导航栏“菜单”，根据导航栏“菜单”可以实现功能模块切换或页面跳转。所谓 tabBar，是指在微信小程序底部有一个可以切换页面的“tab 栏”。本案例的小程序底部有 1 个 tabBar，此 tabBar 有 2 个 tab，其中一个图标颜色显示比较显眼，是当前激活状态的“菜单”，另外一个图标比较暗淡，是未激活状态“菜单”；单击其中一个 tab，可以激活对应 tab，并激活显示相应页面。小明根据微信小程序开发手册学习制作 tabBar 导航栏“菜单”，制作效果如图 2-2-1 所示。

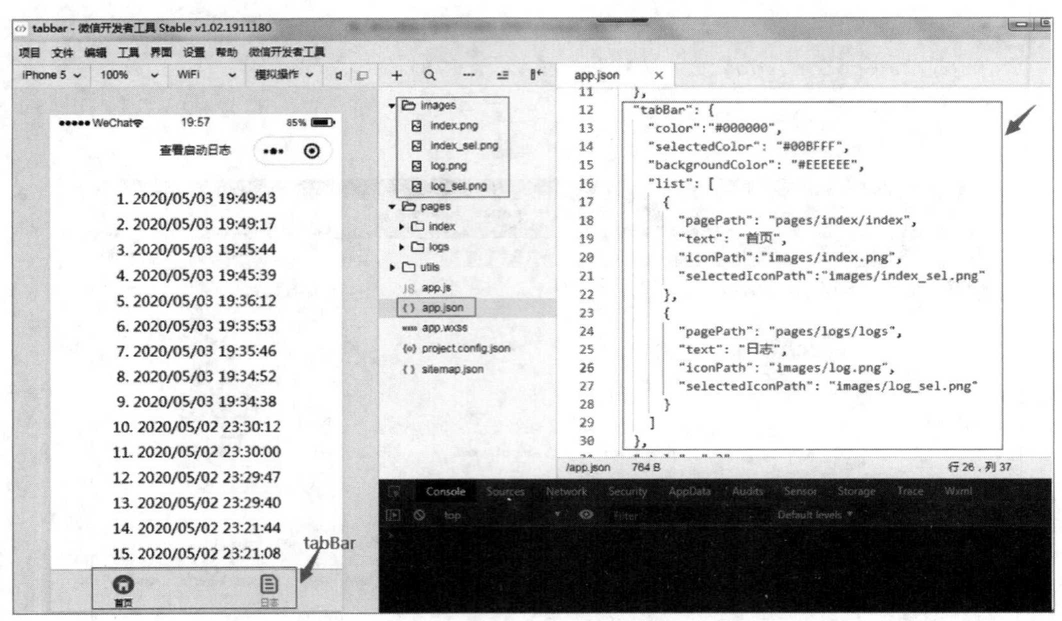

图 2-2-1

任务准备

小程序的导航栏 tabBar

1. 扫码看课。
2. 任务素材 index.png、index_sel.png、log.png、log_sel.png。

任务实施

步骤 1 ：新建一个项目，输入项目名称等信息，如图 2-2-2 所示。

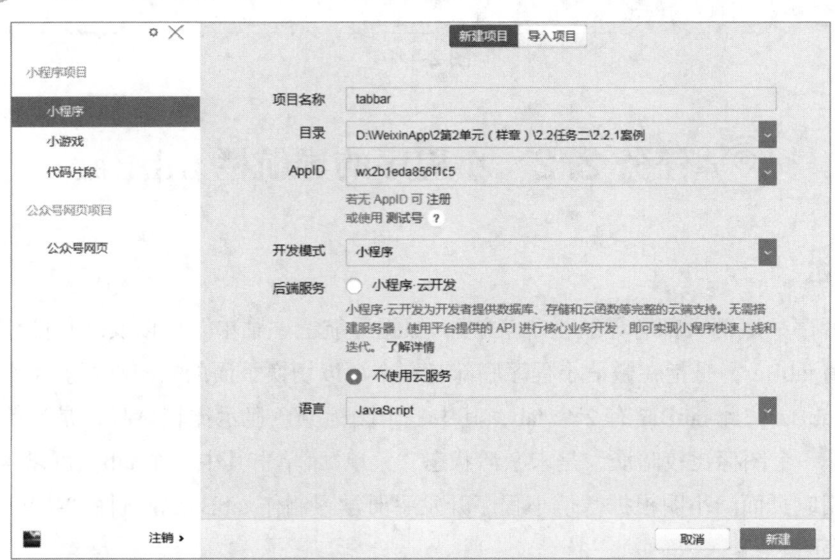

图 2-2-2

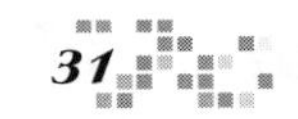

步骤 2：打开新建的项目文件，查看小程序公共设置文件 app.json，如图 2-2-3 所示。

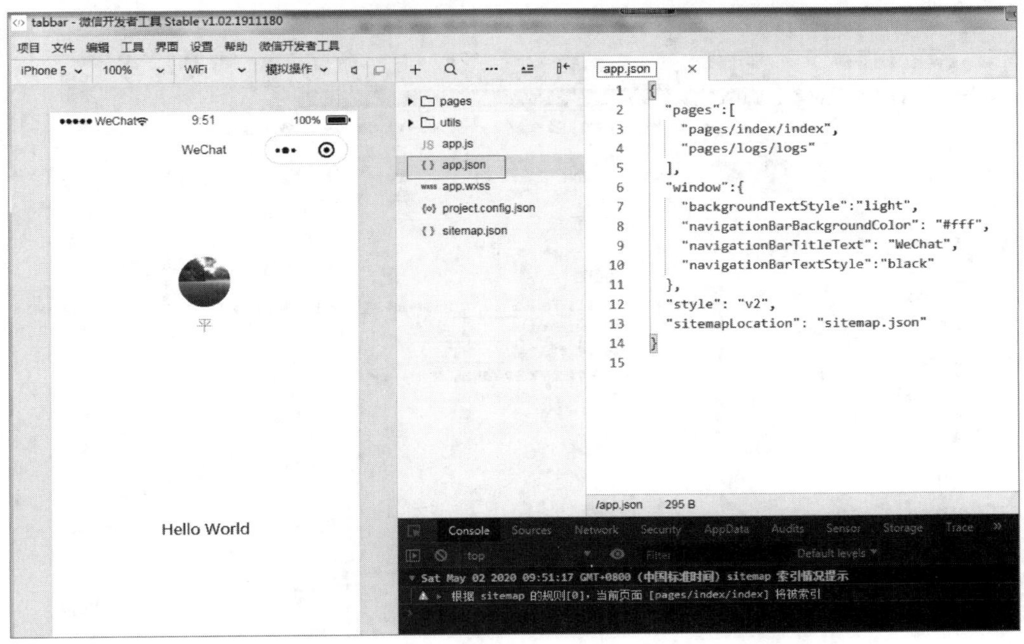

图 2-2-3

步骤 3：打开浏览器，输入地址 https://mp.weixin.qq.com/，打开微信公众平台网站，单击“小程序 / 小程序开发文档”，如图 2-2-4 所示。

图 2-2-4

步骤 4 ：打开小程序开发文档，找到开发文档中的“全局配置 / 小程序配置 / 配置示例”，如图 2-2-5 所示。

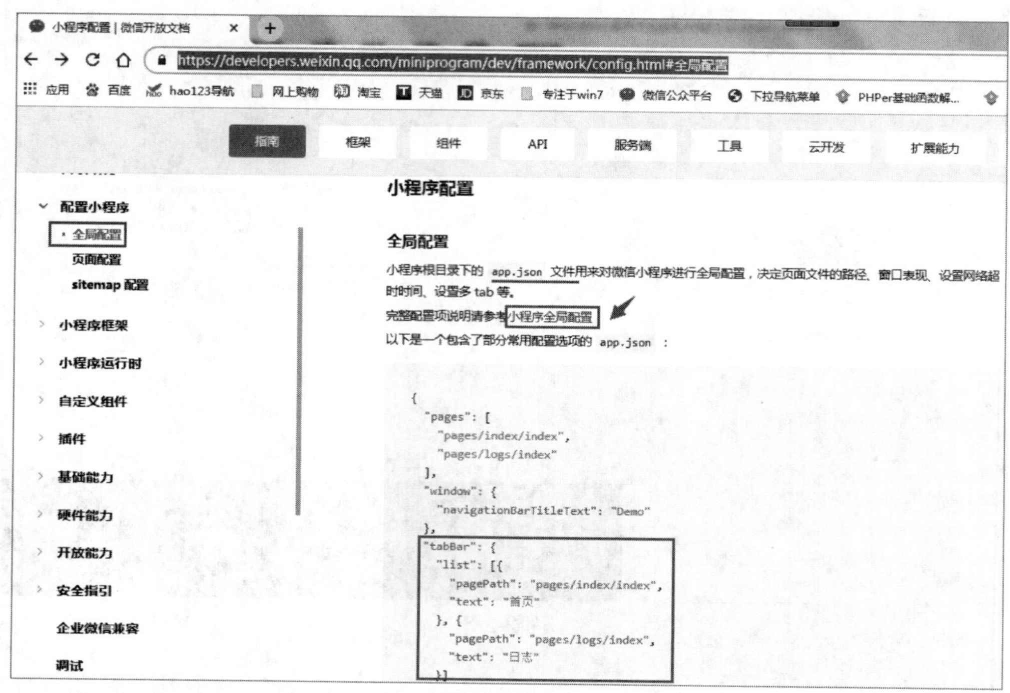

图 2-2-5

步骤 5 ：在图 2-2-5 中单击“小程序全局配置”，打开 app.json 全局配置项中关于 tabBar 的说明，如图 2-2-6 所示。

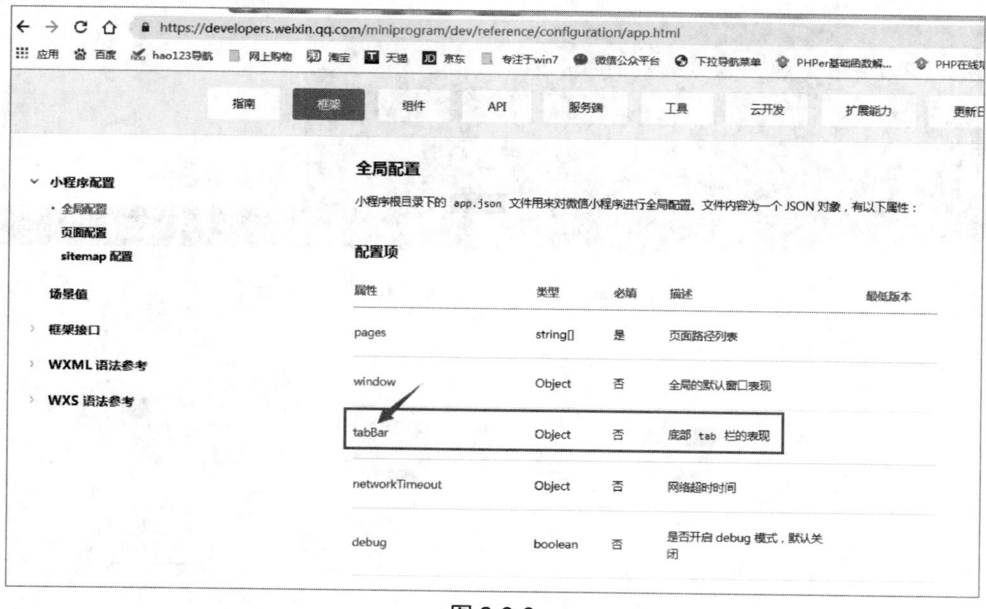

图 2-2-6

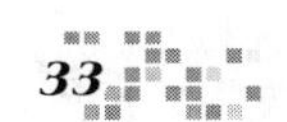

步骤 6 ：在图 2-2-6 中，单击 tabBar，打开关于 tabBar 的详细说明，其中 list 属性用于设置导航栏菜单的列表，从开发文档可知菜单列表最少 2 个，最多 5 个，如图 2-2-7 所示。

tabBar

如果小程序是一个多 tab 应用（客户端窗口的底部或顶部有 tab 栏可以切换页面），可以通过 tabBar 配置项指定 tab 栏的表现，以及 tab 切换时显示的对应页面。

属性	类型	必填	默认值	描述	最低版本
color	HexColor	是		tab 上的文字默认颜色，仅支持十六进制颜色	
selectedColor	HexColor	是		tab 上的文字选中时的颜色，仅支持十六进制颜色	
backgroundColor	HexColor	是		tab 的背景色，仅支持十六进制颜色	
borderStyle	string	否	black	tabbar 上边框的颜色，仅支持 black / white	
list	Array	是		tab 的列表，详见 list 属性说明，最少 2 个、最多 5 个 tab	
position	string	否	bottom	tabBar 的位置，仅支持 bottom / top	
custom	boolean	否	false	自定义 tabBar，见详情	2.5.0

图 2-2-7

步骤 7 ：查看 tabBar 组件，关于 list 属性设置，list 属性用于设置 pagePath 菜单项调用页面路径、text 设置菜单项显示文字，iconPath 设置菜单项图标路径，selectedIconPath 设置选中菜单项时显示图标途径，如图 2-2-8 所示。

其中 list 接受一个数组，只能配置最少 2 个、最多 5 个 tab。tab 按数组的顺序排序，每个项都是一个对象，其属性值如下：

属性	类型	必填	说明
pagePath	string	是	页面路径，必须在 pages 中先定义
text	string	是	tab 上按钮文字
iconPath	string	否	图片路径，icon 大小限制为 40kb，建议尺寸为 81px * 81px，不支持网络图片。当 position 为 top 时，不显示 icon。
selectedIconPath	string	否	选中时的图片路径，icon 大小限制为 40kb，建议尺寸为 81px * 81px，不支持网络图片。当 position 为 top 时，不显示 icon。

图 2-2-8

步骤 8 ：查看 app.json 配置示例，示例中查看关于 tabBar 的设置，选中且复制示例中关于 tabBar 设置的示例代码，如图 2-2-9 所示。

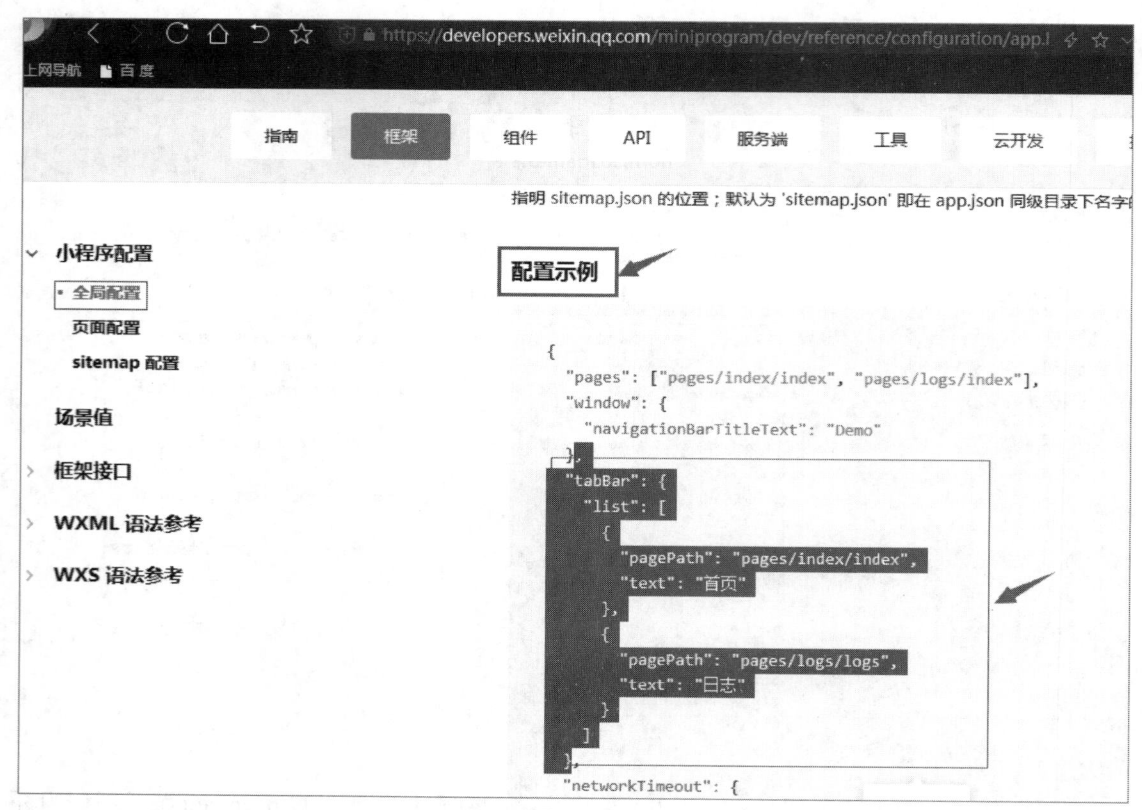

图 2-2-9

代码如下：

```
"tabBar": {
  "list": [
    {
      "pagePath": "pages/index/index",
      "text": "首页"
    },
    {
      "pagePath": "pages/logs/logs",
      "text": "日志"
    }
  ]
}
```

步骤 9 ：将开发文档配置示例中关于 tabBar 的代码复制、粘贴到本项目 app.json 文件中，保存项目后，小程序底部 tabBar 导航栏菜单效果将显示出来，如图 2-2-10 所示。

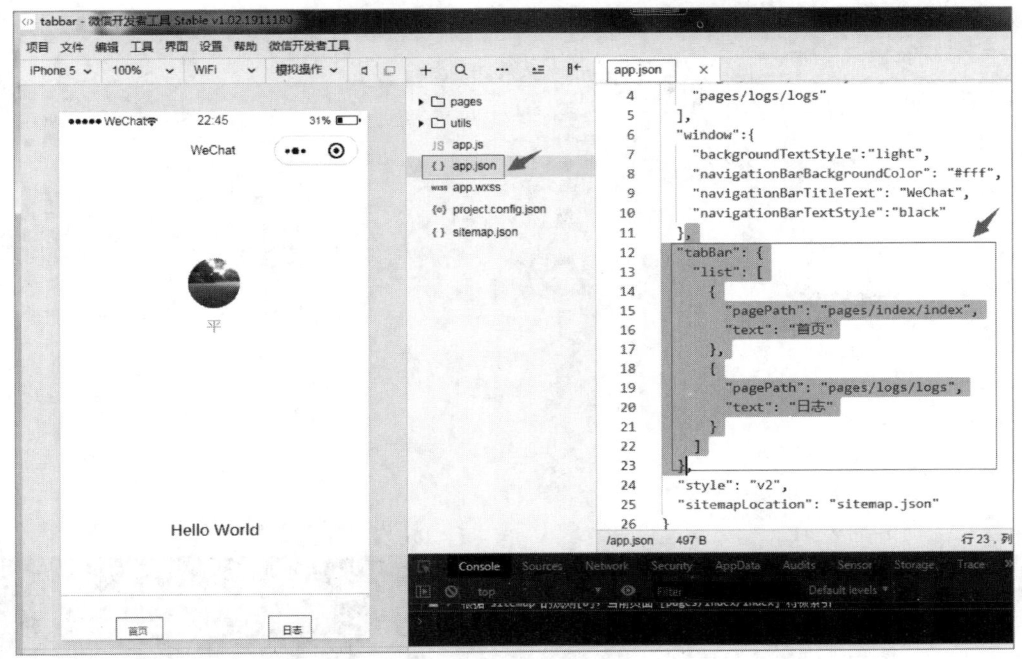

图 2-2-10

> **小贴士**
>
> tabBar 导航栏菜单效果代码比较长，采用数组方式设置，在实际开发中记不住这些单词也没关系，只需要查找开发手册，找到配置示例代码，复制到项目中应用即可。当然将相关代码做成笔记，需要用到 tabBar 制作导航栏菜单时，只需将相关代码复制、粘贴后，调试代码以实现目标效果即可。
>
> 上面是显示“首页”“日志”两个菜单项的导航栏菜单效果，如果需要添加更多导航菜单项，就需要在 list 属性中添加项，最多可以有 5 个菜单项。

步骤 10：设置导航栏菜单项选中时颜色。根据图 2-2-7 显示，tabBar 除了有 list 属性项，还有 color、selectedColor 等属性项，下面设置 tabBar 菜单项的字体颜色 color 属性值为“#000000”、选中菜单项时字体颜色 selectedColor 属性值为“#00BFFF”、导航栏背景颜色 backgroundColor 的属性值为“#EEEEEE”，如图 2-2-11 所示。

步骤 11：设置导航栏“首页”“日志”菜单项选中、未选中时图标。

（1）将项目需要使用到的素材放置到项目文件夹 pages 下，如图 2-2-12 所示。

> **小贴士**
>
> 在制作微信小程序需要用到素材时可以使用本书提供的素材，也可以在阿里巴巴矢量图标库 https://www.iconfont.cn 搜索所需要的图标并下载。

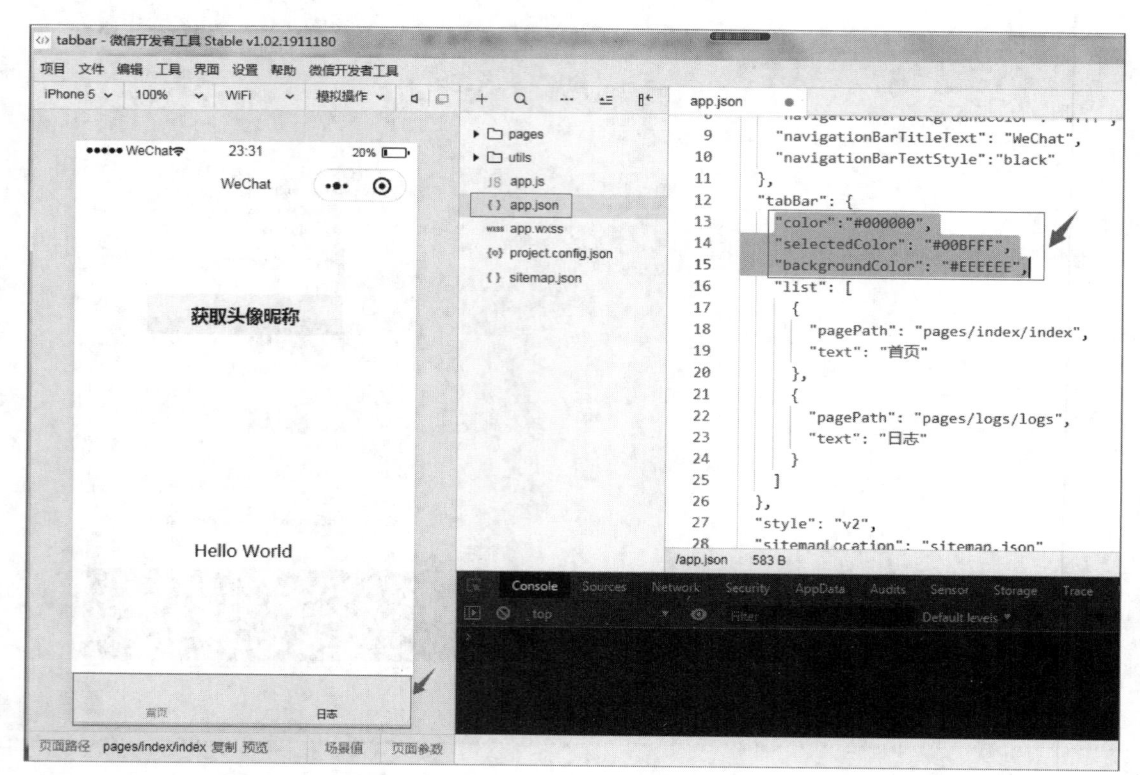
tabbar - 微信开发者工具 Stable v1.02.1911180
项目 文件 编辑 工具 界面 设置 帮助 微信开发者工具
iPhone 5 100% WiFi 模拟操作
app.json
pages
utils
app.js
app.json
app.wxss
project.config.json
sitemap.json
●●●●● WeChat 23:31 20%
WeChat
获取头像昵称
Hello World
首页
日志
9 "navigationBarTitleText": "WeChat",
10 "navigationBarTextStyle":"black"
11 },
12 "tabBar": {
13 "color":"#000000",
14 "selectedColor": "#00BFFF",
15 "backgroundColor": "#EEEEEE",
16 "list": [
17 {
18 "pagePath": "pages/index/index",
19 "text": "首页"
20 },
21 {
22 "pagePath": "pages/logs/logs",
23 "text": "日志"
24 }
25]
26 },
27 "style": "v2",
/app.json 583 B
Console Sources Network Security AppData Audits Sensor Storage Trace
top Filter Default levels
页面路径 pages/index/index 复制 预览 场景值 页面参数

图 2-2-11

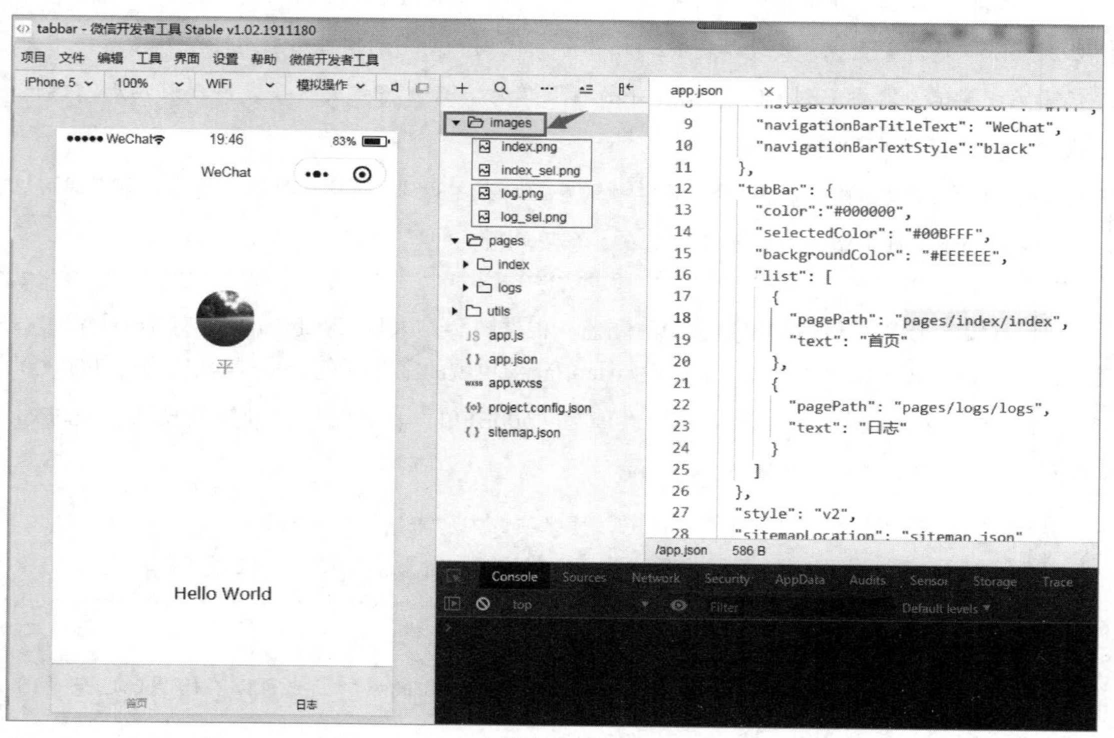
tabbar - 微信开发者工具 Stable v1.02.1911180
项目 文件 编辑 工具 界面 设置 帮助 微信开发者工具
iPhone 5 100% WiFi 模拟操作
app.json
images
index.png
index_sel.png
log.png
log_sel.png
pages
index
logs
utils
app.js
app.json
app.wxss
project.config.json
sitemap.json
●●●●● WeChat 19:46 83%
WeChat
平
Hello World
首页
日志
9 "navigationBarTitleText": "WeChat",
10 "navigationBarTextStyle":"black"
11 },
12 "tabBar": {
13 "color":"#000000",
14 "selectedColor": "#00BFFF",
15 "backgroundColor": "#EEEEEE",
16 "list": [
17 {
18 "pagePath": "pages/index/index",
19 "text": "首页"
20 },
21 {
22 "pagePath": "pages/logs/logs",
23 "text": "日志"
24 }
25]
26 },
27 "style": "v2",
/app.json 586 B
Console Sources Network Security AppData Audits Sensor Storage Trace
top Filter Default levels

图 2-2-12

（2）在 app.json 设置菜单列表中，设置各个菜单项未选中、选中时的图标 iconPath、selectedIconPath，如图 2-2-13 所示。

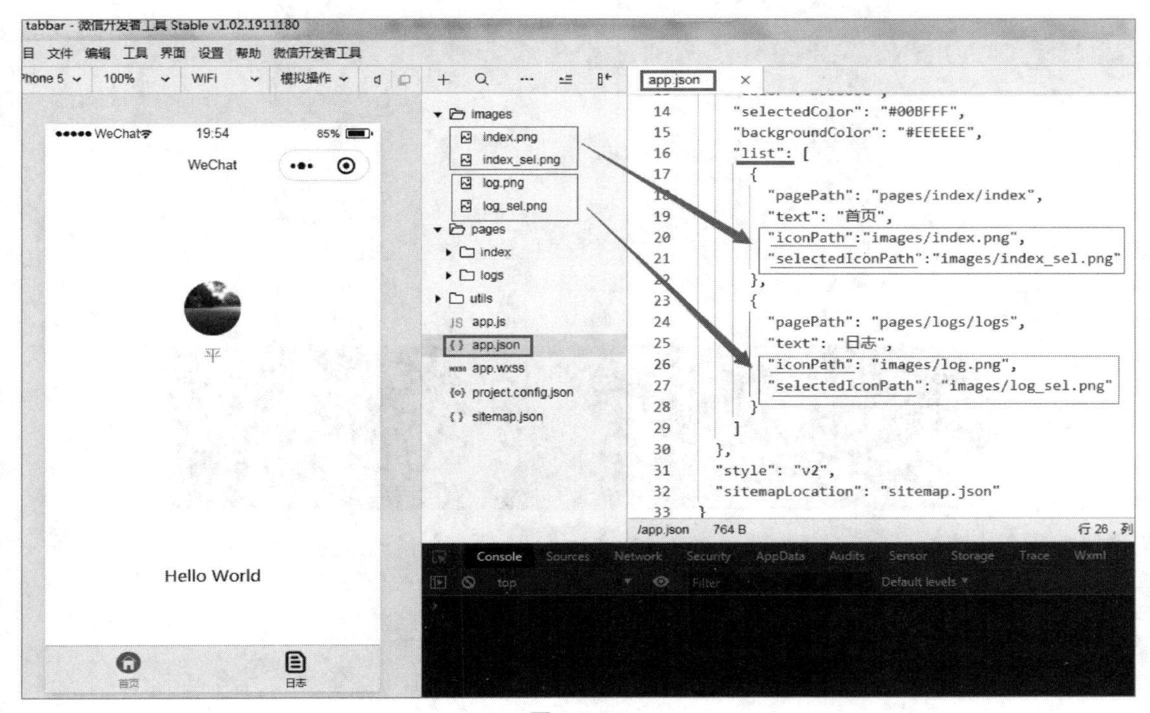

图 2-2-13

相关知识

1. 在 tabBar 中有 7 个属性可以设置。color 设置 tab 未选中时字体颜色，使用十六进制的颜色值，如"#FFFFFF"；selectedColor 设置 tab 选中时字体颜色；borderStyle 设置 tabBar 上边框的颜色，目前支持设置为"black 或 white"；backgroundColor 设置 tab 的背景颜色；list 设置 tab 列表项的数组，最少 2 个 tab"菜单项"，最多 5 个 tab"菜单项"；position 设置 tabBar 的位置；custom 属性自定义 tabBar。

2. 在设置 tabBar 时，list 数组每一个项又是一个对象，list 数组有 4 个属性值，分别是显示文字 text、菜单项对应的页面路径 pagePath、未选中菜单项时显示的图标 iconPath、选中菜单项时显示的图标 selectedIconPath。其中 iconPath、selectedIconPath 图片大小限制为 40 KB。

3. 导航栏 tabBar 属性、list 选项中主要属性表示含义如图 2-2-14 所示。

4. 如何快速搜索、下载、定制小程序图标？

（1）登录阿里巴巴矢量图标库 https://www.iconfont.cn 搜索所需要的图标，点击下载即可，如图 2-2-15 所示。

（2）定制矢量图标，如图 2-2-16 所示。

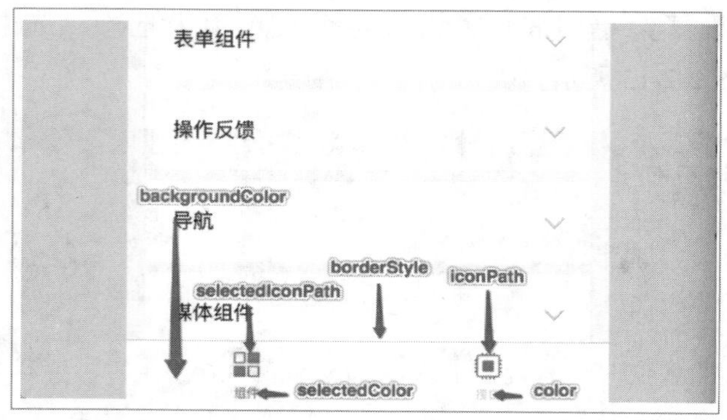

图 2-2-14

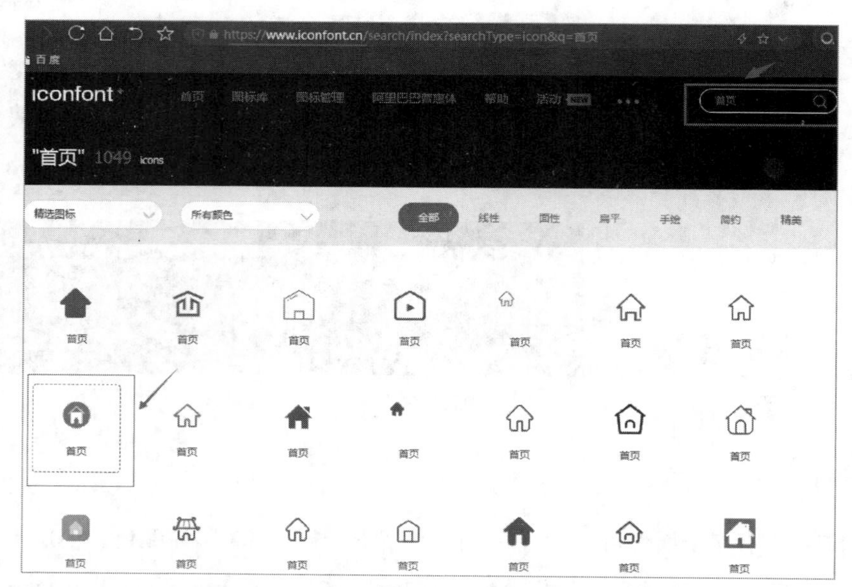

图 2-2-15

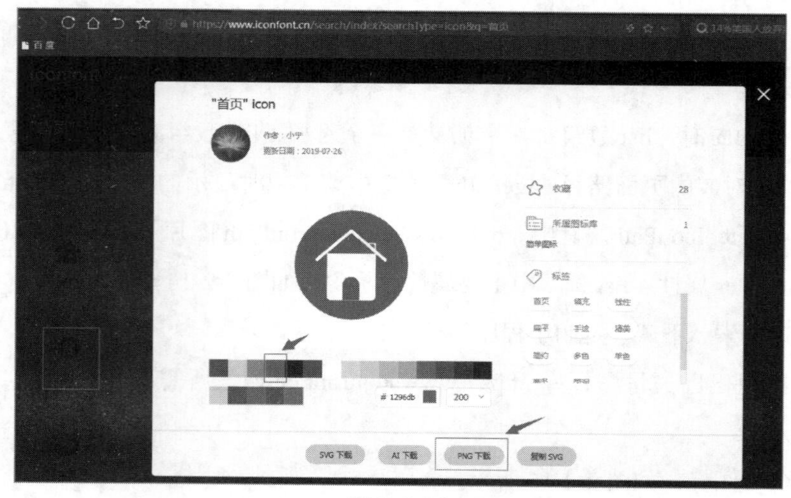

图 2-2-16

拓展训练

1. 参照案例，创建一个微信小程序，使用 tabBar 制作包含 3 个菜单“首页”“订单”“我”的导航栏，使得其调试运行时显示效果如图 2-2-17 所示。

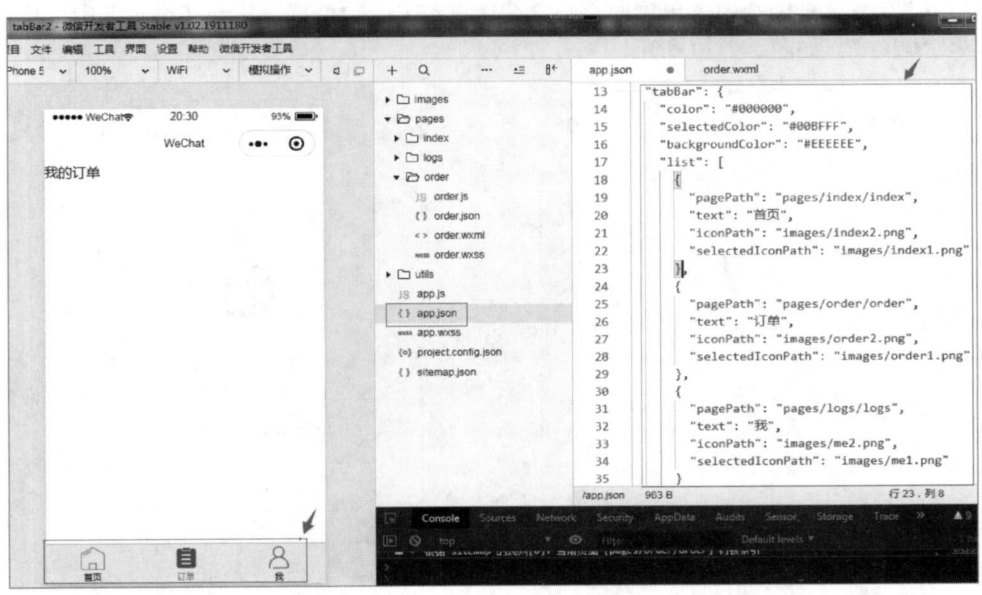

图 2-2-17

2. 创建一个微信小程序，使用 tabBar 制作包含 4 个菜单项“首页”“通知公告”“通讯录”“我”的导航栏；图标利用教材中提供的素材或者在阿里巴巴矢量图库下载，制作小程序完成后显示的效果如图 2-2-18 所示。

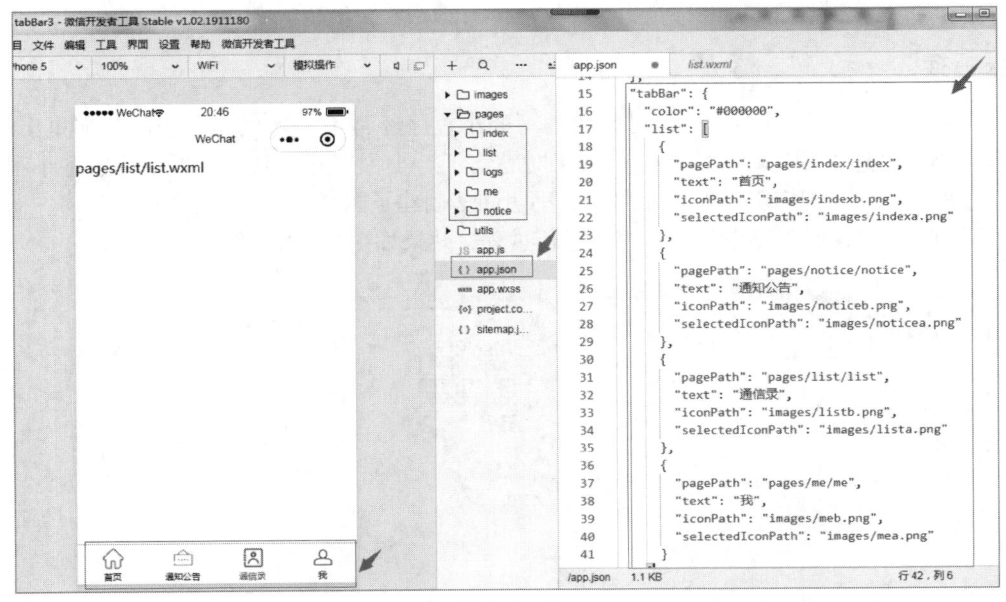

图 2-2-18

3. 创建一个微信小程序，从阿里巴巴矢量图库下载菜单图标，制作“顺丰速运”小程序的导航菜单效果。并设置 color 未选中菜单项时字体颜色为“#F00”、设置 selectedColor 选中菜单项时字体颜色为“#FFF”，如图 2-2-19 所示。

4. 创建一个微信小程序，从阿里巴巴矢量图库下载菜单图标，制作“小打卡”小程序的导航菜单。并设置 color 未选中菜单项时字体颜色为“#EEE”、设置 selectedColor 选中菜单项时字体颜色为“#FFF”，如图 2-2-20 所示。

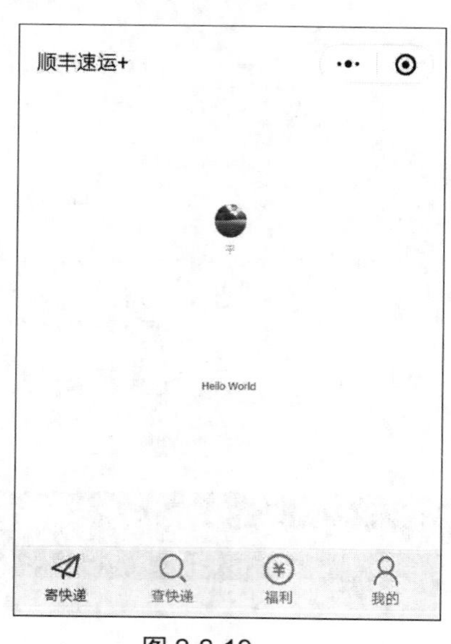

图 2-2-19

图 2-2-20

任务 2.3　小程序页面的生命周期

任务描述

小明同学最近在学习小程序，可是所编写的小程序经常不是这里出问题就是那里出问题，每当碰到小程序达不到老师要求制作的效果时就懵了。小程序开发高手告诉他要熟悉小程序项目运行过程，掌握小程序页面的生命周期。小明同学创建了图 2-3-1 所示的微信小程序，研究小程序页面的生命周期，熟悉微信小程序的运行过程，效果如图 2-3-1 所示。

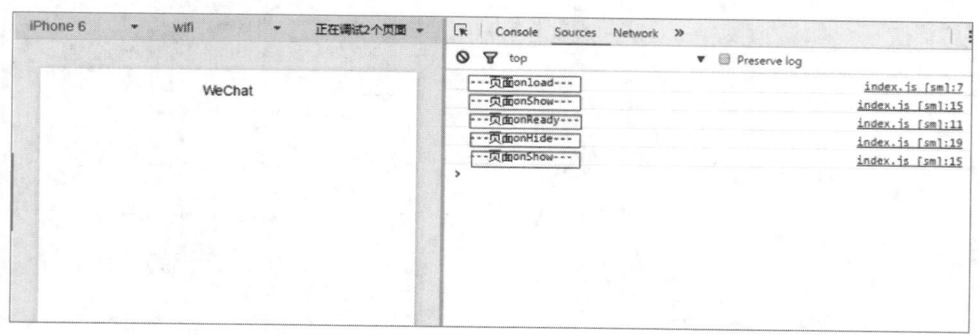

图 2-3-1

任务准备

扫码看课。

小程序页面的生命周期

任务实施

步骤 1：新建一个项目，输入项目名称等信息，如图 2-3-2 所示。

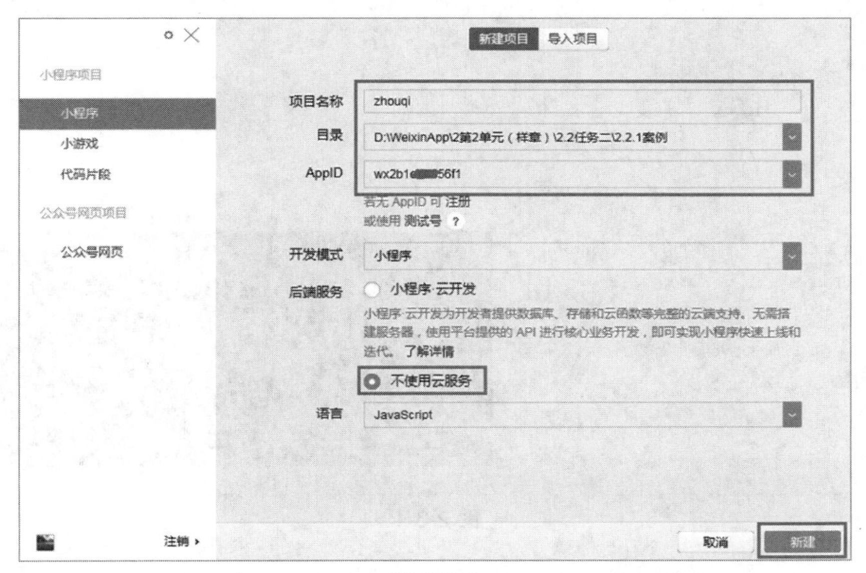

图 2-3-2

步骤 2：打开新建的项目文件，调试、运行初始项目效果，可以看到 Console 面板显示输出的调试信息为空，如图 2-3-3 所示。

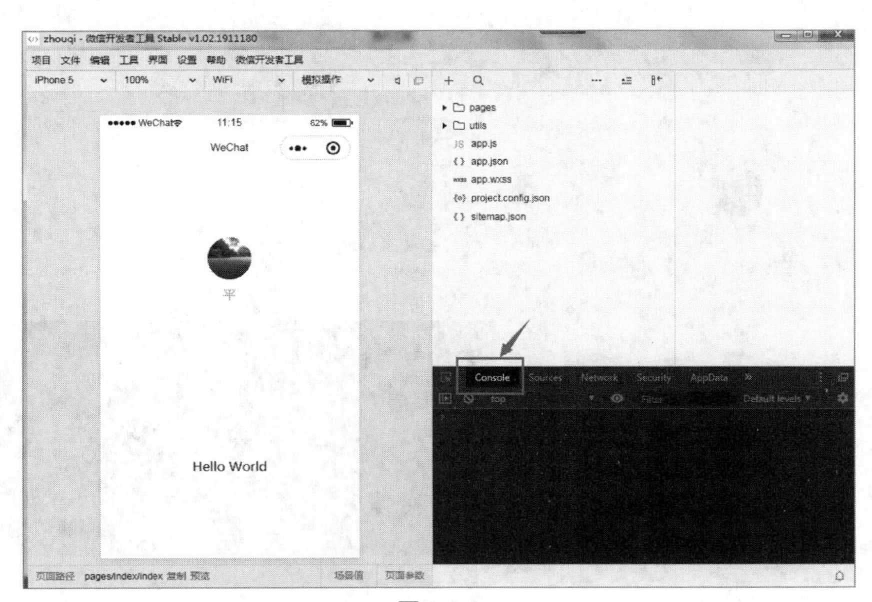

图 2-3-3

步骤 3 ：打开页面 index.js，清空此文件附带的代码，如图 2-3-4 所示。

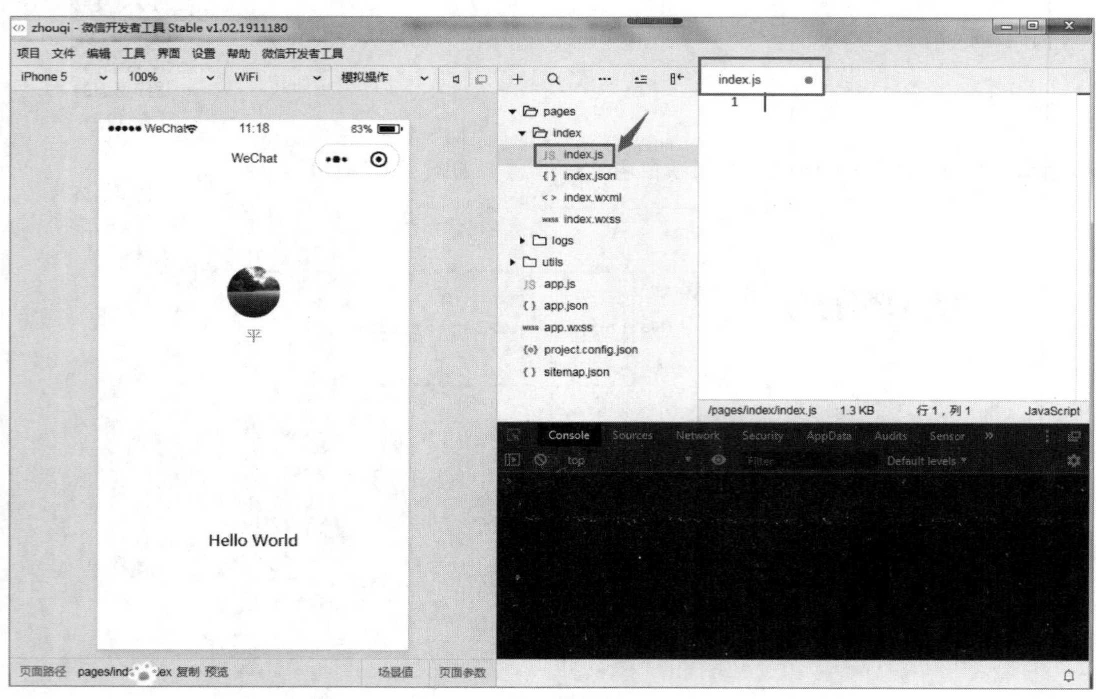

图 2-3-4

步骤 4 ：在 index.js 页面，使用 Page 方法初始化页面，如图 2-3-5 所示。

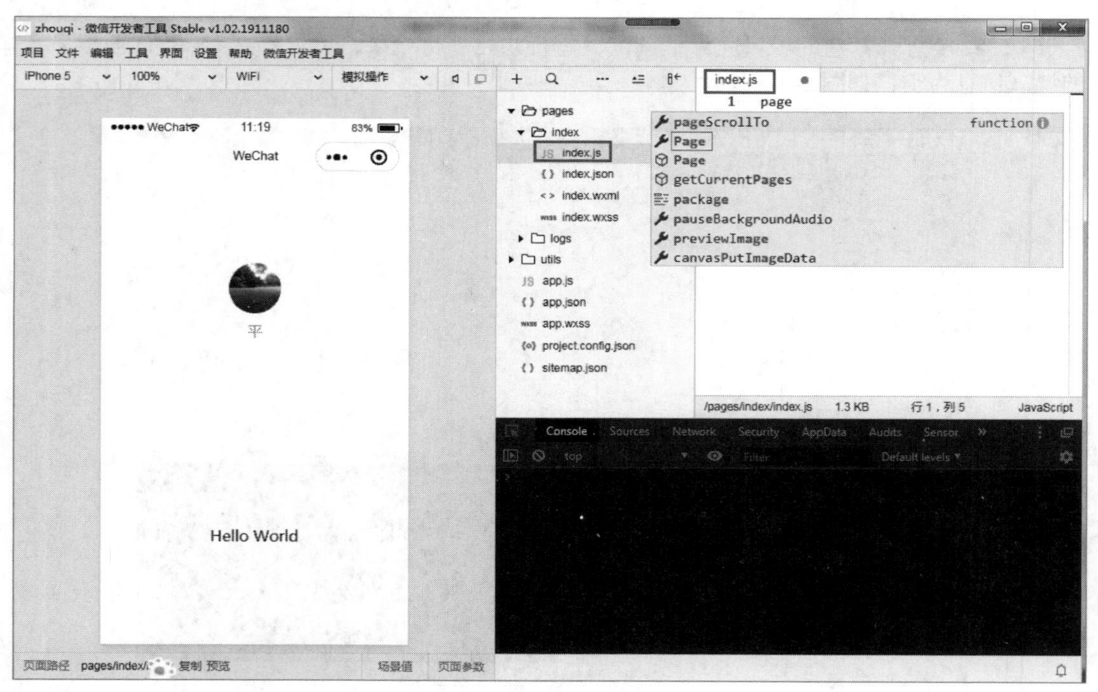

图 2-3-5

小贴士

Page 方法初始化页面的操作很简单，只要在 .js 页面中输入 Page 字符，即可在弹出的下拉列表中选择 Page 构造函数代码，如图 2-3-5 所示。

Page( ) 函数用来注册一个页面。接收一个 object 参数，其指定页面的初始数据、生命周期函数、事件处理函数等。

步骤 5：使用 Page() 函数初始化 index.js 页面，则会自动生成页面生命周期函数控制代码，如图 2-3-6 所示。

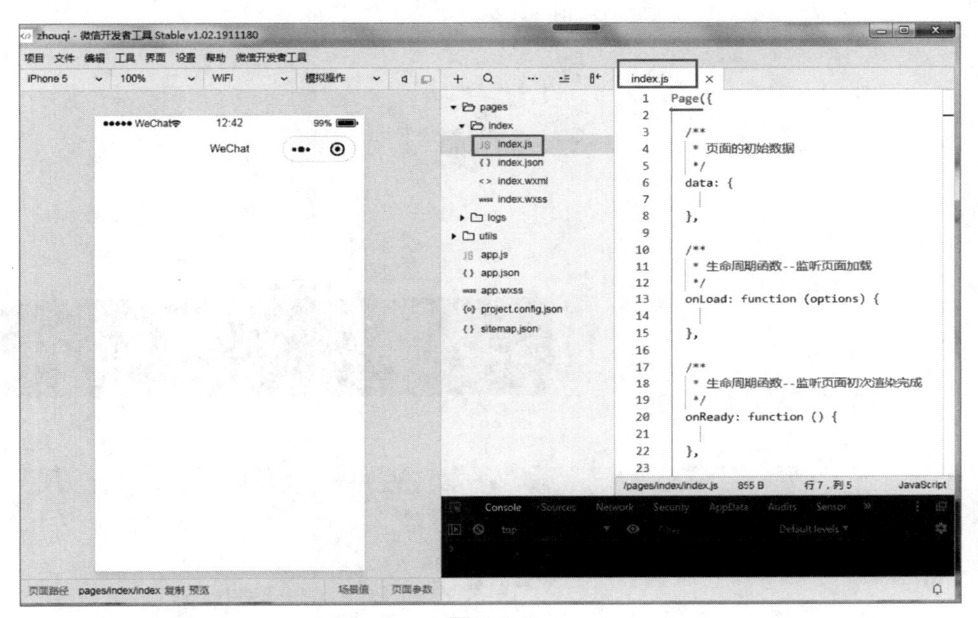

图 2-3-6

小贴士

onLoad：页面加载。一个页面只会调用一次，可以在 onLoad 中获取打开当前页面所调用的 query 参数。

onShow：页面显示，每次打开页面都会调用一次。

onReady：初次渲染一个页面只会调用一次，代表页面已经准备妥当，可以和视图层进行交互。

onHide：页面隐藏，当 navigateTo 或底部 tab 切换时调用。

onUnload：页面卸载，当 redirectTo 或 navigateBack 时调用。

步骤 6：在 onload 方法中，输入页面加载时执行的代码 console.log，如图 2-3-7 所示。

步骤 7：保存，调试执行程序，在 Console 调试面板上可以看到，当页面加载时首先会执行 onload 函数，如图 2-3-8 所示。

步骤 8 ：同理，在 onReady、onShow、onHide、onUnload 方法中输入相应的代码，如图 2-3-9 所示。

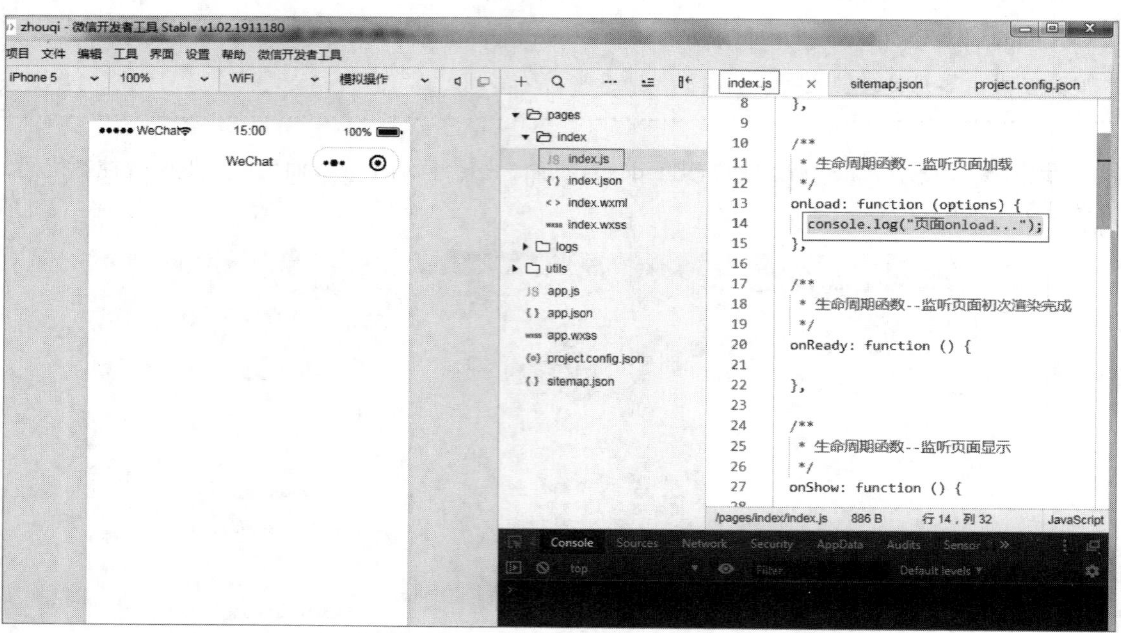

图 2-3-7

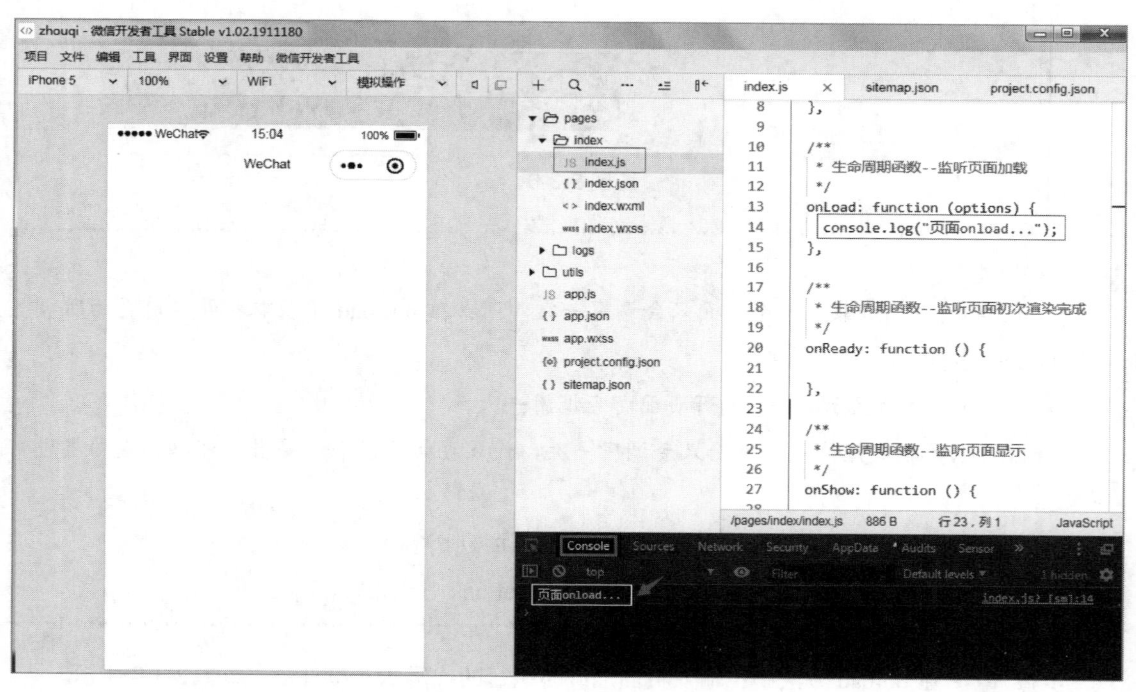

图 2-3-8

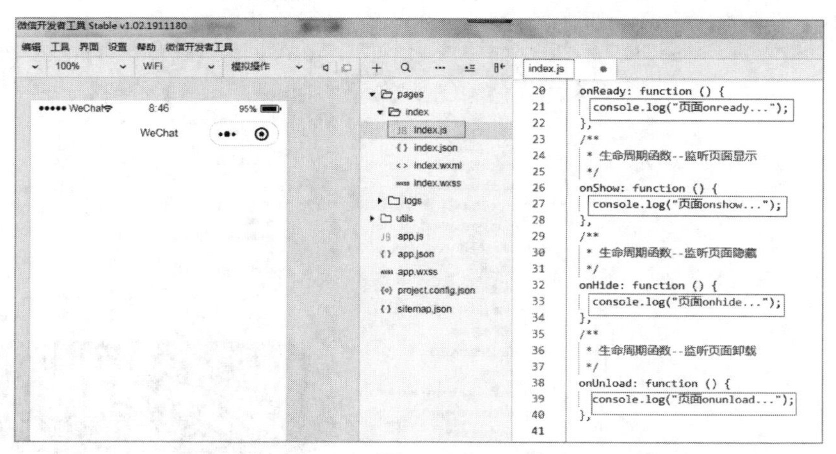

图 2-3-9

步骤 9 ：按【Ctrl+S】组合键保存调试运行小程序，在 console 面板中输出运行的结果，可以看到小程序在打开 index.wxml 页面时，在 index.js 页面中首先执行 onload 加载函数，接着执行 onShow 显示函数，再执行 onReady 程序就绪函数，如图 2-3-10 所示。

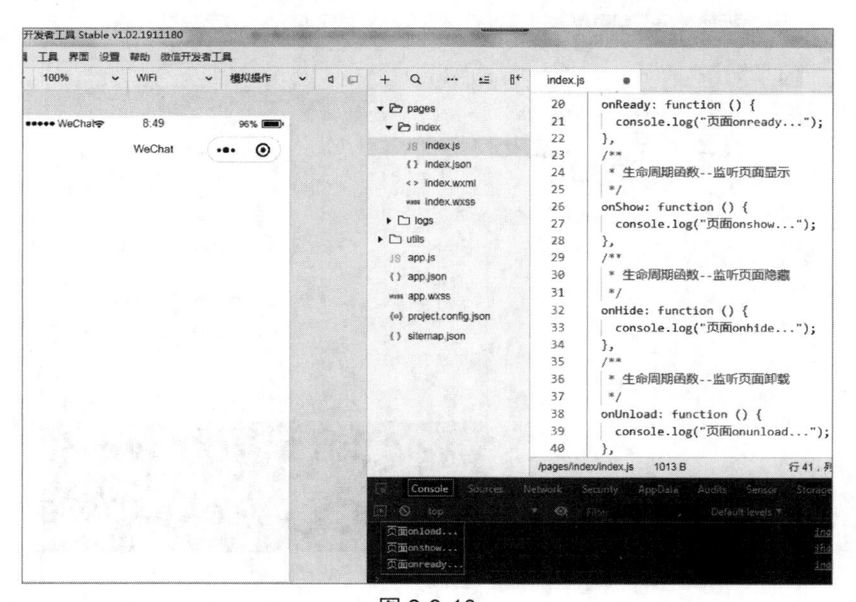

图 2-3-10

步骤 10 ：当点击微信小程序界面右上角的“关闭”按钮时，小程序就切换到“后台”运行，当页面切换到后台模式运行时，则会执行 OnHide 函数，如图 2-3-11 所示。

小贴士

当用户点击微信小程序界面右上角的“关闭”按钮，或者按了设备 Home 键离开微信，小程序并没有直接关闭，只是进入了后台；当再次进入微信或再次打开小程序时，又会从后台进入前台。

图 2-3-11

步骤 11 ：当单击工具栏中的“切前台”按钮时，即当页面切换到前台模式运行时，则会执行 onShow 函数，如图 2-3-12 所示。

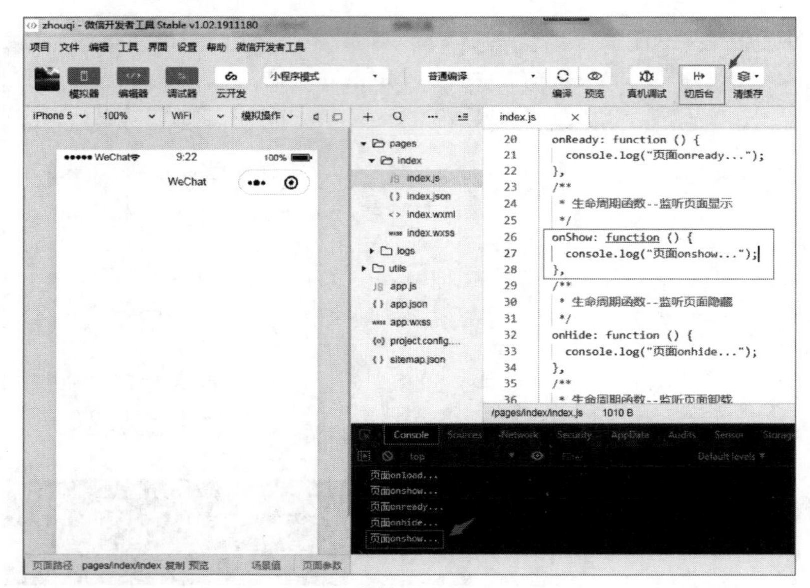

图 2-3-12

步骤 12 ：在 app.json 文件中加入导航栏代码，如图 2-3-13 所示。

在 app.json 文件中加入导航代码如下：

```
"tabBar": {
  "list": [{
    "pagePath": "pages/index/index",
    "text": " 首页 "
  }, {
    "pagePath": "pages/logs/logs",
```

```
    "text": "日志"
  }]
},
```

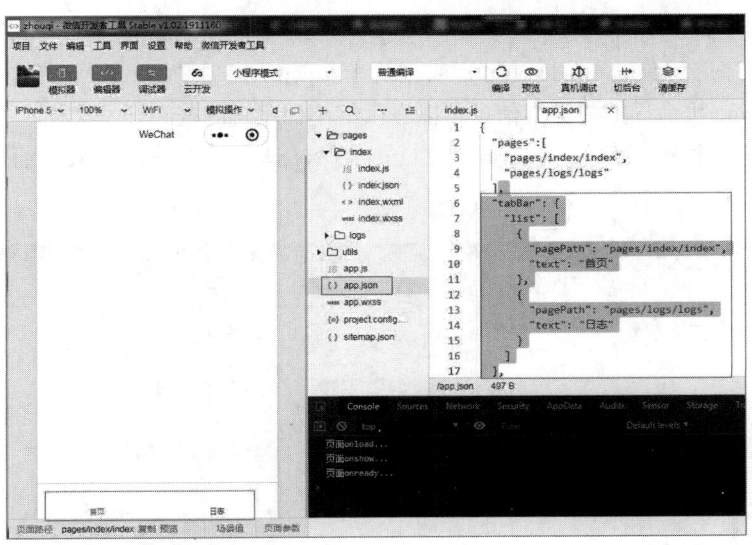
图 2-3-13

步骤 13：调试运行小程序，在小程序底部点击“首页”“日志”菜单项切换页面时可以观察 Console 面板中输出信息内容的变化，如图 2-3-14 所示。

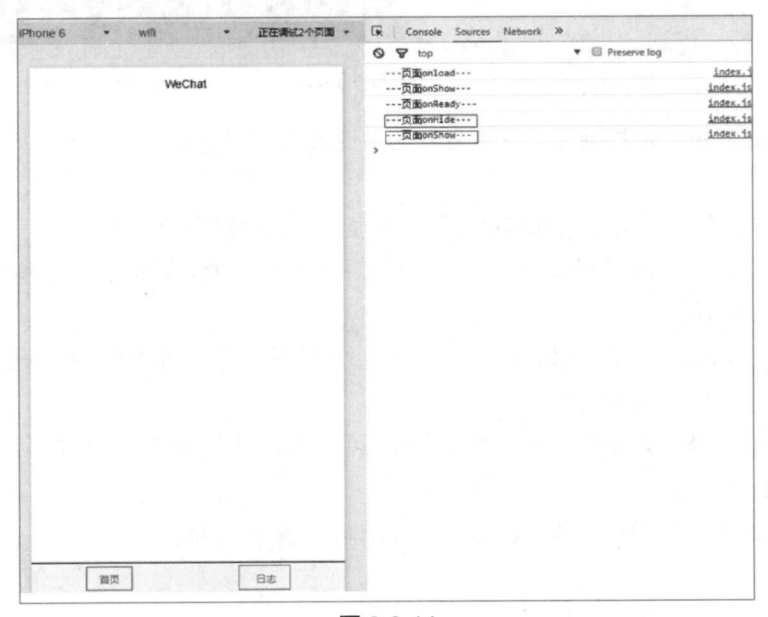

图 2-3-14

相关知识

1. 页面生命周期。

（1）小程序注册完成后，加载页面，触发 onLoad 方法。

（2）页面载入后触发 onShow 方法，显示页面。

（3）首次显示页面，会触发 onReady 方法，渲染页面元素和样式，一个页面只会调用一次。

（4）当小程序后台运行或跳转到其他页面时，触发 onHide 方法。

（5）当小程序由后台进入到前台运行或重新进入页面时，触发 onShow 方法。

（6）关于 page 生命周期的详细信息可以在微信小程序官网查阅开发文档。

2. 各种面板。主要面板有：Console、Sources、Network、Storage、AppData、Wxml 等，如图 2-3-15 所示。

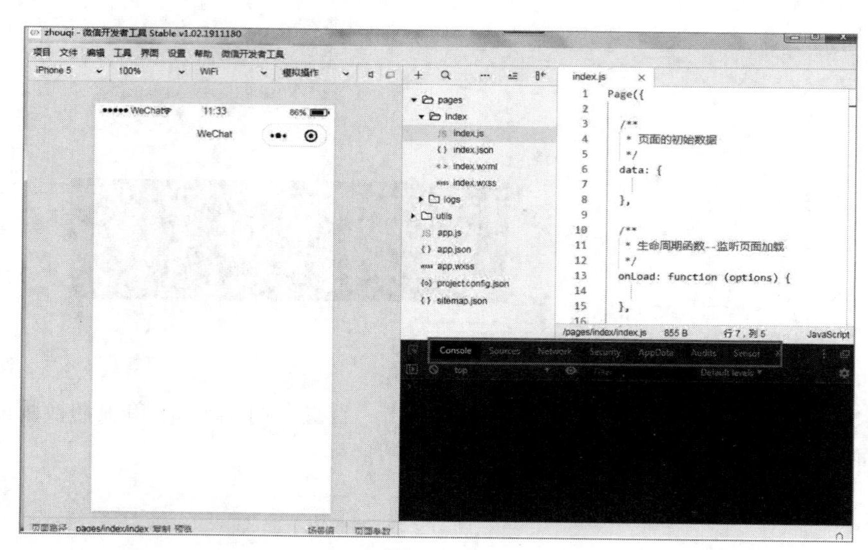

图 2-3-15

（1）Console 面板，是控制台，开发者直接在此输入代码并调试，显示小程序的执行结果，或错误输出等。

（2）Sources 面板，源文件调试信息页，用于显示当前项目的脚本文件。

（3）Network 面板，网络调试信息页，用于观察和显示每个元素请求信息和套接字（socket）状态等网络相关详细信息。

（4）Storage 面板，数据存储信息页用于显示当前项目使用存储 API（wx.setStorage、wx.setStorageSync）接口的数据存储情况。

（5）AppData 面板，用于调试显示当前小程序项目此时此刻的应用具体数据，实时回显项目数据的调整情况。

（6）Wxml 面板，用于帮助开发者调试 WXML 转化后的界面。

拓展训练

1. 参照案例，创建一个微信小程序，打开页面 index.js，清空此文件附带的代码，使用 Page 函数初始化页面，设置 index.js 页面的生命周期 onLoad、onReady、onShow、onHide 函数，当执行相应生命周期函数时输入对应的提示信息，使得其调试运行时显示效果如图 2-3-16 所示。

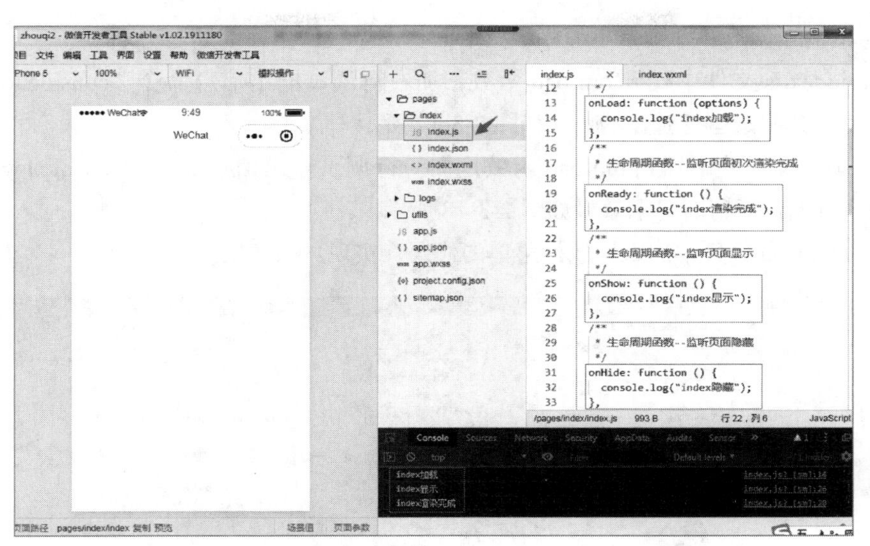

图 2-3-16

index.js 主要代码如下：

```
Page({
  /**
   * 生命周期函数——监听页面加载
   */
  onLoad: function (options) {
    console.log("index 加载 ");
  },
  /**
   * 生命周期函数——监听页面初次渲染完成
   */
  onReady: function () {
    console.log("index 渲染完成 ");
  },
  /**
   * 生命周期函数——监听页面显示
   */
  onShow: function () {
    console.log("index 显示 ");
  },
  /**
   * 生命周期函数——监听页面隐藏
   */
  onHide: function () {
    console.log("index 隐藏 ");
  }
})
```

2. 参照案例，创建一个微信小程序，按下面要求做页面生命周期实验。

（1）在 index.js 文件中找到 onLoad 函数，加一行调试输出信息命令“console.log("index 已加载 ");”，使得其调试运行时显示效果如图 2-3-17 所示。

（2）在 logs.js 文件中找到 onLoad 函数，加一行调试输出信息命令“console.log("logs 已加载 ");”，使得其调试运行时显示效果如图 2-3-18 所示。

（3）在 app.json 文件中加入导航栏菜单的代码，实现页面切换。

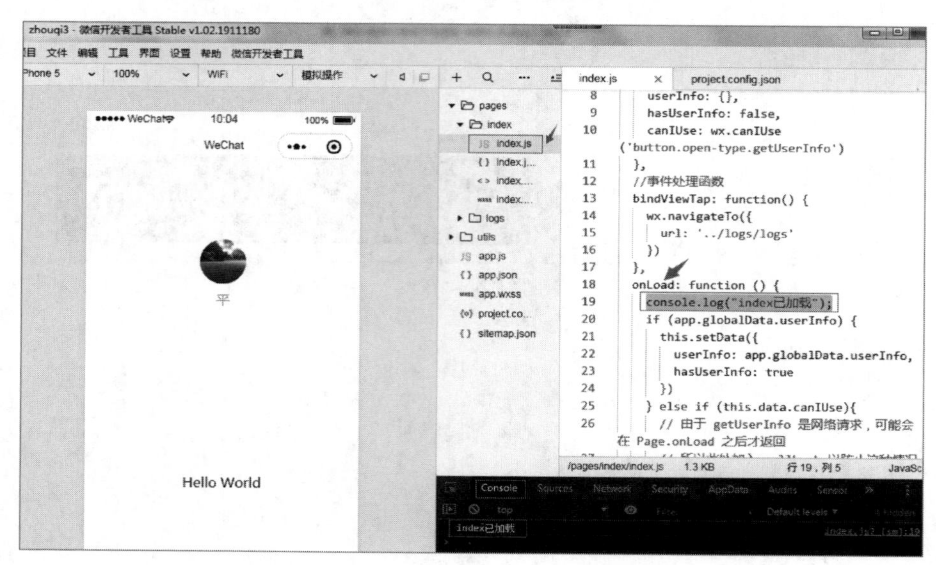

图 2-3-17

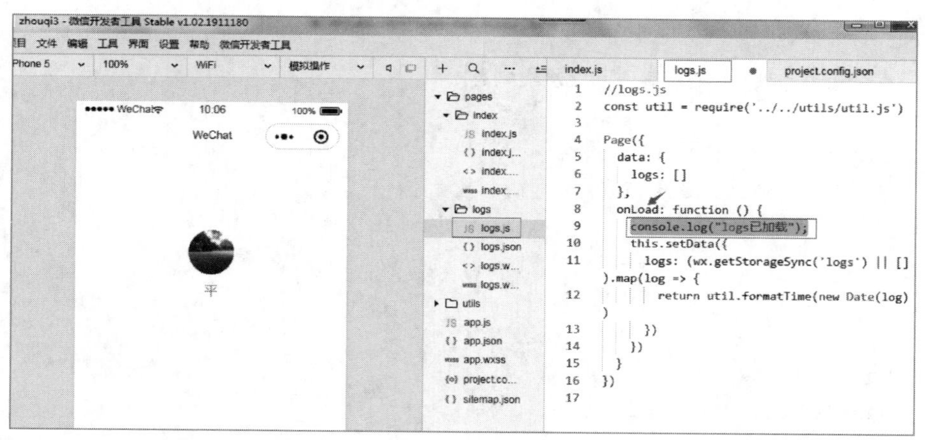

图 2-3-18

单元小结

本单元主要学习了微信小程序的框架、应用项目参数设置、页面生命周期、导航菜单设置、页面跳转、调试与排除编写小程序过程中的故障，以及学习了如何查看微信小程序官方开发手册等。为初学者学好微信小程序应用与开发打下坚实的基础。

第 3 单元 微信小程序的 JS 文件

技能目标

- 掌握 JS 变量定义
- 掌握日期变量应用
- 掌握数值型变量的运算
- 学会 if 条件渲染
- 学会列表渲染
- 数组变量应用
- 循环语句和 if 语句应用

前面学习了微信小程序项目的创建，知道了微信小程序每个页面文件一般由 4 个文件构成，这 4 个文件的主文件名相同，以 4 种不同扩展名来区分，如 index.js、index.wxml、index.wxss、index.json。

.js 文件就是微信小程序开发中的 JS 文件。在 .js 文件中开发者使用 JavaScript（简称 JS）来开发业务逻辑以及调用小程序的 API 来完成业务需求。但是，严格意义上来说，小程序中的 JavaScript 与网页浏览器中的 JavaScript 是不完全相同的。要全面掌握小程序开发，必须掌握 JS 相关知识，包括多种类型变量的定义、语句语法、if 条件语句、for 循环语句等，还有许多其他常用语法、函数调用与定义等。

网页编程通常采用 HTML+CSS+JS 组合，其中 HTML 用来描述当前页面的结构，CSS 用来描述页面的样子，JS 通常用来处理页面和用户的交互。同样道理，在小程序中也有同样的角色，其中 WXML 充当的就是类似 HTML 的角色。WXML 文件扩展名是 .wxml，语句在语法上同 HTML 相似。

WXML（WeiXin Markup Language）是框架设计的一套标签语言，结合基础组件、事件系统，可以构建出页面的结构。

在 WXML 文件中应用数据绑定、列表渲染、条件渲染等可以高效地呈现数据效果。

任务 3.1 变量的定义与更改

任务描述

创建一个微信小程序，完成以下功能：设置项目标题为“变量的定义与更改”；定义变量 a；把变量 a 的值显示在页面上；在 index.wxml 中创建按钮，点击按钮时，实现更改变量值的功能。

任务准备

扫码看课。

变量的定义与更改

任务实施

步骤 1 ：新建一个项目，删除 index.js、index.wxml、index.wxss 文件内的所有代码，打开 app.json，设置项目标题为“变量的定义与更改”，如图 3-1-1 所示。

图 3-1-1

步骤 2 ：打开 index.js，定义变量 x，初始化 x 的值为 45，如图 3-1-2 所示。

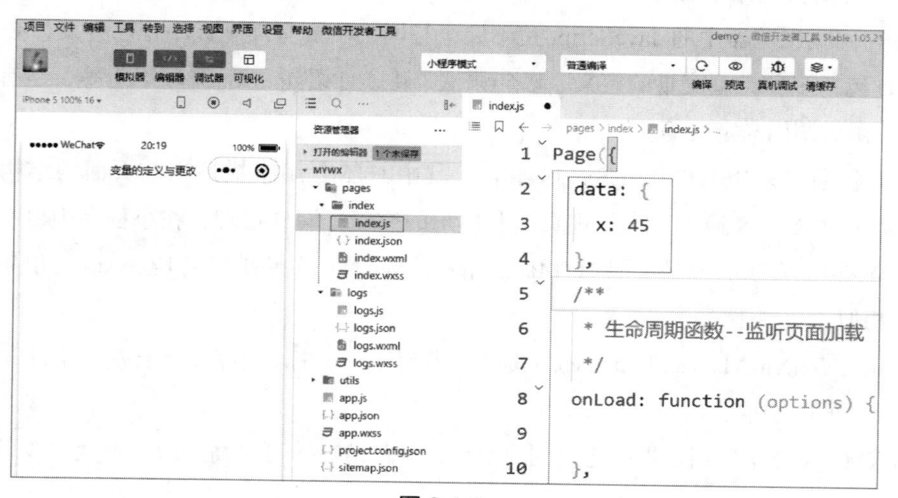

图 3-1-2

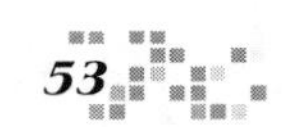

> 小贴士
>
> 在小程序的 .js 文件的 data 区块定义变量。

步骤 3：打开 index.wxml，使用 {{x}} 把变量 x 的值显示在页面的 <view> 组件中，如图 3-1-3 所示。

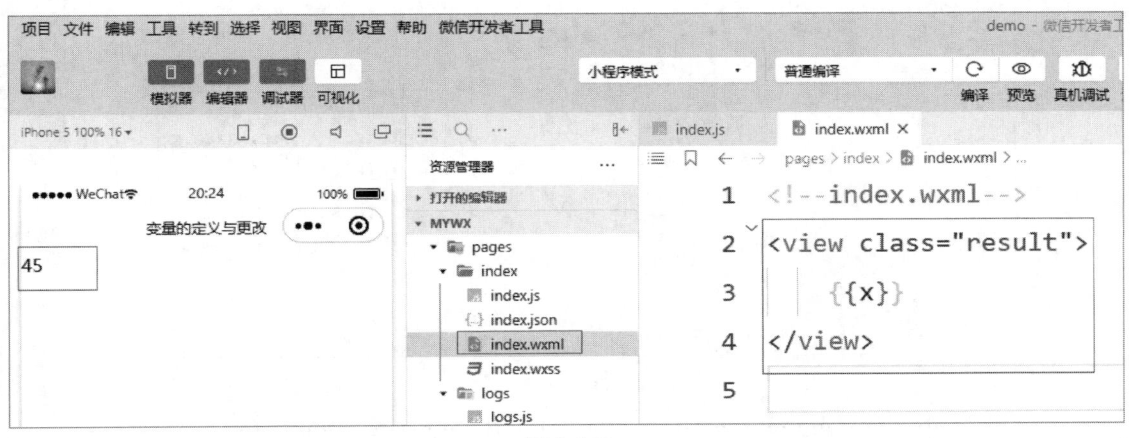

图 3-1-3

> 小贴士
>
> 在 JS 中定义了变量后，需要时即可呈现在 wxml 页面上，wxml 页面中的 {{}} 里面包含的内容可以理解为变量，让 wxml 页面输出变量 x 的值，即让用户可以在页面上看到变量 x 的值，可以用 {{x}} 达到渲染的效果。

步骤 4：打开 index.wxss，设置".result"的样式属性，如图 3-1-4 所示。

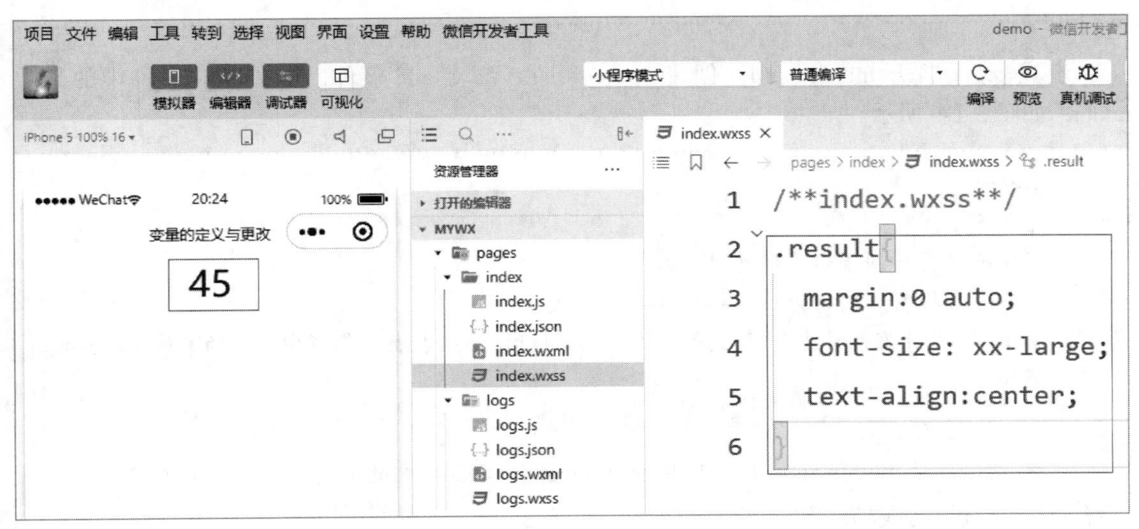

图 3-1-4

步骤 5 ：打开 index.js，定义函数 add()，实现 x 变量增加 1 的功能，如图 3-1-5 所示。

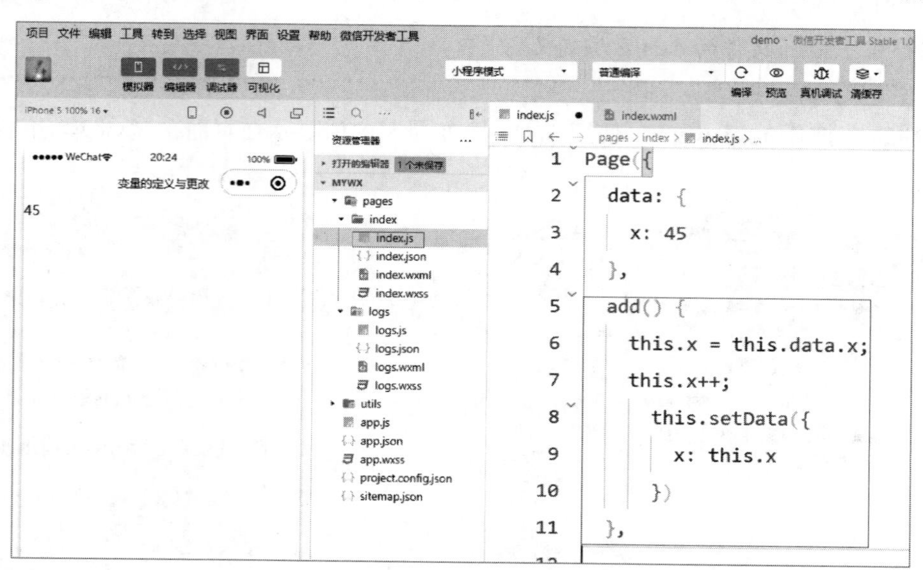

图 3-1-5

小贴士

（1）this.x = this.data.x; 作用是从 data:{x:45} 中获取变量 x 赋值给 this.x；

（2）this.x 和 this.data.x 可以理解为不同的两个变量；

（3）调用 setData() 函数是为了重新渲染一次页面。

例如:

```
this.setData({
    x:this.x
})
```

重新渲染一次页面，变量 x 的最新值就刷新在页面上。

步骤 6 ：打开 index.wxml，创建 button 组件，绑定 add 事件，即关联 js 文件中的函数 add()，如图 3-1-6 所示。

小贴士

什么是事件?

事件是视图层到逻辑层的通信方式。

事件可以将用户的行为反馈到逻辑层进行处理。

事件可以绑定在组件上，当达到触发事件的条件时，就会执行逻辑层中对应的事件处理函数。

例如:

```
<button type="default" bindtap="add">增加 1</button>
```

当用户点击 button 组件时，程序会在 index.js 页面对应的 Page 中找到 add() 函数，执行 add() 函数中的代码。

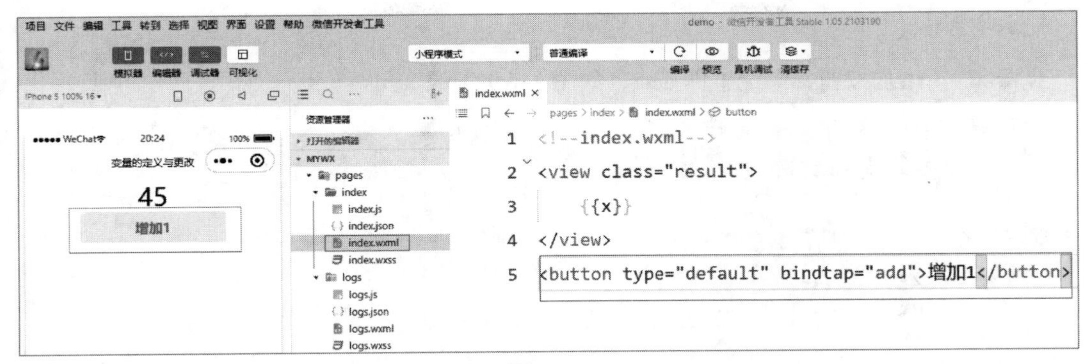

图 3-1-6

步骤 7 ：在模拟器中，点击 button 按钮，数字实现增加 1，如图 3-1-7 所示。

图 3-1-7

相关知识

1．微信小程序中经常需要用到 this.setData({})，实现把变量值渲染到视图层。

2．setData() 函数主要用于将逻辑层数据发送到视图层，同时对应地改变 this.data.x 的值。

3．setData() 函数的参数 Object 以 key:value 的形式表示，将 this.data 中 key 对应的值改变成 value。

拓展训练

1. 参照案例，增加按钮，实现点击按钮时变量减少 1 的功能，如图 3-1-8 所示。

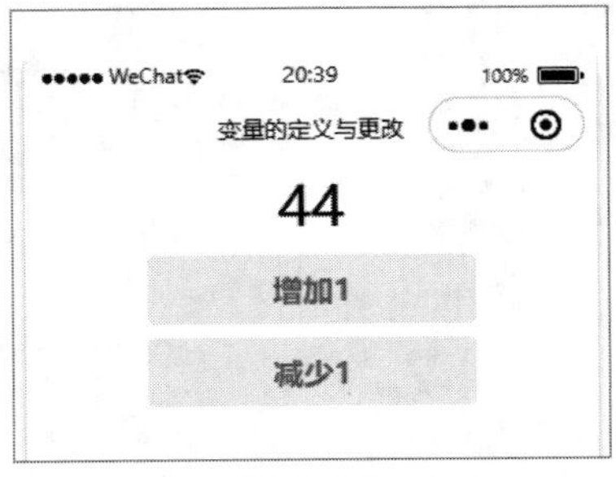

图 3-1-8

提示步骤：

步骤 1 ：增加按钮，绑定事件 decr，如图 3-1-9 所示。

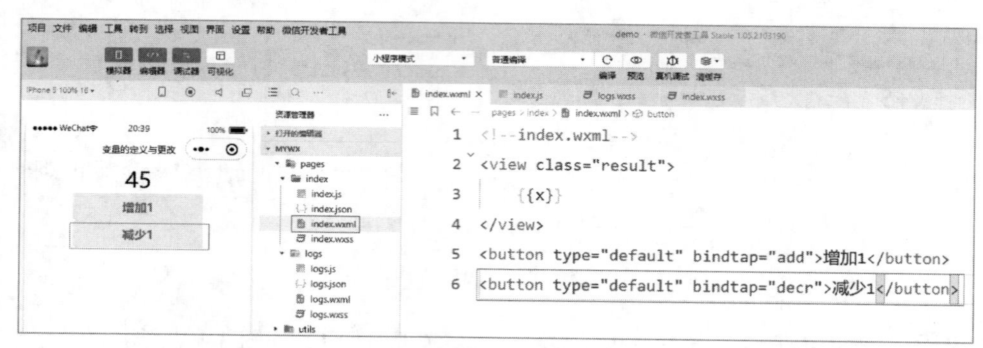

图 3-1-9

步骤 2 ：在 js 文件中创建 decr() 函数，实现变量减 1 的功能，如图 3-1-10 所示。

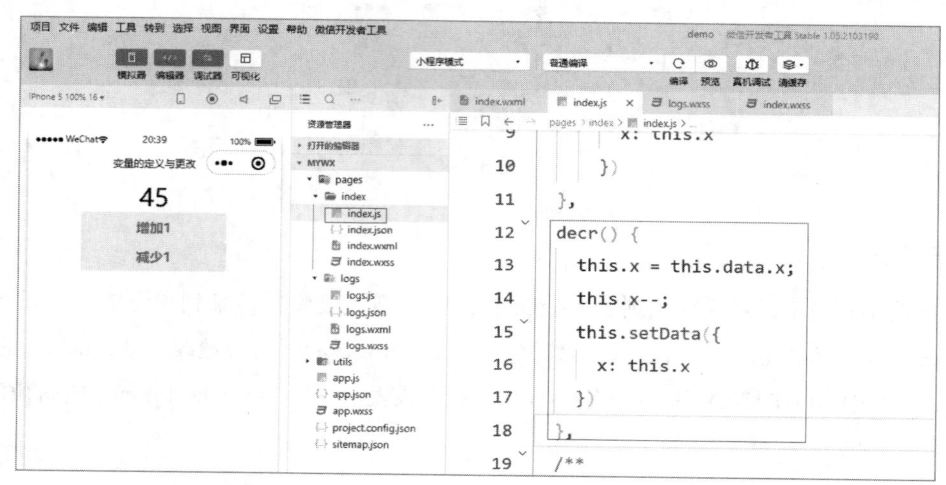

图 3-1-10

步骤 3 ：设置 button 的样式属性，如图 3-1-11 所示。

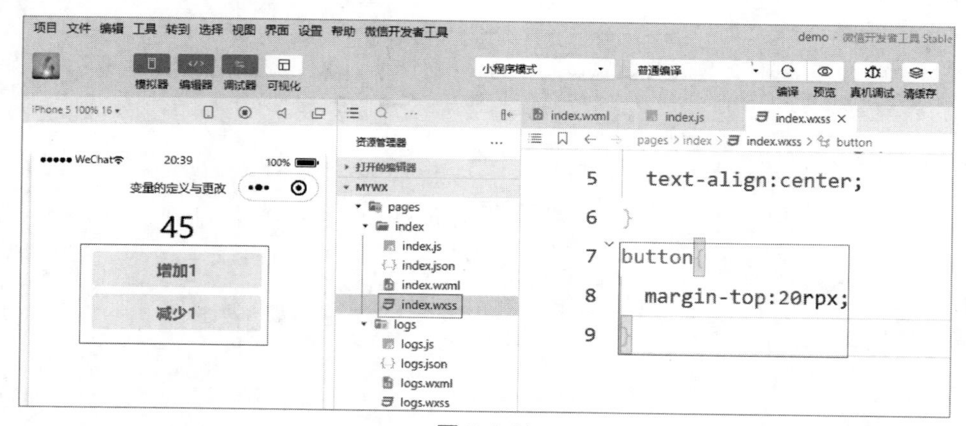

图 3-1-11

2. 参照案例，增加按钮，实现点击按钮时显示两个变量运算结果的功能，如图 3-1-12 所示。

提示步骤：

步骤 1：定义变量 y 和 s，如图 3-1-12 所示。

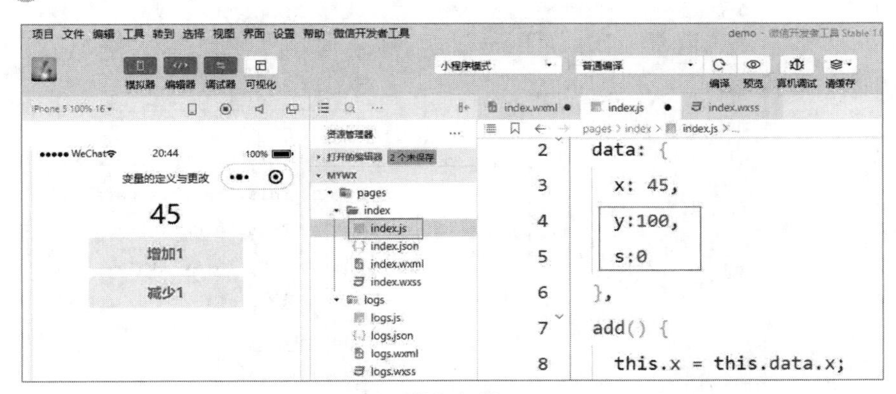

图 3-1-12

> 小贴士
>
> data:{ } 定义多个变量，用逗号隔开，逗号必须是英文状态。

步骤 2：在页面上增加按钮，绑定函数 sum，增加 view 组件，显示变量 s，如图 3-1-13 所示。

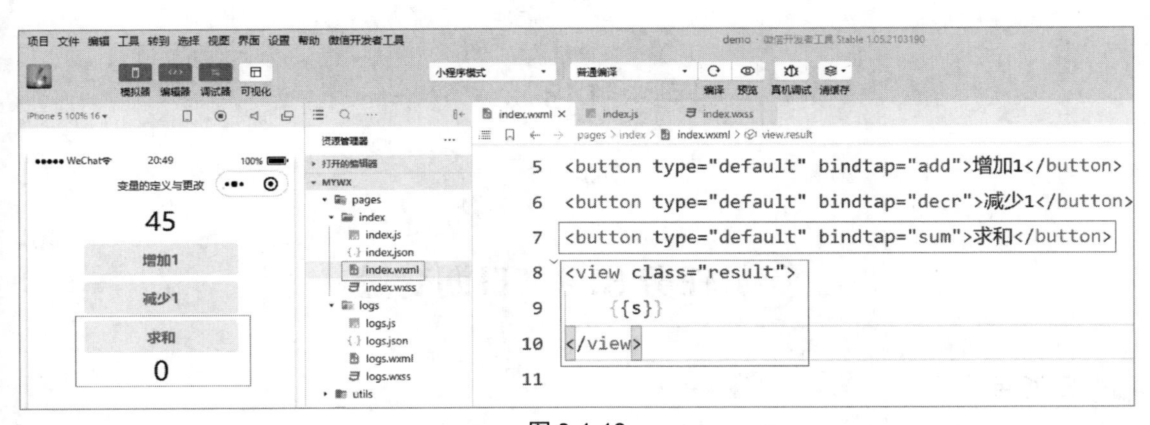

图 3-1-13

步骤 3：创建函数 sum()，实现变量 x 与变量 y 相加，把结果赋值给变量 s 的功能，如图 3-1-14 所示。

步骤 4：在模拟器中，点击“求和”按钮，查看执行效果，如图 3-1-15 所示。

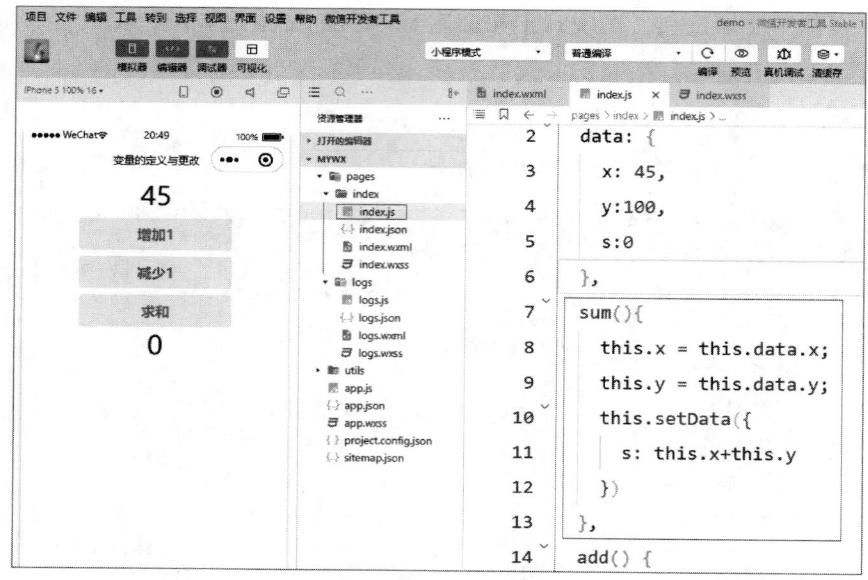

图 3-1-14

图 3-1-15

任务 3.2　日期变量

任务描述

实现获取系统日期的功能设计。要求点击按钮时，能获取系统当前日期，如图 3-2-1 所示。

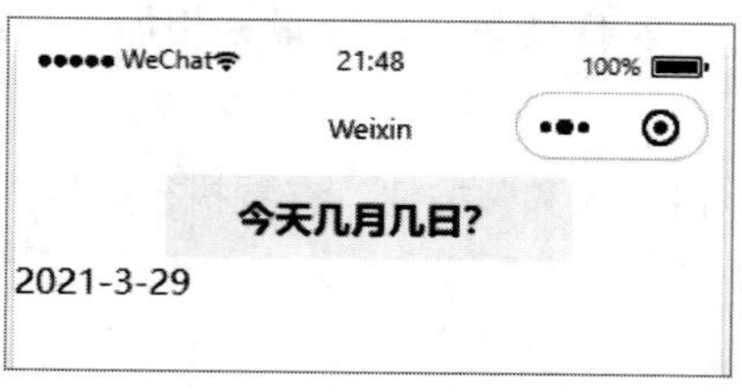

图 3-2-1

任务准备

扫码看课。

日期变量

任务实施

步骤 1：新建小程序项目，打开 index.js 文件，创建 run() 函数，实现获取系统日期的功能，如图 3-2-2 所示。

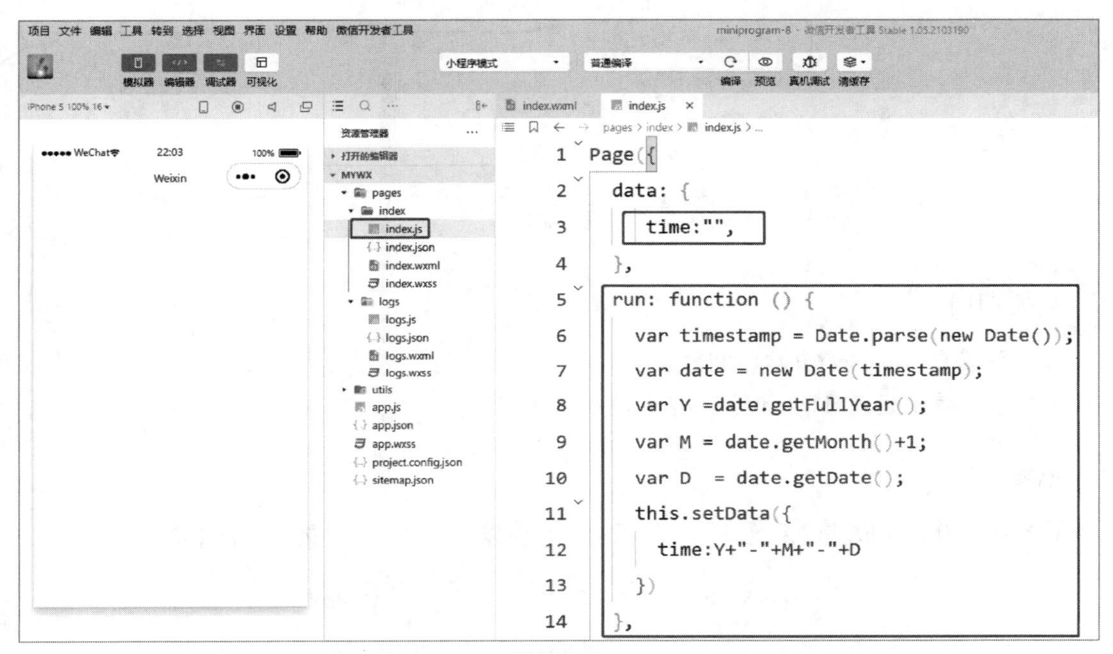

图 3-2-2

小贴士

Date.parse() 方法解析一个表示某个日期的字符串，并返回从1970-1-1 00:00:00 UTC 到该日期对象的毫秒数，即常说的时间戳。例如：

```
var timestamp = Date.parse(new Date());
```

可获取当前时间距离 1970-1-1 00:00:00 UTC 的毫秒数；

```
var timestamp = Date.parse("2021-1-1 08:03:03");
```

可获取 2021-1-1 08:03:03 距离 1970-1-1 00:00:00 UTC 的毫秒数。

细心的读者可能会发现 var timestamp = Date.parse("1970-1-1 00:00:00") 获取的结果并不等于 0，这是因为用的是北京时间，与 UTC（国际标准时间）时差是 8 小时。即 Date.parse("1970-1-1 08:00:00") 返回的才是 0。

步骤 2 ：打开 index.wxml 文件，创建 button 组件，绑定 run 事件；创建 view 组件，显示变量 time 的值，如图 3-2-3 所示。

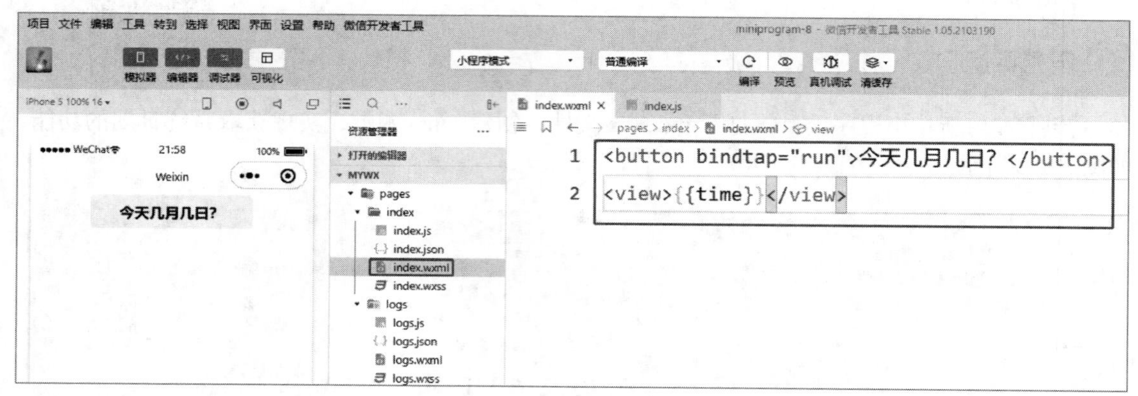

图 3-2-3

相关知识

1. 小程序 Date.parse() 获取时间戳。

2. 通过 js 读取目前日期、时间等信息。

拓展训练

1. 参照案例，完成获取系统日期，显示中文日期以及星期几的功能，如图 3-2-4 所示。

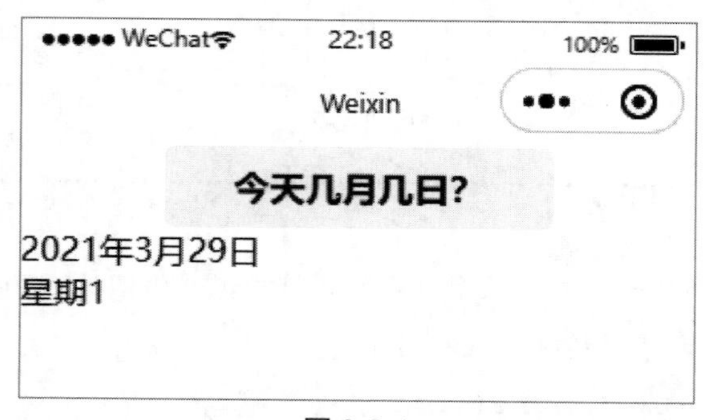

图 3-2-4

提示步骤：

步骤 1 ：打开 index.js 文件，升级 run 功能，实现显示星期几的功能，如图 3-2-5 所示。

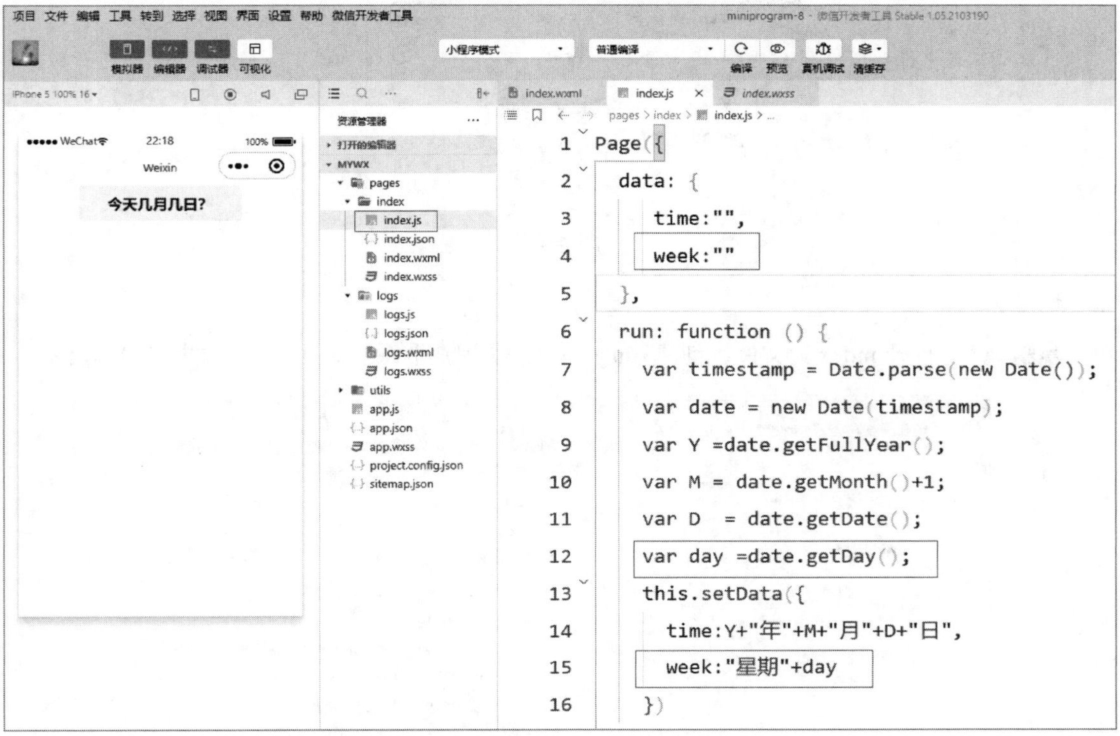

```
1  Page({
2    data: {
3      time:"",
4      week:""
5    },
6    run: function () {
7      var timestamp = Date.parse(new Date());
8      var date = new Date(timestamp);
9      var Y =date.getFullYear();
10     var M = date.getMonth()+1;
11     var D  = date.getDate();
12     var day =date.getDay();
13     this.setData({
14       time:Y+"年"+M+"月"+D+"日",
15       week:"星期"+day
16     })
```

图 3-2-5

小贴士

```
var Y =date.getFullYear();      //获取年份
var M = date.getMonth()+1;      //获取月份，注意须加 1
var D = date.getDate();         //获取日
var day =date.getDay();         //获取星期几
```

步骤 2 ：打开 index.wxml 文件，添加 view 组件，显示变量 week，如图 3-2-6 所示。

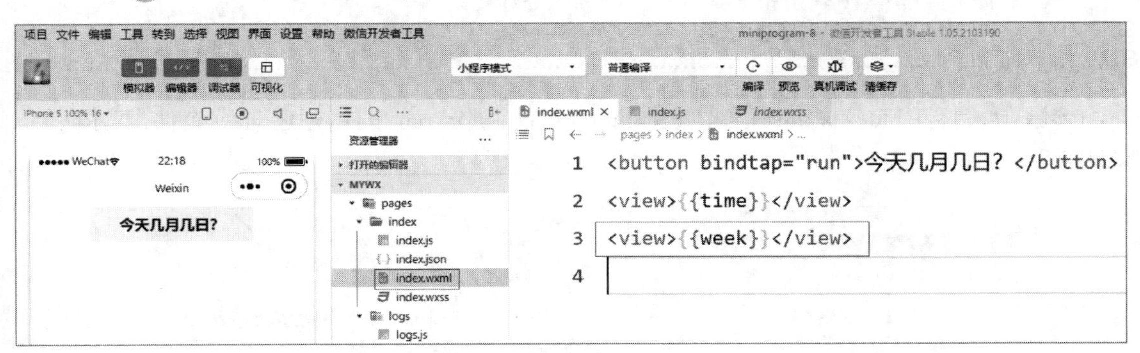

图 3-2-6

2. 参照案例，完成显示系统时间的功能，如图 3-2-7 所示。

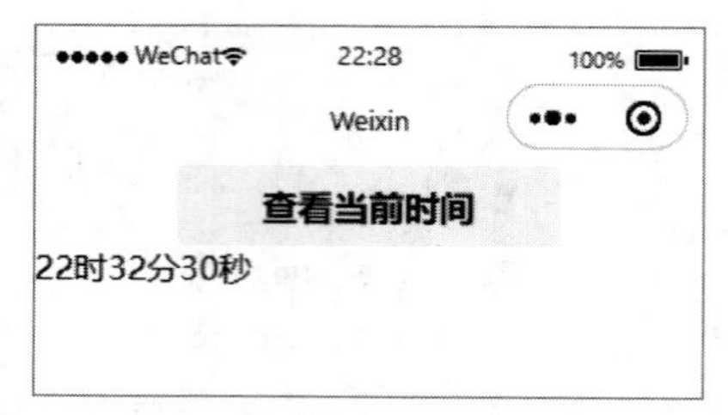

图 3-2-7

提示步骤：

步骤 1：打开 index.js 文件，创建 run() 函数，实现获取系统时间功能，如图 3-2-8 所示。

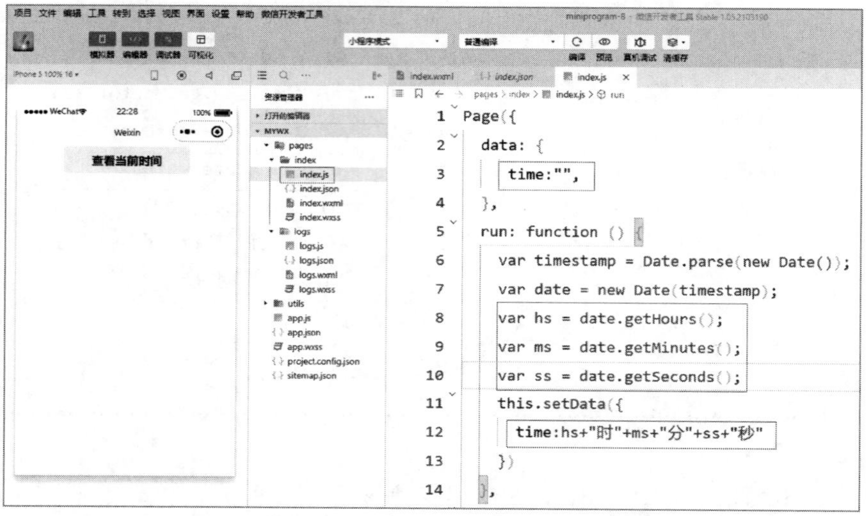

```
Page({
  data: {
    time:"",
  },
  run: function () {
    var timestamp = Date.parse(new Date());
    var date = new Date(timestamp);
    var hs = date.getHours();
    var ms = date.getMinutes();
    var ss = date.getSeconds();
    this.setData({
      time:hs+"时"+ms+"分"+ss+"秒"
    })
  },
```

图 3-2-8

小贴士

```
var hs = date.getHours();      //获取小时数
var ms = date.getMinutes();    //获取分钟数
var ss = date.getSeconds();    //获取秒数
```

步骤 2：打开 index.wxml 文件，创建 button 组件，绑定 run 事件；创建 view 组件，显示时间，如图 3-2-9 所示。

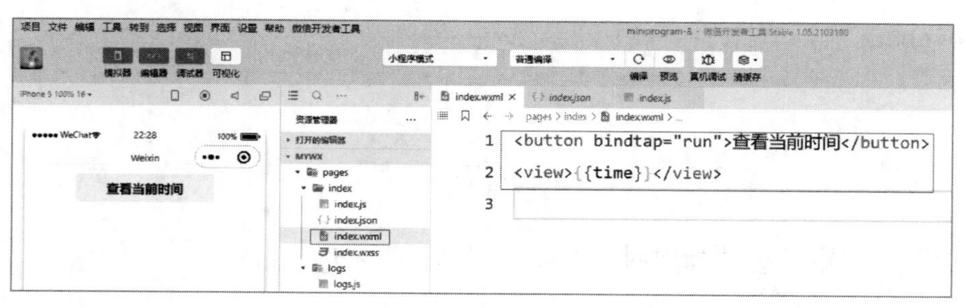

图 3-2-9

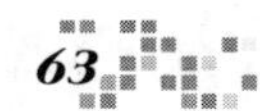

任务 3.3　if 条件渲染

任务描述

使用 if 条件渲染，当变量的值变化时，判断数值是否为偶数，若是偶数，提示判断结果“是偶数”，否则不显示提示信息。本任务学习掌握页面条件渲染，如图 3-3-1 所示。

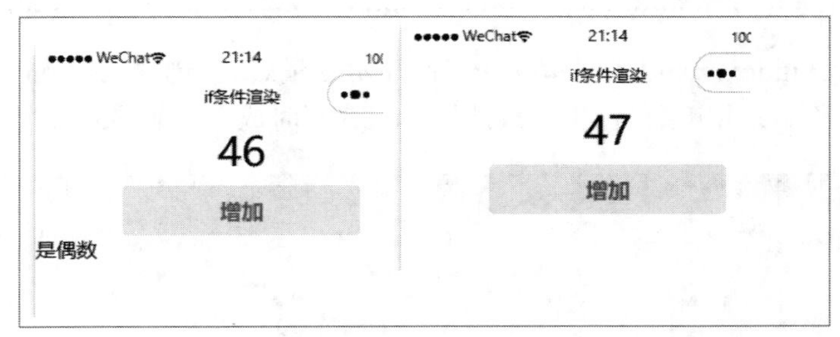

图 3-3-1

任务准备

扫码看课。

if 条件渲染

任务实施

步骤 1：打开 index.js 文件，定义 add() 函数，执行变量 x 增加 1，用 if 语句判断 x 除以 2 的余数是否等于 0（即是否为偶数），用布尔型变量 t 记录判断结果，如图 3-3-2 所示。

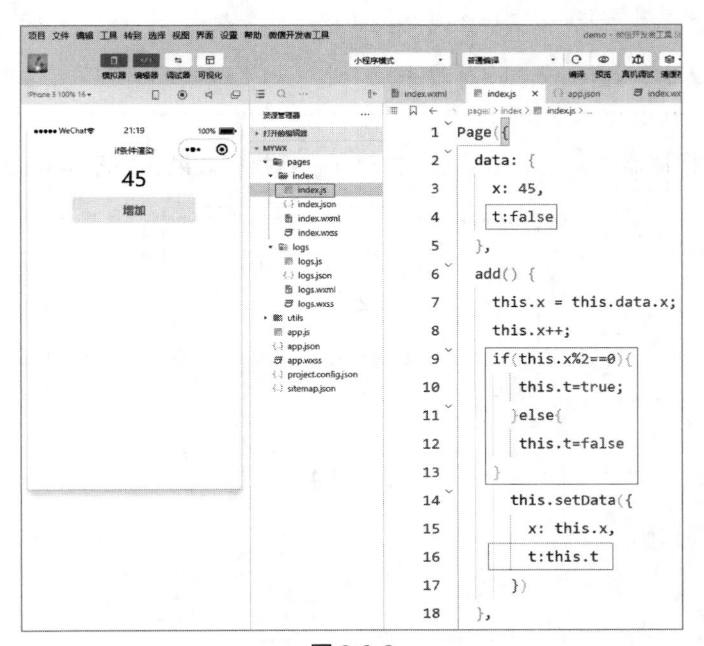

图 3-3-2

小贴士

如何判断是否为偶数？

```
if(this.x%2==0){      // 判断变量 this.x 除以 2 的余数是否等于 0，若是，则是偶数
   this.t=true;
}else{
   this.t=false
}
```

步骤 2 ：打开index.wxml，创建view组件显示变量x值；创建<button>组件，绑定add事件；创建<view>组件，采用if条件渲染，条件是{{t}}为真时成立，如图3-3-3所示。

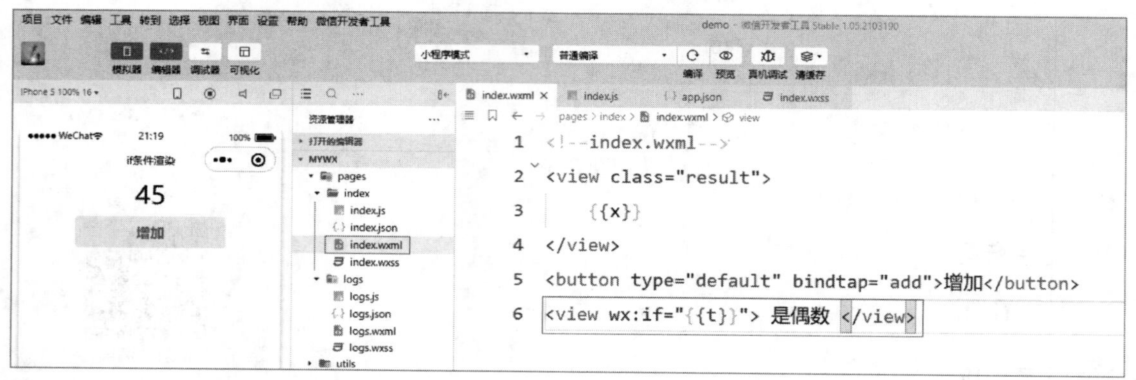

图 3-3-3

小贴士

```
<view wx:if="{{t}}"> 是偶数 </view>
```

当变量 t 的值为真时，组件 <view> 才显示。

步骤 3 ：在模拟器中，点击“增加”按钮，查看执行效果，如图 3-3-4 所示。

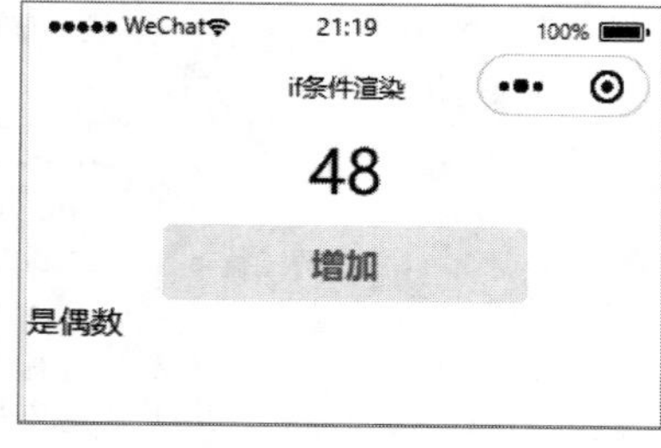

图 3-3-4

index.js 的主要代码：

```
Page({
  data: {
```

```
    x: 45,
    t:false
  },
  add() {
    this.x = this.data.x;
    this.x++;
    if(this.x%2==0){
      this.t=true;
     }else{
      this.t=false
    }
     this.setData({
       x: this.x,
       t:this.t
     })
  },
})
```

相关知识

1. 本任务主要学习了使用条件渲染 wx:if 控制是否显示组件。

2. 在框架中，使用wx:if="{{condition}}"判断是否需要渲染该代码块。例如：

```
<view wx:if="{{condition}}"> True </view>
```

3. 使用wx:elif与wx:else添加else代码块，构成多个分支。例如：

```
<view wx:if="{{chengji>=80}}"> 优秀 </view>
<view wx:elif="{{chengji>=60}}"> 合格</view>
<view wx:else> 不合格 </view>
```

拓展训练

1. 参照案例，使用 if 条件渲染，当变量值变化时，判断数值是否为偶数，若是偶数，提示判断结果“是偶数”，否则提示结果“是奇数”，如图 3-3-5 所示。

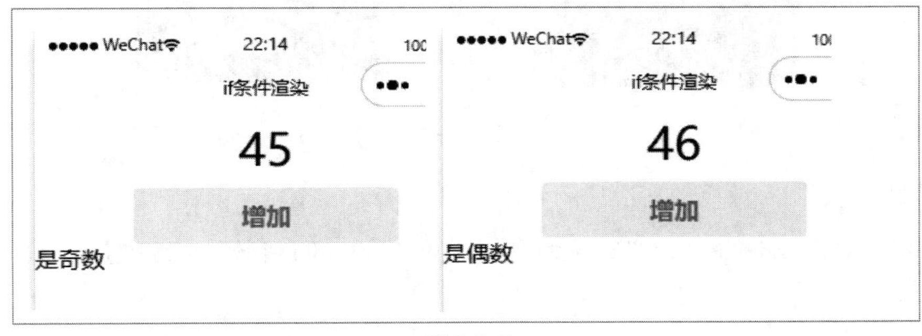

图 3-3-5

提示步骤：打开 index.wxml，使用 wx:if 和 wx:else 实现渲染，如图 3-3-6 所示。

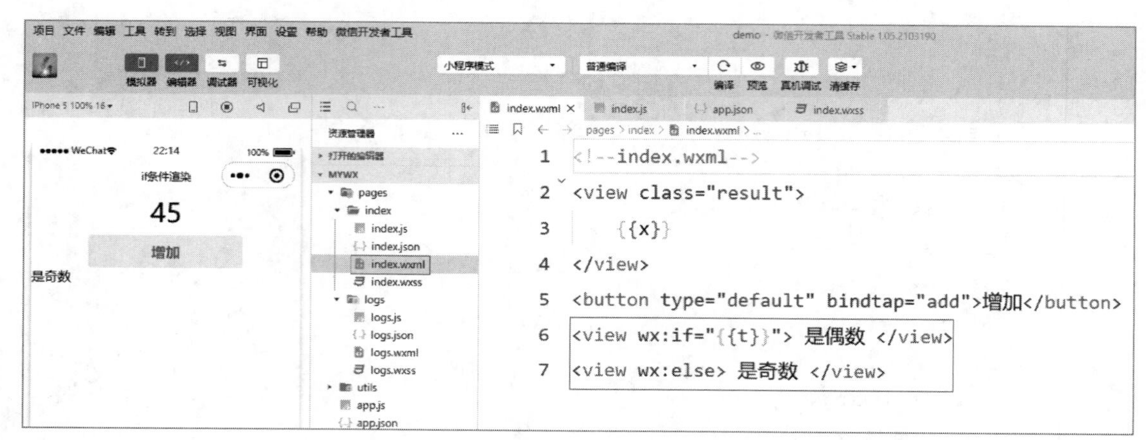

图 3-3-6

小贴士

```
<view wx:if="{{t}}"> 是偶数 </view>
<view wx:else> 是奇数 </view>
```

当变量 t 的值为真时，显示组件 <view wx:if="{{t}}"> 是偶数 </view>，否则显示组件 <view wx:else> 是奇数 </view>。

2. 参照案例，使用 if 条件渲染，实现制作关、开的效果，如图 3-3-7 所示。

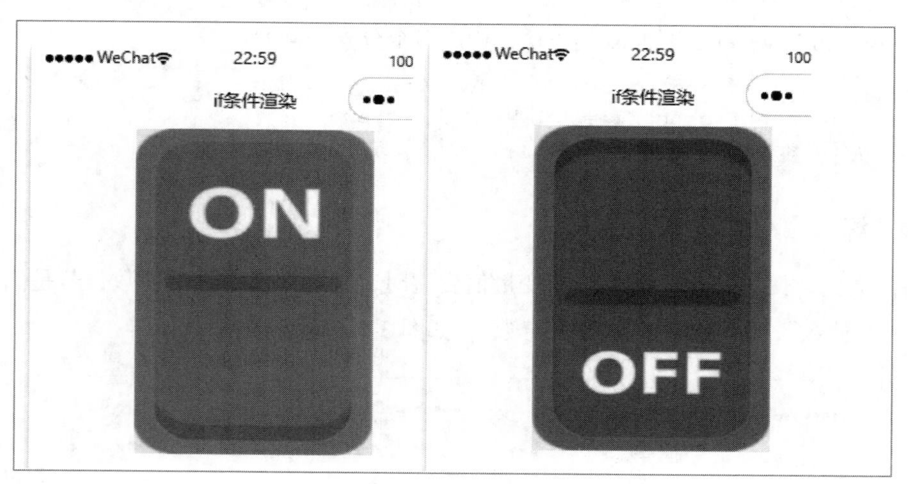

图 3-3-7

提示步骤：

步骤 1：打开 index.js，定义布尔型变量 t，创建 onoff() 函数，实现变量 t 取反值的功能。如图 3-3-8 所示。

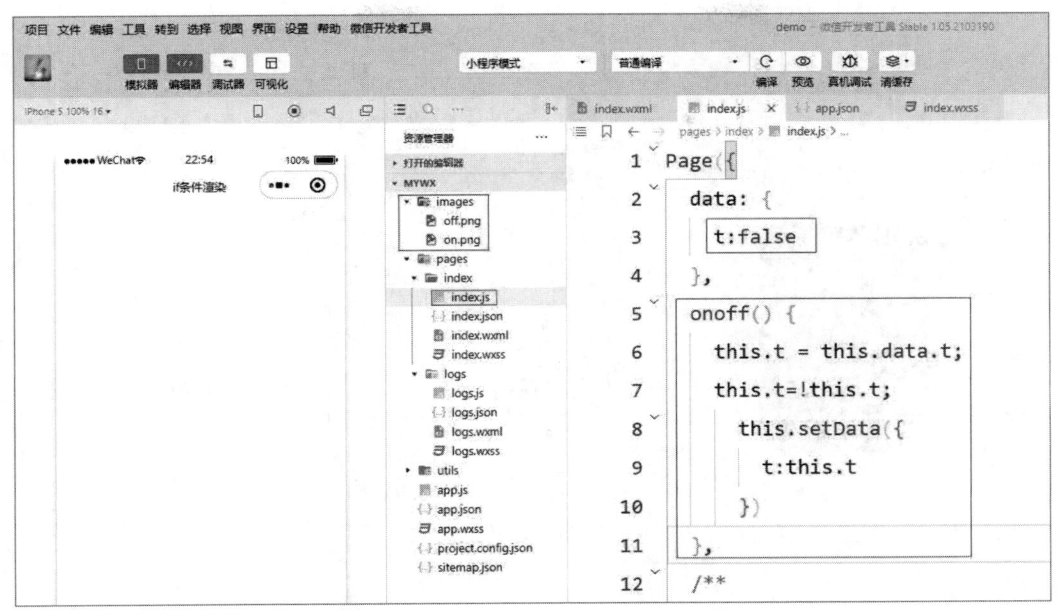

图 3-3-8

步骤 2 ：打开 index.wxml，使用 wx:if 和 wx:else 实现条件渲染，根据条件显示 off.png 或 on.png，如图 3-3-9 所示。

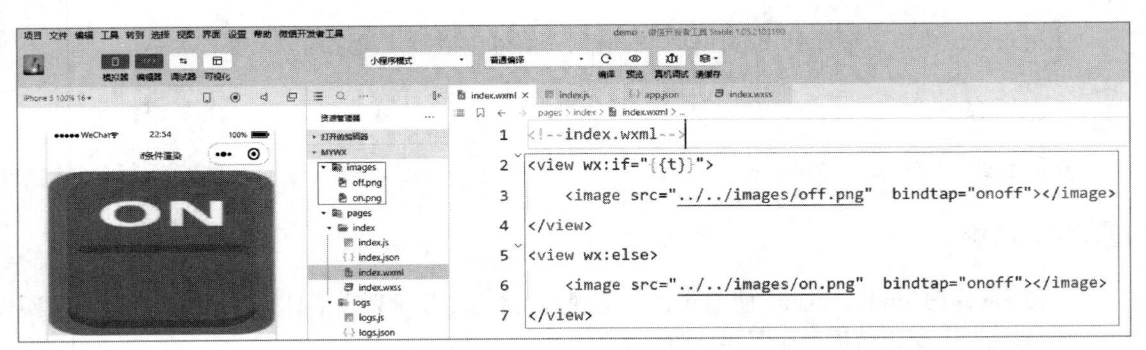

图 3-3-9

小贴士

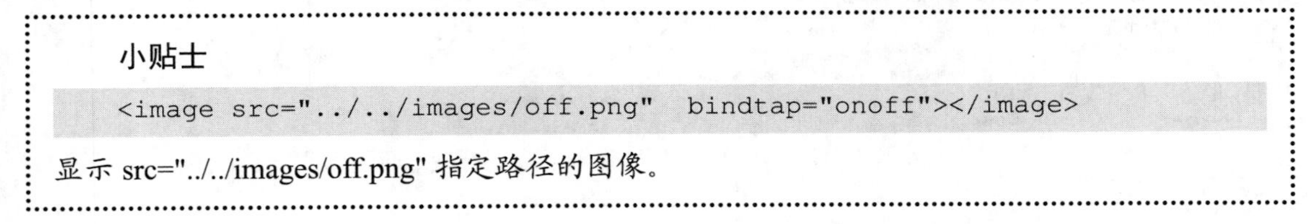

```
<image src="../../images/off.png"  bindtap="onoff"></image>
```

显示 src="../../images/off.png" 指定路径的图像。

步骤 3 ：打开 index.wxss，设置对齐方式和适当的图像大小，如图 3-3-10 所示。

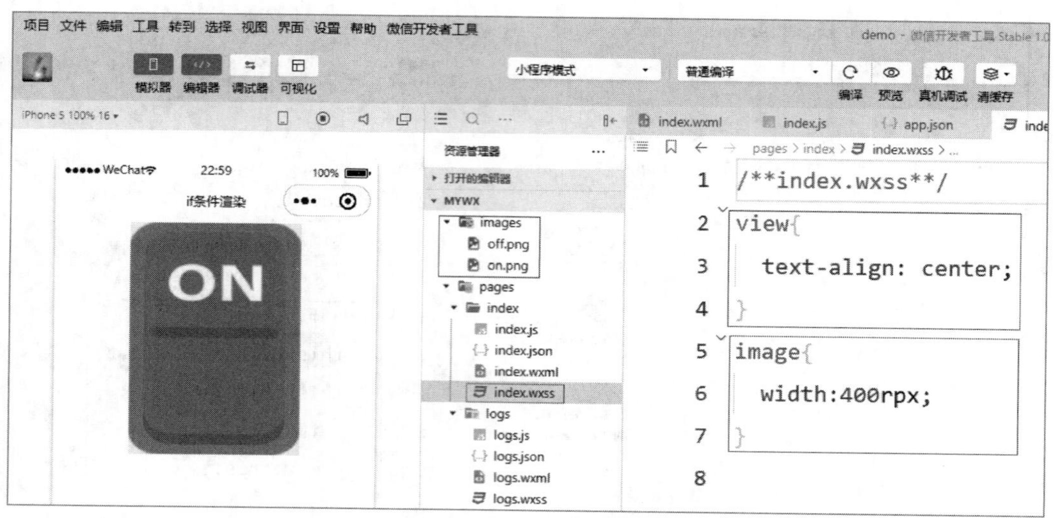

图 3-3-10

任务 3.4 列表渲染

任务描述

使用列表渲染，按顺序列出多门课程的信息，信息包括第几门课程以及课程名称。

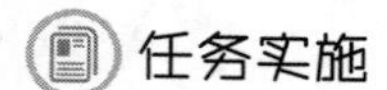

任务准备

扫码看课。

列表渲染

任务实施

步骤 1：打开 index.wxml，使用 wx:for 实现列表渲染，显示列表信息是“语文”“数学”“英语”“计算机”等课程名称，如图 3-4-1 所示。

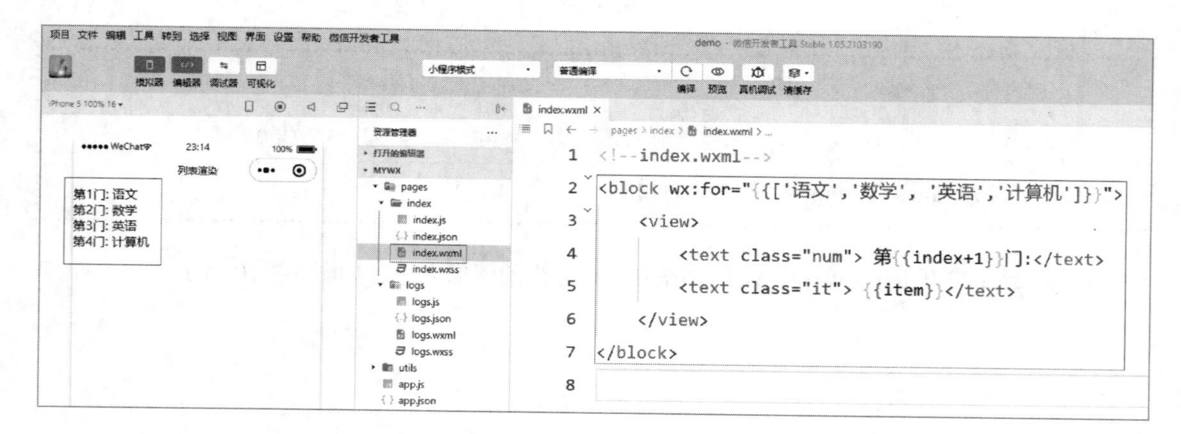

图 3-4-1

小贴士

```
<block wx:for="{{['语文','数学', '英语','计算机']}}">
    <view>
        <text class="num"> 第{{index+1}}门:</text>
        <text class="it"> {{item}}</text>
    </view>
</block>
```

列表信息是['语文', '数学', '英语', '计算机']；{{index}} 是索引值，第一个是 0；{{item}} 是元素内容。

步骤 2：打开 index.wxss，设置适当的背景色、宽度和显示方式，如图 3-4-2 所示。

图 3-4-2

相关知识

1. 使用列表渲染 wx:for 控制重复显示某组件。

2. 在组件上使用 wx:for 控制属性绑定一个数组，即可使用数组中各项的数据重复渲染该组件。默认数组当前项的下标变量名默认为 index，数组当前项的变量名默认为 item。

拓展训练

1. 参照案例，使用列表渲染，实现在课程名称后显示课程分数的功能。

提示步骤：

步骤 1：打开 index.js，定义数组变量 score，存储四门课程的分数，如图 3-4-3 所示。

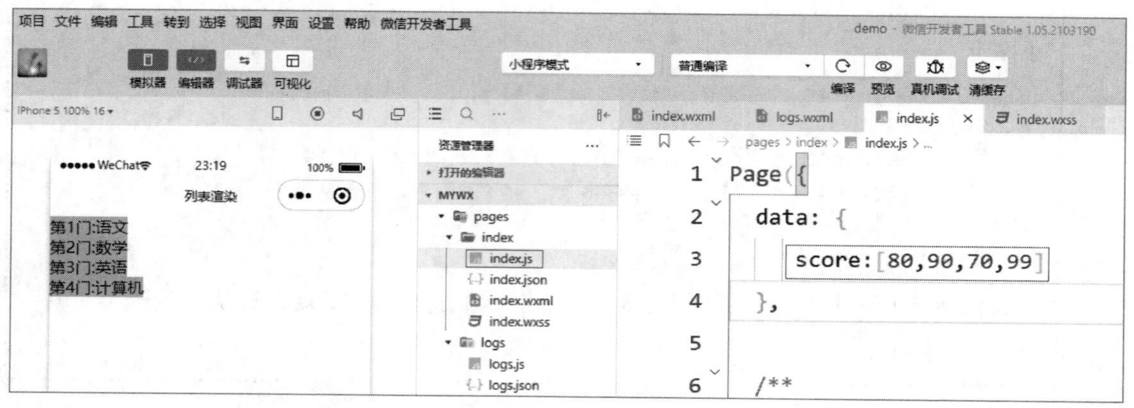

图 3-4-3

小贴士

```
score:[80, 90, 70, 99]        //定义数组变量score
```

步骤 2 ：打开 index.wxml，在列表中添加 text 组件，显示数组变量 score 的元素，效果如图 3-4-4 所示。

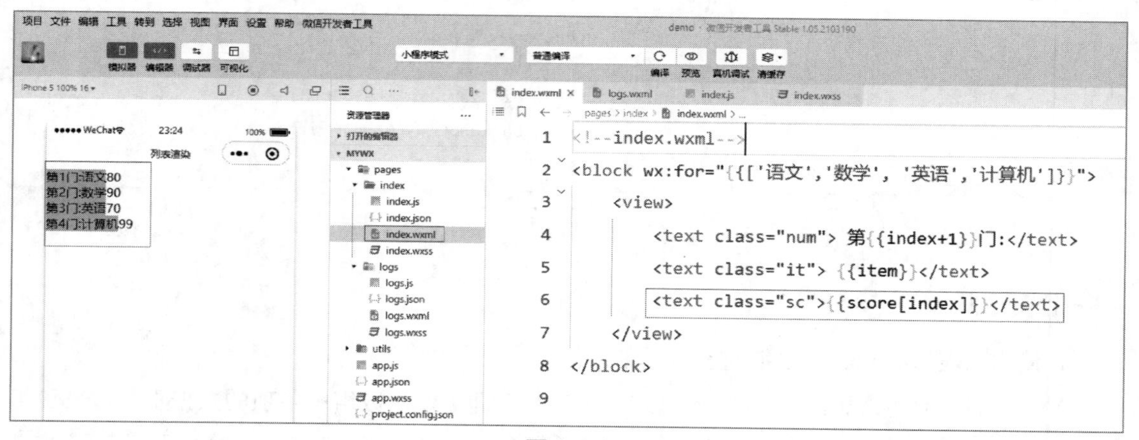

图 3-4-4

小贴士

定义数组变量 score:[80，90，70，99]; 则 score[0] 的值是 80、score[1] 的值是 90，score[index] 由 index 数值确定。

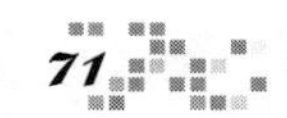

2. 参照案例，使用列表渲染和 if 条件渲染，实现根据分数评定成绩是否为优秀的功能。

提示步骤：

步骤 1：打开 index.wxml，在列表中添加 text 组件，采用 if 条件渲染，实现当分数大于或等于 90 分时显示“优秀”的功能，如图 3-4-5 所示。

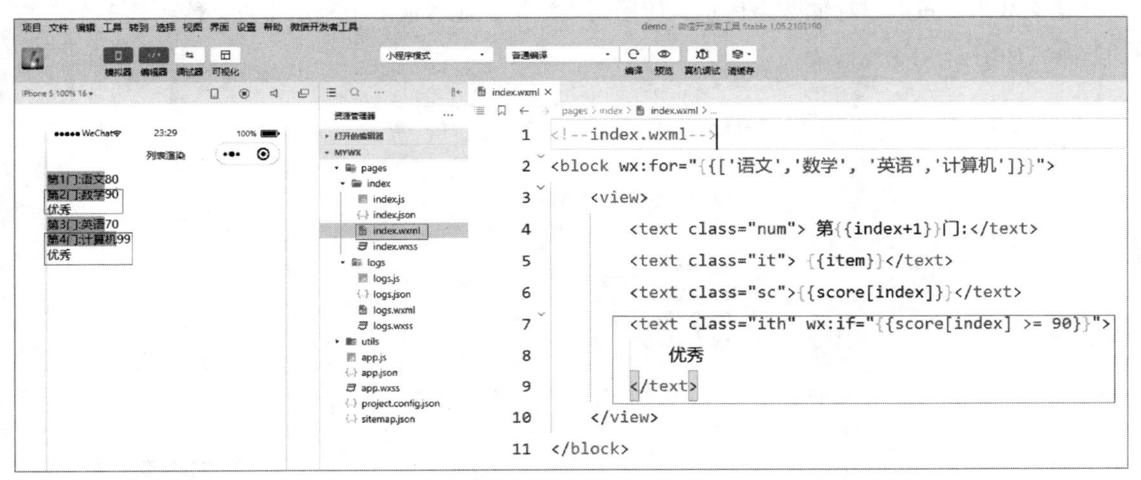

图 3-4-5

步骤 2：打开 index.wxss，设置元素的显示方式、背景色、前景色，如图 3-4-6 所示。

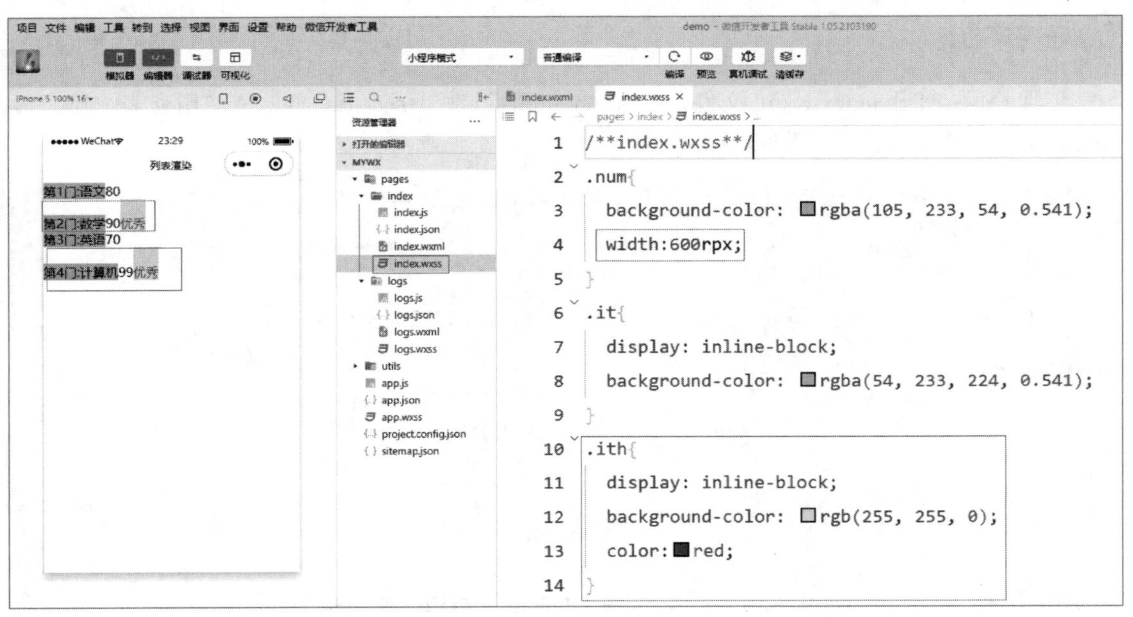

图 3-4-6

任务 3.5 数组与循环语句

任务描述

定义数组变量，以存储数组信息，使用列表渲染，显示从一个车站出发，能到达多个车站的信息，如图 3-5-1 所示。

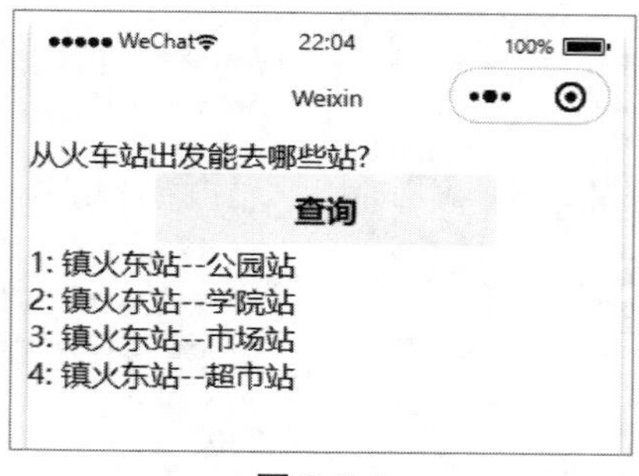

图 3-5-1

任务准备

扫码看课。

数组与循环语句

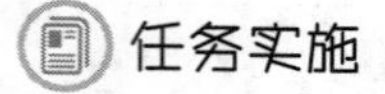

任务实施

步骤 1 ：打开 index.wxml 文件，添加 <button> 组件，绑定 run 事件；使用列表渲染，显示数组变量 route 的信息，如图 3-5-2 所示。

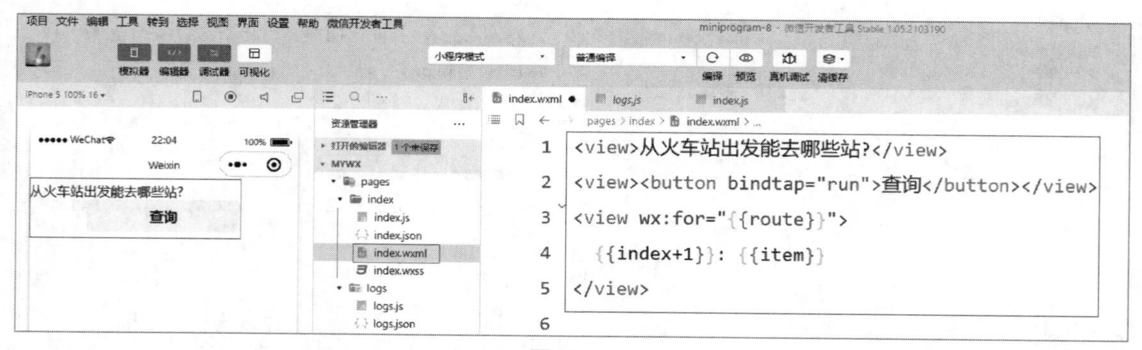

图 3-5-2

步骤 2 ：打开 index.js 文件，定义变量 citystart、数组变量 list、空数组变量 route 等；定义 run 函数，实现数组元素与变量的字符拼接，并赋值给变量 route，如图 3-5-3 所示。

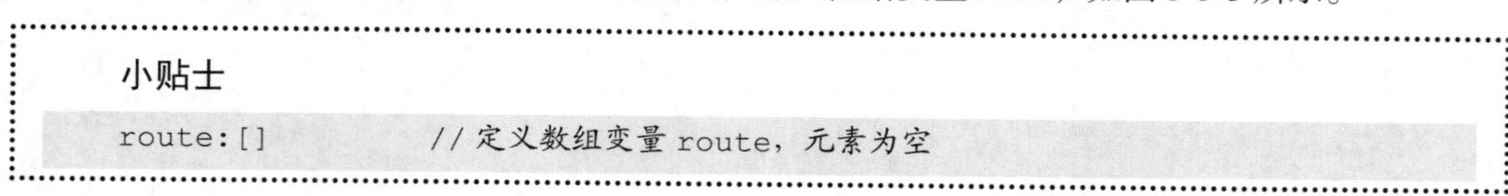

小贴士

```
route:[]          //定义数组变量 route，元素为空
```

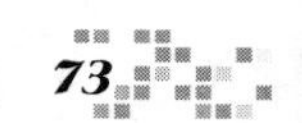

步骤 3：在模拟器中，点击“查询”按钮，查看运行效果，如图 3-5-4 所示。

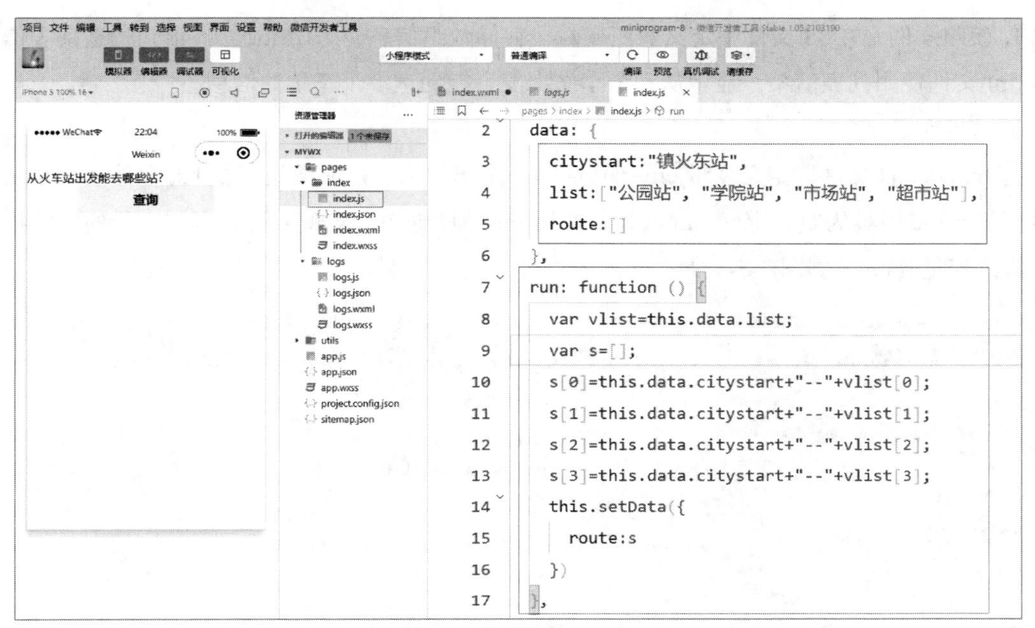

图 3-5-3

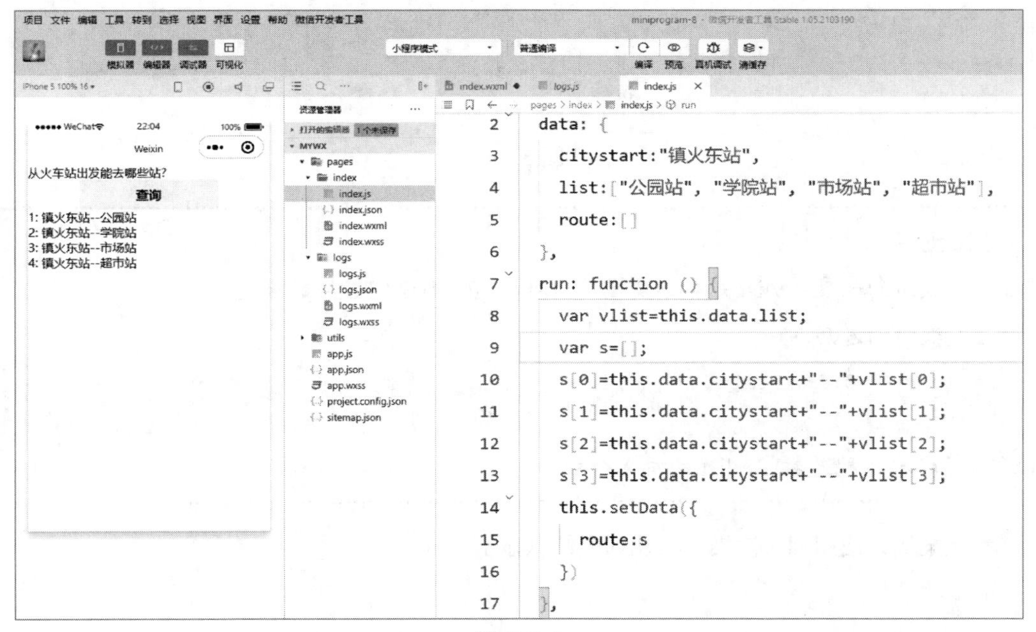

图 3-5-4

相关知识

1. 数组变量的定义以及在前端页面显示数组变量的值。
2. 通过 wx:for 将数组变量的值显示出来。

拓展训练

1. 参照案例，在 JS 文件中定义数组变量，存储数组信息，采用 for 循环语句构造列表信息。在 wxml 文件使用列表渲染，显示从一个车站出发，能到达多个车站的信息。

提示步骤：

打开 index.js 文件，定义变量 citystart 存储一个车站名、定义数组变量 list 存储多个车站名、数组变量 route 内容为空；定义 run 函数，使用 for 循环语句，实现数组元素与变量的字符拼接，并赋值给变量 route，如图 3-5-5 所示。

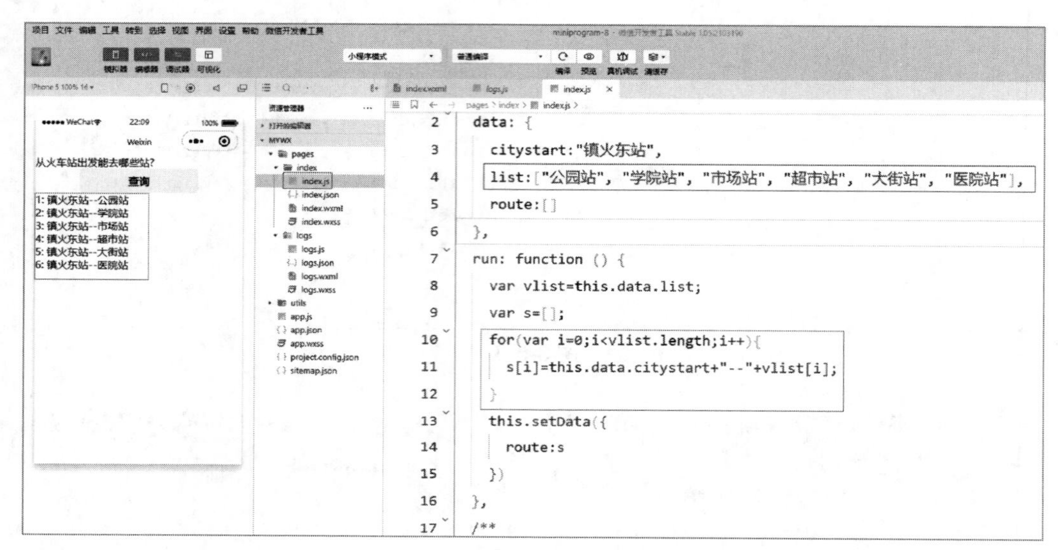

图 3-5-5

小贴士

（1）数组的长度。vlist 是数组变量，vlist.length 则返回数组的长度。

（2）数组的遍历。

```
for(var i=0;i<vlist.length;i++){
}
```

for 语句循环次数就是数组 vlist 的元素个数。

2. 参照案例，使用列表渲染，实现列表信息显示。

提示步骤：

步骤 1：打开 index.wxml，添加 button 组件，绑定 run 事件；使用列表渲染，显示数组变量 myscorelist 的信息，如图 3-5-6 所示。

步骤 2：打开 index.js 文件，定义数组变量 course 存储课程名称，定义数组变量 score 存储分数，定义空数组变量 myscorelist，在模拟器中，点击“查询”按钮，查看运行结果，如图 3-5-7 所示。

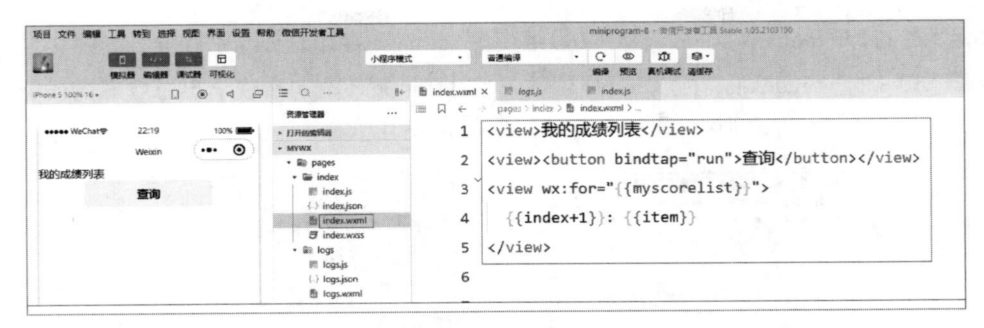

图 3-5-6

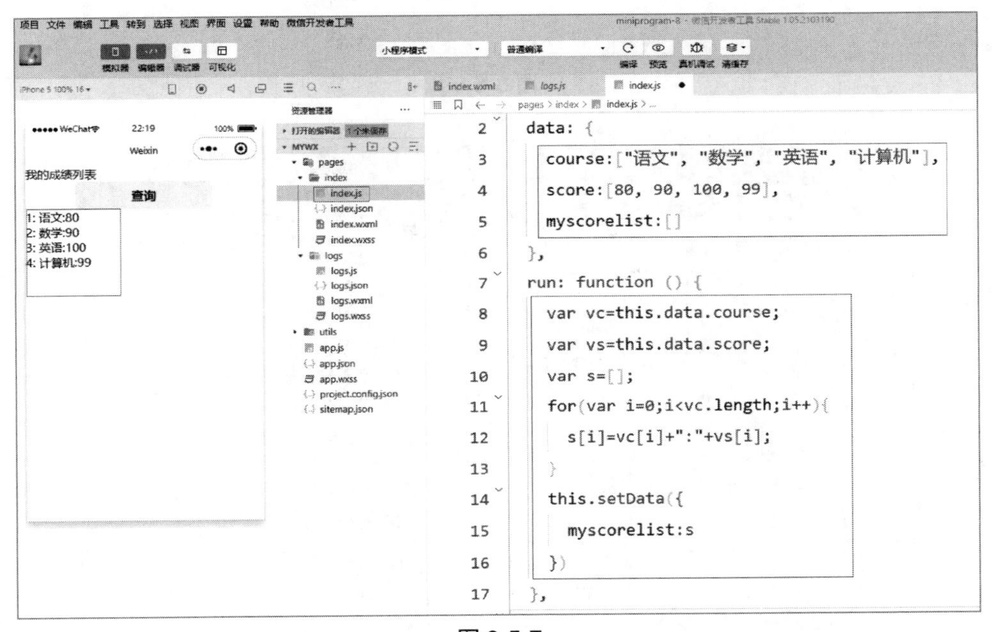

图 3-5-7

3. 参照案例，使用数组变量存储分数，求出总分和平均分的功能。

提示步骤：

步骤 1：打开 index.wxml 文件，添加 button 组件，绑定 run 事件；添加 view 组件，显示总分和平均分变量，如图 3-5-8 所示。

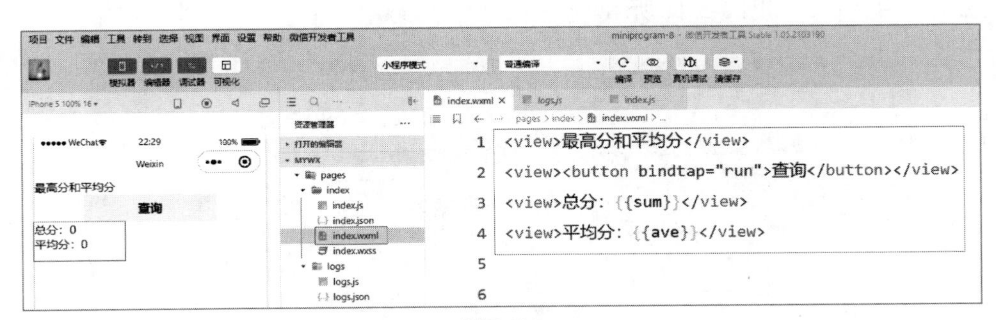

图 3-5-8

步骤 2 ：打开 index.js 文件，自定义数组变量 sum.ave 存储总分与平均分，如图 3-5-9 所示。

步骤 3 ：打开 index.js，定义 run() 函数，使用 for 循环语句实现求出总分数的功能；总分存储于变量 s，s 除以数组的长度求出平均分，如图 3-5-10 所示。

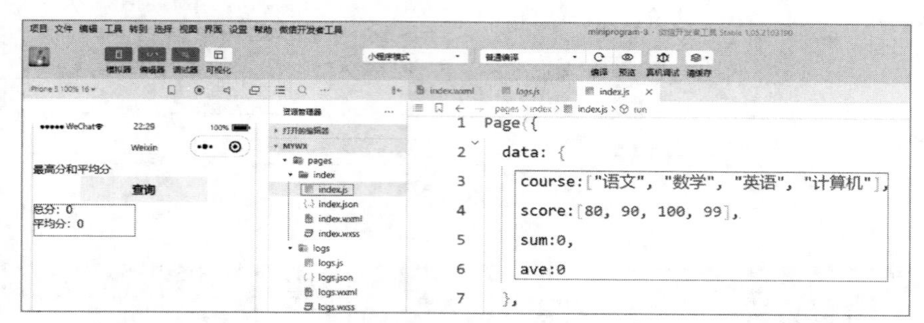

图 3-5-9

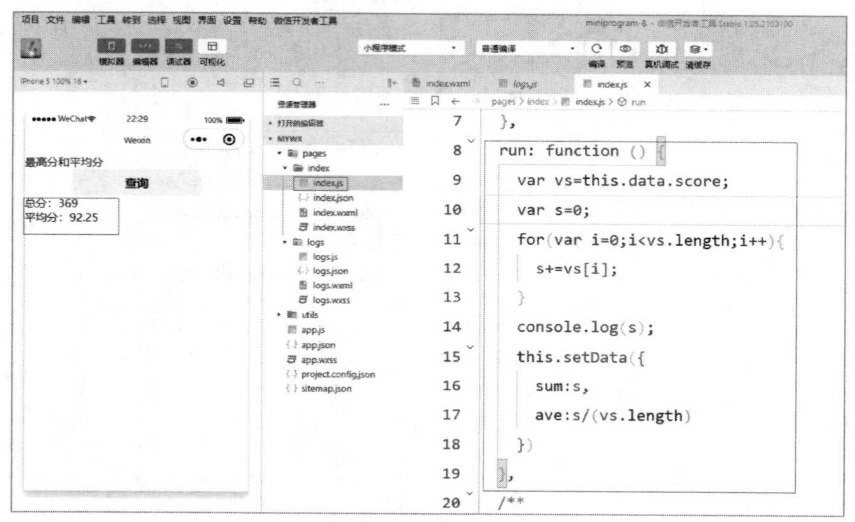

图 3-5-10

4. 参照案例，使用数组变量存储分数，实现求出最高分的分数和课程名的功能。

提示步骤：

步骤 1 ：打开 index.wxml 文件，添加 <button> 组件，绑定 run 事件；添加 view 组件，显示最高分和科目变量，如图 3-5-11 所示。

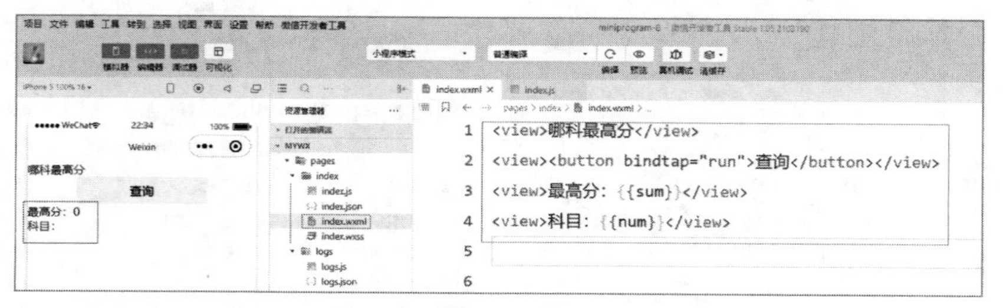

图 3-5-11

步骤 2 ：打开 index.js 文件，自定义数组变量 course 存储课程名称，自定义数组变量 score 存储分数，如图 3-5-12 所示。

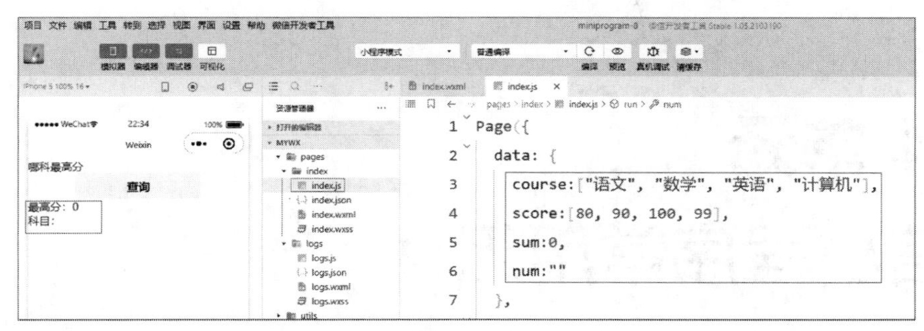

图 3-5-12

步骤 3 ：打开 index.js 文件，定义 run() 函数，实现求出最大数的功能，如图 3-5-13 所示。

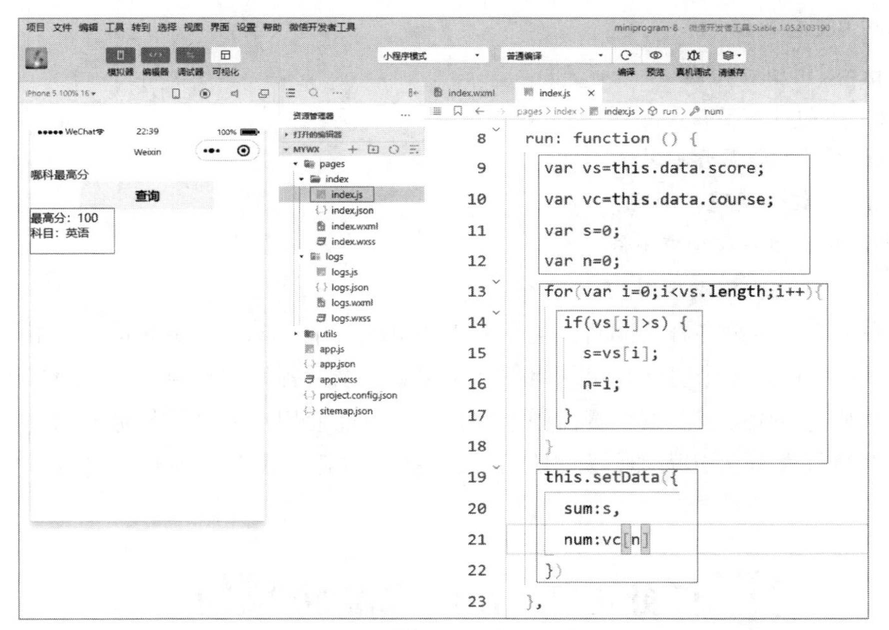

图 3-5-13

单 元 小 结

本单元主要学习了 JS 变量的定义、语句语法、if 条件语句、for 循环语句等，以任务的形式，讲解了数字型变量的运算、日期型变量等应用。能帮助读者掌握 JS 程序设计的语法、掌握在 WXML 文件应用数据绑定、列表渲染、条件渲染等技能，可以完成数据的呈现，为实现小程序常见的功能开发打下坚实基础。

第 4 单元 微信小程序常用组件

技能目标

- view 视图容器组件
- swiper 实现图片轮播
- text 文本组件显示信息
- image 图片组件显示照片
- navigator 组件实现页面跳转
- button 按钮组件及响应事件
- scroll-view 实现滚动视图

小程序定义了各种各样的组件，它们在 WXML 文件中起着各种不同的作用。与 HTML 中的标记元素一样，一个组件是指从组件开始标签到结束标签的代码，由于组件可能会被转译为不同端对应的代码，所以在页面创建过程中，不能使用小程序组件标签以外的标签。按类型可以将组件划分为几大类，如视图容器、基础内容、表单、导航、多媒体、地图、画布等。

任务 4.1　text 文本组件显示信息

任务描述

使用 <text> 文本组件实现显示、输出文本，本任务通过 <text> 组件显示信息，并与 JS 数据进行绑定。<text> 组件使用类似 HTML 标记使用，也支持常用的 CSS 相关属性，如 class 等，<text> 组件也支持 <text> 嵌套，效果如图 4-1-1 所示。

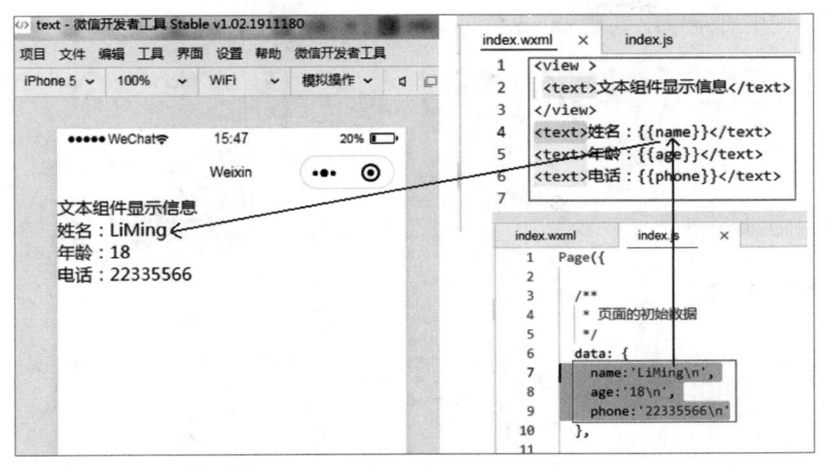

图 4-1-1

任务准备

扫码看课。

text 文本组件显示信息

任务实施

步骤 1：新建一个项目，输入项目名称等信息，如图 4-1-2 所示。

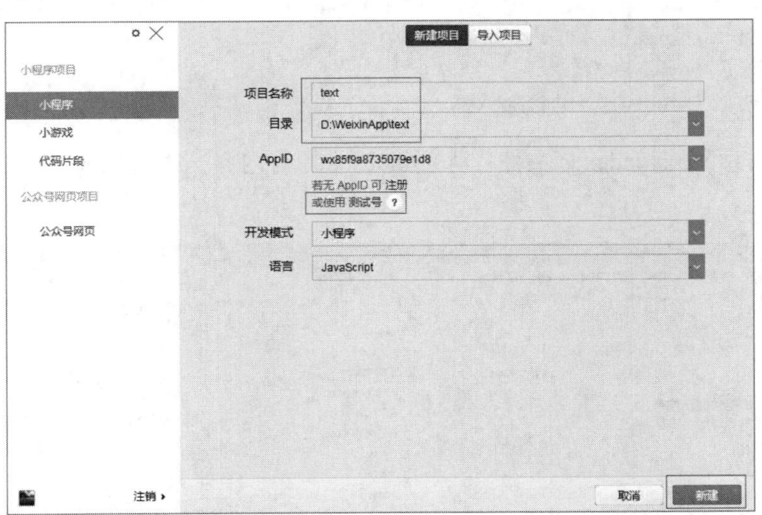

图 4-1-2

> 小贴士
>
> 当还没有 AppID 或者因不够 18 周岁注册不到 AppID，为不影响学习小程序开发，可以选择“使用测试号”。

步骤 2：打开 index.wxml，清空此页面之前的内容，输入图 4-1-3 右侧所示代码，在

<text></text> 标记中绑定输出变量 name、age、phone。

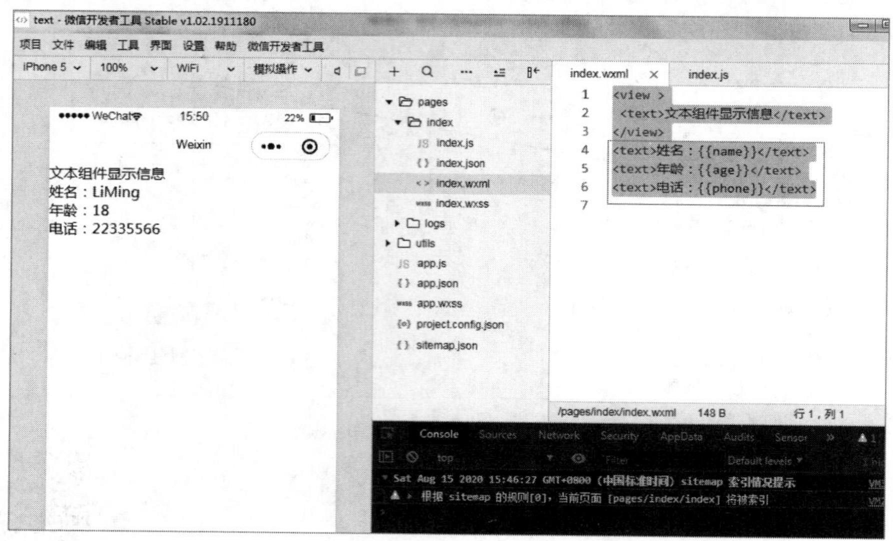

图 4-1-3

关键代码如下：

```
<view >
 <text> 文本组件显示信息 </text>
</view>
<text> 姓名: {{name}}</text>
<text> 年龄: {{age}}</text>
<text> 电话: {{phone}}</text>
```

步骤 3：打开页面 index.js 文件，清空 index.js 原有内容，通过 Page 方法初始化页面，如图 4-1-4 所示。

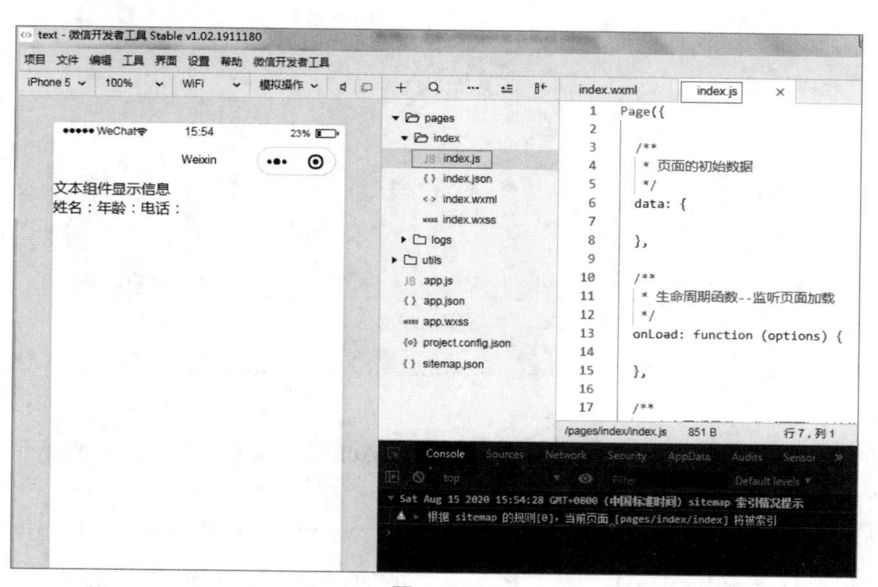

图 4-1-4

步骤 4：在 index.js 页面的 data 项中定义变量 name、age、phone 并赋初值，如图 4-1-5 所示。

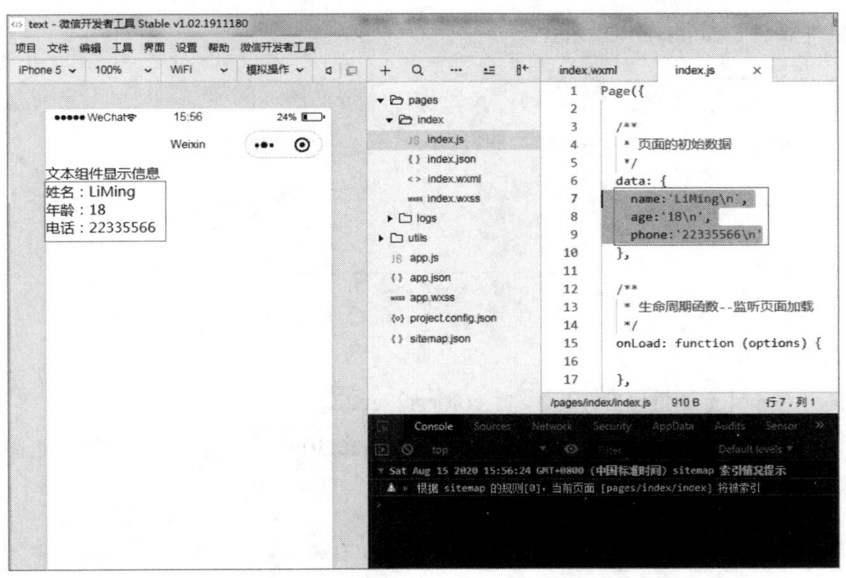

图 4-1-5

关键代码如下：

```
name:'LiMing\n',
age:'18\n',
phone:'22335566\n'
```

小贴士

<text> 组件以 <text> 开头，以 </text> 结尾，成对出现。js 文件中 data 项一般用于定义数据，或者数据变量初始化，注意变量之间使用逗号分隔，“name:'LiMing\n'”表示将值“LiMing\n”赋值给 name，“\n”将文本回车换行。在 .wxml 页面中输出变量使用 {{ 变量名 }} 方式实现。

步骤 5：保存项目，调试运行小程序，如图 4-1-6 所示。

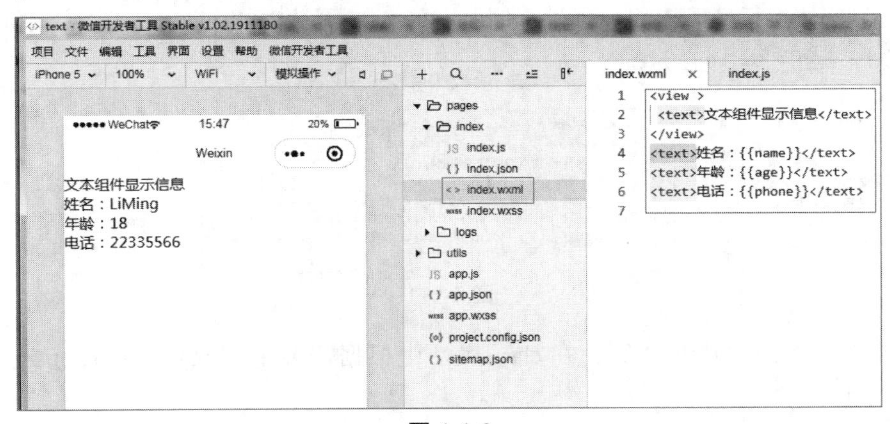

图 4-1-6

相关知识

1. text 组件属性，如图 4-1-7 所示。

属性名	类型	默认值	说明	最低版本
selectable	Boolean	false	文本是否可选	1.1.0
space	String	false	显示连续空格	1.4.0
decode	Boolean	false	是否解码	1.4.0

图 4-1-7

2. 字体属性。

（1）字体颜色 color 属性。例如：设置 color:#22ee22。

（2）字体大小 font-size 属性。例如：设置 font-size:30px。在上面案例中添加颜色、字体控制属性，如图 4-1-8 所示。

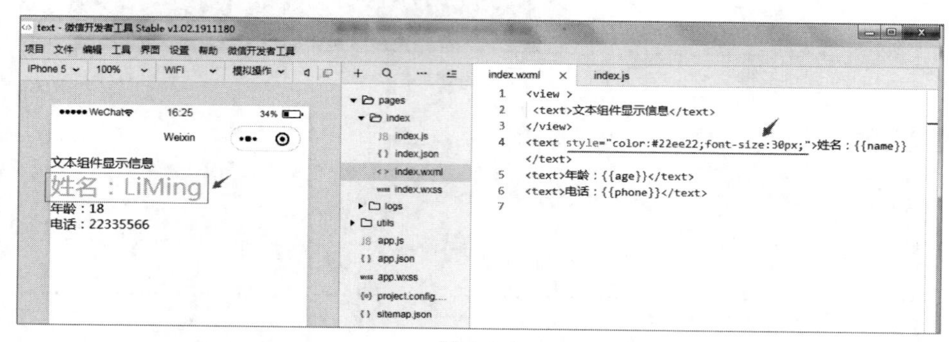

图 4-1-8

（3）字体距父类位置 text-align 属性。例如：该属性值可以设置为 left、right、center、justify、inherit。

（4）控制换行 word-wrap 属性。例如：控制强制换行 word-wrap:break-word。

```
word-break:normal;    //控制整个字符在一行的断行，不会造成一个单词分行显示
```

（5）控制字体换行显示 display 属性。例如：在 class 属性中 display:block。在案例中添加该属性控制换行，如图 4-1-9 所示。

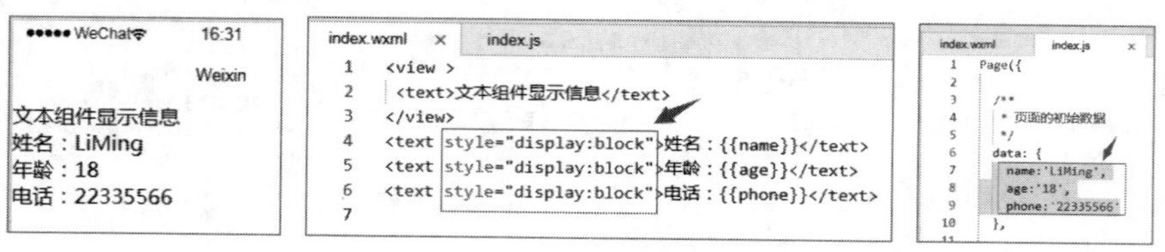

图 4-1-9

（6）控制字体距离周围边距：在 class 属性中根据需要采用 margin-top、margin-bottom、padding 等属性。

3. wxml 文件中输出变量采用 {{ 变量 }} 格式；而变量的值必须在 .js 文件的 Page 中定义。

4. 数据绑定。代码“<text> 姓名：{{name}}</text>”中有两个由大括号包起来的内容{{name}}，运行该页面时看到的并不是 {{name}}，而是被 js 文件中变量 name 代表的一个字符串所取代，这就是微信小程序的数据绑定。页面中的动态数据均来自对应 Page 的 data。数据绑定可以绑定在组件的内容部分，也可以绑定在组件的属性、运算、逻辑判断、控制等方面。

拓展训练

1. 在页面 index.wxml 中设置 <text> 文本组件 style 属性以控制字体颜色（color）分别是 red、blue、green，在 js 文件中定义变量 name、age、phone 的值。代码以及效果如图 4-1-10 所示。

图 4-1-10

2. 在页面 index.wxml 中设置 text 文本组件 style 属性以控制字体颜色（color）分别是 red、blue、green；控制字体换行显示“display:block”；在 js 文件中定义变量 name、age、phone 的值。代码以及效果如图 4-1-11 所示。

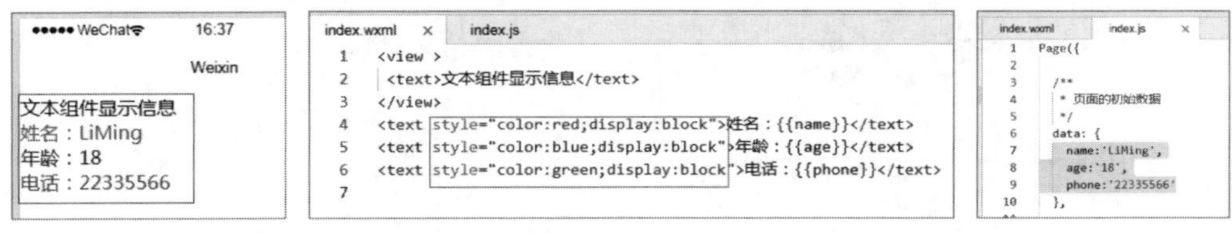

图 4-1-11

3. 在页面 index.wxml 中设置 text 文本组件 style 属性以控制字体颜色（color）分别是默认颜色、pink、black、blue；以及控制字体换行显示“display:block”；在 js 文件中定义变量 myclass、name、age、phone、banji 的值。代码以及效果如图 4-1-12 所示。

图 4-1-12

> 小贴士
>
> <view>…</view>是容器，后面会介绍到，会自动换行，在第 2 单元第 1 节也涉及<view>应用；在 js 文件的 data 项中定义变量 myclass、name、age、phone，可以传递到 .wxml 页面使用，而“var banji='计算机 1 班';”定义的变量 banji 只在 js 文件中起作用。

4. 制作运算表达式的数据绑定形式。在 .js 文件中定义了 2 个数字变量 n1、n2 以及一个对象变量 stud，该对象变量 stud 又包含 3 个属性 name、age、theclass，代码以及效果如图 4-1-13 所示。

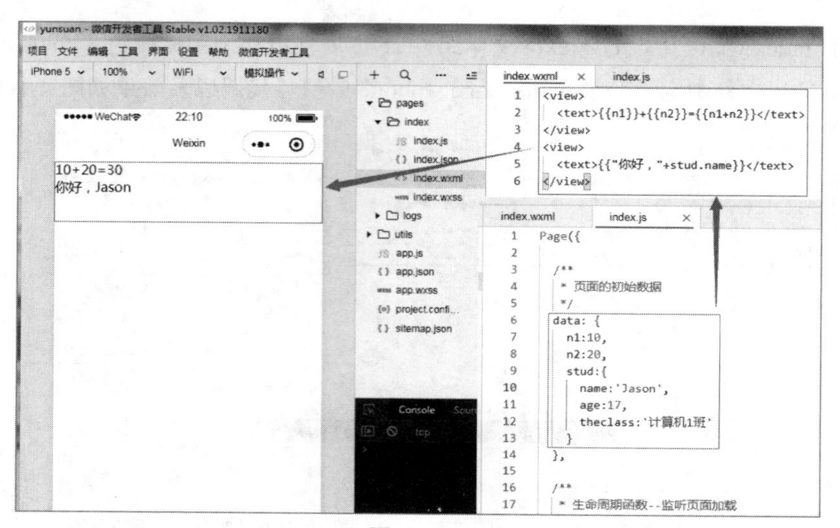

图 4-1-13

5. 控制组件样式的数据绑定形式。在 .js 文件中定义了 2 个表示颜色的变量 mycolor1、mycolor2，在 .wxml 页面控制 <text> 组件的样式，代码以及效果如图 4-1-14 所示。

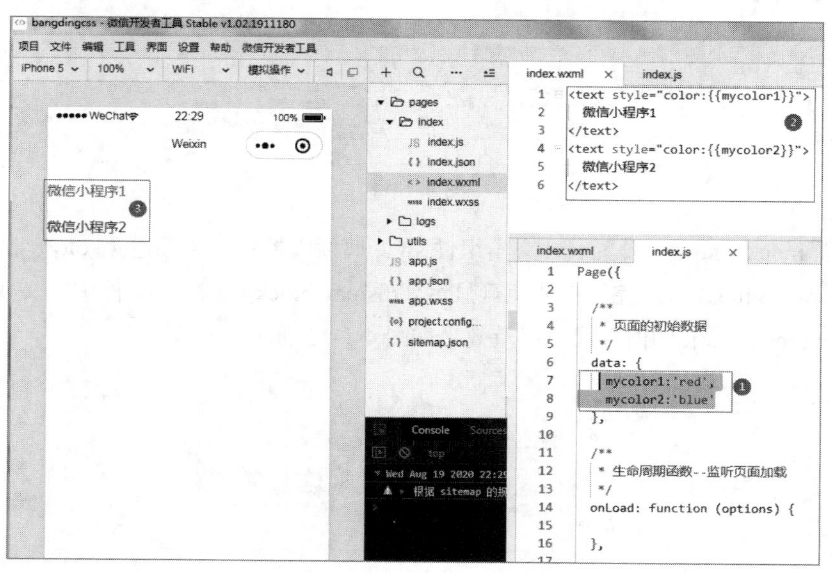

图 4-1-14

任务 4.2　view 视图容器组件

任务描述

<view> 是一个块级容器组件，没有特殊功能，主要用于布局展示，是布局中最基本的 UI 组件，任何一种复杂的布局都可以通过嵌套 <view> 组件，设置相关 WXSS 实现。<view> 支持常用的 CSS 布局属性，如 display、float、position 及 Flex 布局等，熟悉 DIV+CSS 的人应该很容易上手。本任务制作的容器效果如图 4-2-1 所示。

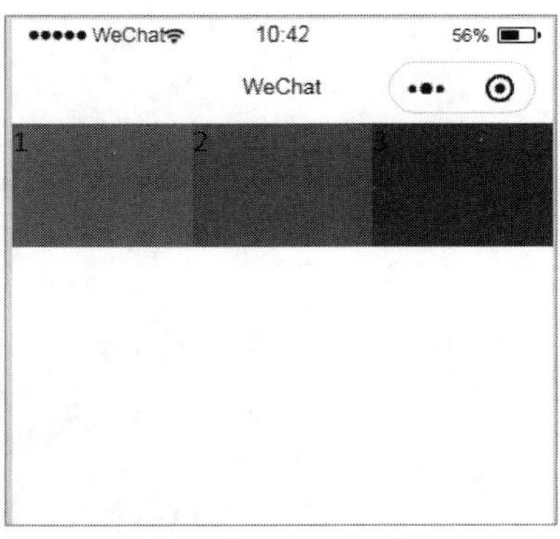

图 4-2-1

任务准备

扫码看课。

view 视图容器组件

任务实施

步骤 1：新建一个项目，输入项目名称等信息，如图 4-2-2 所示。

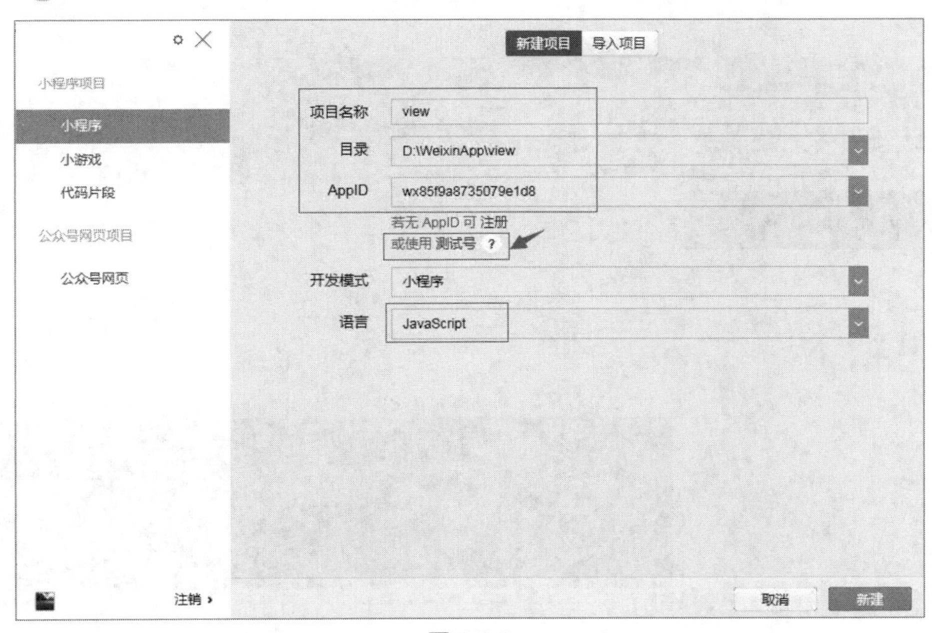

图 4-2-2

步骤 2：打开页面 index.wxml，清空此文件附带的代码，如图 4-2-3 所示。

步骤 3：在页面 index.wxml 中完成 view 视图容器实验。定义一个 <view> 容器，使用 Flex 弹性布局模式，然后在该容器中放 3 个 <view> 作为容器成员元素，也就是容器中的项目，3 个容器中项目背景颜色分别为红色、绿色、蓝色。代码以及效果如图 4-2-4 所示。

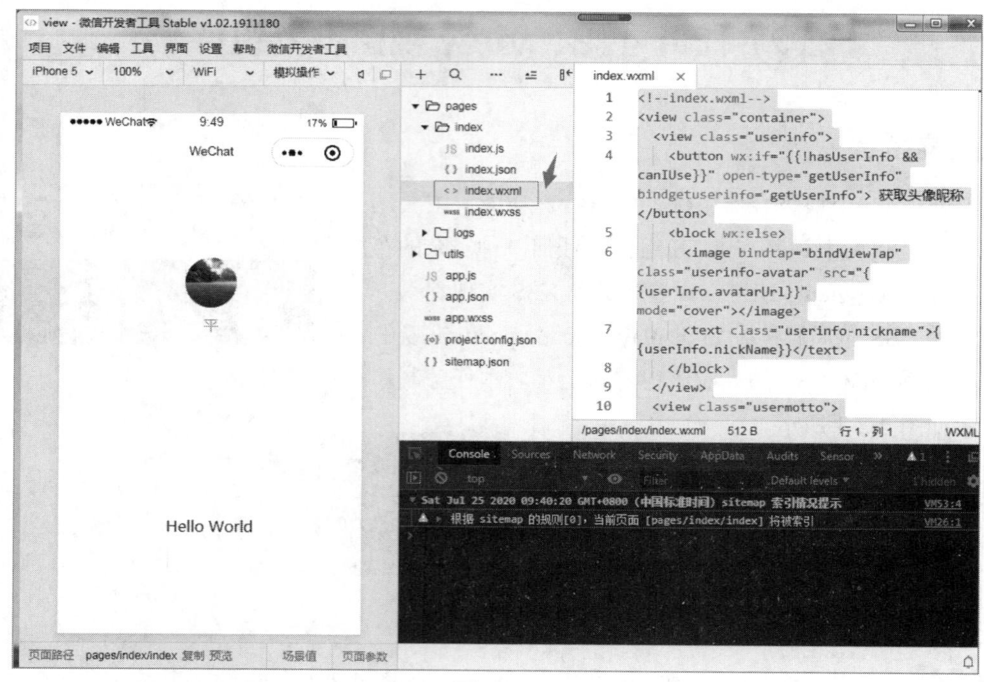

图 4-2-3

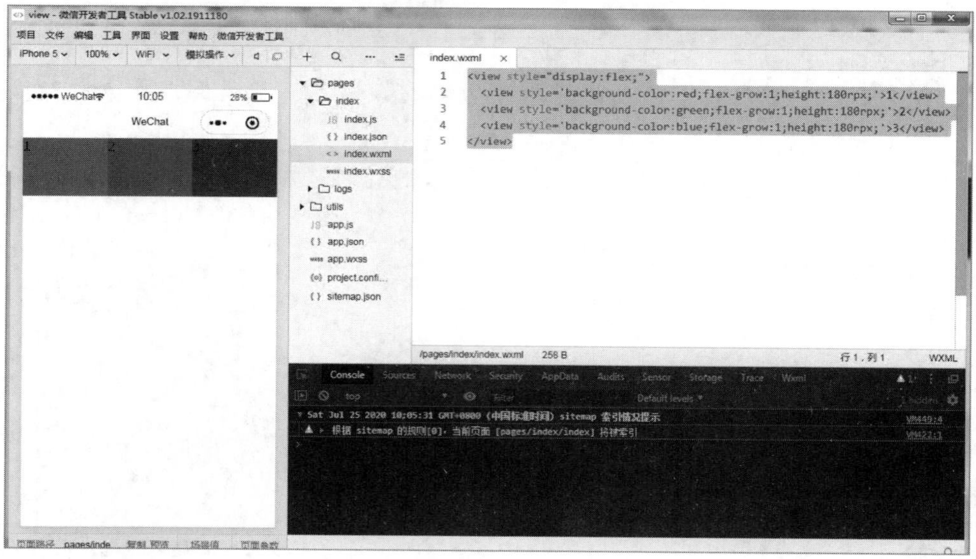

图 4-2-4

关键代码如下：

```
<view style="display:flex;">
  <view style='background-color:red;flex-grow:1;height:180rpx;'>1</view>
  <view style='background-color:green;flex-grow:1;height:180rpx;'>2</view>
  <view style='background-color:blue;flex-grow:1;height:180rpx;'>3</view>
</view>
```

小贴士

Flex 布局是什么呢？ Flex 是 Flexible Box 的缩写，意为“弹性布局”，用来为盒状模型提供最大的灵活性。任何一个容器都可以指定为 Flex 布局。采用 Flex 布局的组件称为 Flex 容器（flex container），简称“容器”，上面 view 就是一个容器。它的所有子元素自动成为容器成员，称为 Flex 项目（flex item），简称“项目”。background-color 用于设置项目背景颜色；flex-grow 属性定义项目的放大比例，默认值为 0，即如果存在剩余空间，也不放大。如果所有项目的 flex-grow 属性都为 1，则它们将等分剩余空间（如果有的话）。如果一个项目的 flex-grow 属性为 2，其他项目都为 1，则前者占据的剩余空间将比其他项多一倍。

步骤 4：设置第 2 个容器成员元素（即绿色方块）的 flex-grow 属性为 2，即设置“flex-grow:2”，则它占据的空间是第 1、3 个容器成员元素的两倍，如图 4-2-5 所示。

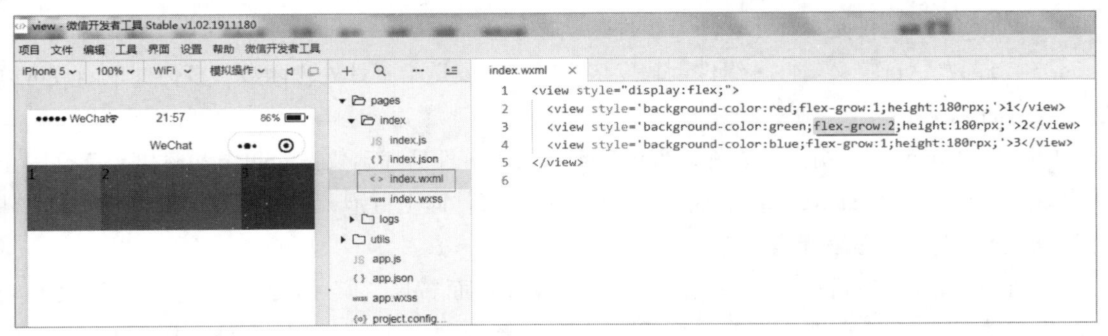

图 4-2-5

步骤 5：设置大容器 <view> 弹性盒子的元素排列方式 flex-direction 为垂直方向 column，即设置 flex-direction:column，如图 4-2-6 所示。

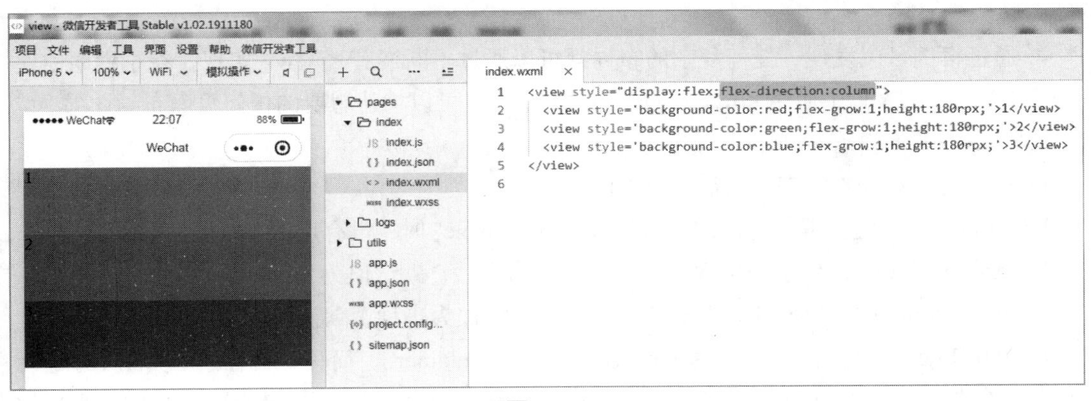

图 4-2-6

步骤 6：保存项目，调试运行小程序。

相关知识

1. 认识组件。

（1）组件是视图层的基本组成单元，一个组件通常包括开始标签和结束标签，属性用来修饰该组件，内容在两个标签之内。

（2）按类型可以将组件划分为七大类：视图容器、基础内容、表单、导航、多媒体、地图、画布。

（3）组件结构如下：

```
<组件标记名  属性 = "属性值" >内容</组件标记名>
```

2. 组件的共同属性。

（1）id：组件的唯一表示，保持整个页面唯一。

（2）class：组件中的样式类，在对应的 WXSS 文件中定义的样式类。

（3）style：组件的内联样式，可以动态设置的内联样式。使用方式同 HTML 标签 style 属性。

（4）hidden：组件是否显示，所有组件默认显示。

（5）data-*：自定义属性，组件上触发事件时，会发送给事件处理函数。事件处理函数可以通过 datascl 获取。

（6）bind*/catch*：组件的事件，绑定逻辑层相关事件处理函数。bindtap 事件绑定不会阻止冒泡事件向上冒泡，catchtap 事件绑定可以阻止冒泡事件向上冒泡，当子元素绑定 catchtap 事件时单击子元素都不会触发元素事件。

3. 在网页前端项目中一般使用 DIV+CSS 进行页面布局，其中 <div> 没有任何语义和功能，仅作为容器元素存在；而在小程序中，有一套类似 <div> 的容器组件，那就是 <view>、<scroll-view> 和 <swiper>。在 HTML 中大部分标签内部能嵌套任何标签，如 <div>、<span>、<section>、<p> 等；而在小程序中，大部分组件都有它自己特殊的功能和意义，标签都有特定的用法，内部也只能嵌套指定的组件，而容器组件内部能嵌套任何标签，容器组件是构建布局的基础组件。

4. 通过案例可以发现，任何复杂的布局都可以通过不断嵌套 <view> 实现，在小程序中使用 <view> 就像在 HTML 中使用 <div> 一样，通过 <view> 可以构建想要的任何页面布局效果。

5. <view> 具备一套关于点击行为的属性。

hover：是否启动点击态，默认值为 false。

hover-class：指定按下去的样式，当 hover-class="none" 时，没有点击态效果，默认值为 none。

hover-start-time：按住多久出现点击态，单位为毫秒，默认值为 50。

hover-stay-time：手指松开后点击态保留时间，单位为毫秒，默认值为 400。

6. 采用 Flex 布局的元素，称为 Flex 容器（flex container），简称“容器”。它的所有子元素自动成为容器成员，称为 Flex 项目（flex item），简称“项目”。容器默认存在两根轴：水平的主轴（main axis）和垂直的交叉轴（cross axis）。主轴的开始位置与边框的交叉点称为 main start，结束位置称为 main end；交叉轴的开始位置称为 cross start，结束位置称为 cross end。容器元素，也就是项目默认是沿主轴水平排列。单个项目占据的主轴空间称为 main size，占据的交叉轴空间称为 cross size。Flex 容器 Container 与容器中项目 item，如图 4-2-7 所示。

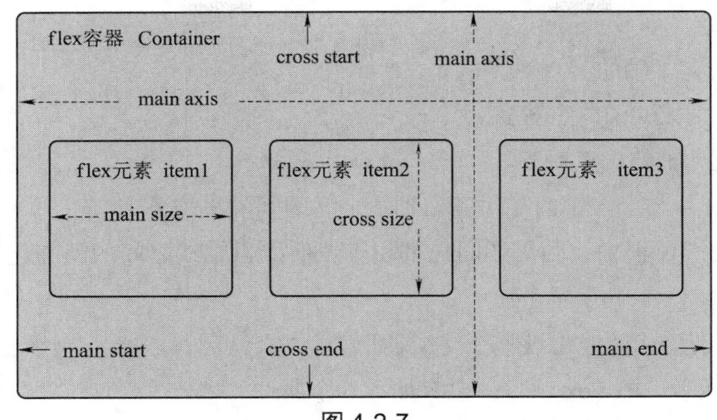

图 4-2-7

7. flex 容器的 6 个属性。

（1）flex-direction 决定主轴的方向，设置容器元素排列方向。

➢ row（默认值）：主轴为水平方向，起点在左端。

➢ row-reverse：主轴为水平方向，起点在右端。

➢ column：主轴为垂直方向，起点在上沿。

➢ column-reverse：主轴为垂直方向，起点在下沿。

（2）flex-wrap 元素如何换行。

➢ nowrap（默认）：不换行。

➢ wrap：换行，第一行在上方。

➢ wrap-reverse：换行，第一行在下方。

（3）flex-flow 是 flex-direction 属性与 flex-wrap 属性的简写，默认值为"row nowrap"。

（4）justify-content 定义了项目在主轴上的对齐方式，它可以取如下 5 个值，具体对齐方式与轴的方向有关。下面假设主轴为从左到右。

➢ flex-start（默认值）：左对齐。

➢ flex-end：右对齐。

➢ center：居中。

➢ space-between：两端对齐，项目之间的间隔都相等。

➢ space-around：每个项目两侧的间隔相等。

（5）align-items 定义了项目在交叉轴上的对齐方式。具体的对齐方式与交叉轴的方向有关，下面假设交叉轴从上到下。

➢ flex-start：交叉轴的起点对齐。

➢ flex-end：交叉轴的终点对齐。

➢ center：交叉轴的中点对齐。

➢ baseline：项目的第一行文字的基线对齐。

➢ stretch（默认值）：如果项目未设置高度或设置为 auto，将占满整个容器的高度。

（6）align-content 属性定义了多根轴线的对齐方式。如果项目只有一根轴线，该属性不起作用。该属性可以取如下 6 个值。

➢ flex-start：与交叉轴的起点对齐。

➢ flex-end：与交叉轴的终点对齐。

➢ center：与交叉轴的中点对齐。

➢ space-between：与交叉轴两端对齐，轴线之间的间隔平均分布。

➢ space-around：每根轴线两侧的间隔都相等。所以，轴线之间的间隔比轴线与边框的间隔大一倍。

➢ stretch（默认值）：轴线占满整个交叉轴。

8. flex 容器的元素，即 flex 项目，也有如下 6 个属性

（1）order 属性定义项目的排列顺序。数值越小，排列越靠前，默认值为 0。

（2）flex-grow 属性定义项目的放大比例，默认值为 0，即如果存在剩余空间，也不放大。如果所有项目的 flex-grow 属性都为 1，则它们将等分剩余空间（如果有的话）。如果一个项目的 flex-grow 属性为 2，其他项目都为 1，则前者占据的剩余空间将比其他项目多一倍。

（3）flex-shrink 属性定义了项目的缩小比例，默认值为 1，即如果空间不足，该项目将缩小。如果所有项目的 flex-shrink 属性都为 1，当空间不足时，都将等比例缩小。如果一个项目的 flex-shrink 属性为 0，其他项目都为 1，则空间不足时，前者不缩小。

（4）flex-basis 属性定义了在分配多余空间之前，项目占据的主轴空间（main size）。浏览器根据该属性，计算主轴是否有多余空间。它的默认值为 auto，即项目的本来大小。

（5）flex 属性是 flex-grow、flex-shrink 和 flex-basis 的简写，默认值为 0、1、auto。后两个属性可选。

（6）align-self 属性允许单个项目有与其他项目不一样的对齐方式，可覆盖 align-items 属性。默认值为 auto，表示继承父元素的 align-items 属性，如果没有父元素，则等同于 stretch。

拓展训练

1. 在页面 index.wxml 中做 view 视图容器实验。定义一个 <view> 容器，使用 flex 弹性布局模式，然后在该容器中放置 3 个 <view> 作为容器成员元素，也就是容器中的项目，3 个容器的项目背景颜色分别为红色、黄色、粉色，并且设置 flex-grow 属性值使得第 1 个容器成员占据空间是第 2、3 成员的两倍。代码以及效果如图 4-2-8 所示。

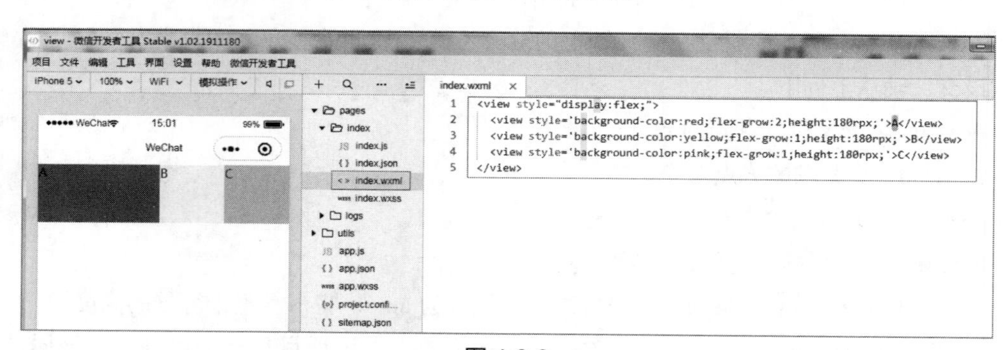

图 4-2-8

index.wxml 主要代码如下：

```
<view style="display:flex;">
  <view style='background-color:red;flex-grow:2;height:180rpx;'>A</view>
  <view style='background-color:yellow;flex-grow:1;height:180rpx;'>B</view>
  <view style='background-color:pink;flex-grow:1;height:180rpx;'>C</view>
</view>
```

2. 在页面 index.wxml 中做 view 视图容器实验。定义一个 <view> 容器，使用 flex 弹性布局模式，然后在该容器中放置 4 个 <view> 作为容器成员元素，也就是容器中的项目，4 个容器的项目背景颜色分别为绿色、黄色、粉色、红色，并且设置 flex-grow 属性值使得 4 个容器成员占据空间是平均放在大容器里面。代码以及效果如图 4-2-9 所示。

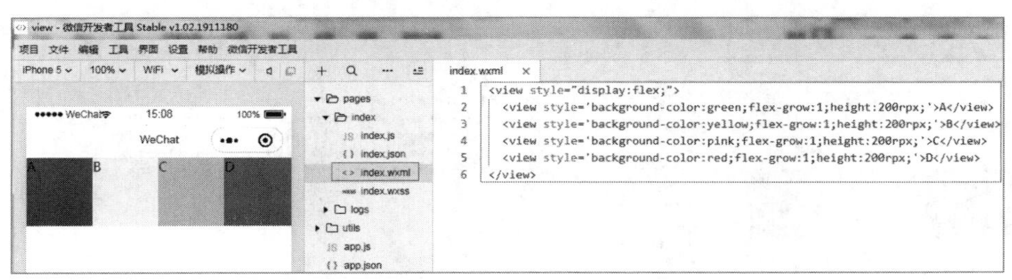

图 4-2-9

index.wxml 主要代码如下：

```
<view style='display:flex;'>
  <view style='background-color:green;flex-grow:1;height:200rpx;'>A</view>
  <view style='background-color:yellow;flex-grow:1;height:200rpx;'>B</view>
  <view style='background-color:pink;flex-grow:1;height:200rpx;'>C</view>
  <view style='background-color:red;flex-grow:1;height:200rpx;'>D</view>
</view>
```

3. 在页面 index.wxml 中做 view 视图容器实验。定义一个 <view> 容器，使用 flex 弹性布局模式，然后在该容器中放置 3 个 <view> 作为容器成员元素，也就是容器中的项目，3 个容器的项目背景颜色分别为红色、绿色、蓝色，并且 3 个容器成员宽度均占据大容器的 33.33%。代码以及效果如图 4-2-10 所示。

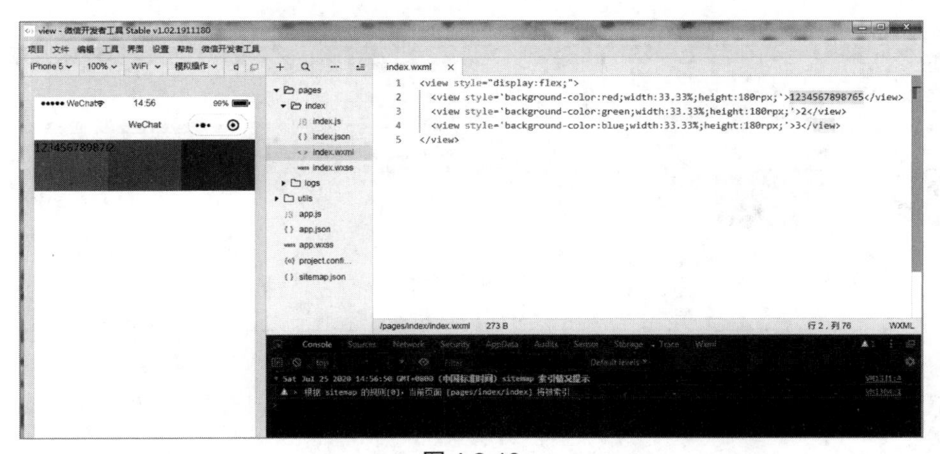

图 4-2-10

index.wxml 主要代码如下：

```
<view style="display:flex;">
  <view style='background-color:red;width:33.33%;height:180rpx;'>1234567898765</view>
  <view style='background-color:green;width:33.33%;height:180rpx;'>2</view>
  <view style='background-color:blue;width:33.33%;height:180rpx;'>3</view>
</view>
```

4. 在页面 index.wxml 中做 view 视图容器实验。定义一个 <view> 容器，使用 flex 弹性布局模式，然后在该容器中放置 4 个 <view> 作为容器成员元素，设置 flex-grow 属性值使得 4 个容器成员占据空间是平均放在大容器里面，并且设置第 1 个容器成员内容是“A123456”，可以看到第 1 个容器成员空间被撑大。代码以及效果如图 4-2-11 所示。

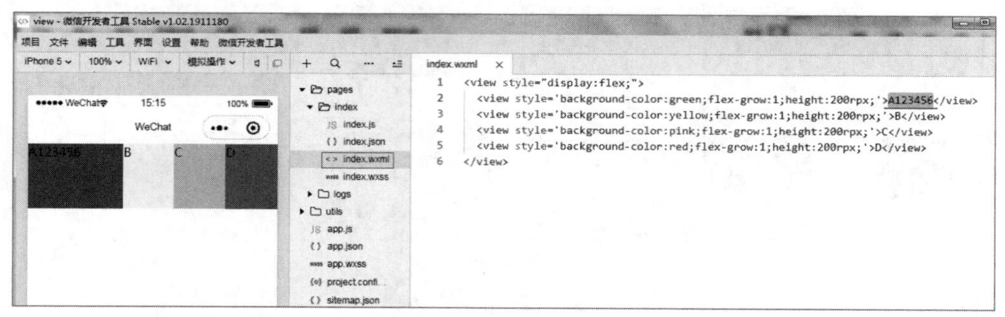

图 4-2-11

index.wxml 主要代码如下：

```
<view style="display:flex;">
  <view style='background-color:green;flex-grow:1;height:200rpx;'>A123456</view>
  <view style='background-color:yellow;flex-grow:1;height:200rpx;'>B</view>
  <view style='background-color:pink;flex-grow:1;height:200rpx;'>C</view>
  <view style='background-color:red;flex-grow:1;height:200rpx;'>D</view>
</view>
```

5. 设置容器元素属性“word-break:break-all; ”，让字母、数字强制换行，代码以及效果如图 4-2-12 所示。

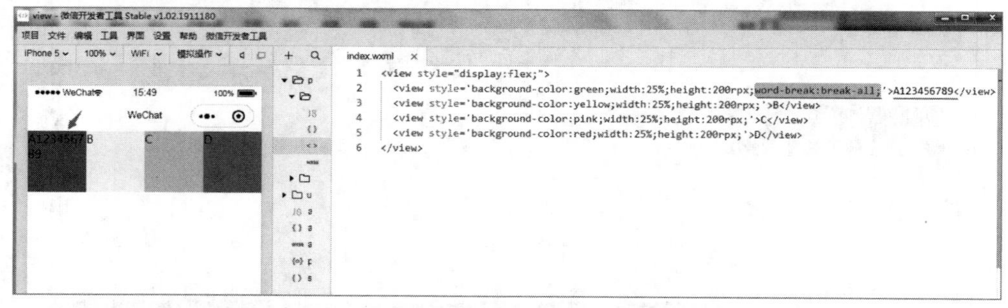

图 4-2-12

index.wxml 主要代码如下：

```
<view style="display:flex;">
```

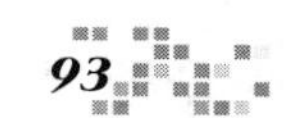

```
  <view style='background-color:green;width:25%;height:200rpx;word-break:
break-all;'>A123456789</view>
  <view style='background-color:yellow;width:25%;height:200rpx;'>B</view>
  <view style='background-color:pink;width:25%;height:200rpx;'>C</view>
  <view style='background-color:red;width:25%;height:200rpx;'>D</view>
</view>
```

6. 设置容器元素排列方向为 column，即主轴为垂直方向排列，代码以及效果如图 4-2-13 所示。

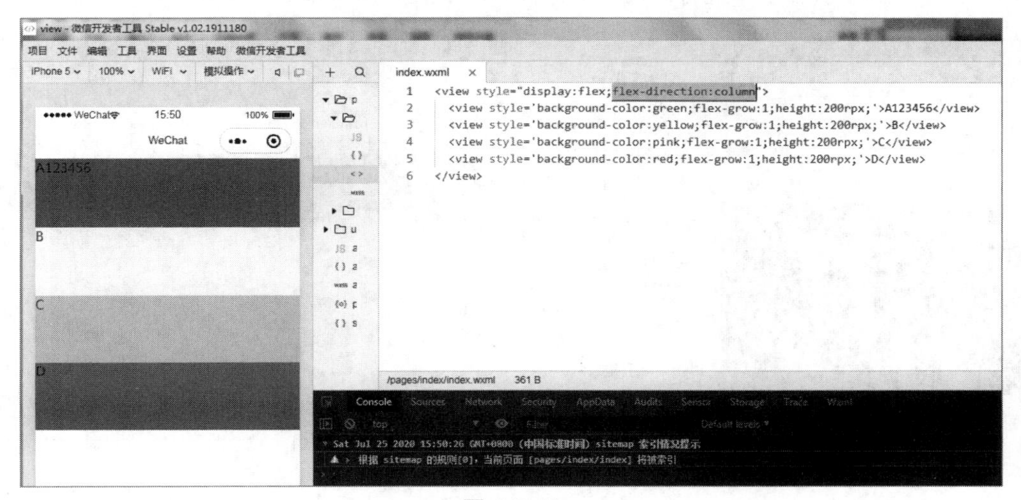

图 4-2-13

index.wxml 主要代码如下：

```
<view style="display:flex;flex-direction:column">
  <view style='background-color:green;flex-grow:1;height:200rpx;'>A123456</view>
  <view style='background-color:yellow;flex-grow:1;height:200rpx;'>B</view>
  <view style='background-color:pink;flex-grow:1;height:200rpx;'>C</view>
  <view style='background-color:red;flex-grow:1;height:200rpx;'>D</view>
</view>
```

7. 通过 <view> 容器左右混合布局页面，代码以及效果如图 4-2-14 所示。

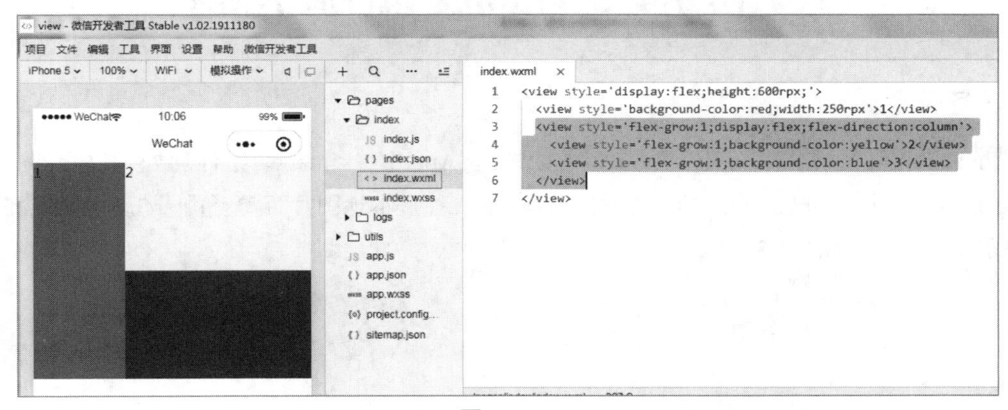

图 4-2-14

index.wxml 主要代码如下：

```
<view style='display:flex;height:600rpx;'>
  <view style='background-color:red;width:250rpx'>1</view>
  <view style='flex-grow:1;display:flex;flex-direction:column'>
    <view style='flex-grow:1;background-color:yellow'>2</view>
    <view style='flex-grow:1;background-color:blue'>3</view>
  </view>
</view>
```

8. 通过 <view> 容器上下混合布局页面，代码以及效果如图 4-2-15 所示。

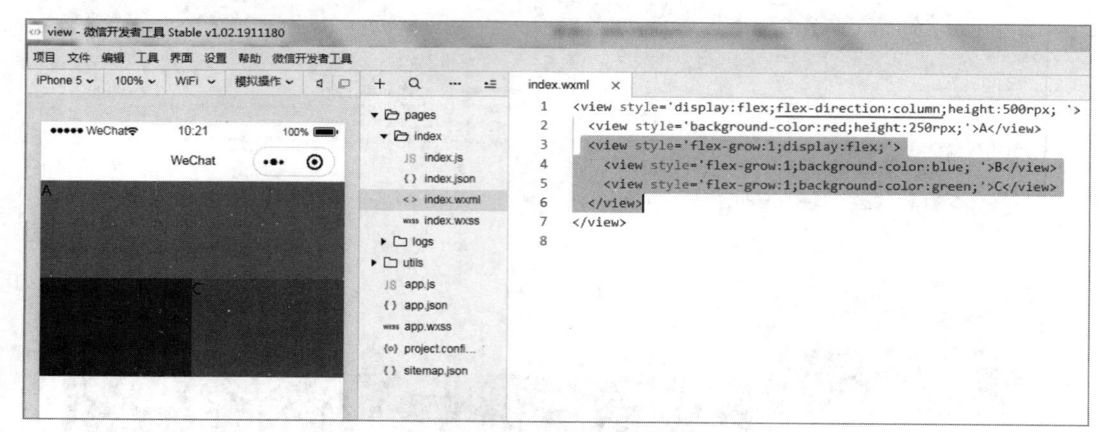

图 4-2-15

index.wxml 主要代码如下：

```
<view style='display:flex;flex-direction:column;height:500rpx;'>
  <view style='background-color:red;height:250rpx;'>A</view>
  <view style='flex-grow:1;display:flex;'>
    <view style='flex-grow:1;background-color:blue;'>B</view>
    <view style='flex-grow:1;background-color:green;'>C</view>
  </view>
</view>
```

任务 4.3　image 组件展示图片

任务描述

<image> 组件也是一个程序不可缺少的，一个 App 中，<image> 组件随处可以看到。一般 <image> 有两种加载方式：第一种是网络图片；第二种是本地图片资源。由 src 属性设定要显示图片的路径，效果如图 4-3-1 所示。

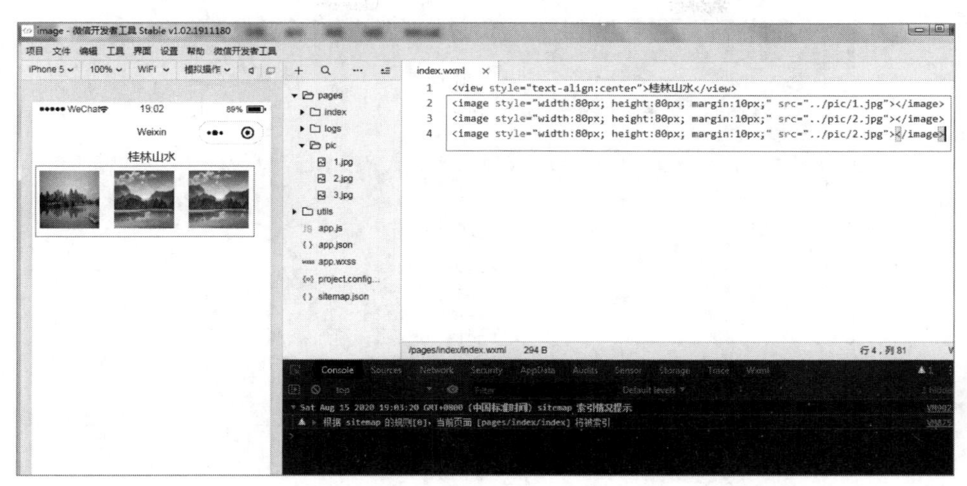

图 4-3-1

任务准备

1. 扫码看课。
2. 3 个图片素材。

image 组件展示图片

任务实施

步骤 **1**：新建一个项目，输入项目名称等信息，如图 4-3-2 所示。

图 4-3-2

步骤 **2**：打开页面 index.wxml 文件，清空此文件附带的代码，并将图片素材放置到 pages\pic 文件夹下，如图 4-3-3 所示。

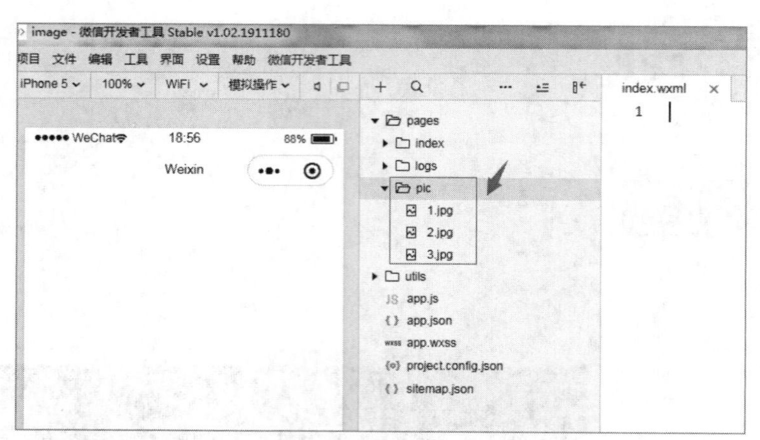

图 4-3-3

步骤 3：在页面 index.wxml 中显示文字并居中。使用 <view> 容器组件，其中输入文字“桂林山水”，并设置 <view> 的 style 属性使得文字居中。代码以及效果如图 4-3-4 所示。

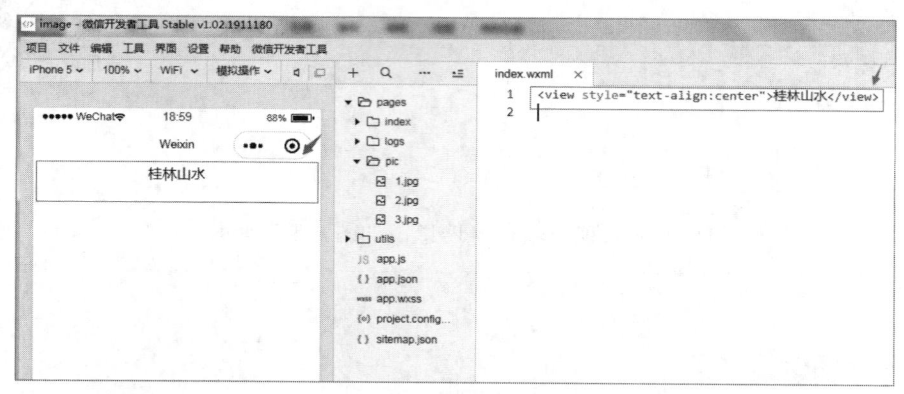

图 4-3-4

步骤 4：使用 <image> 图片组件显示图片。此处使用 3 个 <image> 组件显示 3 张图片，代码与效果如图 4-3-5 所示。

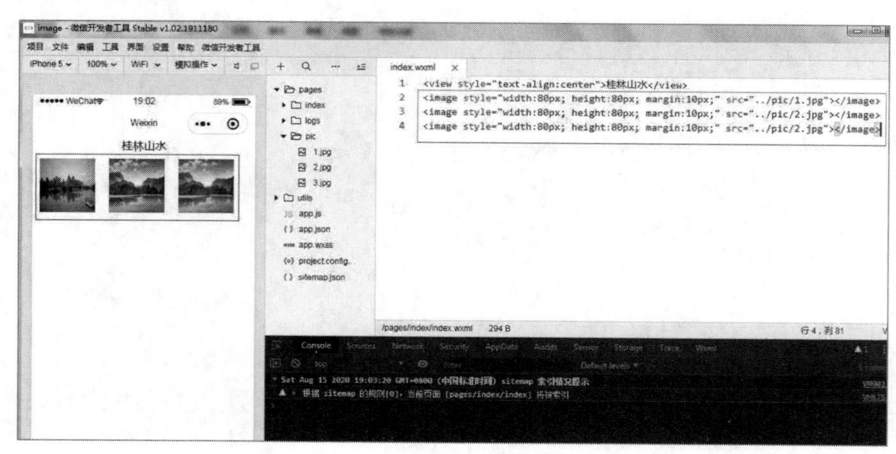

图 4-3-5

小贴士

width、height、margin 分别设置 image 图片组件宽度、高度、内边距；padding 可以设置图片外边距，具体可以了解 HTML 的基础知识，注意 margin 与 padding 的区别。

关键代码如下：

```
<view style="text-align:center">桂林山水</view>
<image style="width:80px; height:80px; margin:10px;" src="../pic/1.jpg"> </image>
<image style="width:80px; height:80px; margin:10px;" src="../pic/2.jpg"> </image>
<image style="width:80px; height:80px; margin:10px;" src="../pic/2.jpg">
</image>
```

步骤 5：保存项目，调试运行小程序。

相关知识

1. image 组件属性，如图 4-3-6 所示。

属性名	类型	默认值	说明
src	String		图片资源地址
mode	String	'scaleToFill'	图片裁剪、缩放的模式
binderror	HandleEvent		当错误发生时，发布到AppService的事件名，事件对象event.detail = { errMsg: 'something wrong' }
bindload	HandleEvent		当图片载入完毕时，发布到AppService的事件名，事件对象event.detail = {}

图 4-3-6

2. 3 种缩放模式，如图 4-3-7 所示。

模式	说明
scaleToFill	不保持纵横比缩放图片，使图片的宽高完全拉伸至填满image元素
aspectFit	保持纵横比缩放图片，使图片的长边能完全显示出来。也就是说，可以完整地将图片显示出来。
aspectFill	保持纵横比缩放图片，只保证图片的短边能完全显示出来。也就是说，图片通常只在水平或垂直方向是完整的，另一个方向将会发生截取。

图 4-3-7

3. 9 种剪切方式，如图 4-3-8 所示。

模式	说明
top	不缩放图片，只显示图片的顶部区域
bottom	不缩放图片，只显示图片的底部区域
center	不缩放图片，只显示图片的中间区域
left	不缩放图片，只显示图片的左边区域
right	不缩放图片，只显示图片的右边区域
top left	不缩放图片，只显示图片的左上边区域
top right	不缩放图片，只显示图片的右上边区域
bottom left	不缩放图片，只显示图片的左下边区域
bottom right	不缩放图片，只显示图片的右下边区域

图 4-3-8

拓展训练

1. 在页面 index.wxml 中使用 image 图片、view 视图容器、text 文本组件制作所需效果。要求 <view> 容器中内容居中，<text> 文本组件显示文字颜色为红色，3 个 <image> 图片组件显示相片，相片内边距为 2 像素，则相片之间的间隔比较小，如图 4-3-9 所示。

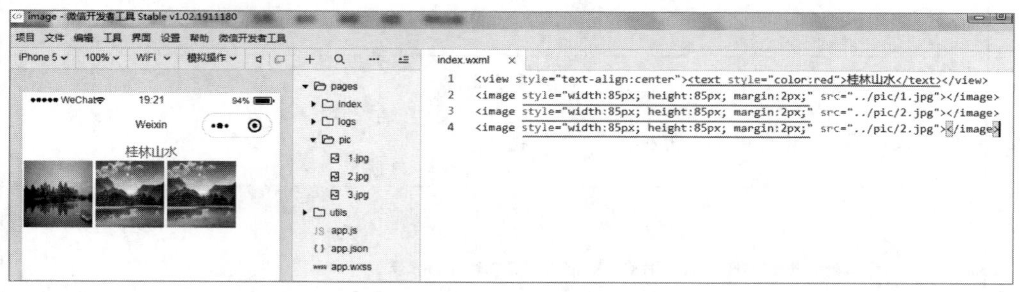

图 4-3-9

关键代码如下：

```
<view style="text-align:center"><text style="color:red"> 桂林山水 </text></view>
<image style="width:85px; height:85px; margin:2px;" src="../pic/1.jpg"></image>
<image style="width:85px; height:85px; margin:2px;" src="../pic/2.jpg"></image>
<image style="width:85px; height:85px; margin:2px;" src="../pic/2.jpg"></image>
```

2. 在页面 index.wxml 中使用 image 图片、view 视图容器、text 文本组件制作所需效果。要求 <view> 容器中内容居中，<text> 文本组件显示文字颜色为蓝色，4 个 <image> 图片组件显示相片，相片内边距为 2 像素，相片宽与高为 150。那么由于相片比较大，一行只能放置 2 张图片，第 3、4 张就被挤到了下一行摆放显示，如图 4-3-10 所示。

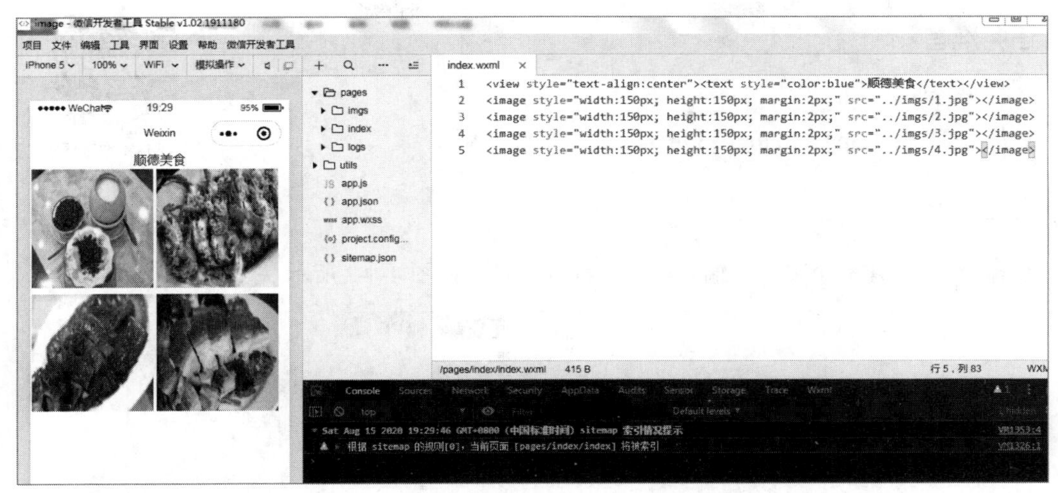

图 4-3-10

关键代码如下：

```
<view style="text-align:center"><text style="color:blue"> 顺德美食 </text></view>
<image style="width:150px; height:150px; margin:2px;" src="../imgs/1.jpg"></image>
<image style="width:150px; height:150px; margin:2px;" src="../imgs/2.jpg"></image>
<image style="width:150px; height:150px; margin:2px;" src="../imgs/3.jpg"></image>
<image style="width:150px; height:150px; margin:2px;" src="../imgs/4.jpg"></image>
```

任务 4.4　swiper 实现图片轮播

任务描述

小程序组件可分为官方组件和自定义组件，本任务将介绍微信官方提供的 swiper 组件。<swiper> 组件是滑块视图容器，主要用来制作图片轮播效果；视图容器 <swiper> 中只能放置 <swiper-item> 组件。本任务实现效果如图 4-4-1 所示。

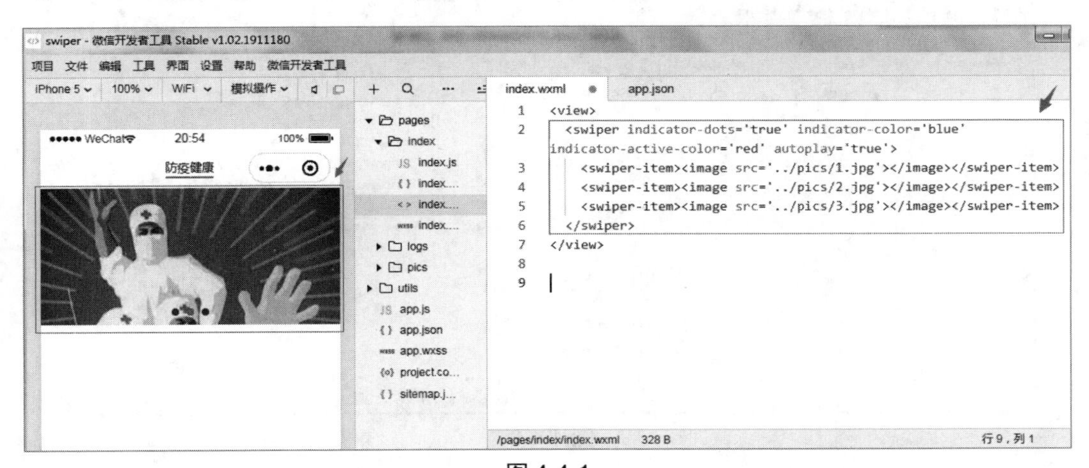

图 4-4-1

任务准备

swiper 实现图片轮播

1. 扫码看课。
2. 任务素材：1. jpg、2. jpg、3. jpg。

任务实施

步骤 1：新建一个项目，输入项目名称等信息，如图 4-4-2 所示。

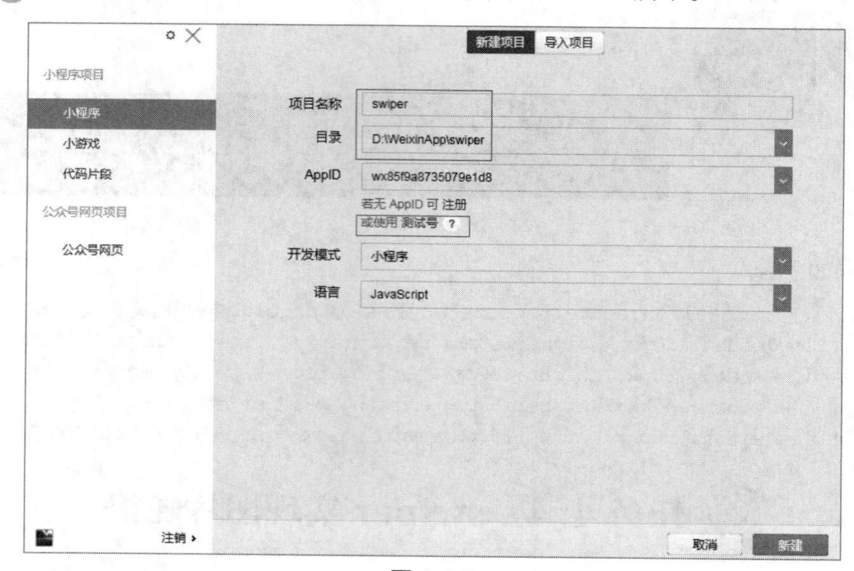

图 4-4-2

步骤 2：打开 app.json 文件，设置 navigationBarTitleText 值为“防疫健康”，如图 4-4-3 所示。

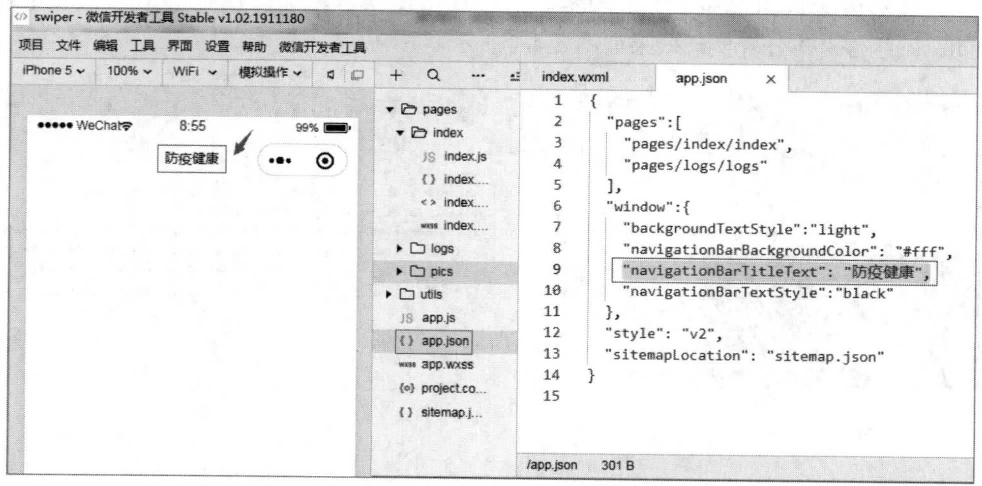

图 4-4-3

步骤 3：打开页面 index.wxml，清空此文件附带的代码，并将图片素材放置到 pages\pics

文件夹下，如图 4-4-4 所示。

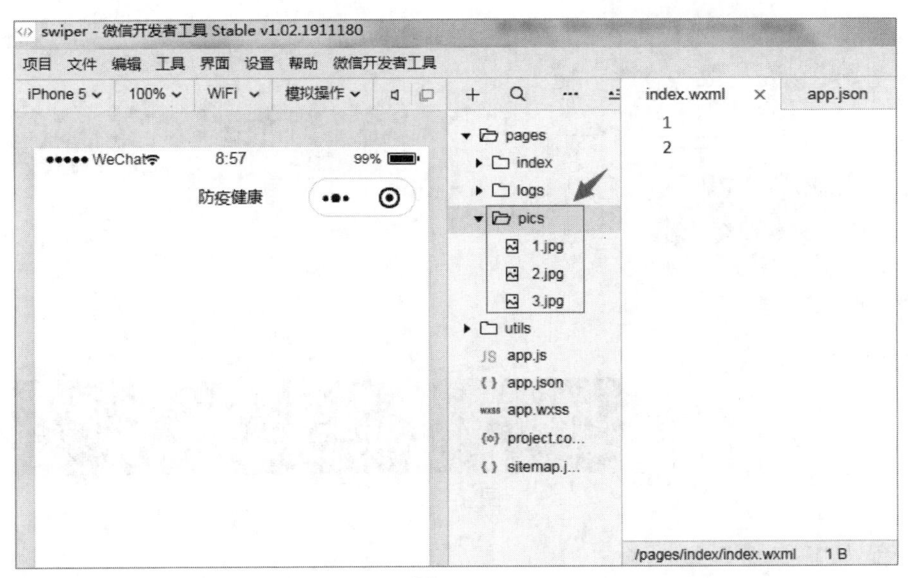

图 4-4-4

步骤 4：在页面 index.wxml 中制作图片轮播展示效果。使用 <swiper> 滑块视图容器组件，属性 indicator-dots='true' 设置显示面板指示点为 true，属性 indicator-color='blue' 设置指示点颜色为蓝色，属性 indicator-active-color='red' 设置当前选中的指示点颜色为红色，属性 autoplay='true' 设置是否自动切换为 true。代码以及效果如图 4-4-5 所示。

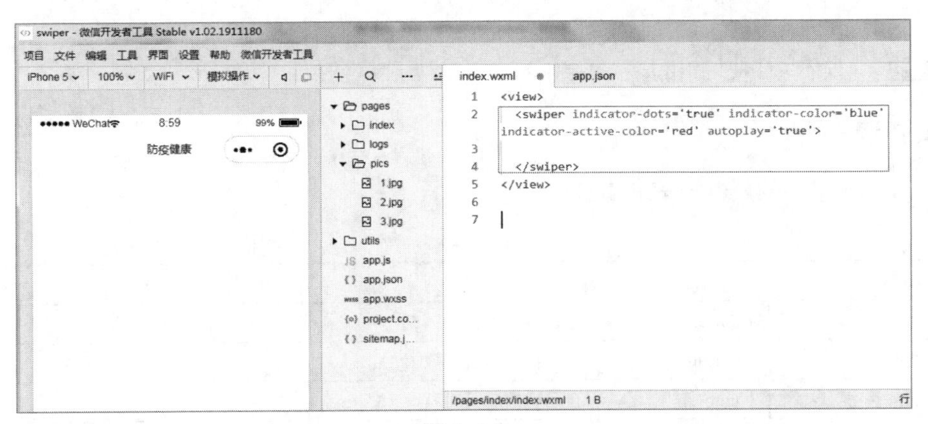

图 4-4-5

> 小贴士
>
> <swiper>…</swiper> 滑块视图容器组件属性设置以及作用可看后面相关知识内容。<swiper-item>…</swiper-item> 用来设置滑块视图容器中装载的内容。

步骤 5：使用 <swiper-item> 组件来加载 <swiper> 滑块视图容器所包含的内容。此处使用

3 个 <swiper-item>、<image> 组件加载 3 张图片作为滑动轮播的图片，代码与效果如图 4-4-6 所示。

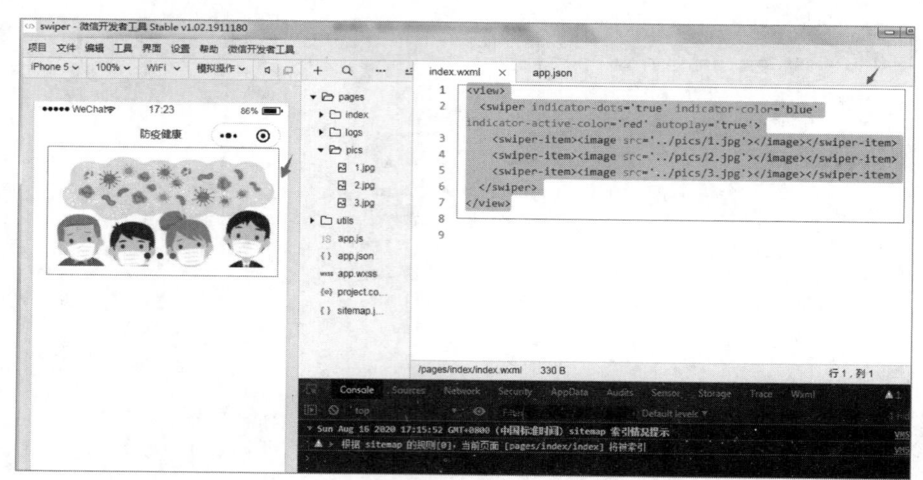

图 4-4-6

关键代码如下：

```
<view>
  <swiper indicator-dots='true' indicator-color='blue' indicator-active-color='red' autoplay='true'>
    <swiper-item><image src='../pics/1.jpg'></image></swiper-item>
    <swiper-item><image src='../pics/2.jpg'></image></swiper-item>
    <swiper-item><image src='../pics/3.jpg'></image></swiper-item>
  </swiper>
</view>
```

步骤 6：保存项目，调试运行小程序。

相关知识

1. <swiper> 组件的属性如表 4-4-1 所示。

表 4-4-1

属性	类型	作用
indicator-dots	Boolean	是否显示面板指示点
autoplay	Boolean	是否自动播放轮播图
interval	Number	自动切换时间间隔
duration	Number	滑动动画时长
current-item-id	String	当前所在滑块的 item-id，不能与 current 同时指定
circular	Boolean	是否采用衔接滑动
vertical	Boolean	滑动方向是否为纵向
previous-margin	String	前边距，露出前一项的一小部分
next-margin	String	后边距，露出后一项的一小部分
display-multiple-items	Number	同时显示的滑块数量
bindchange	EventHandle	current 改变时会触发 change 事件

2. <swiper>、<swiper-item> 组件的用法具体可以查看微信小程序官方开发文档。

拓展训练

1. 使用 <view>、< swiper>、<swiper-item>、<image> 制作桂林山水轮播图效果。具体要求如下：

（1）在 app.json 文件中设置 window 项的 navigationBarBackgroundColor、navigationBarTitleText 参数，改变导航栏颜色及标题，如图 4-4-7 所示。

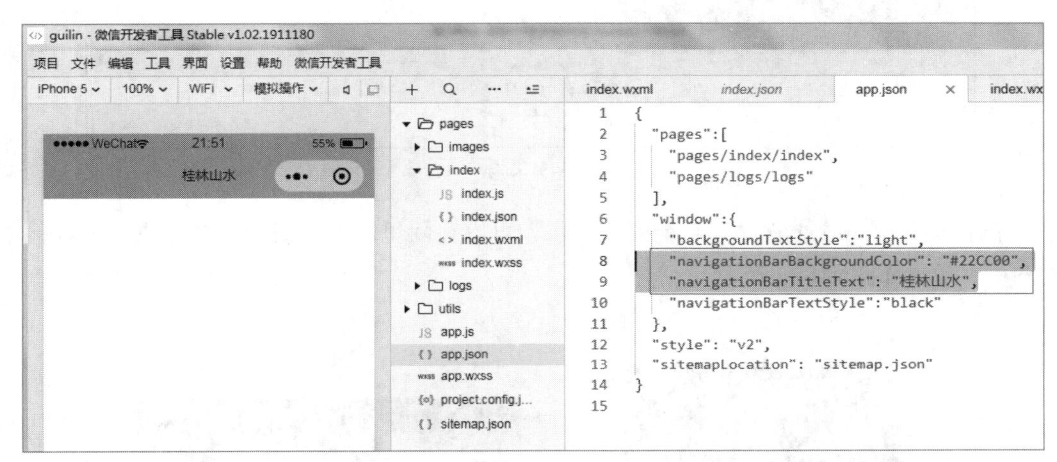

图 4-4-7

（2）在 index.wxml 页面中，清空之前内容，使用组件制作轮播图效果，设置 <swiper> 滑块视图容器组件，设置轮播图能显示面板指示点，设置指示点颜色为红色，设置当前选中的指示点颜色为黄色，并设置能自动切换轮播的图片，如图 4-4-8 所示。

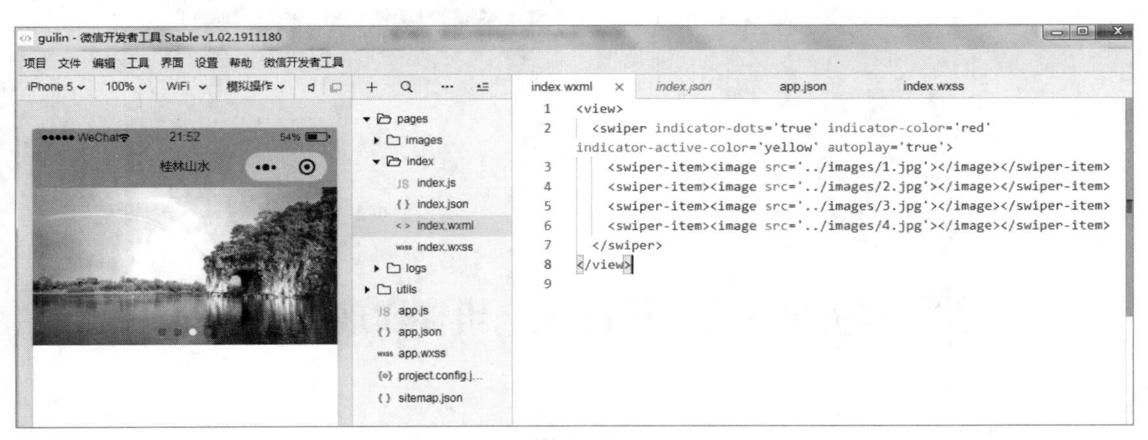

图 4-4-8

（3）在 index.wxss 文件中定义 < swiper>、<image> 的样式，如图 4-4-9 所示。

2. 制作类似“顺丰速运”功能列表效果，可以在阿里图库下载相似图标或者自行制作有关的图标，效果如图 4-4-10 所示。

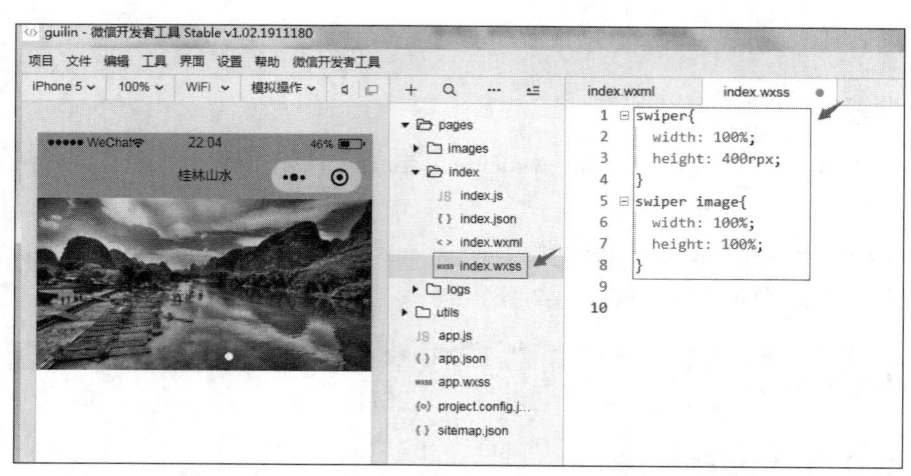

图 4-4-9

3. 制作类似“美食小程序”功能列表效果，可以在阿里图库下载相似图标或者自行制作有关的图标，效果如图 4-4-11 所示。

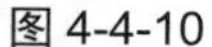
图 4-4-10

图 4-4-11

任务 4.5　navigator 组件实现页面链接

任务描述

通过 <navigator> 组件可以实现页面链接、页面跳转、页面切换，在微信小程序开发过程中它是一个常用组件，设定它的 url 属性指定需链接的地址，类似于 HTML 中 <a> 标记。下面使用 <navigator> 组件做页面跳转，制作切换小程序的功能页面以及传递参数效果，如图 4-5-1 所示。

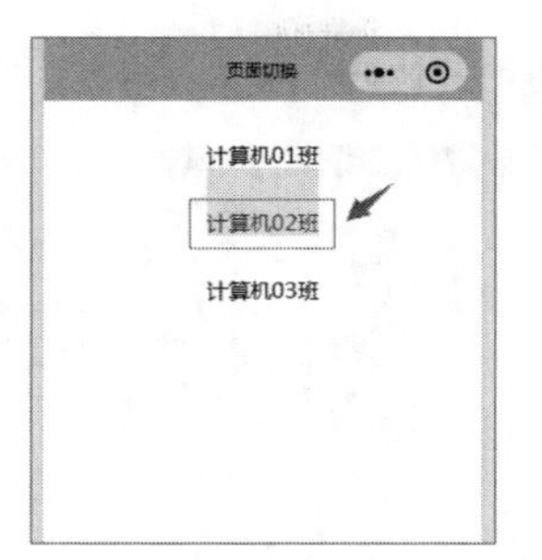

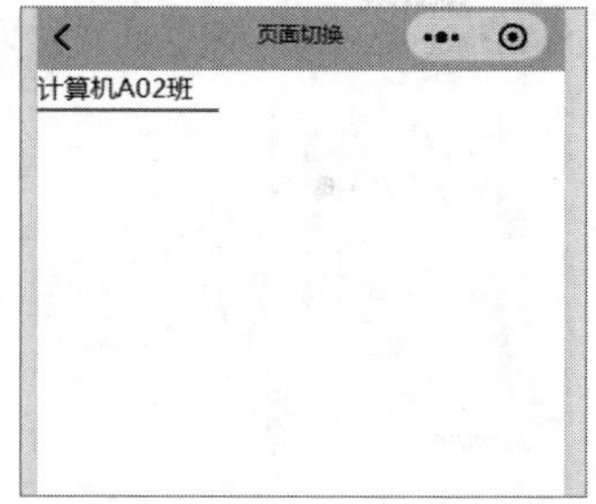

图 4-5-1

任务准备

扫码看课。

navigator 组件
实现页面链接

任务实施

步骤 1：新建一个项目，输入项目名称等信息，如图 4-5-2 所示。

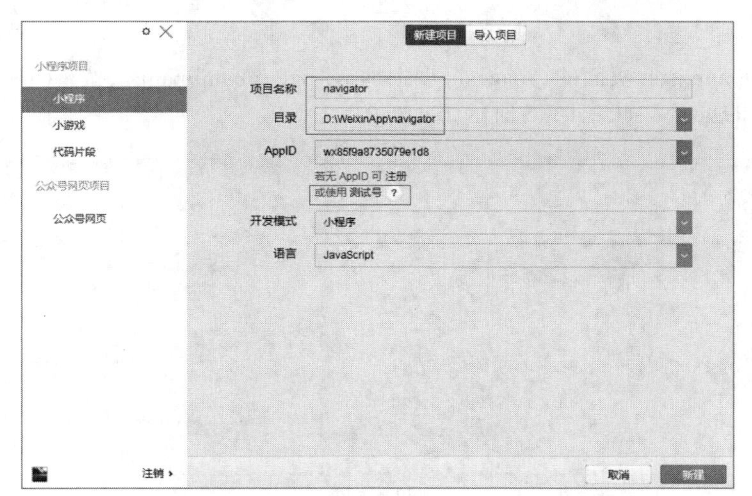

图 4-5-2

步骤 2：打开 app.json 文件，设置页面标题文字 navigationBarTitleText 为“页面切换”以及页面标题颜色 navigationBarBackgroundColor 为“#fab”，如图 4-5-3 所示。

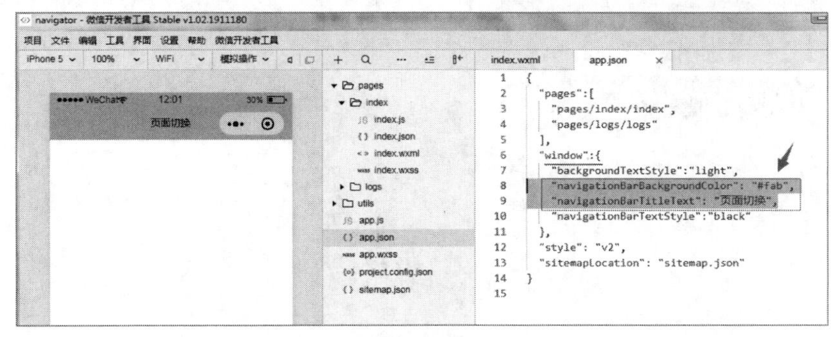

图 4-5-3

步骤 3 ：打开页面 index.wxml，清空此文件附带的代码，输入图 4-5-4 所示代码显示 3 行文本。

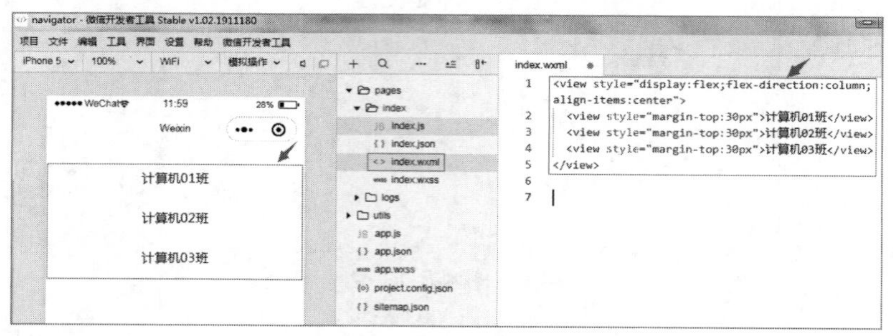

图 4-5-4

关键代码如下：

```
<view style="display:flex;flex-direction:column;align-items:center">
  <view style="margin-top:30px"> 计算机 01 班 </view>
  <view style="margin-top:30px"> 计算机 02 班 </view>
  <view style="margin-top:30px"> 计算机 03 班 </view>
</view>
```

步骤 4 ：在 app.json 页面的 “pages” 项中加上”pages/banji/banji”，按【Ctr+S】组合键保存，即可快速创建新的页面，如图 4-5-5 所示。

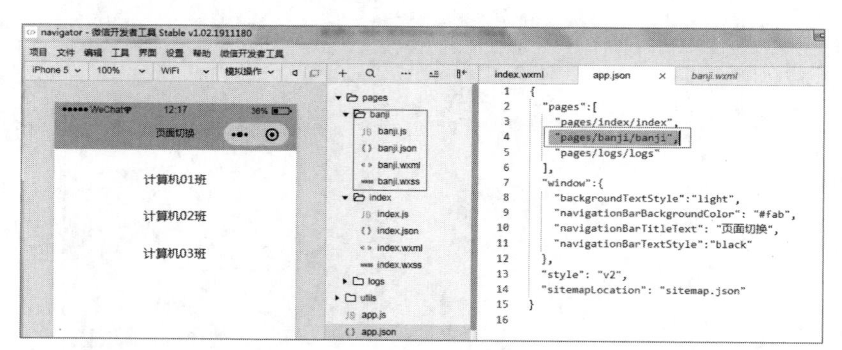

图 4-5-5

步骤 5 ：在 index.wxml 页面中给 3 行文本添加跳转链接，制作页面切换效果。使用 <navigator>...</navigator> 组件，代码以及效果如图 4-5-6 所示。

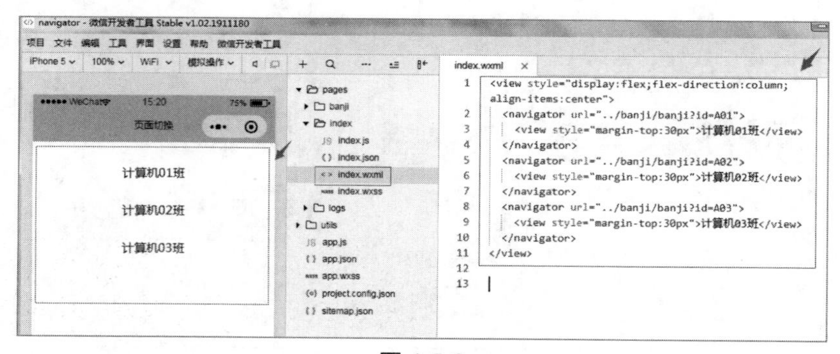

图 4-5-6

小贴士

在 <navigator>...</navigator> 页面链接组件中，url 属性设置所链接页面的地址，具体属性见后面相关知识。在 index.wxml 页面中加上跳转链接<navigator>标记，并传递参数 id。例如：<navigator url="../banji/ banji?id=A01">... </navigator> 是跳转到 ../banji/banji，并传参 id=A01。

关键代码如下：

```
<view style="display:flex;flex-direction:column;align-items:center">
  <navigator url="../banji/banji?id=A01">
    <view style="margin-top:30px">计算机 01 班 </view>
  </navigator>
  <navigator url="../banji/banji?id=A02">
    <view style="margin-top:30px">计算机 02 班 </view>
  </navigator>
  <navigator url="../banji/banji?id=A03">
    <view style="margin-top:30px">计算机 03 班 </view>
  </navigator>
</view>
```

步骤 6：在 banji.js 页面中编写脚本。首先定义变量 classid，并赋予 null 值，即 classid:null；当 banji 页面加载时，会执行 onload 事件中的 this.setData({articleId:options.id})，那么在 onload 中将从 index.wxml 传递过来的参数 id 赋值于刚才定义的变量 classid，代码与效果如图 4-5-7 所示。

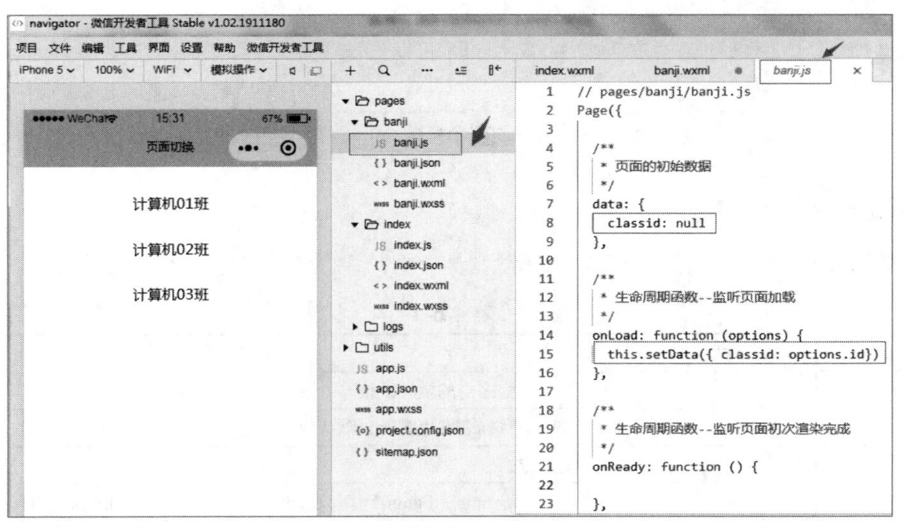

图 4-5-7

小贴士

其中 this.setData({articleId:options.id})，也可以写 console.log(options) 语句，查看 options 的信息。

步骤 7：在 banji.wxml 页面中修改代码，接收显示班级信息，通过 {{classid}} 输出变量值，代码与效果如图 4-5-8 所示。

步骤 8：保存后查看页面调试效果，如图 4-5-9 所示。

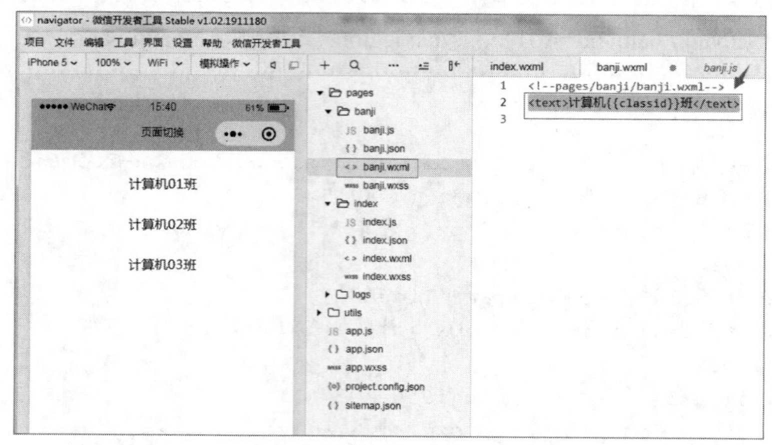

图 4-5-8

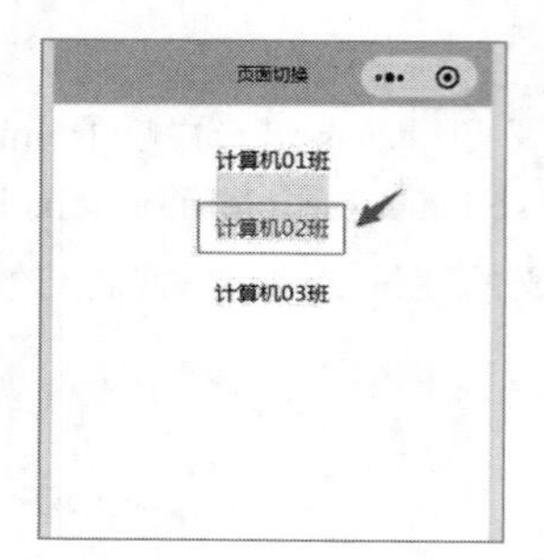

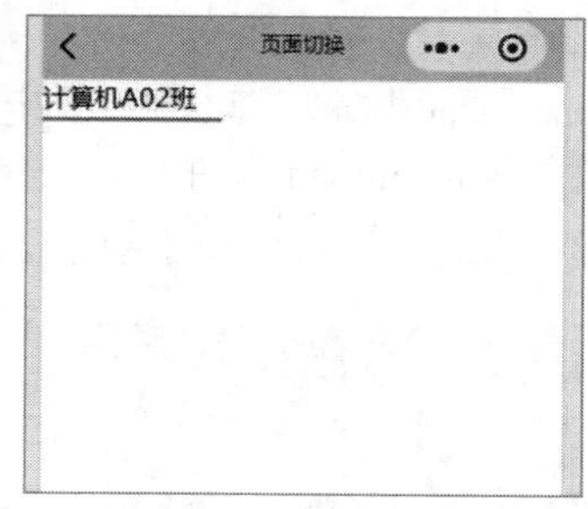

图 4-5-9

相关知识

1. <navigator> 组件的属性如表 4-5-1 所示。

表 4-5-1

属　性	默　认	作　　用
url		当前小程序内的跳转链接
target	self	在哪个目标上发生跳转，默认值为当前小程序
open-type	navigate	跳转方式
path		当 target="miniProgram" 时有效，打开的页面路径，如果为空则打开首页
hover-class	navigator-hover	指定点击时的样式类，当 hover-class="none" 时，没有点击态效果
bindsuccess		当 target="miniProgram" 时有效，跳转小程序成功
bindfail		当 target="miniProgram" 时有效，跳转小程序失败
bindcomplete		当 target="miniProgram" 时有效，跳转小程序完成
version	release	当 target="miniProgram" 时有效，要打开的小程序版本

2. target 的合法值，如表 4-5-2 所示。

表 4-5-2

属　性	作　用
self	当前小程序
miniProgram	其他小程序

3. open-type 的合法值，如表 4-5-3 所示。

表 4-5-3

属　性	作　　用
navigate	对应 wx.navigateTo 或 wx.navigateToMiniProgram 的功能
redirect	对应 wx.redirectTo 的功能
switchTab	对应 wx.switchTab 的功能
reLaunch	对应 wx.reLaunch 的功能
navigateBack	对应 wx.navigateBack 的功能
exit	退出小程序，target="miniProgram" 时生效

4. 微信小程序之间跳转。要实现两个小程序间跳转，必须要绑定在同一个公众号下面，在公众号后台的小程序管理界面，点击关联小程序通过搜索小程序的 AppID 添加关联小程序。

5. 后面学习微信小程序 API 章节时，还可以使用 3 个 API 接口函数 wx.navigateTo、wx.redirectTo、wx.navigateBack 实现页面切换；指定相应的跳转 url 地址，url 地址可以使用相对路径或者绝对路径，相对路径通过“..”表示父目录，而绝对路径形式的写法如：“/pages/logs/logs”。

拓展训练

1. 使用 <navigator>、<view>、<image> 组件制作桂林山水浏览效果，具体要求如下。

（1）在 app.json 文件中设置 window 项的 navigationBarBackgroundColor、navigationBarTitleText 参数，改变导航栏颜色及标题，如图 4-5-10 所示。

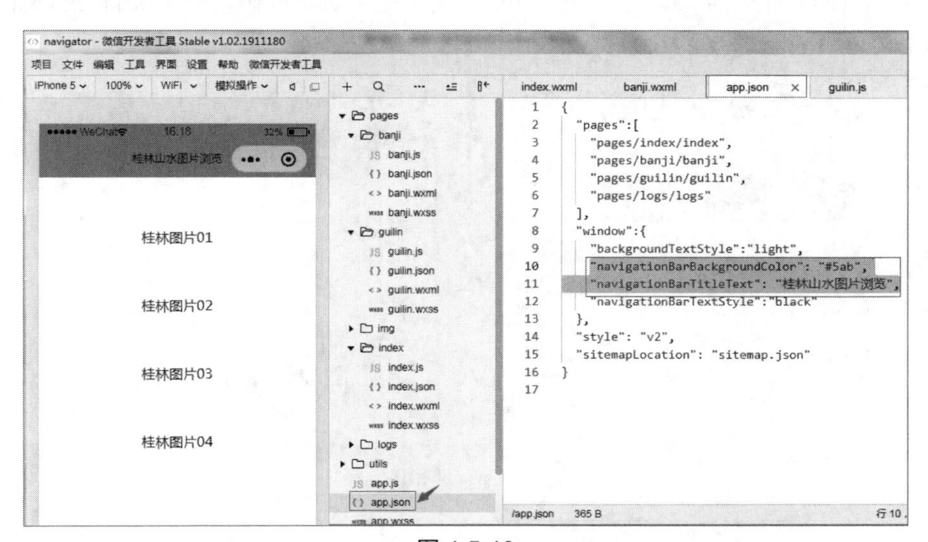

图 4-5-10

（2）在 index.wxml 页面中，清空之前内容，使用 <navigator> 组件制作页面链接，如图 4-5-11 所示。

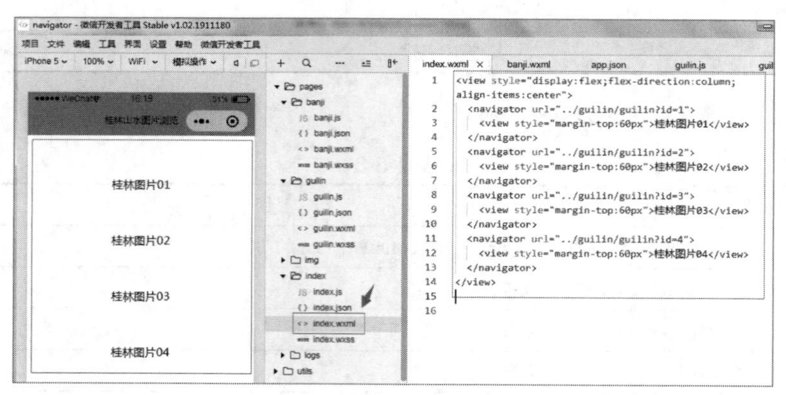

图 4-5-11

关键代码如下：

```
<view style="display:flex;flex-direction:column;align-items:center">
  <navigator url="../guilin/guilin?id=1">
    <view style="margin-top:60px">桂林图片 01</view>
  </navigator>
  <navigator url="../guilin/guilin?id=2">
    <view style="margin-top:60px">桂林图片 02</view>
  </navigator>
  <navigator url="../guilin/guilin?id=3">
    <view style="margin-top:60px">桂林图片 03</view>
  </navigator>
  <navigator url="../guilin/guilin?id=4">
    <view style="margin-top:60px">桂林图片 04</view>
  </navigator>
</view>
```

（3）新建页面，命名为 guilin，打开 guilin.js 文件，在 onload 函数中将从 index.wxml 传递过来的参数 id 赋值于刚才定义的变量 picid，如图 4-5-12 所示。

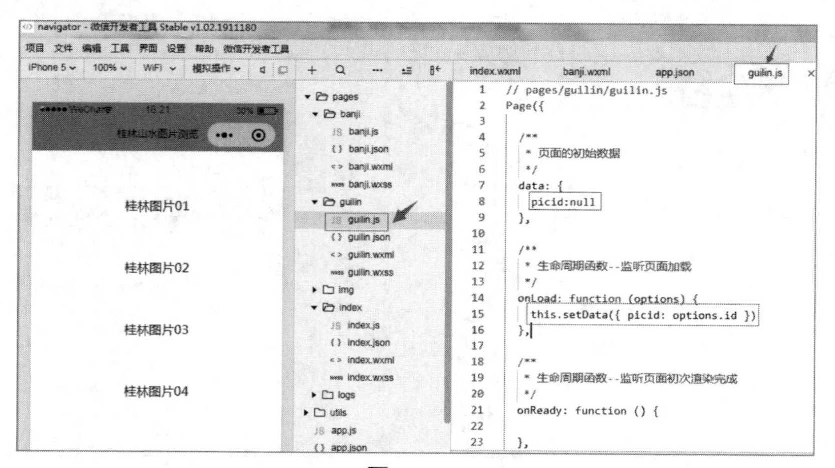

图 4-5-12

（4）打开 guilin.wxml 文件，使用 <view>、<image> 组件显示需要输出的文本及图片，如图 4-5-13 所示。

图 4-5-13

（5）调试程序，预览效果，如图 4-5-14 所示。

图 4-5-14

2. 在页面中显示“文章 1、文章 2、文章 3、文章 4”的标题，当点击了某个标题时，实现页面跳转，并打开查看文章具体内容，效果如图 4-5-15 所示。

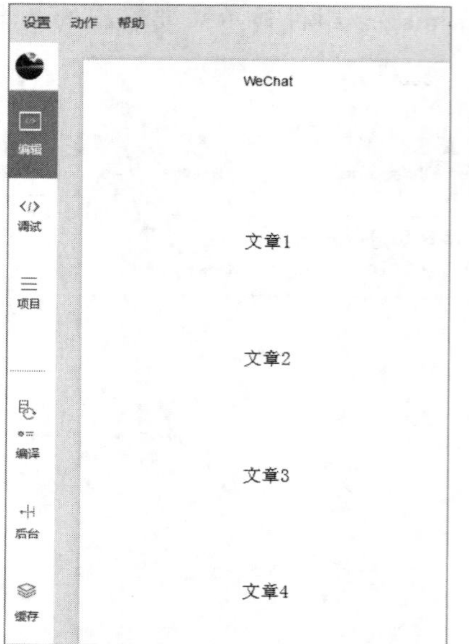

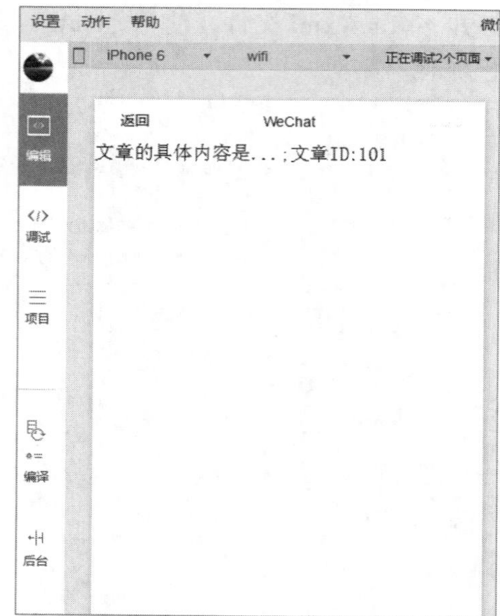

图 4-5-15

任务 4.6 button 按钮组件及响应事件

任务描述

创建一个微信小程序，在程序中插入按钮，并且编写单击按钮时的响应事件代码，效果如图 4-6-1 所示。

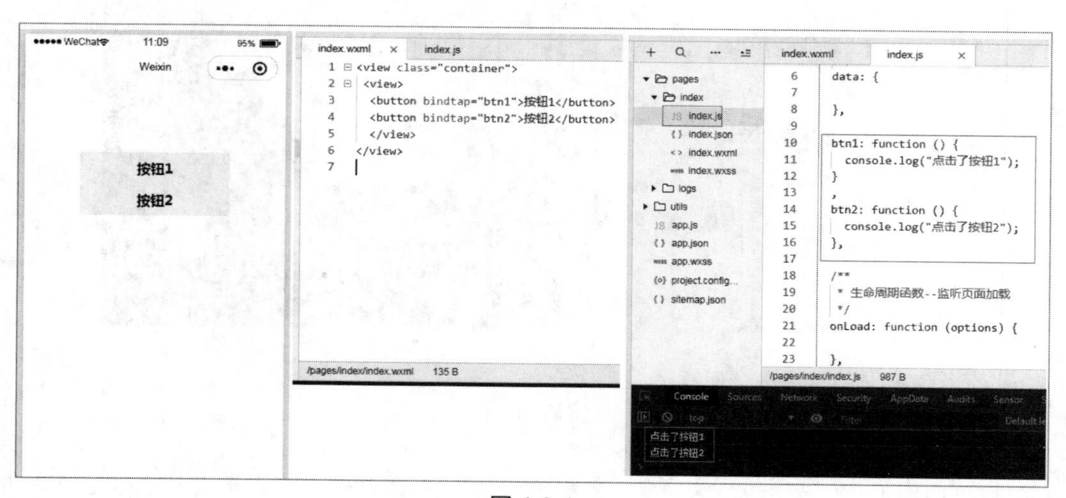

图 4-6-1

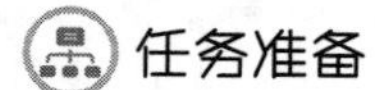任务准备

扫码看课。

button 按钮组件及响应事件

任务实施

步骤 1：新建一个项目，输入项目名称等信息，如图 4-6-2 所示。

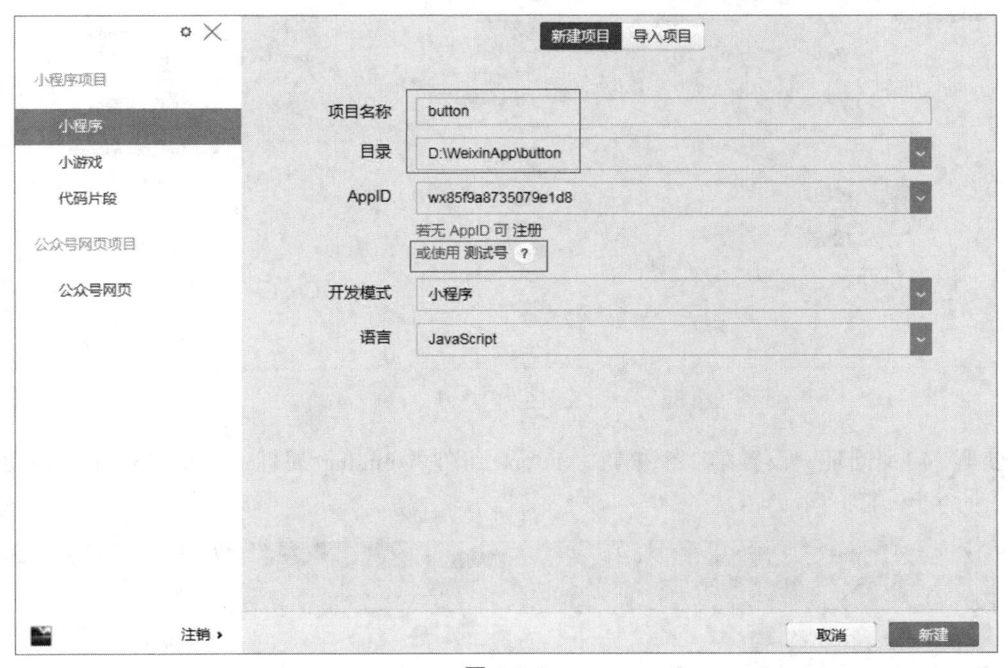

图 4-6-2

步骤 2：打开页面 index.wxml，清空此文件附带的代码，并且添加两个按钮 <button> 组件，如图 4-6-3 所示。

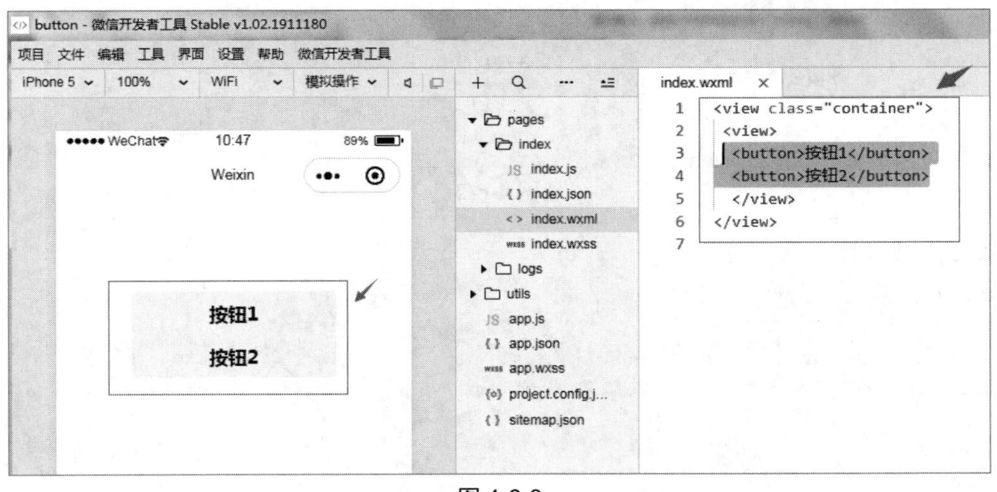

图 4-6-3

步骤 3：设置第 1 个按钮 <button> 组件的 bindtap 属性，当单击按钮时触发事件 btn1，如图 4-6-4 所示。

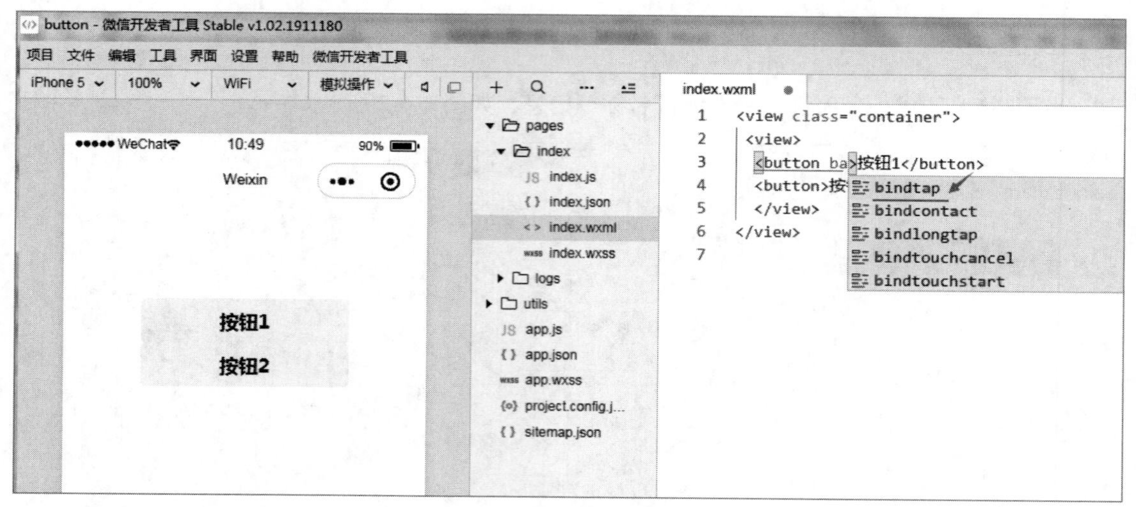

图 4-6-4

步骤 4：同理，设置第 2 个按钮 <button> 组件的 bindtap 属性，当单击按钮时触发事件 btn2，如图 4-6-5 所示。

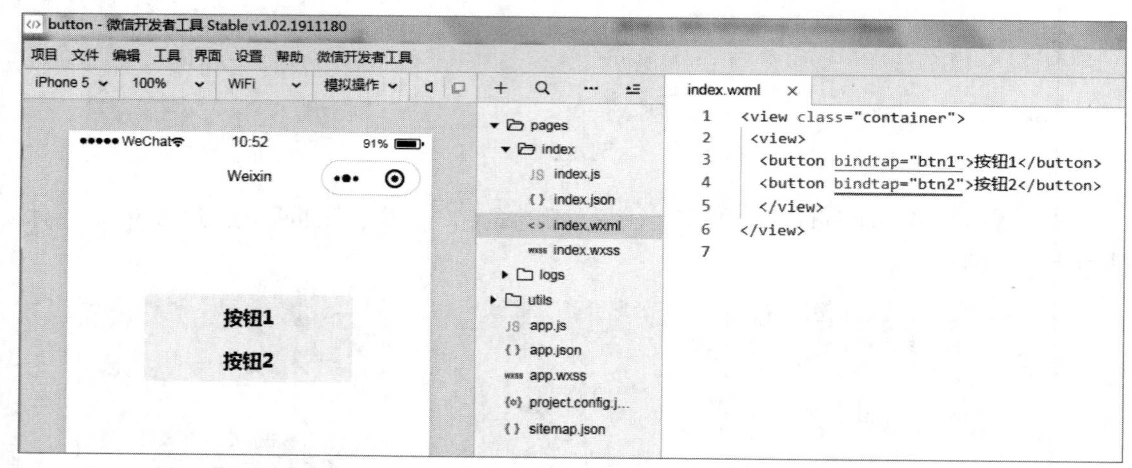

图 4-6-5

关键代码如下：

```
<view class="container">
 <view>
 <button bindtap="btn1">按钮 1</button>
 <button bindtap="btn2">按钮 2</button>
 </view>
</view>
```

步骤 5：打开页面 index.js，清空此文件附带的代码，通过 page 方法初始化页面，如图 4-6-6 所示。

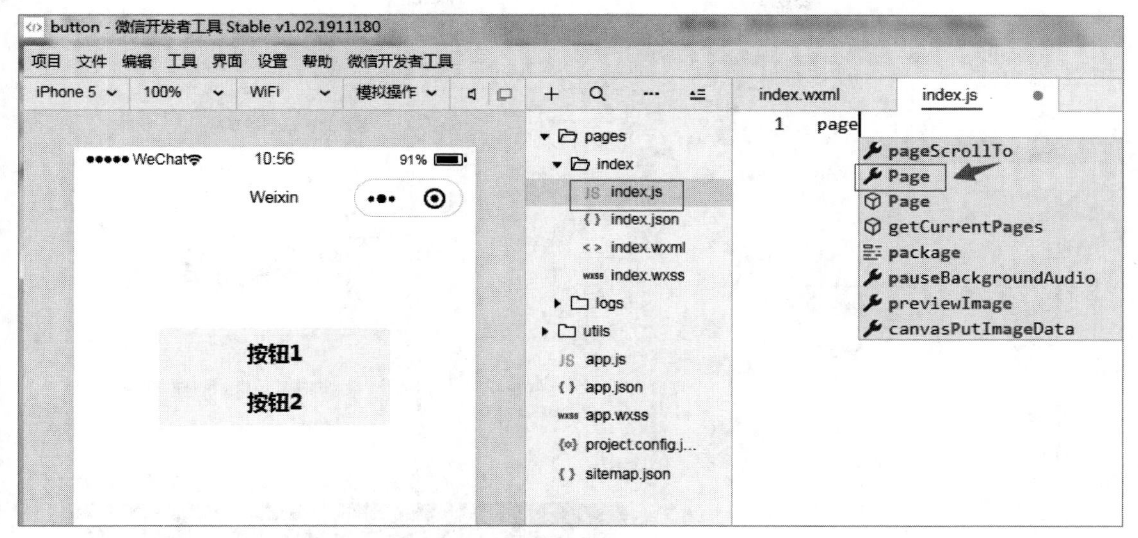

图 4-6-6

步骤 6 ：通过 Page 方法初始化页面，如图 4-6-7 所示。

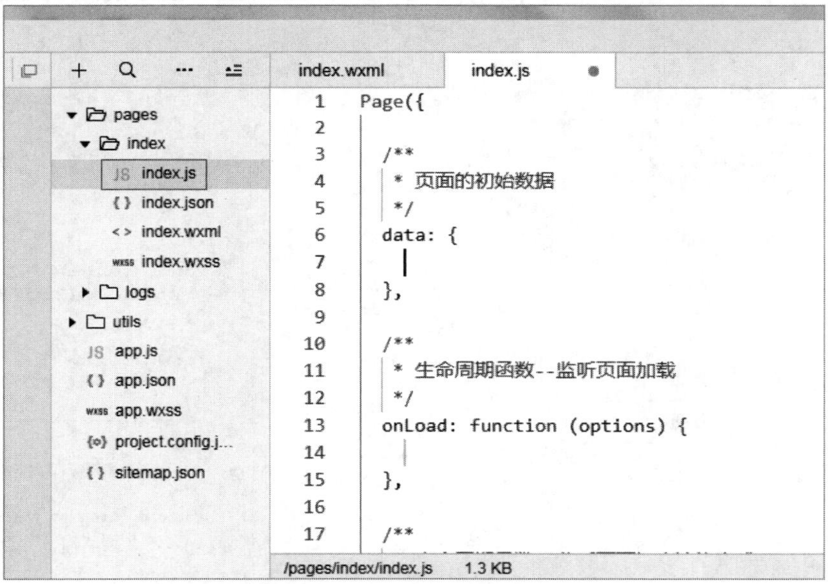

```
1   Page({
2
3     /**
4      * 页面的初始数据
5      */
6     data: {
7
8     },
9
10    /**
11     * 生命周期函数--监听页面加载
12     */
13    onLoad: function (options) {
14
15    },
16
17    /**
```

/pages/index/index.js　1.3 KB

图 4-6-7

步骤 7 ：在 index.js 文件中编写 btn1 事件对应响应的函数代码 btn1:function()。编写完 btn1 响应的函数代码后，当单击第 1 个按钮 <button> 组件时，根据它的属性 bindtap 即可触发事件 btn1，如图 4-6-8 所示。

步骤 8 ：同理，在 index.js 页面中编写单击第 2 个按钮时所关联的函数代码 btn2:function()，如图 4-6-9 所示。

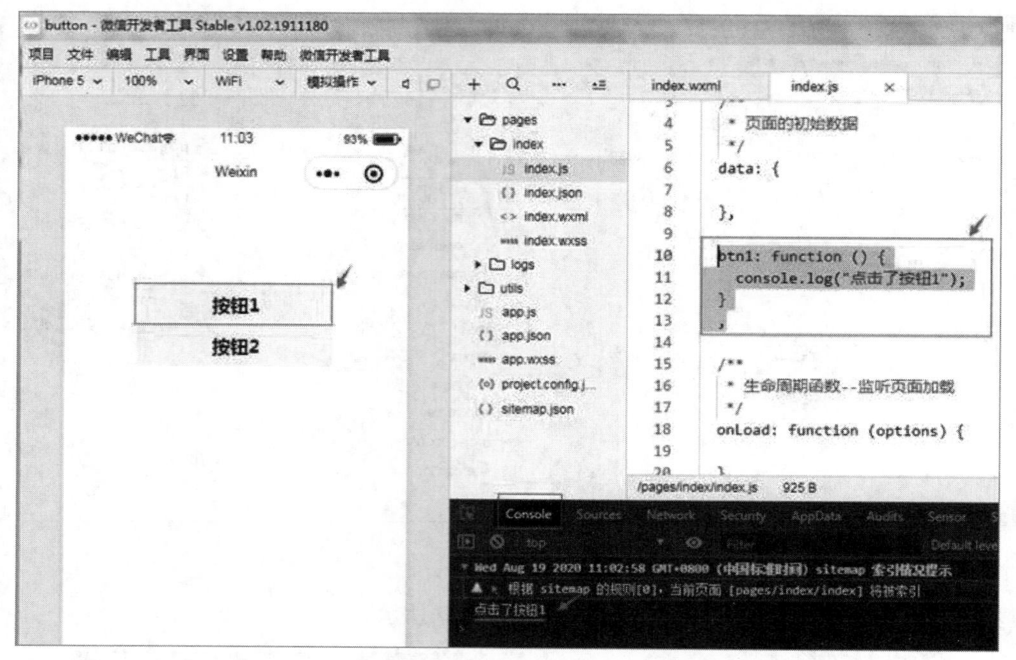

图 4-6-8

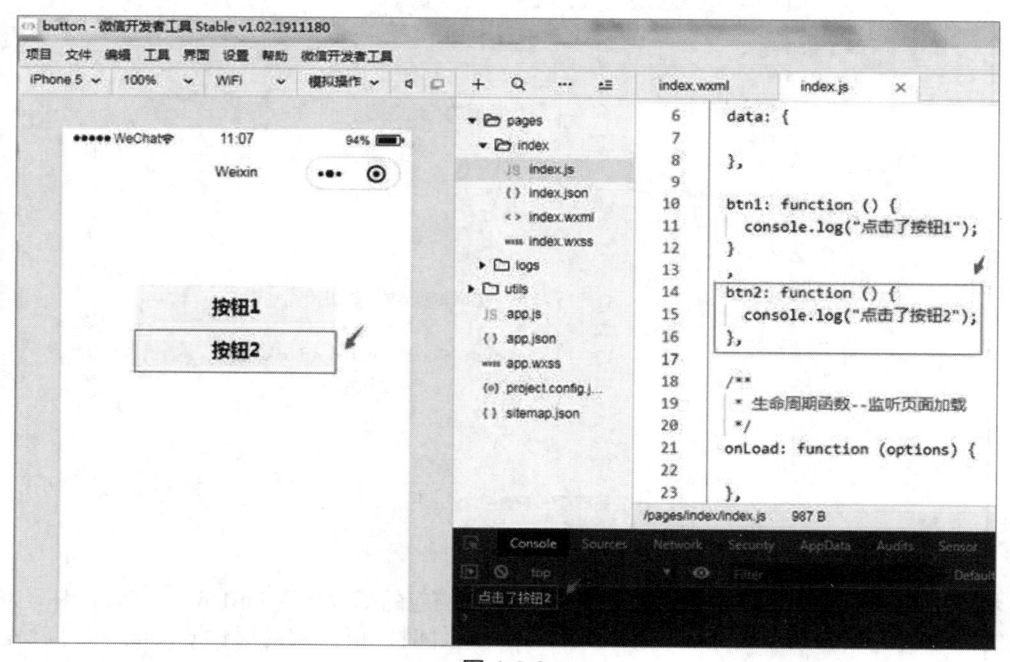

图 4-6-9

步骤 9 ：保存项目，调试运行小程序。

相关知识

1. <button> 组件的属性如表 4-6-1 所示。

表 4-6-1

属 性	默认值	作 用
size	default	按钮的大小
type	default	按钮的样式类型
plain	false	按钮是否镂空，背景色透明
disabled	false	是否禁用
loading	false	名称前是否带 loading 图标
form-type		用于 form 组件，点击分别会触发 form 组件的 submit/reset 事件
open-type		微信开放能力
hover-class	button-hover	指定按钮按下去的样式类。当 hover-class="none" 时，没有点击态效果
hover-stop-propagation	false	指定是否阻止本节点的祖先节点出现点击态
session-from		会话来源，open-type="contact" 时有效
send-message-title	当前标题	会话内消息卡片标题，open-type="contact" 时有效
send-message-path	当前分享路径	会话内消息卡片点击跳转小程序路径，open-type="contact" 时有效
send-message-img	截图	会话内消息卡片图片，open-type="contact" 时有效
app-parameter		打开 APP 时，向 APP 传递的参数，open-type=launchApp 时有效
show-message-card	false	是否显示会话内消息卡片，设置此参数为 true，用户进入客服会话会在右下角显示“可能要发送的小程序”提示，用户点击后可以快速发送小程序消息，open-type="contact" 时有效
bindgetuserinfo		点击该按钮时，返回获取到的用户信息，回调的 detail 数据与 wx.getUserInfo 返回的一致，open-type="getUserInfo" 时有效
bindcontact		客服消息回调，open-type="contact" 时有效
bindgetphonenumber		获取用户手机号回调，open-type=getPhoneNumber 时有效

2. size 的合法值如表 4-6-2 所示。

3. type 的合法值如表 4-6-3 所示。

4. form-type 的合法值如表 4-6-4 所示。

5. open-type 的合法值如表 4-6-5 所示。

表 4-6-2

取 值	说 明
default	默认大小
mini	小尺寸

表 4-6-3

取 值	说 明
primary	绿色
default	白色
warn	红色

表 4-6-4

取 值	说 明
submit	提交表单
reset	重置表单

表 4-6-5

取 值	说 明
contact	打开客服会话，如果用户在会话中点击消息卡片后返回小程序，可以从 bindcontact 回调中获得具体信息
share	触发用户转发
getPhoneNumber	获取用户手机号，可以从 bindgetphonenumber 回调中获取到用户信息
getUserInfo	获取用户信息，可以从 bindgetuserinfo 回调中获取到用户信息

续表

取　值	说　　明
launchApp	打开 APP，可以通过 app-parameter 属性设定向 APP 传送的参数
openSetting	打开授权设置页
feedback	打开“意见反馈”页面，用户可提交反馈内容并上传日志，开发者可以登录小程序管理后台后进入左侧菜单“客服反馈”页面获取到反馈内容

拓展训练

1. 使用 <view>、<button> 组件制作图 4-6-10 所示按钮效果。

图 4-6-10

（1）在 index.wxml 文件中使用 <view>、<button> 组件制作页面效果，绑定 2 个按钮响应事件、设置按钮属性改变按钮颜色、按钮尺寸、间隔等，如图 4-6-11 所示。

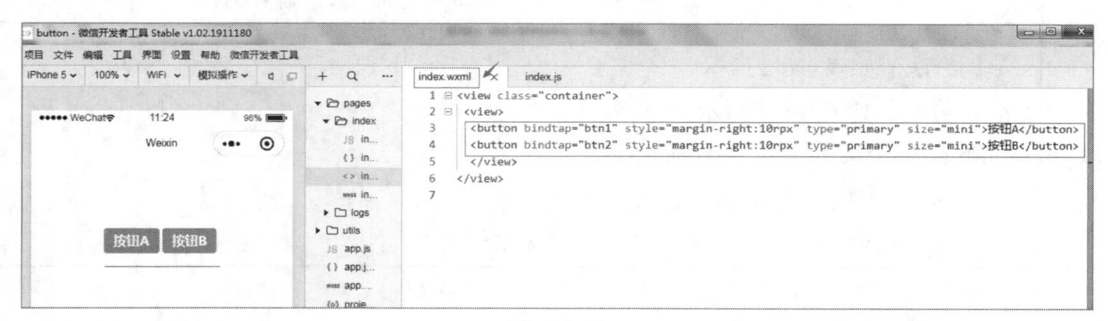

图 4-6-11

关键代码如下：

```
<view class="container">
 <view>
  <button bindtap="btn1" style="margin-right:10rpx" type="primary" size="mini">按钮 A</button>
  <button bindtap="btn2" style="margin-right:10rpx" type="primary" size="mini">按钮 B</button>
  </view>
</view>
```

（2）在 index.js 页面中，清空之前内容，定义按钮响应单击时所执行的代码，如图 4-6-12 所示。

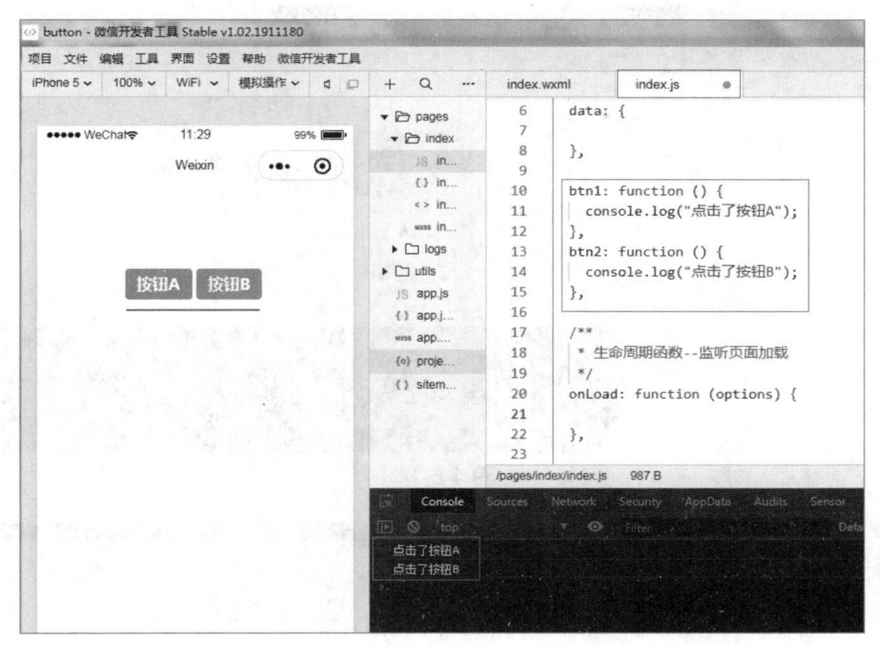

图 4-6-12

2. <button> 组件应用，具体要求如下。

（1）在 index.wxml 页面中，清空之前内容，使用 <button> 组件获取手机号，如图 4-6-13 所示。

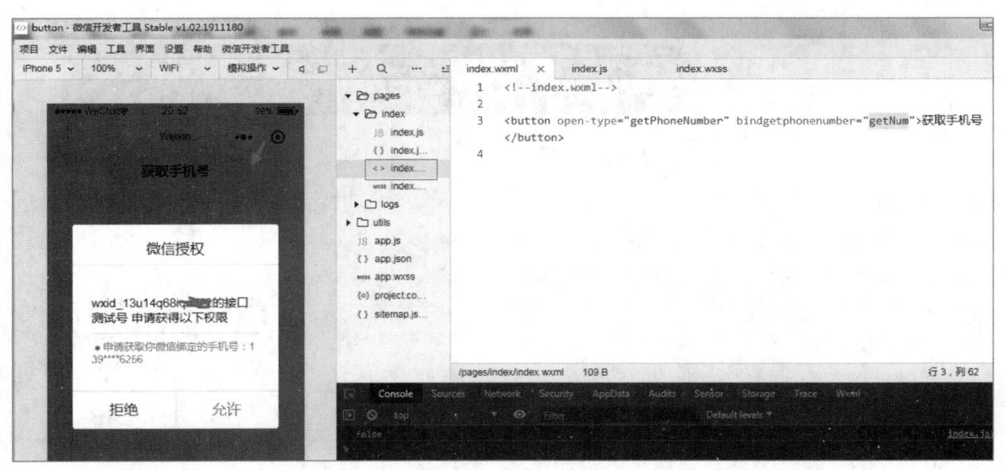

图 4-6-13

（2）在 index.js 页面中，修改之前代码，定义按钮“获取手机号”响应时所执行的代码，如图 4-6-14 所示。

3. 使用 <button> 组件制作图 4-6-15 所示按钮效果。

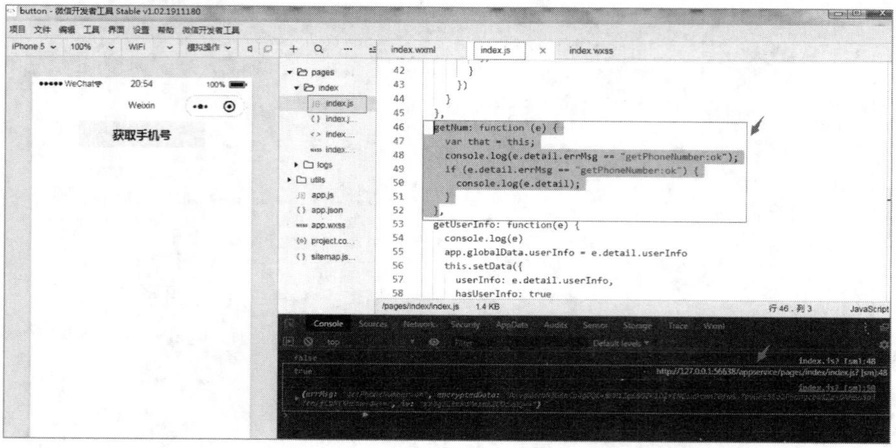

图 4-6-14

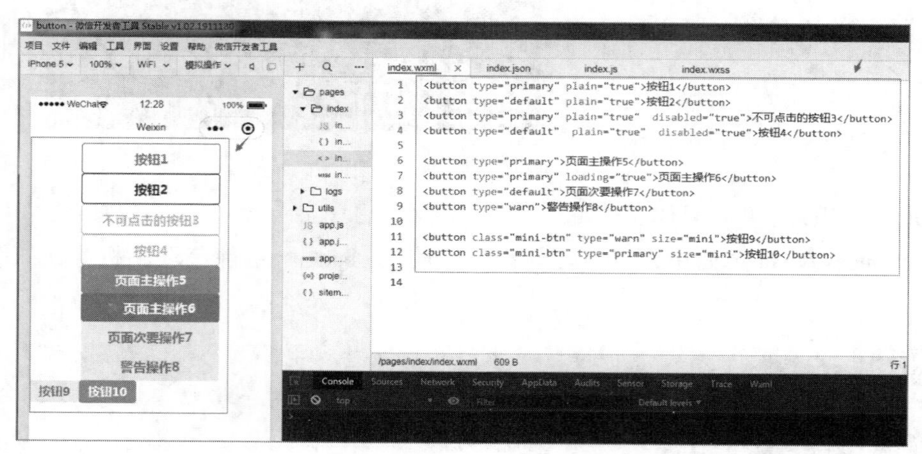

图 4-6-15

关键代码如下：

```
<button type="primary" plain="true">按钮 1</button>
<button type="default" plain="true">按钮 2</button>
<button type="primary" plain="true"  disabled="true">不可点击的按钮 3</button>
<button type="default"  plain="true"  disabled="true">按钮 4</button>

<button type="primary">页面主操作 5</button>
<button type="primary" loading="true">页面主操作 6</button>
<button type="default">页面次要操作 7</button>
<button type="warn">警告操作 8</button>

<button class="mini-btn" type="warn" size="mini">按钮 9</button>
<button class="mini-btn" type="primary" size="mini">按钮 10</button>
```

单 元 小 结

本单元主要学习了微信小程序的组件，以及应用这些组件制作微信小程序的界面效果。

第5单元
微信小程序页面布局及美化

技能目标

- 样式控制组件排列
- flex布局公司页面
- 组件的样式控制
- 组件样式调试方法
- 组件容器嵌套应用
- 绝对定位与相对定位
- 通过ColorUI组件库美化页面

对于每一个微信小程序而言，页面布局以及界面美观都是必不可少的，关系到用户的体验，所以要尽可能地美化每一个页面，本单元主要通过几个简单的案例介绍微信小程序中的组件、样式，还有学习如何美化页面，以及使用外部UI组件库等。

小程序是通过wxss（样式）和wxml（组件）组合一起来实现UI排列和复杂布局，本单元主要学习的布局方式有flex、组件定位以及UI组件库（如ColorUI）等；在开发微信小程序的过程中，选择一款好用的UI组件库，可以达到事半功倍的效果。目前，在网上已有不少开源的小程序UI组件库，比较热门的UI组件库有WeUI、Vant Weapp、iView Weapp、ColorUI、Wux Weapp、TaroUI、Lin UI、MinUI等。当然也有像凡科、牛刀等微信小程序模板，可以通过套用模板快速布局小程序以提高开发效率。

任务5.1　通过样式控制组件排列

任务描述

小程序布局和HTML布局类似，小程序中的WXML文件相当于HTML文件，WXSS文件相当于CSS样式文件。在前面学习了微信小程序各式各样的组件后，本任务结合样式来布局小程序界面，如图5-1-1所示。

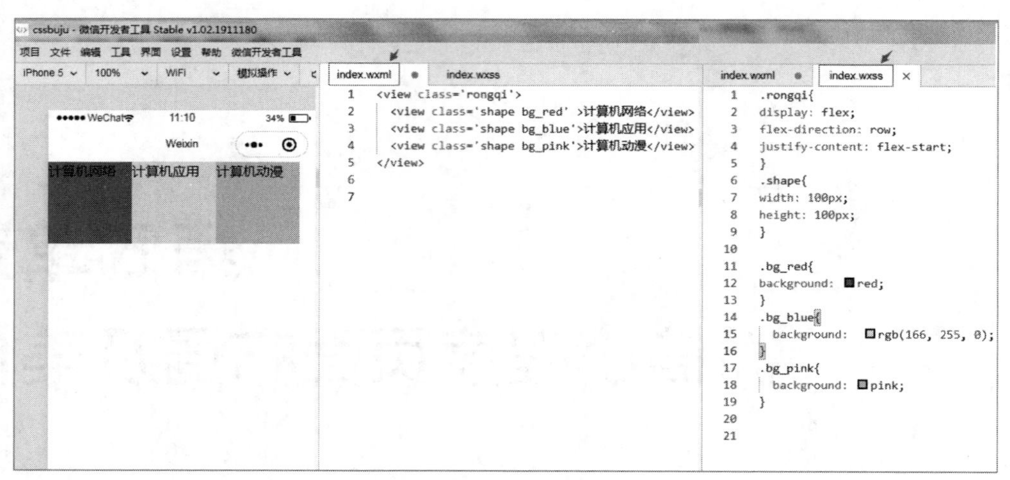

图 5-1-1

任务准备

扫码看课。

通过样式控制组件排列

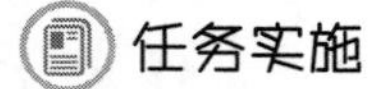任务实施

步骤 1：新建一个项目，输入项目名称等信息，如图 5-1-2 所示。

图 5-1-2

步骤 2：打开 index.wxml 页面，清空此页面之前的内容，输入图 5-1-3 右侧所示代码，可以看到未添加任何样式，默认为竖直排列。在实际开发中，想要实现横向排列、垂直居中、水平居中、靠右、靠左等效果时该如何操作？下面通过结合 CSS 样式以及页面布局技术 flex 进行介绍。

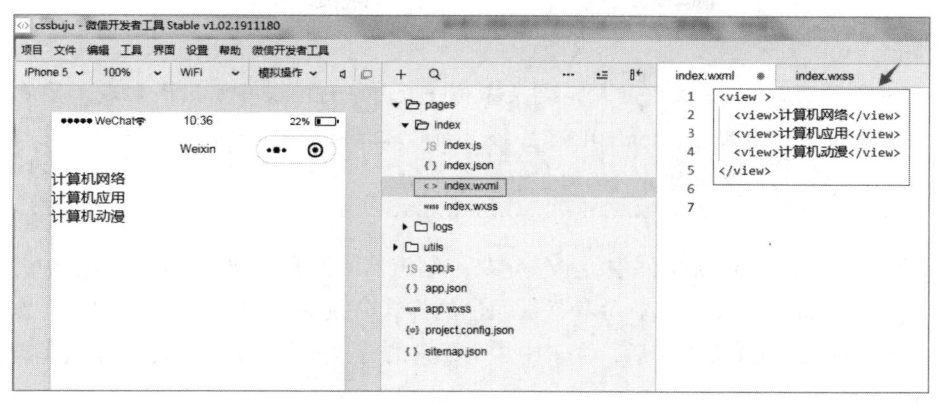

图 5-1-3

关键代码如下：

```
<view >
  <view> 计算机网络 </view>
  <view> 计算机应用 </view>
  <view> 计算机动漫 </view>
</view>
```

步骤 3：打开 index.wxss 文件，清空此页面之前定义的样式代码，定义一个样式，名称为“rongqi”，通过 flex 控制 <view> 容器中的元素排列方向。display:flex 表示使用 flex 弹性布局模式，flex-direction:row 表示弹性盒子的元素排列方式按横排方向摆放，justify-content:flex-start 表示主轴起点对齐。在 index.wxml 文件的第一个盒子 <view> 组件应用此样式 class=rongqi 之后，可以看到盒子里的 3 个元素由原来竖排变成了横排方式呈现，如图 5-1-4 所示。

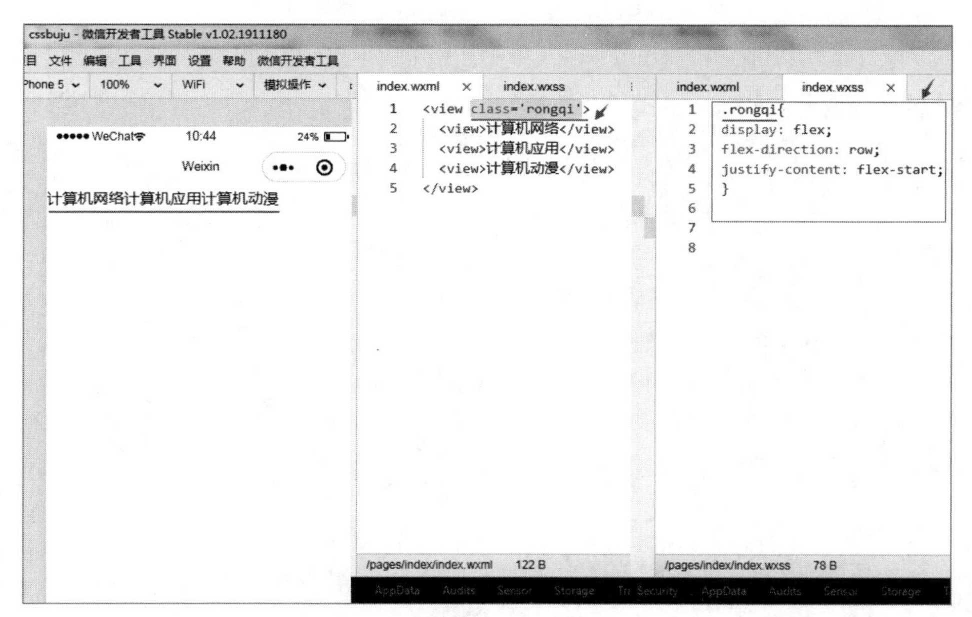

图 5-1-4

小贴士

小程序样式通过 wxss 文件控制，复杂布局一般都通过 flex 布局方式实现，要使用 flex 布局的话，需要显式声明：display:flex; 并给上面的容器 <view> 加上布局样式 class=rongqi。关于 flex 界面的内容在第 4 单元任务 4.2 中已有介绍。

步骤 4：在 index.wxss 文件中，继续定义控制容器中元素的样式，设置容器中元素的宽、高样式名称为“shape”，设置 3 个元素背景颜色的样式分别为“bg_red”“bg_blue”“bg_pink”。把样式应用到 index.wxml 文件中后，盒子中 3 个元素的背景颜色、元素大小效果就呈现出来了，如图 5-1-5 所示。

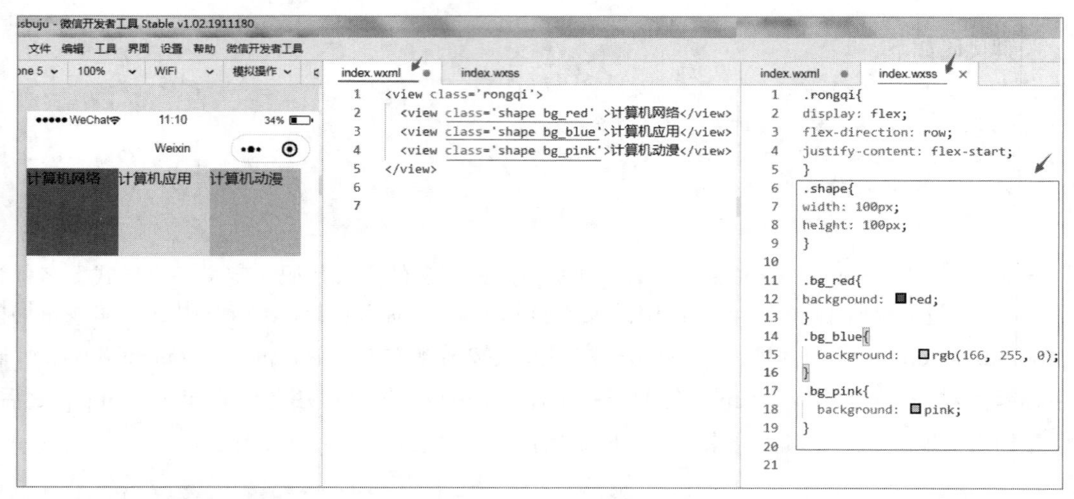

图 5-1-5

关键样式控制代码如下：

```
.rongqi{
  display: flex;
  flex-direction: row;
  justify-content: flex-start;
}
.shape{
  width: 100px;
  height: 100px;
}
.bg_red{
  background: red;
}
.bg_blue{
  background: rgb(166, 255, 0);
}
.bg_pink{
  background: pink;
}
```

相关知识

1. 本任务通过定义 CSS 样式，以达到改变小程序页面容器中组件的排列方式，以及设置容器中组件元素的大小、背景颜色。

2. 在 .wxss 文件中如何定义 CSS 样式，以及在 .wxml 文件中如何应用样式可以参考 HTML+CSS 布局相关知识。

拓展训练

1. 在上面案例基础上继续完善，修改 index.wxss 样式，给最外面的 <view> 添加样式以控制效果，如图 5-1-6 所示。

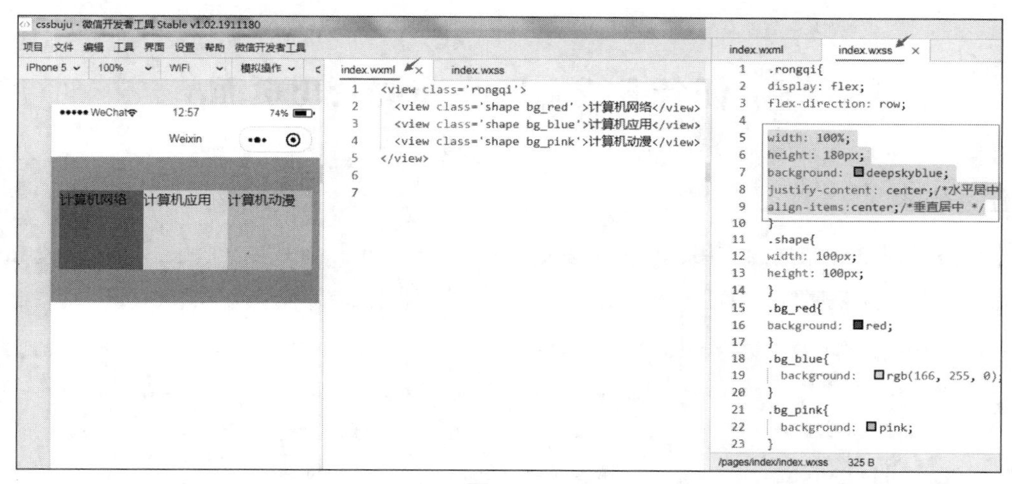

图 5-1-6

2. 通过 <view> 容器组件，在 index.wxml、index.wxss 页面制作图 5-1-7 左侧所示的 3 行 2 列布局，代码以及效果如图 5-1-7 所示。

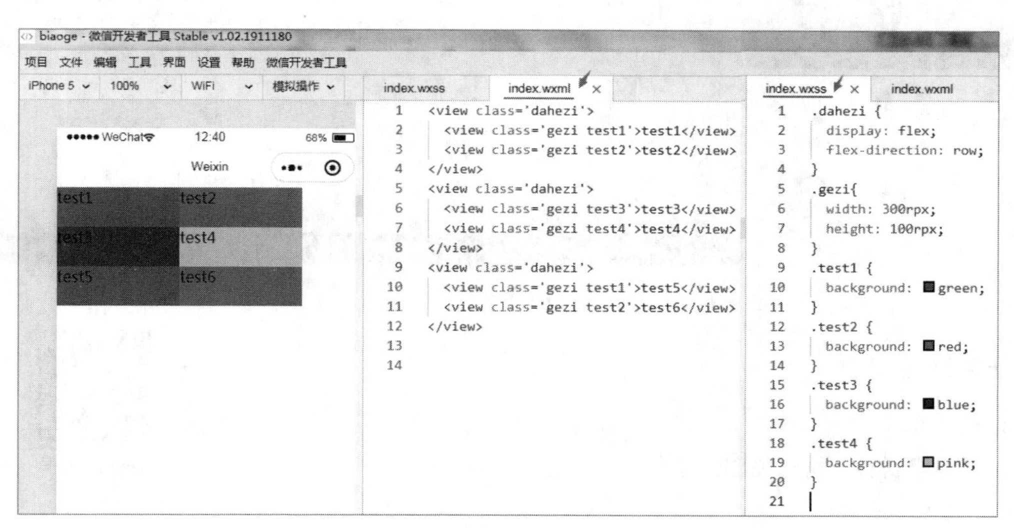

图 5-1-7

3. 在拓展训练 1 的基础上继续完善，制作图 5-1-8 所示的界面布局效果。

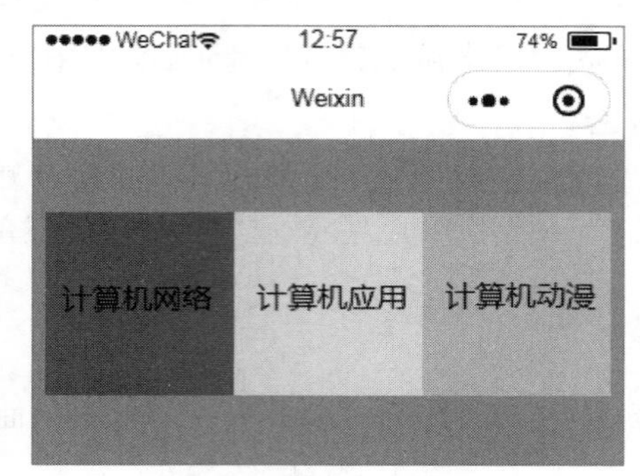

图 5-1-8

任务 5.2　flex 布局公司页面

任务描述

本任务学习 flex 布局的应用，任务中设置了 <view> 组件为 flex 容器盒子，通过设置 flex 容器属性以及 flex 元素属性制作公司页面效果，如图 5-2-1 所示。

图 5-2-1

任务准备

flex 布局公司页面

1. 扫码看课。

2. 任务素材：公司有关图片素材以及图标。

任务实施

步骤 1：新建一个项目，输入项目名称等信息，如图 5-2-2 所示。

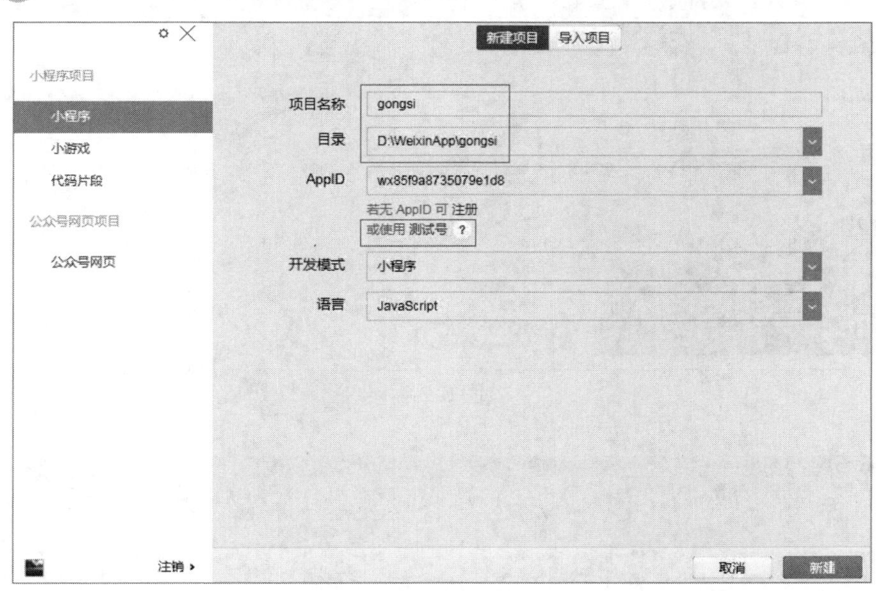

图 5-2-2

步骤 2：打开页面 index.wxml，清空此文件附带的代码，接着将图片素材放置到项目文件夹下，以及设置小程序的标题，如图 5-2-3 所示。

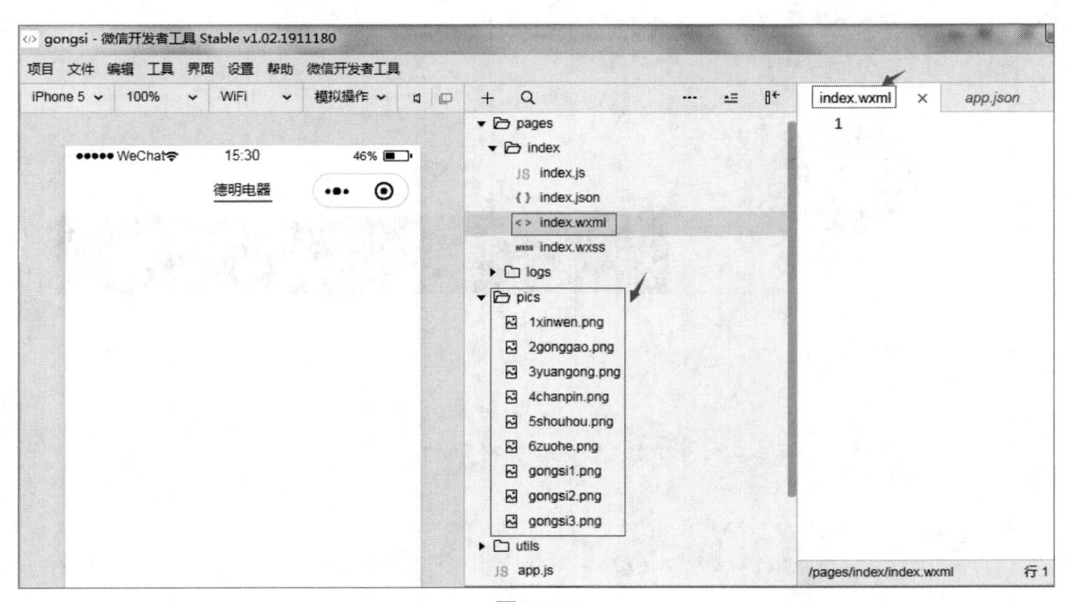

图 5-2-3

步骤 3：打开页面 index.wxml，使用 <view>、<image> 组件显示公司大楼的图片。设置 <image> 组件的 src 属性，指定图片的路径，如图 5-2-4 所示。

步骤 4：在 index.wxml 页面，使用 <view>、<image> 组件显示公司的 6 个小图标。可以看到在未添加任何样式时，默认 6 个小图标是竖直排列的，如图 5-2-5 所示。

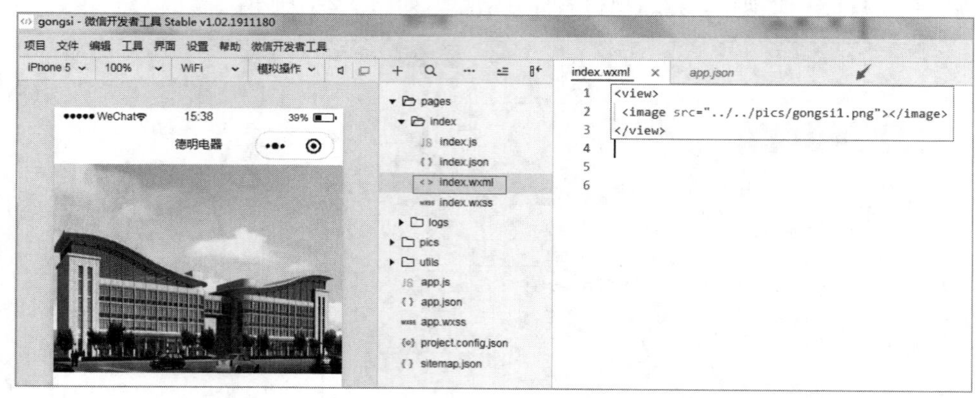

图 5-2-4

图 5-2-5

关键代码如下：

```
<view>
 <image src="../../pics/gongsi1.png"></image>
</view>
<view>
  <view>
      <image src="../../pics/1xinwen.png"></image>
  </view>
  <view>
      <image src="../../pics/2gonggao.png"></image>
  </view>
  <view>
```

```
        <image src="../../pics/3yuangong.png"></image>
    </view>
    <view>
        <image src="../../pics/4chanpin.png"></image>
    </view>
    <view>
        <image src="../../pics/5shouhou.png"></image>
    </view>
    <view>
        <image src="../../pics/6hezuo.png"></image>
    </view>
</view>
```

步骤 5：在 index.wxss 页面定义样式，以实现让 index.wxml 中的 6 个小图标能按横排方式排列，并且让 3 个图标占一行，如图 5-2-6 所示。

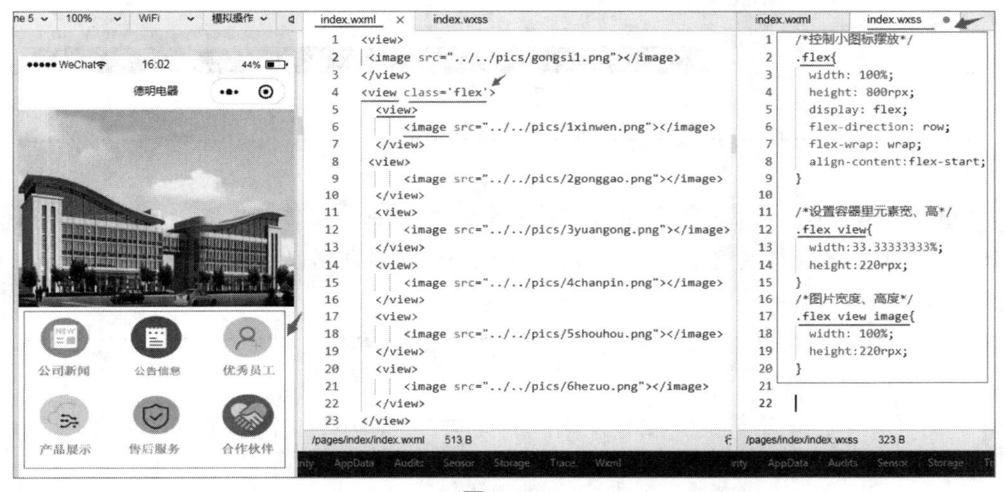

图 5-2-6

关键代码如下：

```
/* 控制小图标摆放 */
.flex{
  width: 100%;
  height: 800rpx;
  display: flex;                    /* 将 flex 设置为一个容器 */
  flex-direction: row;          /* 图标横向排列 */
  flex-wrap: wrap;              /* 设置元素自动换行 */
  align-content:flex-start;     /* 设置 flex 元素多轴对齐方式 */
}
/* 设置容器中元素的宽、高 */
.flex view{
  width:33.33333333%;           /* 占 1/3 的宽度 */
  height:220rpx;
}
/* 设置图标的图片宽度、高度 */
.flex view image{
  width: 100%;
  height:220rpx;
}
```

步骤 6：保存项目，调试运行小程序，如图 5-2-7 所示。

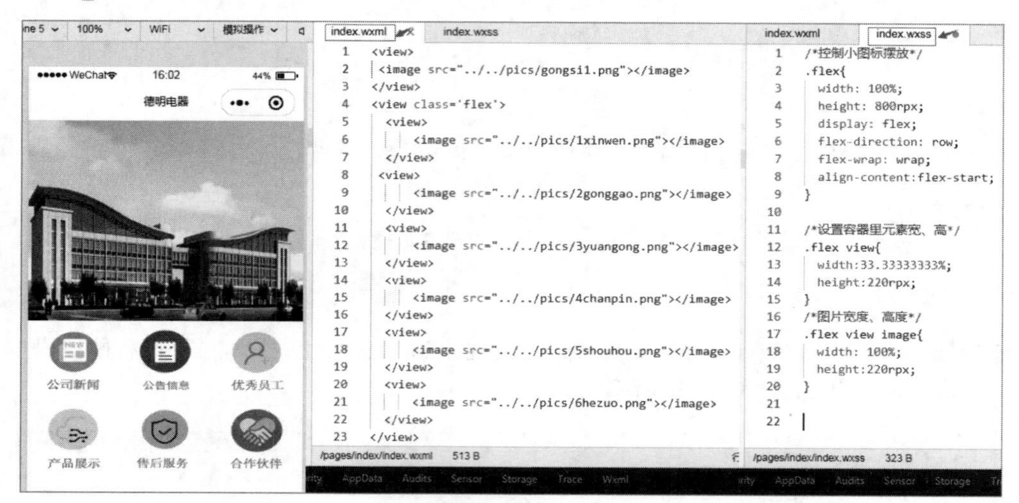

图 5-2-7

小贴士

“.flex view” 表示对已应用了 flex 样式盒子中的 <view> 组件起作用，“.flex view image” 表示对已应用了 flex 样式盒子中用 <view>...</view> 组件包括起来的 <image> 组件起作用，如图 5-2-8 所示。

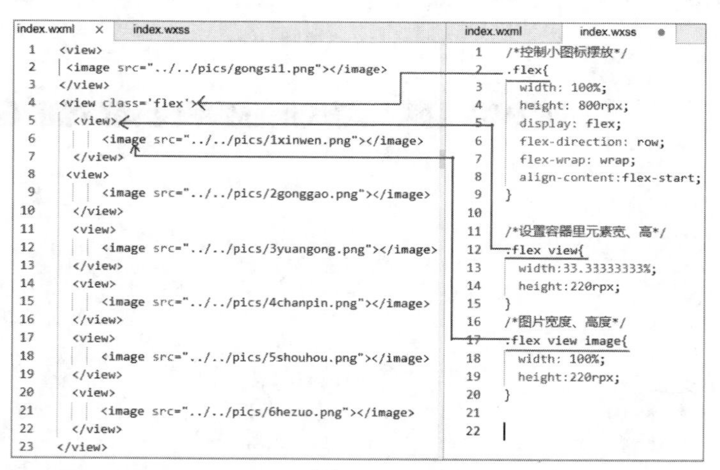

图 5-2-8

相关知识

1. flex 布局是小程序的重要布局方式，掌握 flex 容器的属性以及 flex 元素的属性，对做好小程序的页面布局有非常重要的意义。注意图 5-2-8 与图 5-1-5 中样式定义和应用时的异同点。

2. 在网页的页面布局中，除了 flex 布局、相对定位、绝对定位以外，还有一个浮动布局，但是由于在微信小程序布局中，flex 布局已经涵盖了浮动布局的功能，所以只要掌握好 flex 布局

就能做出各种各样的页面布局效果。

拓展训练

使用 <swiper>、<swiper-item>、<view>、<image> 制作某公司小程序的首页，即在上面案例基础上添加图片轮播效果，如图 5-2-9 所示。

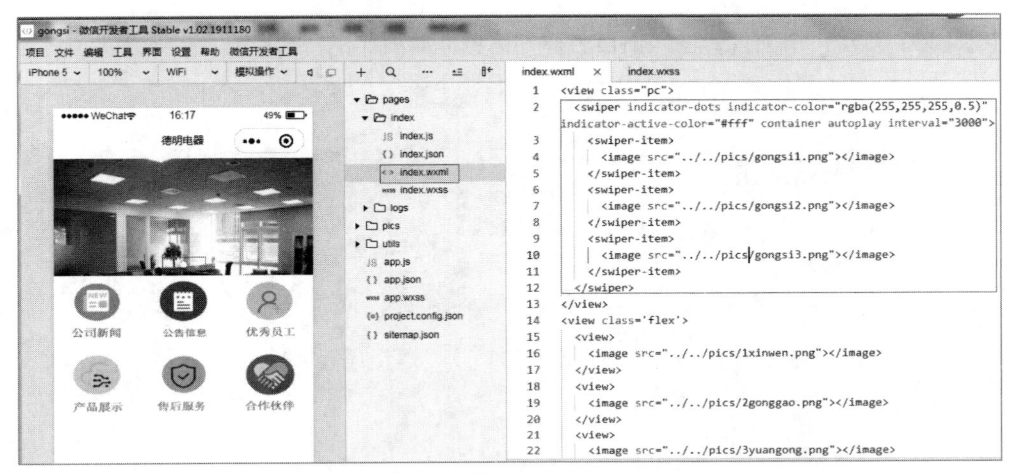

图 5-2-9

任务 5.3　制作学校首页页面

任务描述

通过设置 flex 容器属性以及 flex 元素属性制作某学校小程序的首页页面效果，如图 5-3-1 所示。

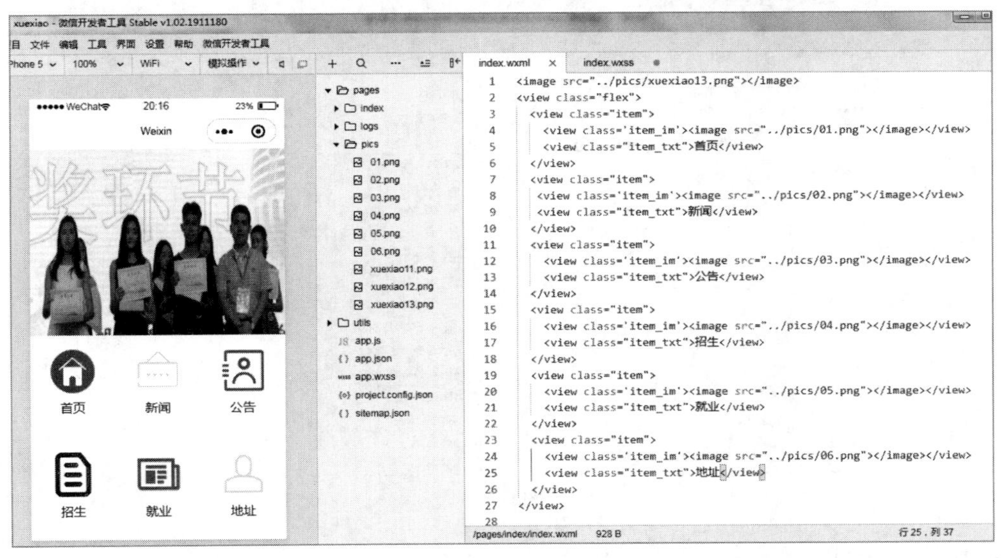

图 5-3-1

任务准备

1. 扫码看课。
2. 任务素材：学校有关图片素材以及图标。

制作学校首页页面

任务实施

步骤 1 ：新建一个项目，输入项目名称等信息，如图 5-3-2 所示。

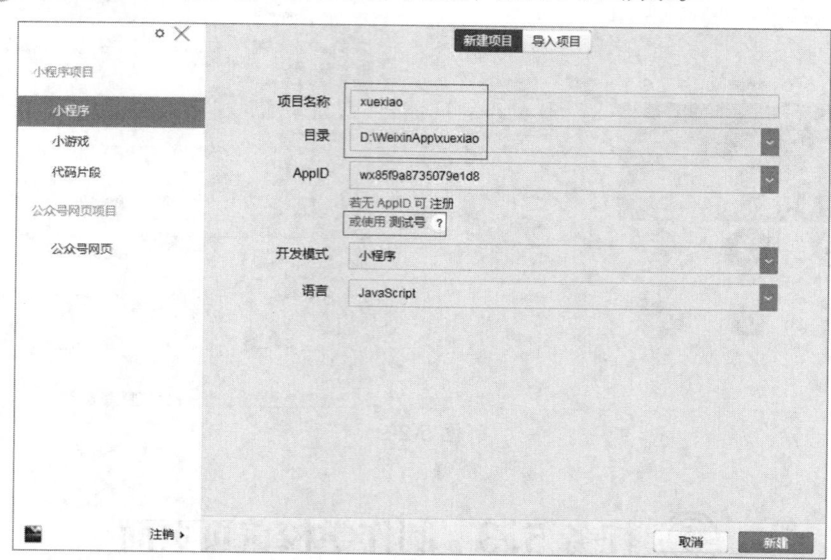

图 5-3-2

步骤 2 ：打开页面 index.wxml，清空此文件附带的代码，接着将图片素材放置到项目文件夹下，如图 5-3-3 所示。

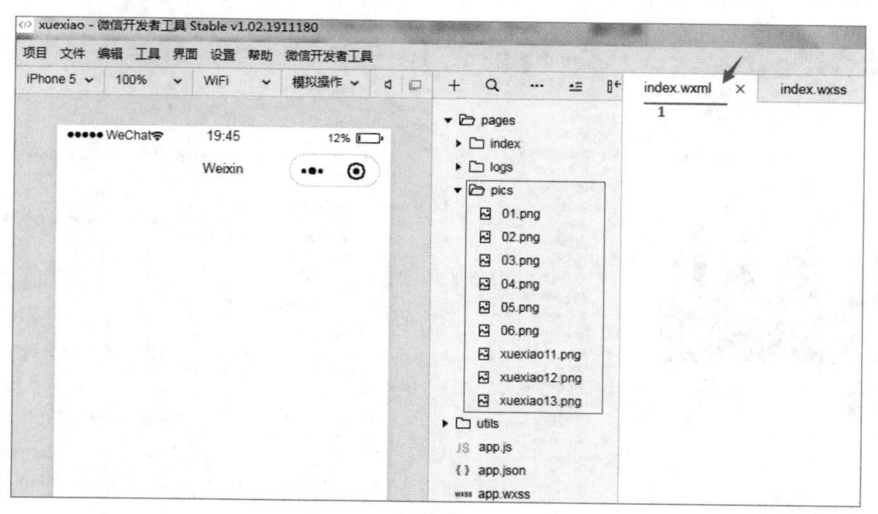

图 5-3-3

步骤 3 ：打开页面 index.wxml，使用 <image> 组件显示学校的大图片。设置 <image> 组件

的 src 属性，指定图片的路径，如图 5-3-4 所示。

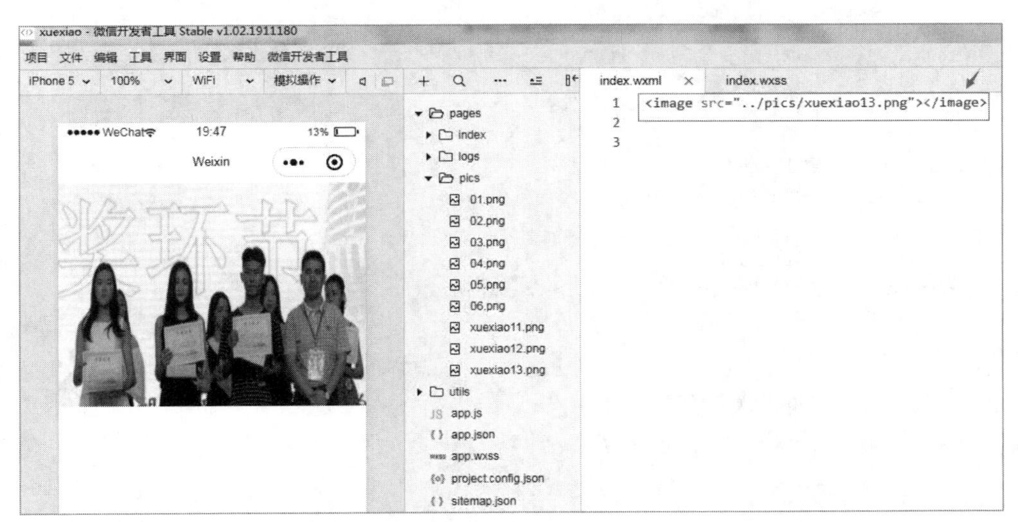

图 5-3-4

步骤 4：在 index.wxml 页面，使用 <view>、<image> 组件显示学校的 6 个小图标；接着在 index.wxss 文件中添加样式“flex”“item”“item image”控制 6 个小图标横向排列，且 3 个图标占一行，如图 5-3-5 所示。

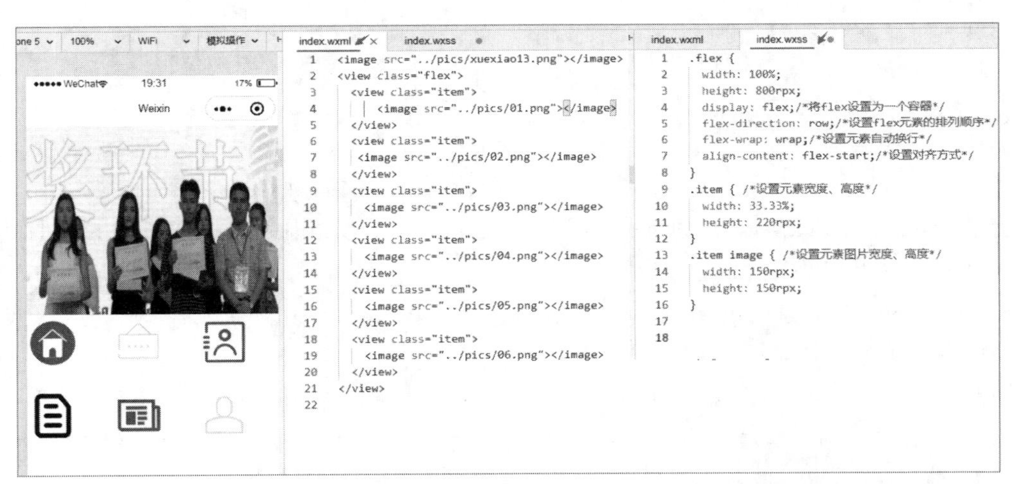

图 5-3-5

（1）Index.wxml 文件的关键代码如下：

```
<image src="../pics/xuexiao13.png"></image>
<view class="flex">
  <view class="item">
    <image src="../pics/01.png"></image>
  </view>
  <view class="item">
    <image src="../pics/02.png"></image>
  </view>
```

```
    <view class="item">
      <image src="../pics/03.png"></image>
    </view>
    <view class="item">
      <image src="../pics/04.png"></image>
    </view>
    <view class="item">
      <image src="../pics/05.png"></image>
    </view>
    <view class="item">
      <image src="../pics/06.png"></image>
    </view>
</view>
```

（2）index.wxss 文件的关键代码如下：

```
.flex {
  width: 100%;
  height: 800rpx;
  display: flex;                    /* 将 flex 设置为一个容器 */
  flex-direction: row;              /* 设置 flex 元素的排列顺序 */
  flex-wrap: wrap;                  /* 设置元素自动换行 */
  align-content: flex-start;        /* 设置对齐方式 */
}
.item {                             /* 设置元素宽度、高度 */
  width: 33.33%;
  height: 220rpx;
}
.item image {                       /* 设置元素图片宽度、高度 */
  width: 150rpx;
  height: 150rpx;
}
```

步骤 5：在 index.wxss 页面进一步定义样式 item_im，实现让 index.wxml 中 6 个小图标能居中呈现，如图 5-3-6 所示。

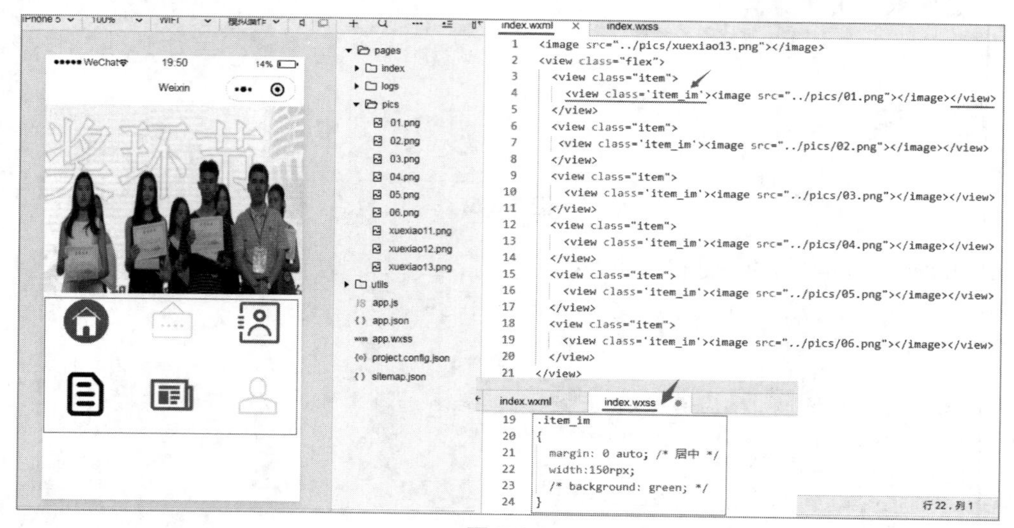

图 5-3-6

步骤 6：在 index.wxml 文件中的 6 个图标下面分别添加 <view> 组件显示文本，并在 index.wxss 页面进一步定义样式 item_txt 控制图标下面文本居中，以及使用 padding 控制上、下图标的内边距，代码如图 5-3-7 所示。

```
index.wxml    index.wxss
1  <image src="../pics/xuexiao13.png"></image>
2  <view class="flex">
3    <view class="item">
4      <view class='item_im'><image src="../pics/01.png"></image></view>
5      <view class="item_txt">首页</view>
6    </view>
7    <view class="item">
8     <view class='item_im'><image src="../pics/02.png"></image></view>
9     <view class="item_txt">新闻</view>
10   </view>
11   <view class="item">
12     <view class='item_im'><image src="../pics/03.png"></image></view>
13     <view class="item_txt">公告</view>
14   </view>
15   <view class="item">
16     <view class='item_im'><image src="../pics/04.png"></image></view>
17     <view class="item_txt">招生</view>
18   </view>
19   <view class="item">
20     <view class='item_im'><image src="../pics/05.png"></image></view>
21     <view class="item_txt">就业</view>
22   </view>
23   <view class="item">
24     <view class='item_im'><image src="../pics/06.png"></image></view>
25     <view class="item_txt">地址</view>
26   </view>
27 </view>
28
/pages/index/index.wxml    928 B    行 25，列 37
```

```
index.wxml    index.wxss
1  .flex {
2    width: 100%;
3    height: 800rpx;
4    display: flex;/*将flex设置为一个容器*/
5    flex-direction: row;/*设置flex元素横向排列*/
6    flex-wrap: wrap;/*设置元素自动换行*/
7    align-content: flex-start;/*设置flex元素对齐方式*/
8  }
9  .item { /*设置元素宽度、高度*/
10   width: 33.33%;
11   height: 220rpx;
12   padding: 10px 0px 30px 0px;
13   /* background: yellow; */
14 }
15 .item image { /*设置元素图片宽度、高度*/
16   width: 150rpx;
17   height: 150rpx;
18 }
19 .item_im
20 {
21   margin: 0 auto; /* 居中 */
22   width:150rpx;
23   /* background: green; */
24 }
25 .item_txt{
26   text-align: center;/* 居中 */
27 }
28
/pages/index/index.wxss    639 B
```

图 5-3-7

（1）index.wxml 文件的关键代码如下：

```
<image src="../pics/xuexiao13.png"></image>
<view class="flex">
  <view class="item">
    <view class='item_im'><image src="../pics/01.png"></image></view>
    <view class="item_txt"> 首页 </view>
  </view>
  <view class="item">
   <view class='item_im'><image src="../pics/02.png"></image></view>
   <view class="item_txt"> 新闻 </view>
  </view>
  <view class="item">
    <view class='item_im'><image src="../pics/03.png"></image></view>
    <view class="item_txt"> 公告 </view>
  </view>
  <view class="item">
    <view class='item_im'><image src="../pics/04.png"></image></view>
    <view class="item_txt"> 招生 </view>
  </view>
  <view class="item">
    <view class='item_im'><image src="../pics/05.png"></image></view>
    <view class="item_txt"> 就业 </view>
  </view>
  <view class="item">
    <view class='item_im'><image src="../pics/06.png"></image></view>
    <view class="item_txt"> 地址 </view>
  </view>
</view>
```

（2）index.wxss 文件的关键代码如下：

```
.flex {
  width: 100%;
  height: 800rpx;
  display: flex;                    /* 将 flex 设置为一个容器 */
  flex-direction: row;              /* 设置 flex 元素横向排列 */
  flex-wrap: wrap;                  /* 设置元素自动换行 */
  align-content: flex-start;        /* 设置 flex 元素对齐方式 */
}
.item {                             /* 设置元素宽度、高度 */
  width: 33.33%;
  height: 220rpx;
  padding: 10px 0px 30px 0px;
  /* background: yellow; */
}
.item image {                       /* 设置元素图片宽度、高度 */
  width: 150rpx;
  height: 150rpx;
}
.item_im
{
  margin: 0 auto;                   /* 居中 */
  width:150rpx;
  /* background: green; */
}
.item_txt{
  text-align: center;               /* 居中 */
}v
```

步骤 7：保存项目，调试运行小程序，如图 5-3-8 所示。

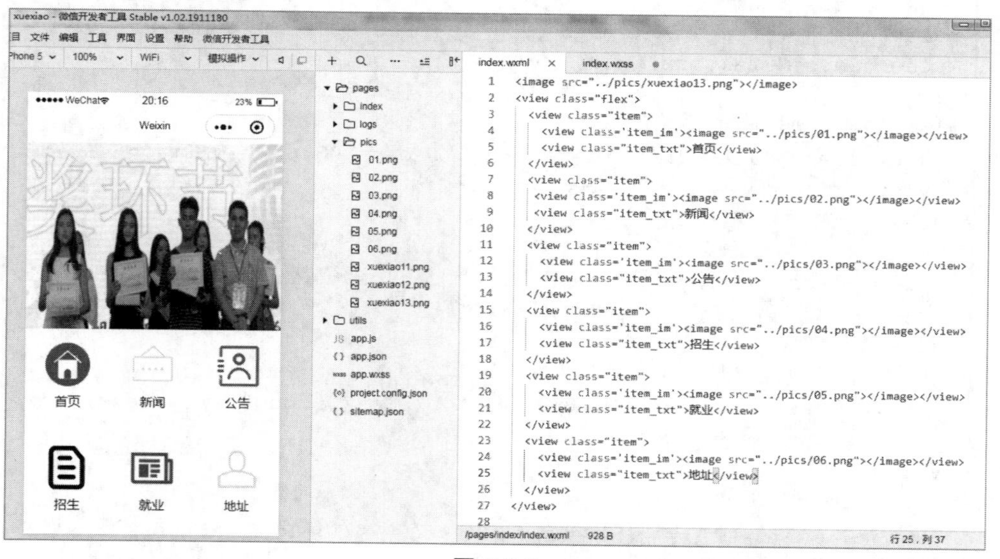

图 5-3-8

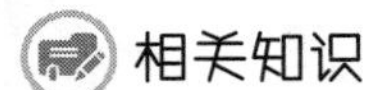

相关知识

1. 在定义 CSS 样式布局页面、控制效果时，很多时候需要用到盒子嵌套，为了更好地了解各个盒子的情况、占据空间、位置以及大小，可以给盒子加上背景颜色，比如“background: green; ”，以便调试小程序，在调试好小程序之后，可以按【Ctrl+/】组合键注释掉不需要的代码。

2. 本案例可以作为简单小程序首页的模板来套用，需要用到的图标在阿里图库中下载即可。

拓展训练

1. 制作店铺小程序功能列表效果，可以在阿里图库下载相似图标或者自行制作，效果如图 5-3-9 所示。

2. 制作手机产品列表效果，图片可以在网上下载或者自行制作，效果如图 5-3-10 所示。

3. 制作店铺管理功能列表效果，在阿里图库下载相似图标或者自行制作，如图 5-3-11 所示。

图 5-3-9

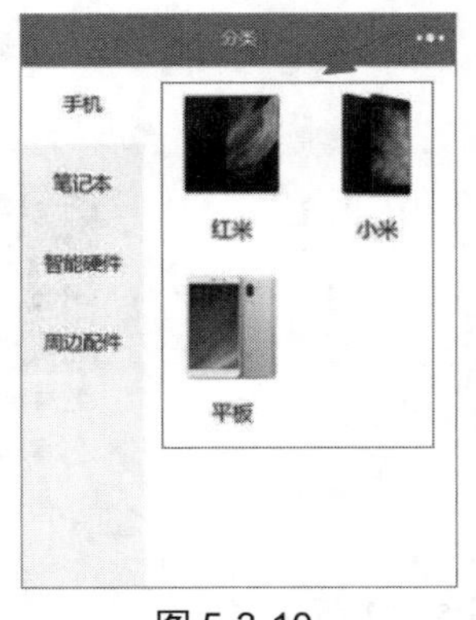

图 5-3-10

图 5-3-11

4. 制作学校管理功能列表效果，在阿里图库下载相似图标或者自行制作，如图 5-3-12 所示。

5. 制作类似“粤省事”功能列表效果，可以在阿里图库下载相似图标或者自行制作，效果如图 5-3-13 所示。

图 5-3-12

图 5-3-13

任务 5.4　绝对定位与相对定位

任务描述

通过对绝对定位和相对定位控制元素在页面中的布局，如图 5-4-1 所示。

图 5-4-1

任务准备

1. 扫码看课。

2. 任务素材：有关图片素材。

绝对定位与相对定位

任务实施

步骤 1：新建一个项目，输入项目名称等信息，如图 5-4-2 所示。

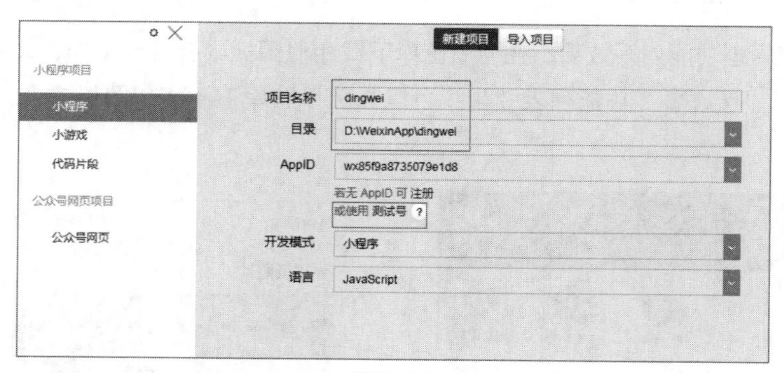

图 5-4-2

步骤 2：打开页面 index.wxml，清空此文件附带的代码，接着将图片素材放置到项目文件夹下，以及设置导航栏标题的文字内容，标题背景颜色为“#fdd”，如图 5-4-3 所示。

步骤 3：打开页面 index.wxml，使用 <image> 组件显示店铺图片。通过 <image> 组件的 src 属性设置图片的路径，通过 sytle 样式设置图片的 width、height 大小，如图 5-4-4 所示。

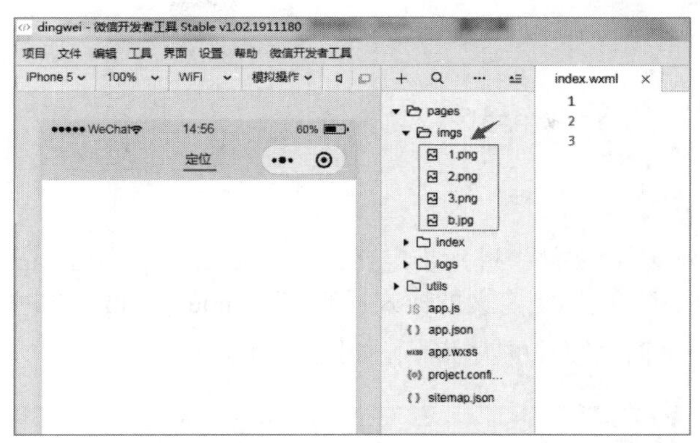

图 5-4-3

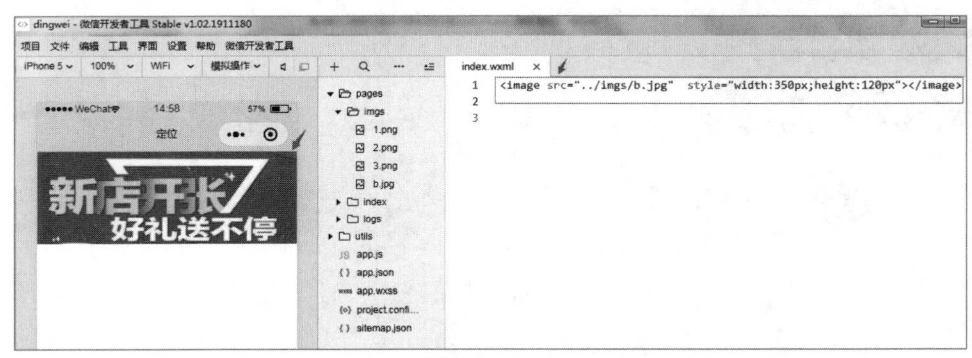

图 5-4-4

关键代码如下：

```
<image src="../imgs/b.jpg"  style="width:350px;height:120px"></image>
```

步骤 4：在 index.wxml 文件中，使用 <view>、<image>、<text> 组件显示商品的图片、价格。在 index.wxml 文件中编写代码，使用 <view>...</view> 作为容器，且使用 <image>、<text> 组件分别显示商品的图片、价格文字，如图 5-4-5 所示。

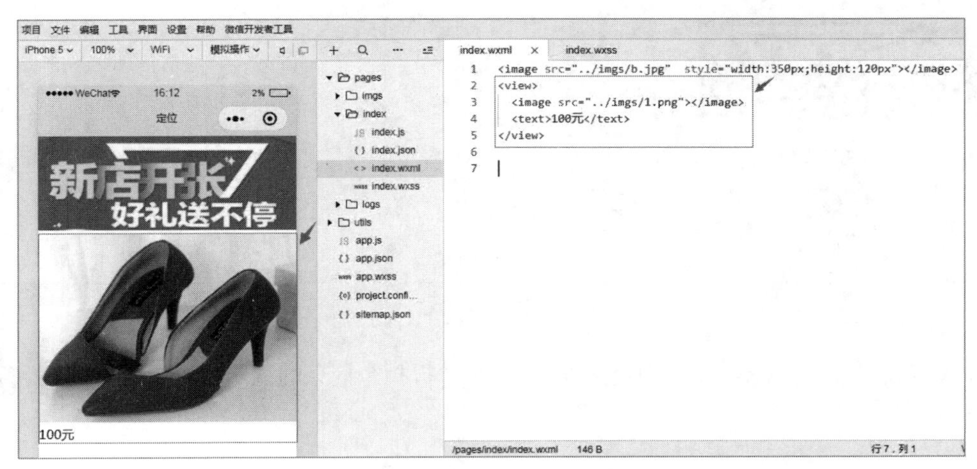

图 5-4-5

关键代码如下：

```
<view>
  <image src="../imgs/1.png"></image>
  <text>100 元 </text>
</view>
```

步骤 5 ：在 index.wxss 文件中进一步定义样式“good”“good image”，在 index.wxml 文件中的 <view>、<image> 组件应用刚定义的样式；实现在 index.wxml 文件中控制容器的相对位置、容器大小、对齐以及控制商品图片的大小等，如图 5-4-6 所示。

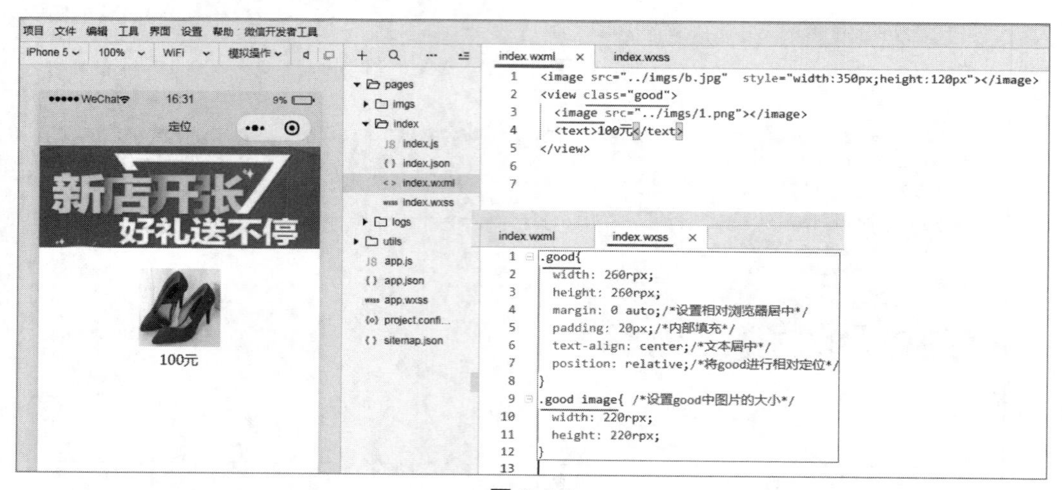

图 5-4-6

步骤 6 ：在 index.wxml 文件中添加显示折扣的信息。使用 <view> 组件显示信息，如图 5-4-7 所示。

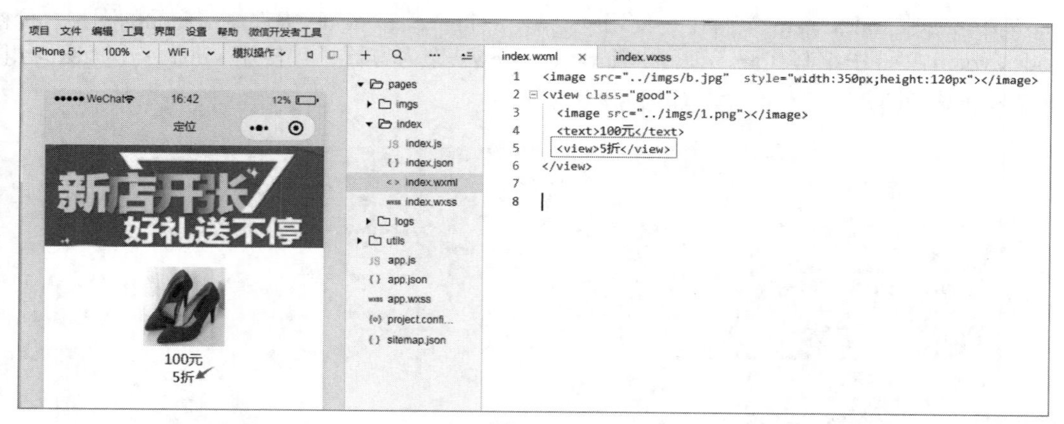

图 5-4-7

步骤 7 ：在 index.wxss 文件中定义样式，控制“折扣”信息的显示位置、形状、大小、颜色等，如图 5-4-8 所示。

index.wxml　index.wxss

```
1  <image src="../imgs/b.jpg"  style="width:350px;height:120px"></image>
2  <view class="good">
3    <image src="../imgs/1.png"></image>
4    <text>100元</text>
5    <view class="zhe">5折</view>
6  </view>
7
8
```

index.wxml　index.wxss

```
1  .good{
2    width: 260rpx;
3    height: 260rpx;
4    margin: 0 auto;/*设置相对浏览器居中*/
5    padding: 20px;/*内部填充*/
6    text-align: center;/*文本居中*/
7    position: relative;/*将good进行相对定位*/
8  }
9  .good image{ /*设置good中图片的大小*/
10   width: 220rpx;
11   height: 220rpx;
12 }
13 .zhe{/*设置折扣的位置、大小、形状、颜色、文字*/
14   position: absolute;/*相对good,进行绝对定位*/
15   top: 15rpx;
16   right:35rpx;
17   width: 75rpx;
18   height: 75rpx;
19   border-radius:100%;/*设置圆角的边框*/
20   background: red;/*背景颜色*/
21   color: #fff;/*字体颜色*/
22   text-align: center;/*字体对齐*/
23 }
```

图 5-4-8

（1）index.wxml 文件的关键代码如下：

```
<image src="../imgs/b.jpg"  style="width:350px;height:120px"></image>
<view class="good">
  <image src="../imgs/1.png"></image>
  <text>100 元 </text>
  <view class="zhe">5 折 </view>
</view>
```

（2）index.wxss 文件的关键代码如下：

```
.good{
  width: 260rpx;
  height: 260rpx;
  margin: 0 auto;                /* 设置相对浏览器居中 */
  padding: 20px;                 /* 内部填充 */
  text-align: center;            /* 文本居中 */
  position: relative;            /* 将 good 进行相对定位 */
}
.good image{                     /* 设置 good 中图片的大小 */
  width: 220rpx;
  height: 220rpx;
}
.zhe{                            /* 设置折扣的位置、大小、形状、颜色、文字 */
  position: absolute;            /* 相对 good，进行绝对定位 */
  top: 15rpx;
  right:35rpx;
  width: 75rpx;
  height: 75rpx;
  border-radius:100%;            /* 设置圆角的边框 */
  background: red;               /* 背景颜色 */
  color: #fff;                   /* 字体颜色 */
  text-align: center;            /* 字体对齐 */
}
```

步骤 8：保存项目，调试运行小程序，如图 5-4-9 所示。

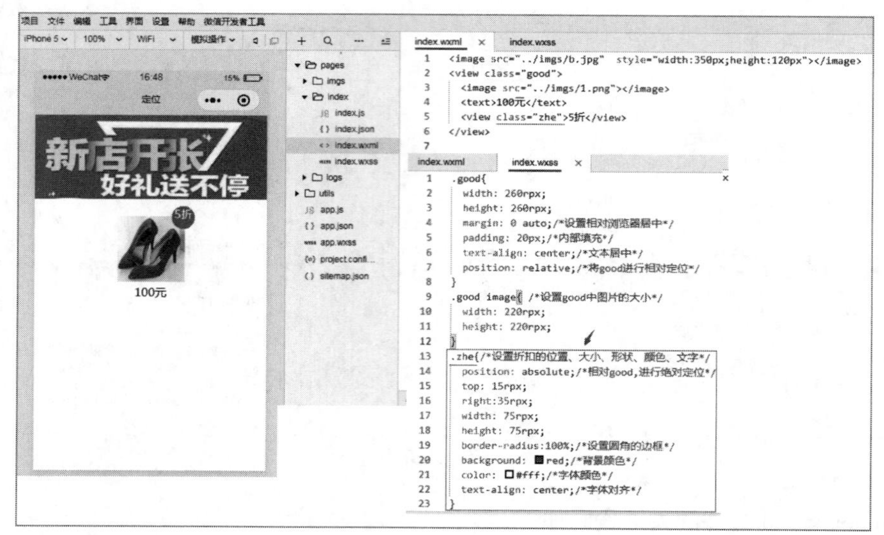

图 5-4-9

小贴士

应用 zhe 样式的 <view> 组件的父元素是应用 good 样式的 <view> 容器，是相对于 good 进行绝对定位，具体位置由 top、right 控制。对元素进行绝对定位，就是使该元素与相对离它最近的且已定位的父元素进行定位；本任务中最近且已定位的父元素是应用了 good 样式的 <view> 容器。

相关知识

1. 元素可以通过 style 属性设置组件的样式，也可以通过 class 设置组件的样式。

2. position 属性可以设置元素的定位、位置信息；任何元素都可以定位，不过绝对或固定定位元素会生成一个块状框；相对定位的元素，会相对于它在正常流中的默认位置偏移。

3. position 属性可以设置的取值，如表 5-4-1 所示。

表 5-4-1

取　值	作　用
relative	生成相对定位的元素，相对于其正常位置进行定位。元素的位置通过“left”“top”“right”“bottom”属性进行规定
absolute	生成绝对定位的元素，相对于 static 定位以外的第一个父元素进行定位。元素的位置通过“left”“top”“right”“bottom”属性进行规定
fixed	生成绝对定位的元素，相对于浏览器窗口进行定位。元素的位置通过“left”“top”“right”"bottom"属性进行规定
inherit	规定从父元素继承 position 属性的值
static	默认值。没有定位，元素出现在正常流中（忽略 top、bottom、left、right 或者 z-index 声明）

4. 相对定位（“position: relative”）：让一个元素进行相对定位，就是让该元素相对于它“自身”的起点进行移动。

5. 绝对定位（“position: absolute”）：让元素进行绝对定位，就是使该元素与相对离它最近的且已定位的父元素进行定位。

6. 还有一些用于设置位置的元素属性，比如 z-index 等。z-index 可将一个元素放置于另外一个元素后面。

拓展训练

1. 制作图 5-4-10 所示小程序页面效果。

2. 制作类似“旅游美食小程序”功能列表效果，如图 5-4-11 所示。

图 5-4-10

图 5-4-11

3. 制作类似“学做菜”小程序的功能列表效果，可以在阿里图库下载相似图标或者自行制作，效果如图 5-4-12 所示。

图 5-4-12

4. 制作类似“美食”小程序的功能列表效果，可以在阿里图库下载相似图标或者自行制作，效果如图 5-4-13 所示。

图 5-4-13

任务 5.5　通过 ColorUI 组件库美化页面

任务描述

除了使用组件样式控制页面的美化效果之外，小明还发现了一种更方便地美化页面的方法，就是导入外部的 UI 组件库，直接将组件库内置的样式应用到页面中即可，本任务中使用的 UI 组件库是 ColorUI 组件库。相关的开源代码及介绍可以上网搜索了解。使用 ColorUI 组件库制作的效果如图 5-5-1 所示。

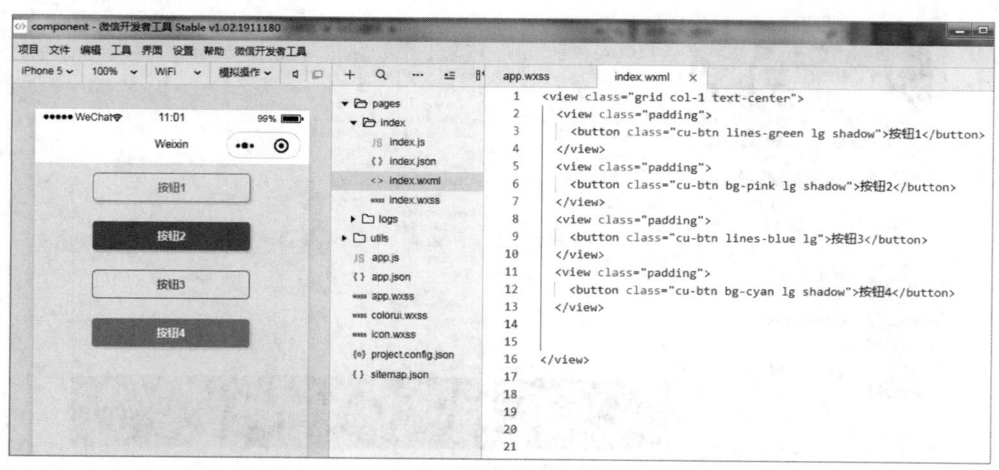

图 5-5-1

任务准备

通过 ColorUI 组件库美化页面

1. 扫码看课。

2. 任务素材：下载 UI 组件库文件 colorui.wxss、icon.wxss，放到项目文件夹下。

任务实施

步骤 1：新建一个项目，输入项目名称等信息，如图 5-5-2 所示。

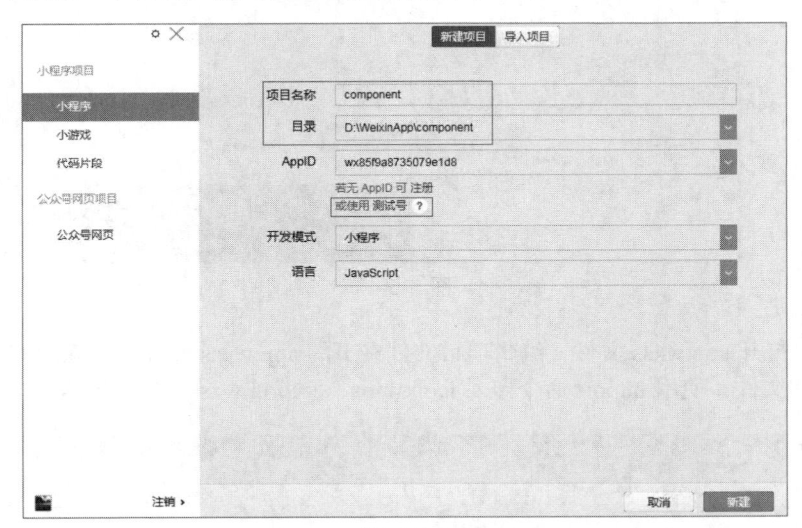

图 5-5-2

步骤 2：在网上下载 ColorUI 组件，把素材文件 colorui.wxss、icon.wxss 放置到项目文件夹下，如图 5-5-3 所示。

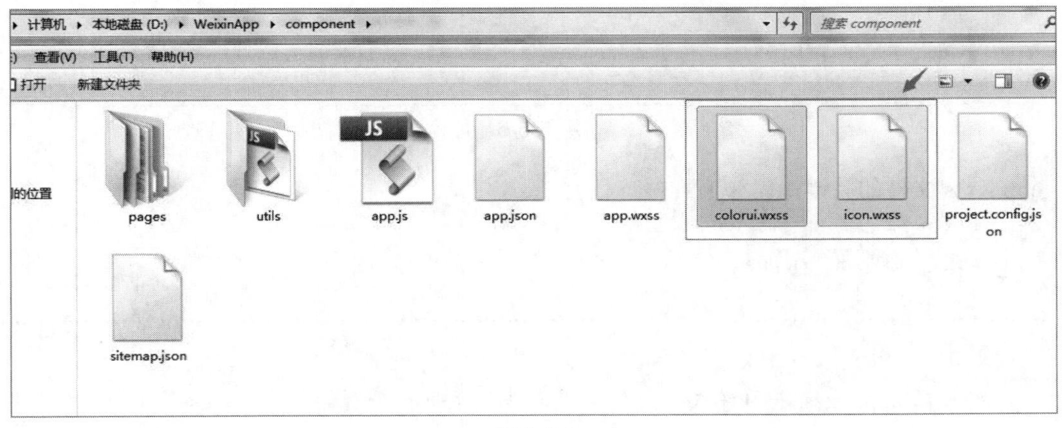

图 5-5-3

步骤 3：在项目文件管理区域的文件列表中可以看到两个素材文件 colorui.wxss、icon.wxss，如图 5-5-4 所示。

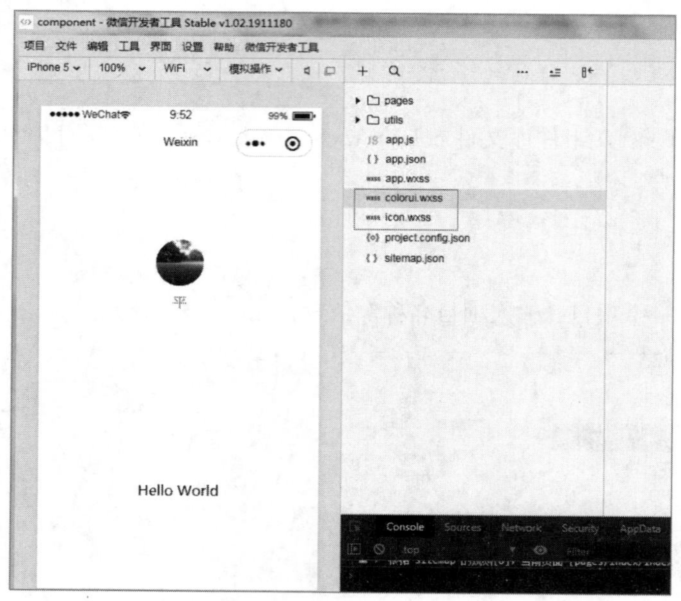

图 5-5-4

步骤 4：打开 app.wxss 文件，编辑项目文件夹下的 app.wxss 文件，删除原有内容；接着引用 ColorUI 样式文件，使用 import 命令导入 icon.wxss、colorui.wxss 文件，代码如图 5-5-5 所示。

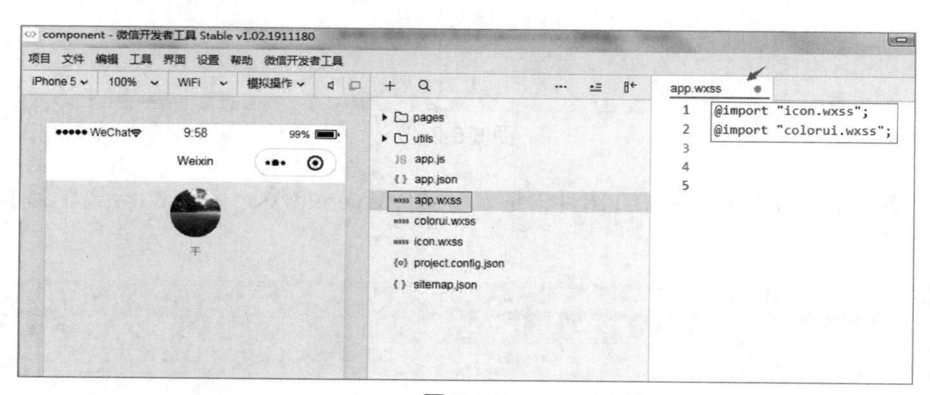

图 5-5-5

app.wxss 文件的关键代码如下：

```
@import "icon.wxss";
@import "colorui.wxss";
```

小贴士

1. 定义在 app.wxss 中的样式为全局样式，作用于每一个页面。在 pages 的 wxss 文件中定义的样式为局部样式，只作用在对应的页面，并会覆盖 app.wxss 中相同的选择器。

2. 使用 @import 语句可以导入外联样式表，@import 后跟着需要导入的外联样式表的相对路径，用“;”表示语句结束。

步骤 5：打开页面 index.wxml，清空此文件附带的代码，接着添加 4 个 <button> 按钮组件，以便制作 ColorUI 各种样式应用效果实验，如图 5-5-6 所示。

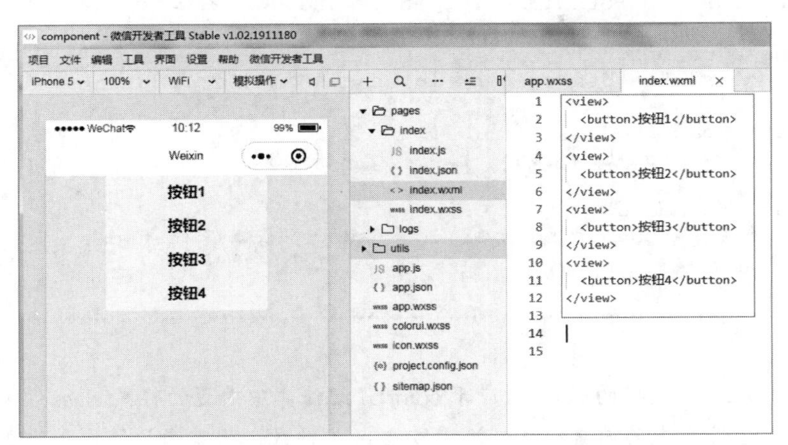

图 5-5-6

index.wxml 文件的关键代码如下：

```
<view>
  <button> 按钮 1</button>
</view>
<view>
  <button> 按钮 2</button>
</view>
<view>
  <button> 按钮 3</button>
</view>
<view>
  <button> 按钮 4</button>
</view>
```

步骤 6：参照 ColorUI 样式使用说明，把 index.wxml 文件中的 <view>、<button> 组件应用样式，实现在 index.wxml 中控制容器、按钮的效果，如图 5-5-7 所示。

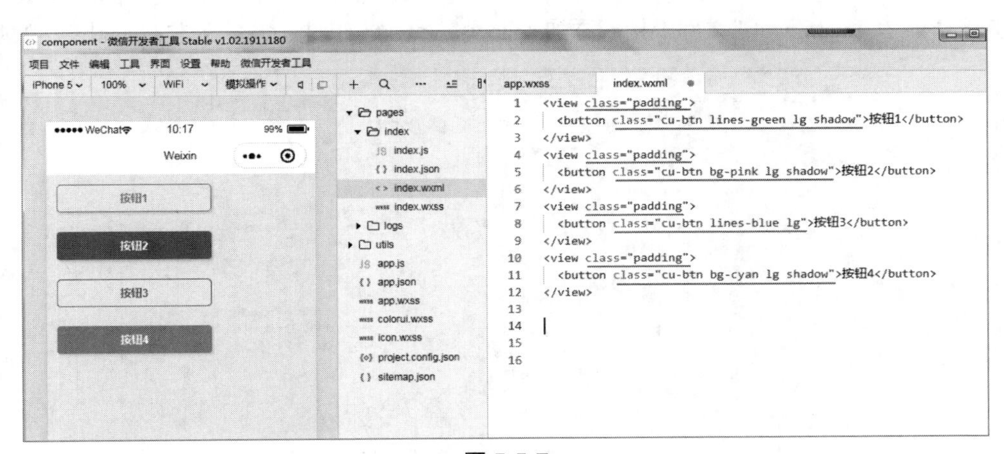

图 5-5-7

index.wxml 文件的关键代码如下：

```
<view class="padding">
  <button class="cu-btn lines-green lg shadow">按钮 1</button>
</view>
<view class="padding">
  <button class="cu-btn bg-pink lg shadow">按钮 2</button>
</view>
<view class="padding">
  <button class="cu-btn lines-blue lg">按钮 3</button>
</view>
<view class="padding">
  <button class="cu-btn bg-cyan lg shadow">按钮 4</button>
</view>
```

小贴士

图 5-5-6 中组件所使用的 class 对应于 colorUI 组件库中内置的样式 class，这里只是直接使用了 colorUI 组件库中的内置样式，不需要自定义样式。只需通过给组件添加 ColorUI 组件库中内置的样式，就可以很方便地改变组件的样式。

步骤 7：在页面 index.wxml 中，添加 <view> 容器使得容器内的组件在页面居中显示，如图 5-5-8 所示。

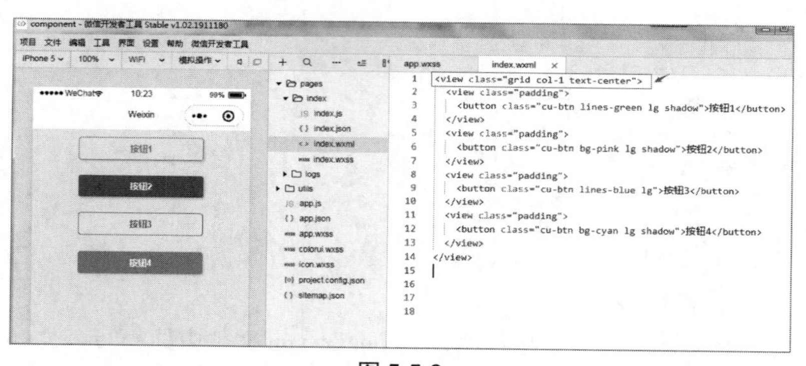

图 5-5-8

步骤 8：在 index.wxml 文件中接着添加 <view>、<text> 组件，显示文本，如图 5-5-9 所示。

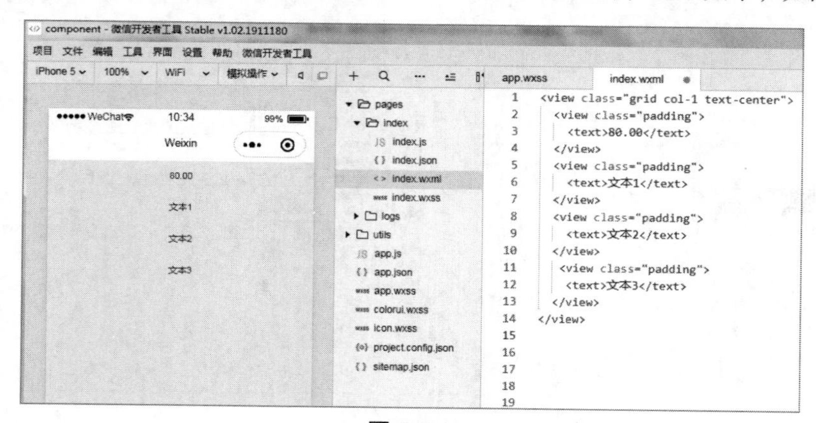

图 5-5-9

步骤 9：参照 ColorUI 样式使用说明，把 index.wxml 文件中的 <view>、<text> 组件应用样式，实现在 index.wxml 中控制容器、文本的效果，如图 5-5-10 所示。

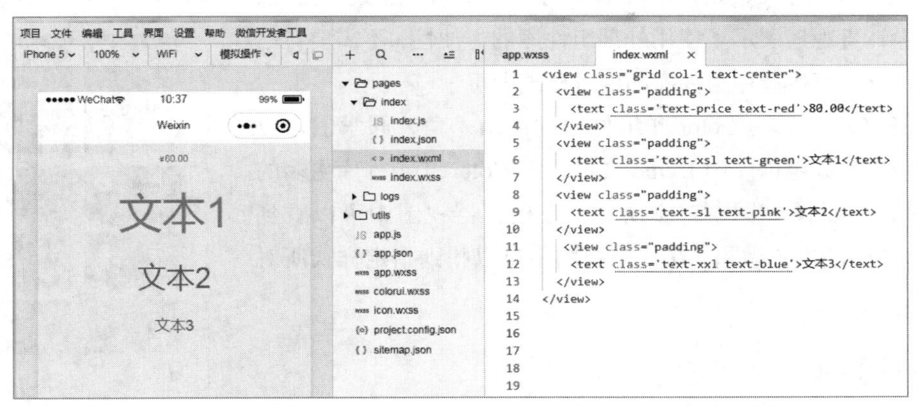

图 5-5-10

关键代码如下：

```
<view class="grid col-1 text-center">
  <view class="padding">
    <text class='text-price text-red'>80.00</text>
  </view>
  <view class="padding">
    <text class='text-xsl text-green'>文本 1</text>
  </view>
  <view class="padding">
    <text class='text-sl text-pink'>文本 2</text>
  </view>
  <view class="padding">
    <text class='text-xxl text-blue'>文本 3</text>
  </view>
</view>
```

步骤 10：继续把 index.wxml 文件中的 <text> 组件应用样式，轻松地在页面中制作出想要的 icon 图标效果，如图 5-5-11 所示。

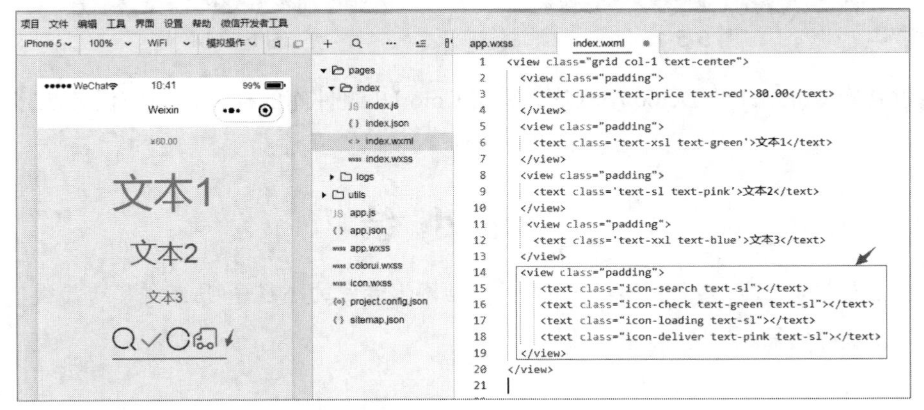

图 5-5-11

相关知识

图 5-5-12

1. 本任务展示了 ColorUI 组件库中的一些简单的样式、按钮、字体、图标，直观地展示了使用外部组件库的方便性，不需要自己编写样式代码，直接调用组件库的内置样式即可。

2. 任务展示的只是 ColorUI 组件库的冰山一角，同学们可以通过下载并导入该组件库的 Demo 文件了解 ColorUI 组件库更多的样式，Demo 展示图如图 5-5-12 所示，在模拟器视图中可以看到 ColorUI 组件库的样式效果，在代码视图中可以找到指定样式所对应的代码。

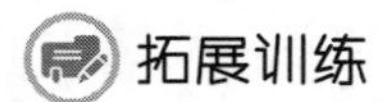

拓展训练

1. 利用 ColorUI 组件库制作下载界面效果，如图 5-5-13 所示。

2. 利用 ColorUI 组件库制作下载界面效果，如图 5-5-14 所示。

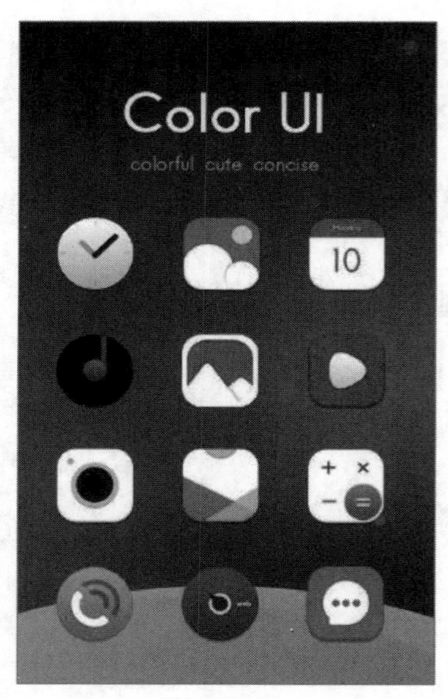

图 5-5-13

图 5-5-14

3. 通过查看 ColorUI 的 Demo 小程序，利用 ColorUI 组件库的样式，制作任务 5.3 案例中的小程序效果。

单 元 小 结

本单元主要学习了通过组件、结合样式、借助网上开源的小程序 UI 组件库布局微信小程序，以达到美化页面的效果。

第6单元 微信小程序多媒体功能展示

技能目标

➢ 使用 Audio 组件播放音乐

➢ 使用 Audio API 播放音乐

➢ 使用 Video 组件播放视频

微信小程序在多媒体方面的应用，包含音频播放与录音、视频播放、拍照、摄像等功能。音频播放功能支持很多音频格式和操作方式，微信小程序还持续优化视频播放、地图及画布功能，能够支持简单的动画效果。本单元通过几个组件与 API 来介绍微信小程序多媒体功能的应用。

任务 6.1 使用 Audio 组件播放音乐

任务描述

小明同学最近听到了几首很好听的音乐（儿歌），想要尝试将这些音乐放在自己的小程序中播放，下面介绍如何使用 Audio 组件播放音乐文件，实现效果如图 6-1-1 所示。

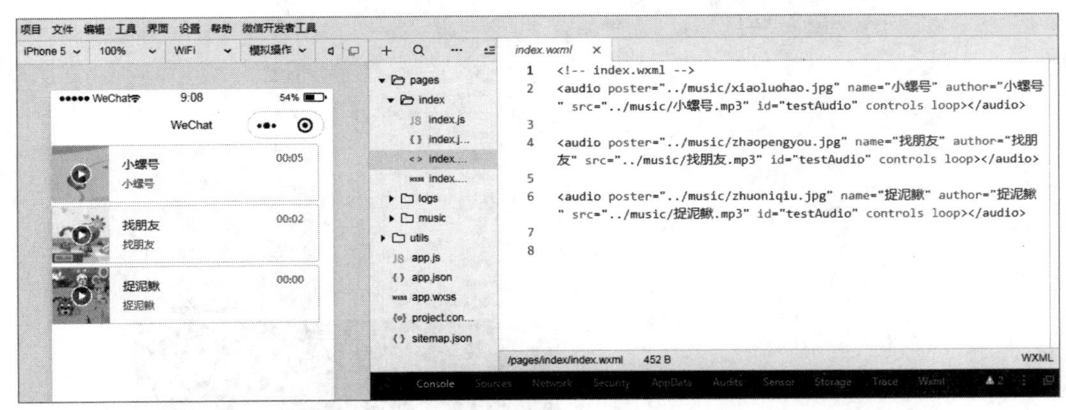

图 6-1-1

任务准备

使用 Audio 组件播放音乐

1. 扫码看课。

2. 任务素材：音乐 mp3 文件“小螺号 .mp3”“找朋友 .mp3”“捉泥鳅 .mp3”，图片文件“xiaoluohao.jpg”“zhaopengyou.jpg”“zhuoniqiu.jpg”。

任务实施

步骤 1 ：新建一个项目，输入项目名称等信息，如图 6-1-2 所示。

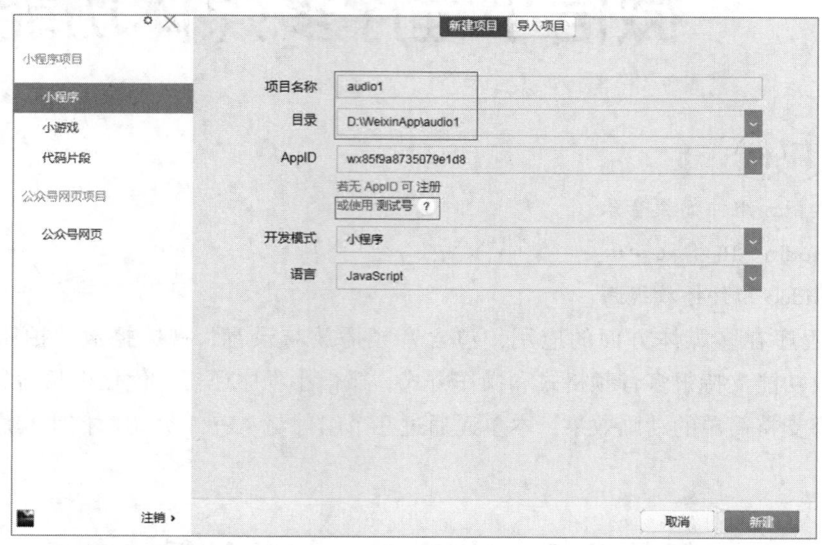

图 6-1-2

步骤 2 ：打开页面 index.wxml，清空此文件附带的代码，接着将音频与图片素材放置到项目文件夹下，如图 6-1-3 所示。

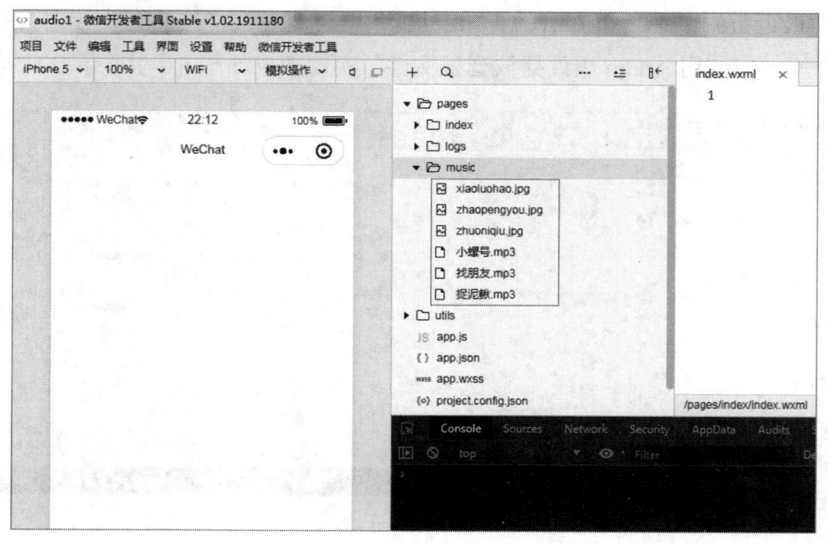

图 6-1-3

步骤 3 ：打开页面 index.wxml，使用 <audio> 组件播放音频文件“小螺号 .mp3”。设置 <audio> 组件的 src 属性，指定需要播放音频文件的路径；设置 poster 属性，设置音频封面显示图片的路径；设置 name、author 属性显示音频名称、作者等信息，如图 6-1-4 所示。

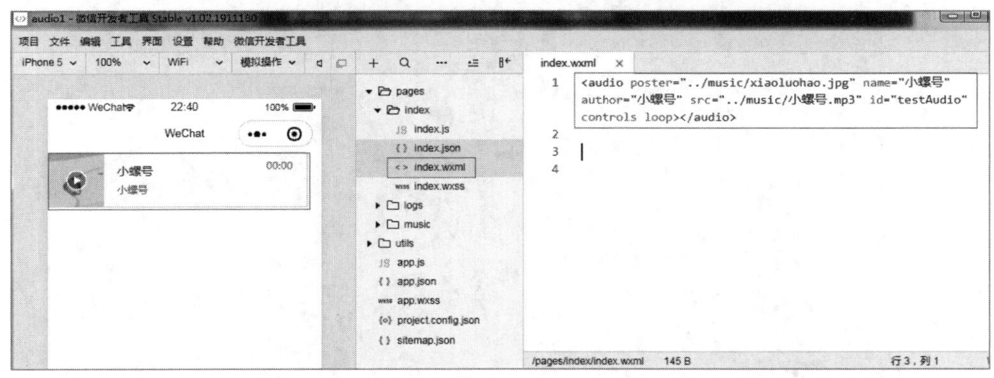

图 6-1-4

小贴士

微信小程序编写代码时可以通过相对路径来指定播放音频文件的路径，例如，图 6-1-4 中的 src= "../music/ 小螺号 .mp3"。

播放器样式为小程序 <audio> 组件的默认样式，可以自定义播放器的样式，具体方法可通过查阅官方文档尝试。

步骤 4 ：在页面 index.wxml 继续添加代码，实现播放另外两个音频文件“找朋友 .mp3”“捉泥鳅 .mp3”，如图 6-1-5 所示。

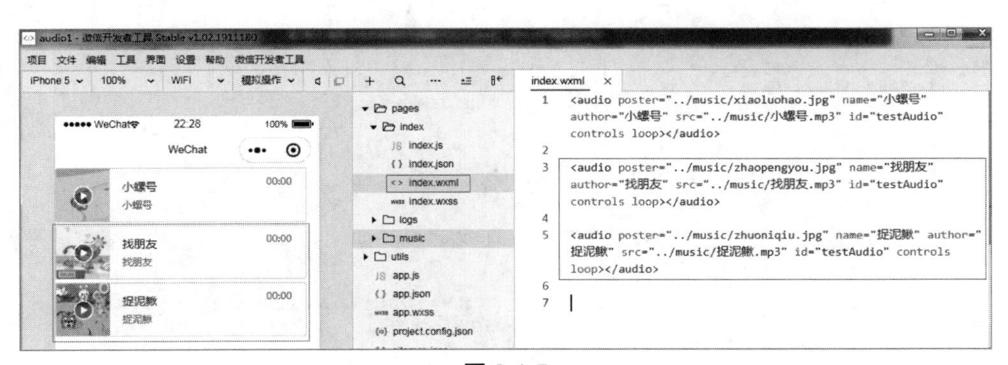

图 6-1-5

关键代码如下：

```
<audio poster="../music/xiaoluohao.jpg" name=" 小螺号 " author=" 小螺号 " src="../music/ 小螺号 .mp3" id="testAudio" controls loop></audio>
<audio poster="../music/zhaopengyou.jpg" name=" 找朋友 " author=" 找朋友 " src="../music/ 找朋友 .mp3" id="testAudio" controls loop></audio>
<audio poster="../music/zhuoniqiu.jpg" name=" 捉泥鳅 " author=" 捉泥鳅 " src="../music/ 捉泥鳅 .mp3" id="testAudio" controls loop></audio>
```

步骤 5：保存项目，调试运行小程序。在音频封面上点击鼠标即可实现播放音频文件，如图 6-1-6 所示。

图 6-1-6

相关知识

<audio> 组件为音频组件，可以轻松地在小程序中播放音频，其中 Audio 组件各属性说明，如图 6-1-7 所示。

属性	类型	默认值	必填	说明
id	string		否	audio 组件的唯一标识符
src	string		否	要播放音频的资源地址
loop	boolean	false	否	是否循环播放
controls	boolean	false	否	是否显示默认控件
poster	string		否	默认控件上的音频封面的图片资源地址，如果 controls 属性值为 false 则设置 poster 无效
name	string	未知音频	否	默认控件上的音频名字，如果 controls 属性值为 false 则设置 name 无效
author	string	未知作者	否	默认控件上的作者名字，如果 controls 属性值为 false 则设置 author 无效

图 6-1-7

从 1.6.0 版本开始，audio 组件不再维护。建议用户使用能力更强的 wx.createInnerAudioContext 接口，通过使用 wx.createAudioContext 获取 audio 上下文 context，this.audioCtx = wx.createAudioContext('myAudio')，将在下一个任务中学习、介绍。

小程序中常见的多媒体组件，如表 6-1-1 所示。

表 6-1-1

序号	名称	功能说明
1	audio	音频
2	video	视频（v2.4.0 起支持同层渲染）
3	image	图片
4	camera	系统相机
5	live-player	实时音视频播放（v2.9.1 起支持同层渲染）
6	live-pusher	实时音视频录制（v2.9.1 起支持同层渲染）
7	voip-room	多人音视频对话

拓展训练

在小程序中使用 audio 组件播放喜欢的音乐文件，并设置 audio 控件上的音频封面，如图 6-1-8 所示。

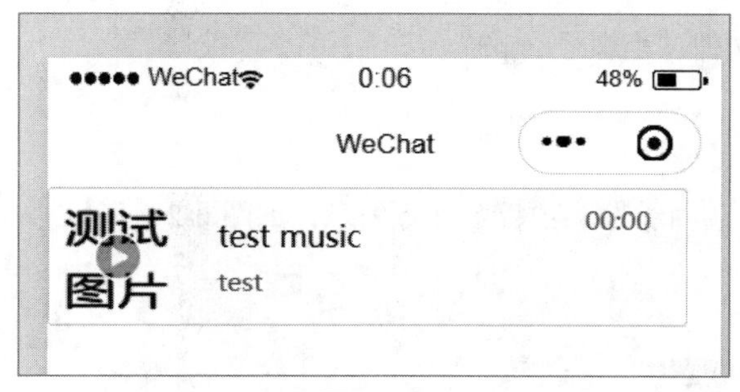

图 6-1-8

任务 6.2　使用 Audio API 播放音乐

任务描述

前面学习了使用 Audio 组件播放音乐文件，下面尝试通过使用相关音频 API 实现播放音乐文件，如图 6-2-1 所示。

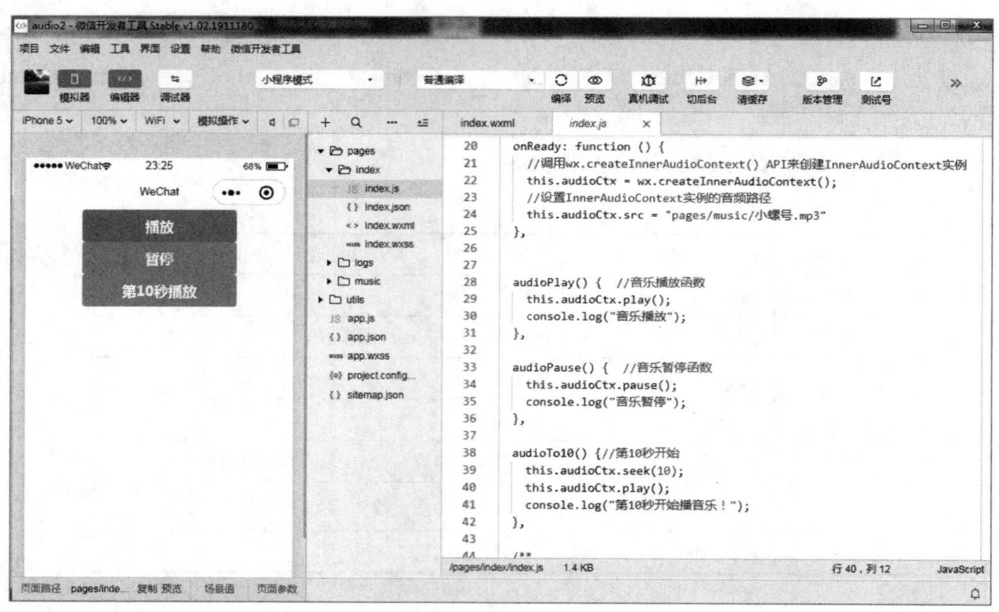

图 6-2-1

任务准备

使用 Audio API 播放音乐

1. 扫码看课。
2. 任务素材：音频文件“小螺号 .mp3”。

任务实施

步骤 1：新建一个项目，输入项目名称等信息，如图 6-2-2 所示。

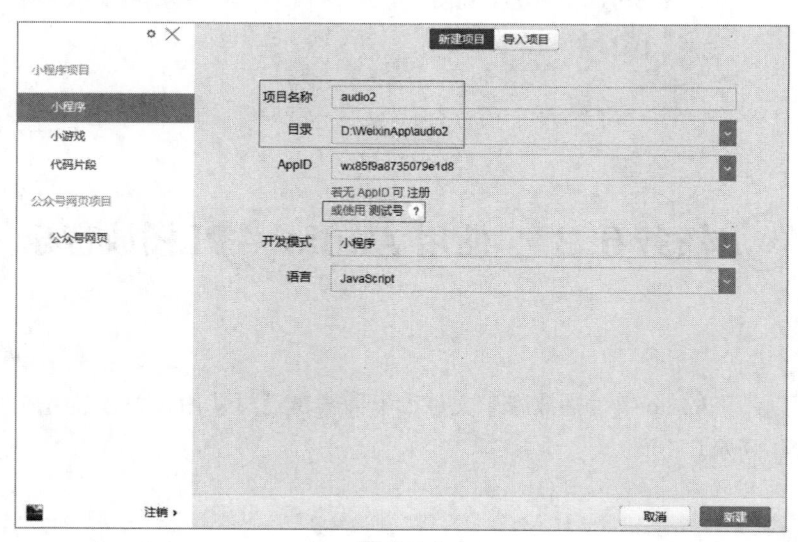

图 6-2-2

步骤 2：打开页面 index.wxml，清空此文件附带的代码，接着将音频素材放置到项目文件夹下，如图 6-2-3 所示。

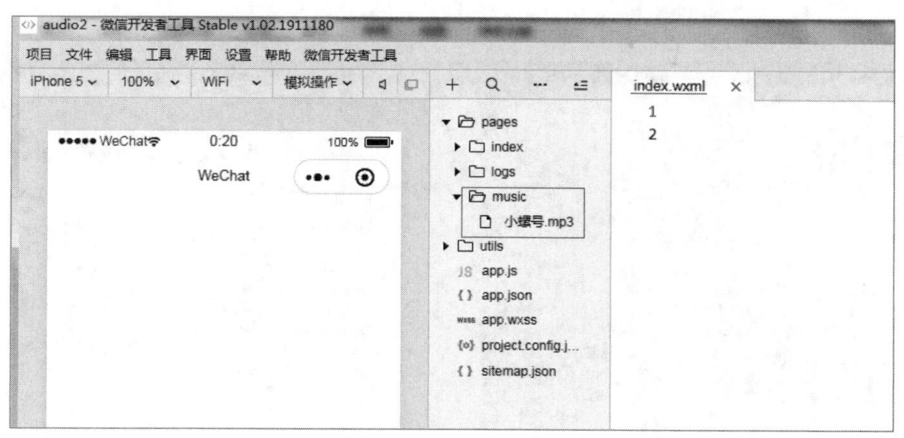

图 6-2-3

步骤 3：在 index.wxml 页面编写代码，添加 3 个 <button> 按钮组件，制作 3 个控制音频文件播放的按钮，如图 6-2-4 所示。

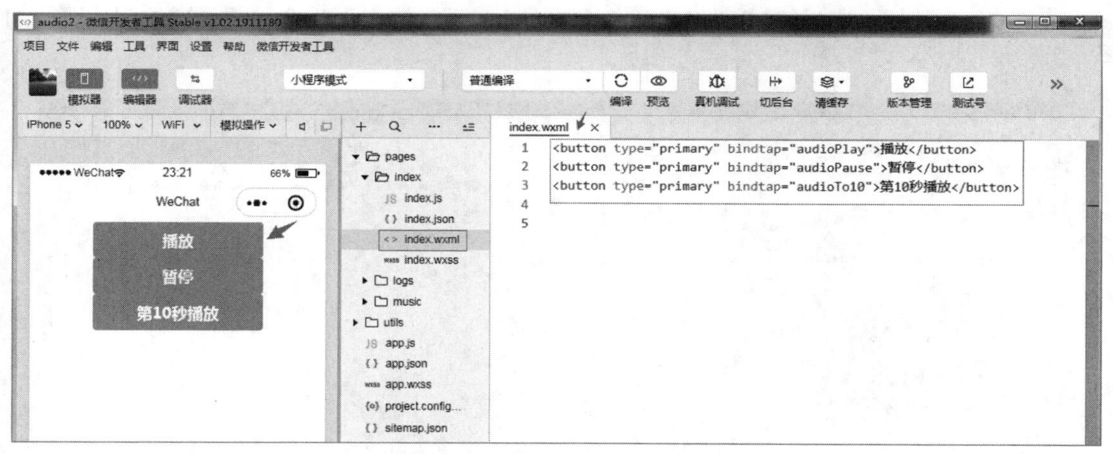

图 6-2-4

关键代码如下：

```
<button type="primary" bindtap="audioPlay"> 播放 </button>
<button type="primary" bindtap="audioPause"> 暂停 </button>
<button type="primary" bindtap="audioTo10"> 第 10 秒播放 </button>
```

小贴士

此处 3 个 <button> 组件通过 bindtap 绑定了三个事件，分别是 audioPlay、audioPause、audioTo10。单击第 1 个 <button> 按钮组件时触发事件 audioPlay，单击第 2 个 <button> 按钮组件时触发事件 audioPause，单击第 3 个 <button> 按钮组件时触发事件 audioTo10。下面需要在 index.js 文件中定义这三个事件实现相应的功能函数。

步骤 4 ：删除 pages/index/index.js 文件中的所有代码，使用 page 方法初始化页面，如图 6-2-5 所示。

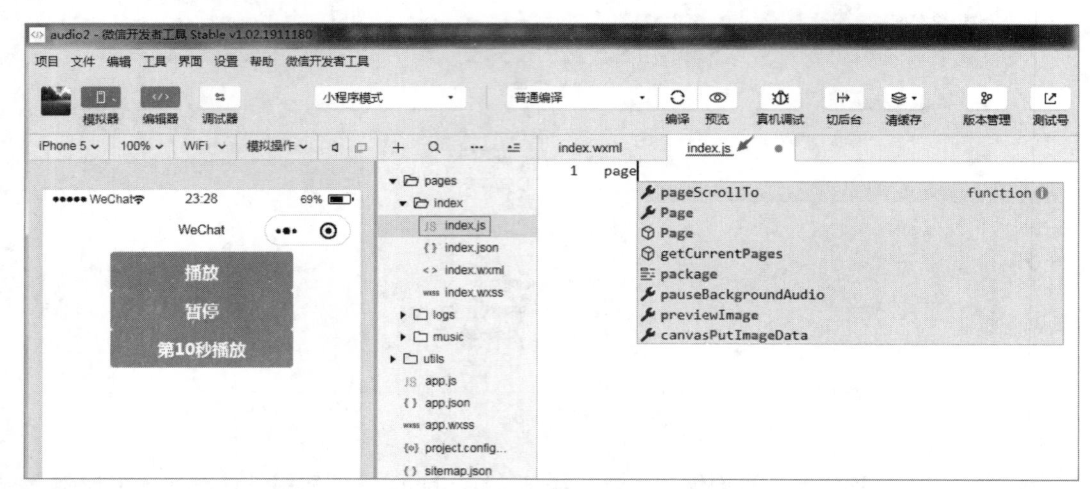

图 6-2-5

步骤 5 ：使用 page 函数初始化 index.js 页面，自动生成页面生命周期函数控制代码，如图 6-2-6 所示。

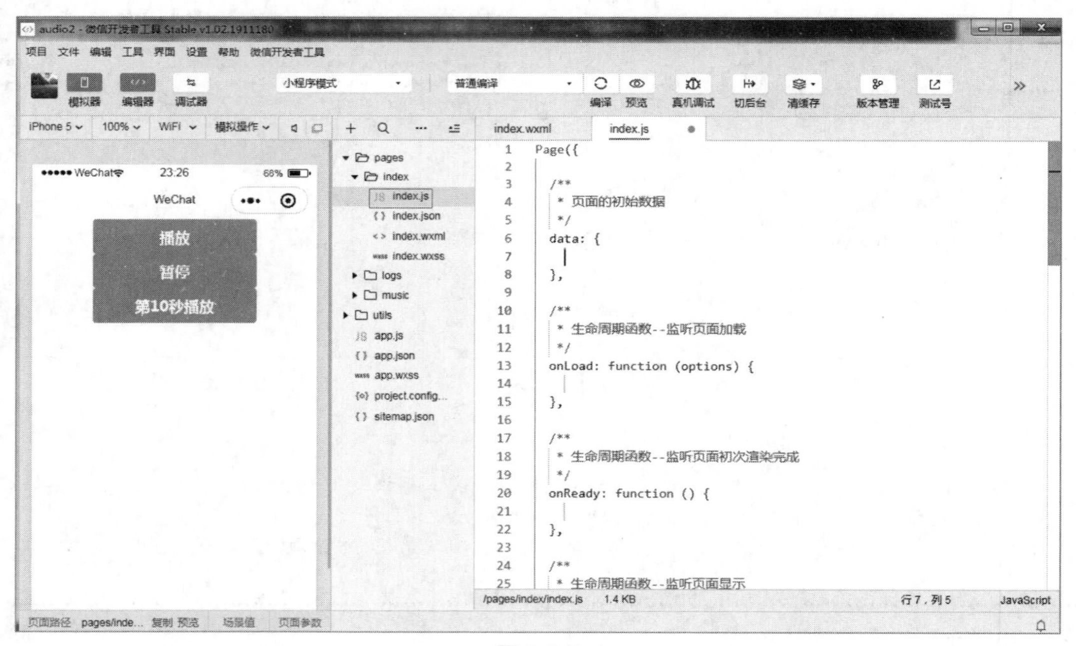

图 6-2-6

步骤 6 ：编写三个按钮单击时的响应事件代码。打开 pages/index/index.js 页面，找到 onReady 函数，在此函数中用 API 编写“创建音频实例”相应代码；接着定义三个函数 audioPlay、audioPause、audioTo10 实现控制音频播放、暂停、播放时刻等，如图 6-2-7 所示。

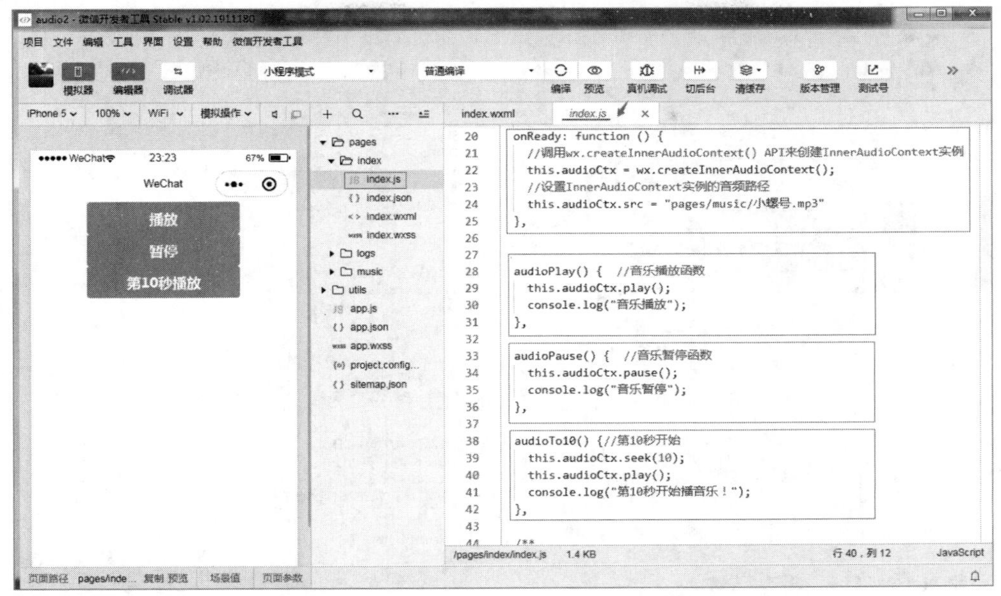

图 6-2-7

小贴士

微信小程序 innerAudioContext 本地音频播放文件路径不支持相对路径，只能使用绝对路径。调用 wx.createInnerAudioContext() API 来创建 InnerAudioContext 实例，this.audioCtx = wx.createInnerAudioContext() 是创建音频实例 this.audioCtx，通过音频实例 this.audioCtx 操纵音频。

关键代码如下：

```
onReady: function () {
  // 调用 wx.createInnerAudioContext() API 来创建 InnerAudioContext 实例
  this.audioCtx = wx.createInnerAudioContext();
  // 设置 InnerAudioContext 实例的音频路径
  this.audioCtx.src = "pages/music/ 小螺号 .mp3"
},
audioPlay() {           // 音乐播放函数
  this.audioCtx.play();
  console.log(" 音乐播放 ");
},
audioPause() {          // 音乐暂停函数
  this.audioCtx.pause();
  console.log(" 音乐暂停 ");
},
audioTo10() {           // 第 10 秒开始
  this.audioCtx.seek(10);
  this.audioCtx.play();
  console.log(" 第 10 秒开始播音乐！");
},
```

步骤 7：保存项目，调试运行小程序。点击模拟器视图中的播放按钮即可播放音乐文件，如图 6-2-8 所示。

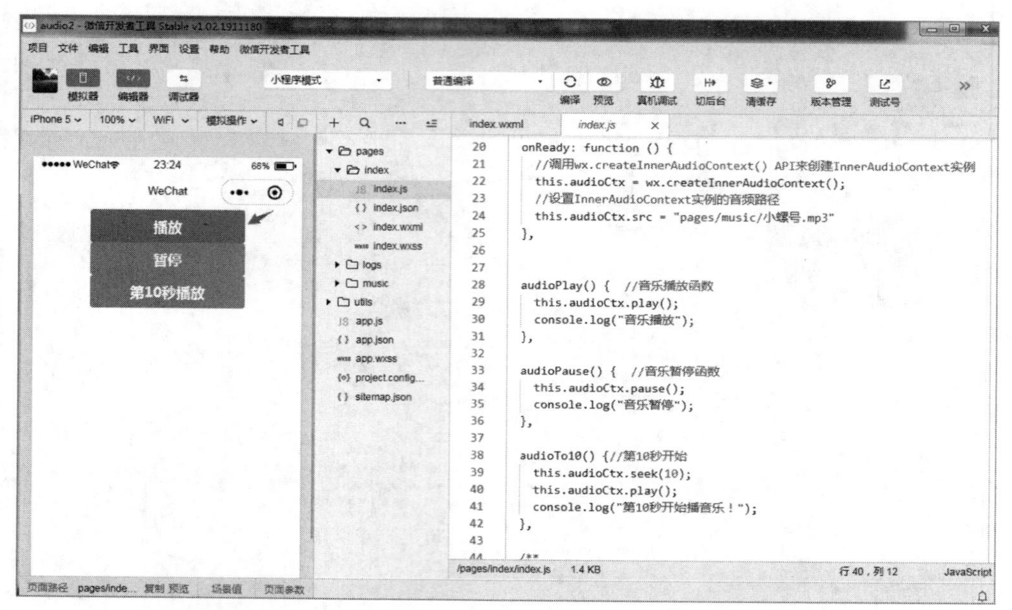

图 6-2-8

相关知识

1. 本任务通过 API 调用 wx.createInnerAudioContext() 创建出一个音频实例 InnerAudioContext，然后通过操作音频实例 InnerAudioContext 实现控制播放音乐。

2. 通过 wx.createInnerAudioContext 创建的音频实例常用属性有 src、startTime、autoplay、loop 等。

（1）string src，音频资源的地址，用于直接播放。

（2）number startTime，开始播放的位置（单位是 s），默认值为 0。

（3）boolean autoplay，是否自动开始播放，默认值为 false。

（4）boolean loop，是否循环播放，默认值为 false。

（5）boolean obeyMuteSwitch，是否遵循系统静音开关，默认值为 true。当此参数为 false 时，即使用户打开了静音开关，也能继续发出声音。从 2.3.0 版本开始此参数不生效，使用 wx.setInnerAudioOption 接口统一设置。

（6）number volume，音量，范围 0~1，默认值为 1。

（7）number playbackRate，播放速度，取值范围 0.5~2.0，默认值为 1。

（8）number duration，当前音频的长度（单位是 s）。

（9）number currentTime，当前音频的播放位置（单位是 s）。

（10）boolean paused，当前是否是暂停或停止状态（单位是 s）

3. 微信小程序 innerAudioContext 本地音频播放文件路径不支持相对路径 innerAudioContext.src = '../music/1.mp3'; 应该使用绝对路径 innerAudioContext.src = 'pages/music/1.mp3'。

4. 通过 wx.createInnerAudioContext 接口获取音频实例，音频播放过程中，可能被系统中断，可通过 wx.onAudioInterruptionBegin、wx.onAudioInterruptionEnd 事件处理这种情况。

5. InnerAudioContext 常用方法。

（1）InnerAudioContext.play() 播放。

（2）InnerAudioContext.pause() 暂停。暂停后的音频再播放会从暂停处开始播放。

（3）InnerAudioContext.stop() 停止。停止后的音频再播放会从头开始播放。

（4）InnerAudioContext.seek(number position) 跳转到指定位置。

（5）InnerAudioContext.destroy() 销毁当前实例。

拓展训练

通过 InnerAudioContext 常用方法 play、stop、pause、seek 控制音频播放、停止、暂停、播放位置等，效果如图 6-2-9 所示。

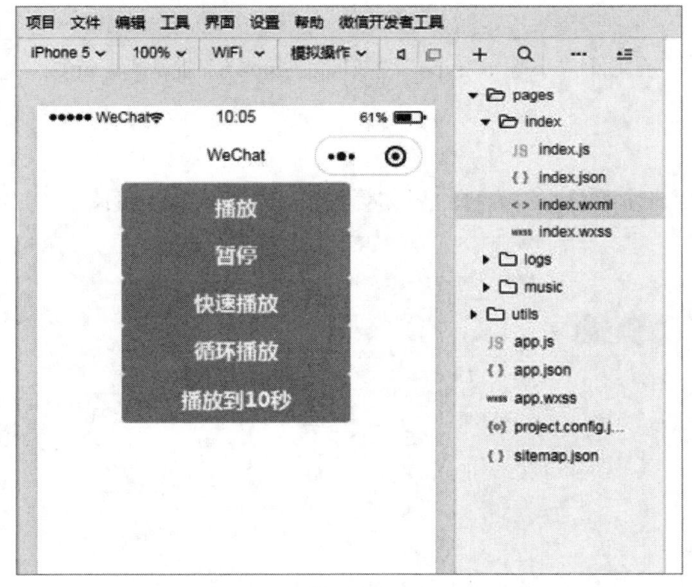

图 6-2-9

任务 6.3　使用 Video 组件播放视频

任务描述

小明同学最近在制作微信小程序项目，在项目中需要播放短视频，下面尝试在微信小程序中使用 <video> 组件实现播放视频文件，以及学习借助 API 函数 wx.chooseVideo() 选择需要播放的视频文件，实现效果如图 6-3-1 所示。

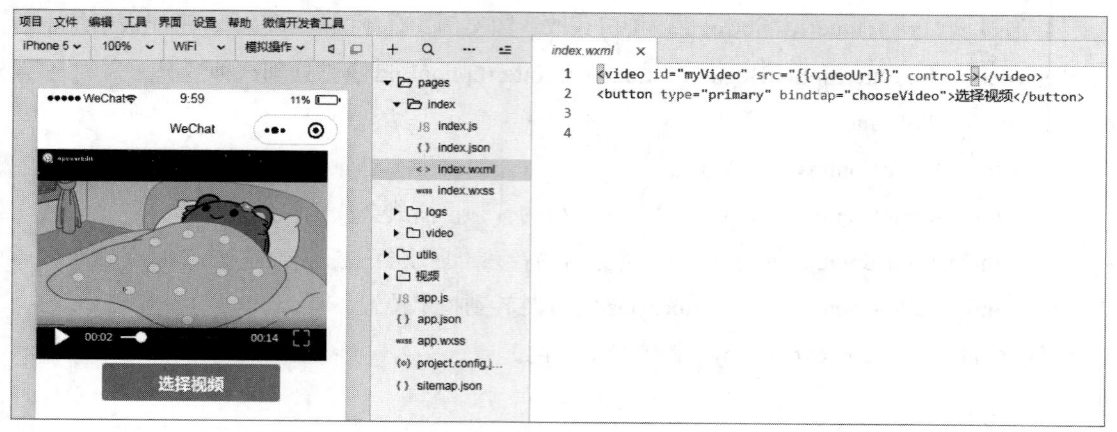

图 6-3-1

任务准备

使用 Video 组件播放视频

1. 扫码看课。
2. 任务素材：视频文件“小螺号 .mp4”“找朋友 .mp4”“捉泥鳅 .mp4”。

任务实施

步骤 1：新建一个项目，输入项目名称等信息，如图 6-3-2 所示

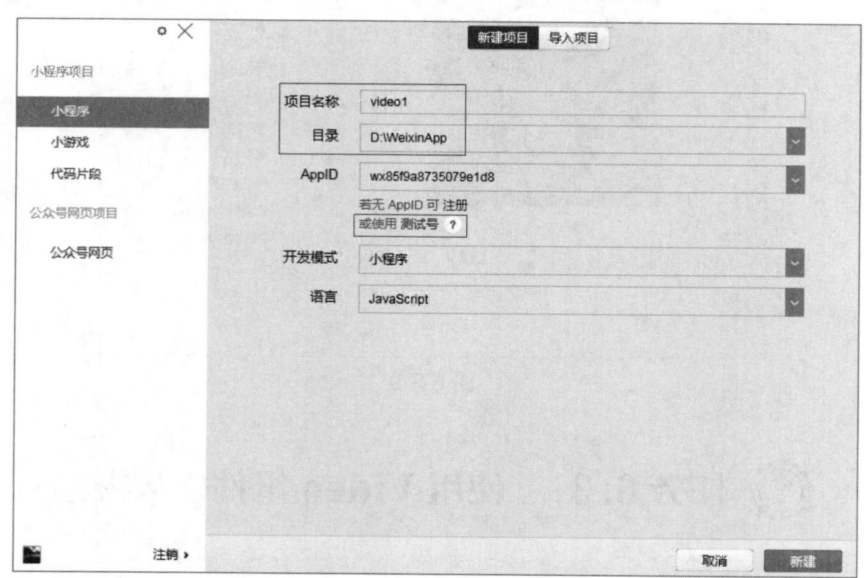

图 6-3-2

步骤 2：打开页面 index.wxml，清空此文件附带的代码；接着将视频素材放置到项目文件夹下，如图 6-3-3 所示。

步骤 3：在 index.wxml 页面编写代码，添加 1 个 <video> 视频组件，1 个 <button> 按钮组件，

如图 6-3-4 所示。

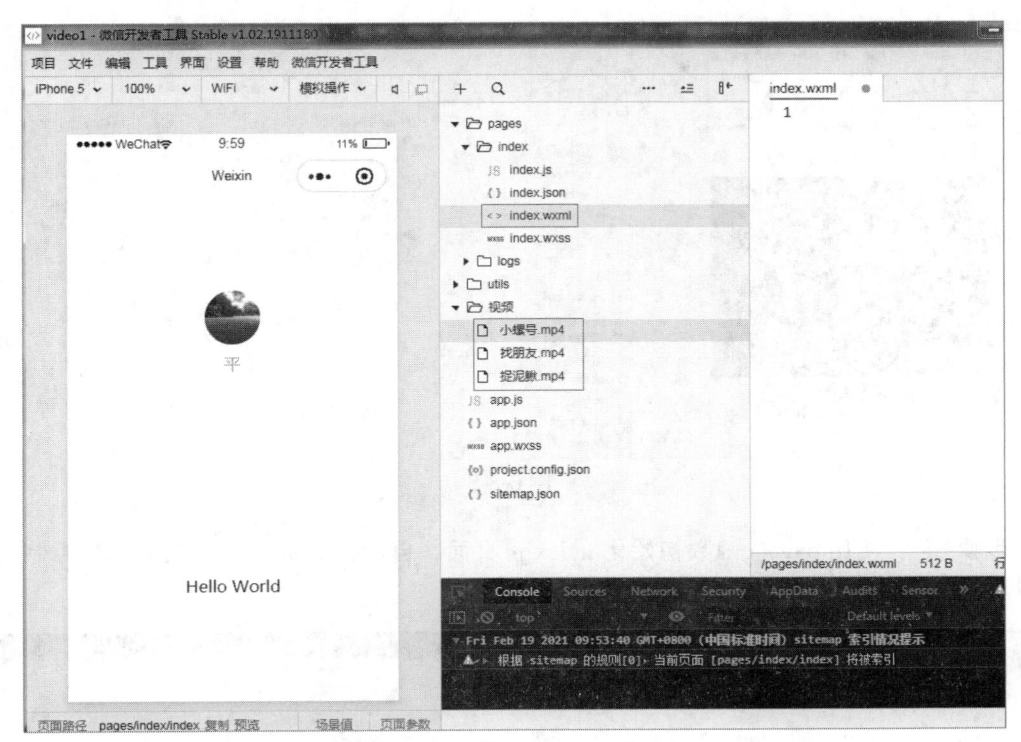

图 6-3-3

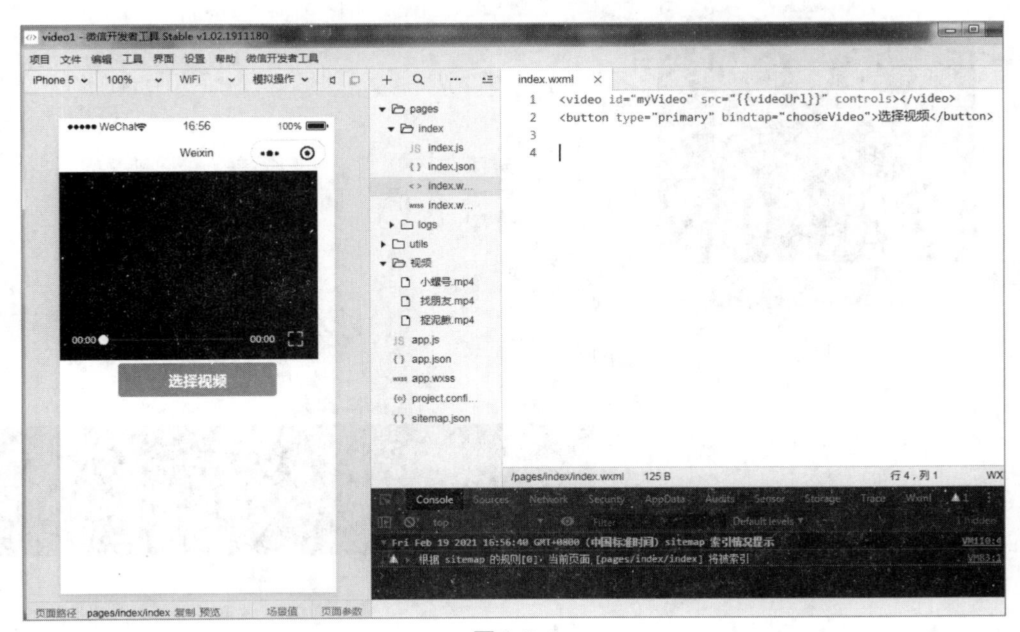

图 6-3-4

步骤 4：删除 pages/index/index.js 文件中的所有代码，使用 page 方法初始化页面，如图 6-3-5 所示。

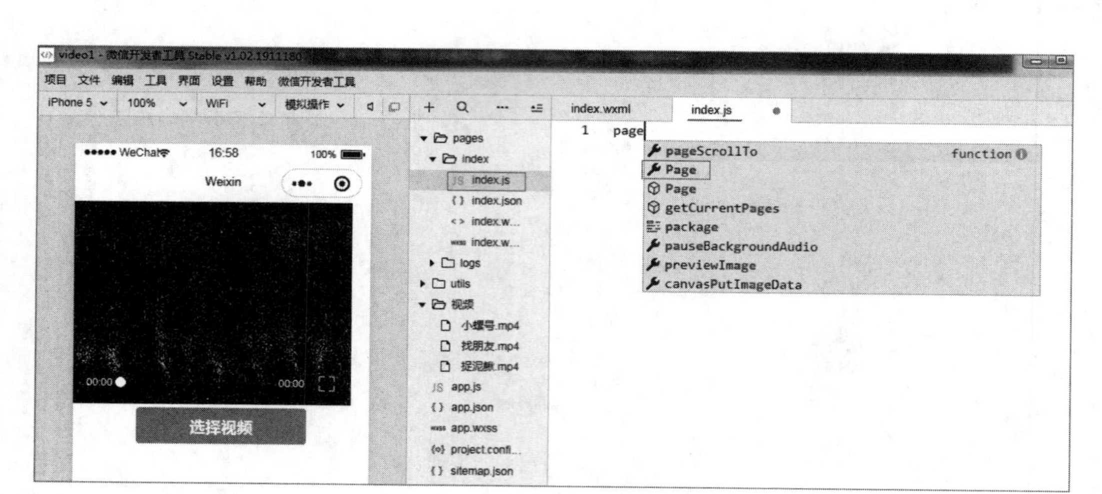

图 6-3-5

步骤 **5**：使用 page() 函数初始化 index.js 页面，自动生成页面生命周期函数控制代码，如图 6-3-6 所示。

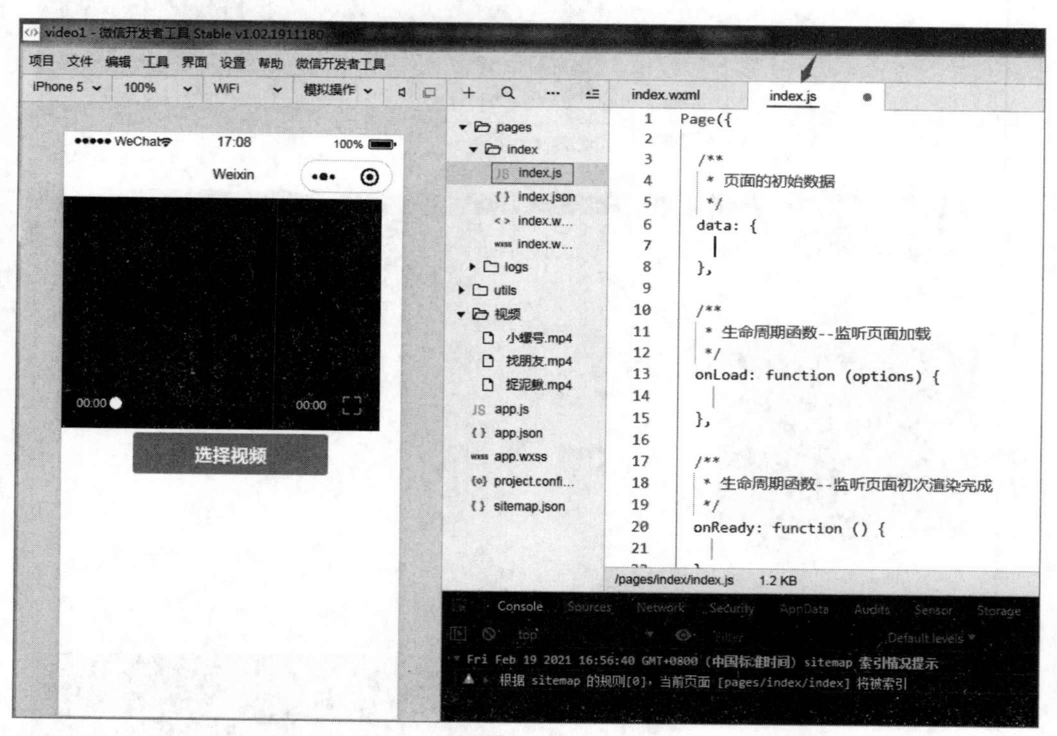

图 6-3-6

步骤 **6**：在 index.js 的 Page 内定义一个 chooseVideo() 函数，用来选择播放的视频文件，代码如图 6-3-7 所示。

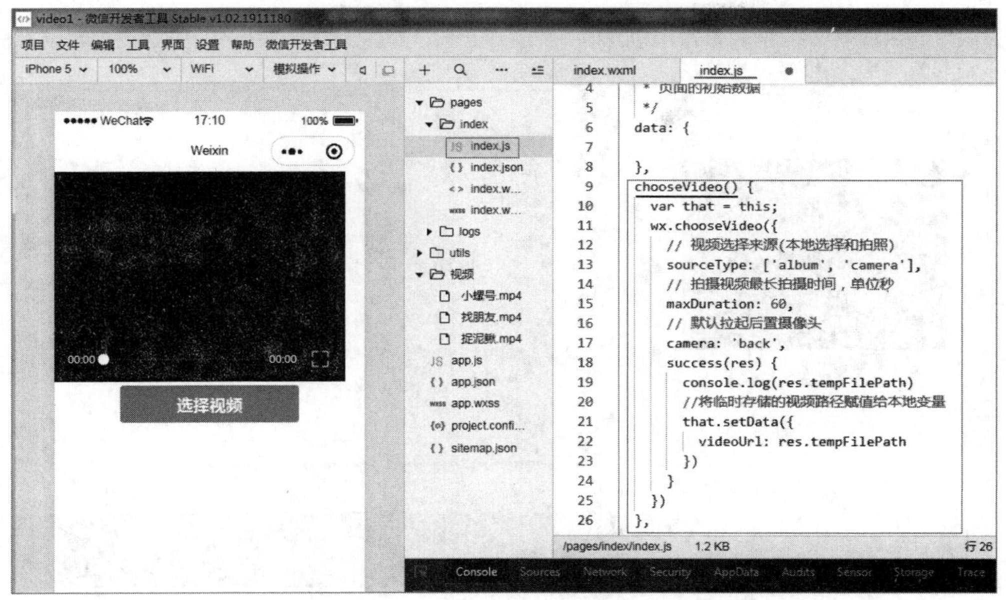

图 6-3-7

小贴士

wx.chooseVideo() 是一个选择视频的 API 函数，选择视频后会临时存储在本地临时路径，把视频路径 res.tempFilePath 传递给变量 videoUrl。

关键代码如下：

```
chooseVideo() {
    var that = this;
    wx.chooseVideo({
      // 选择视频来源（本地选择和拍照）
      sourceType: ['album', 'camera'],
      // 拍摄视频最长拍摄时间，单位秒
      maxDuration: 60,
      // 默认拉起后置摄像头
      camera: 'back',
      success(res) {
        console.log(res.tempFilePath)
        //将临时存储的视频路径赋值给本地变量
        that.setData({
          videoUrl: res.tempFilePath
        })
      }
    })
  },
```

步骤 7：保存项目文件，并在模拟器视图中点击“选择视频”按钮，选择素材文件夹中（本地文件夹也可以）的视频素材文件后，接着点击播放按钮，即可实现播放视频，如图 6-3-8 所示。

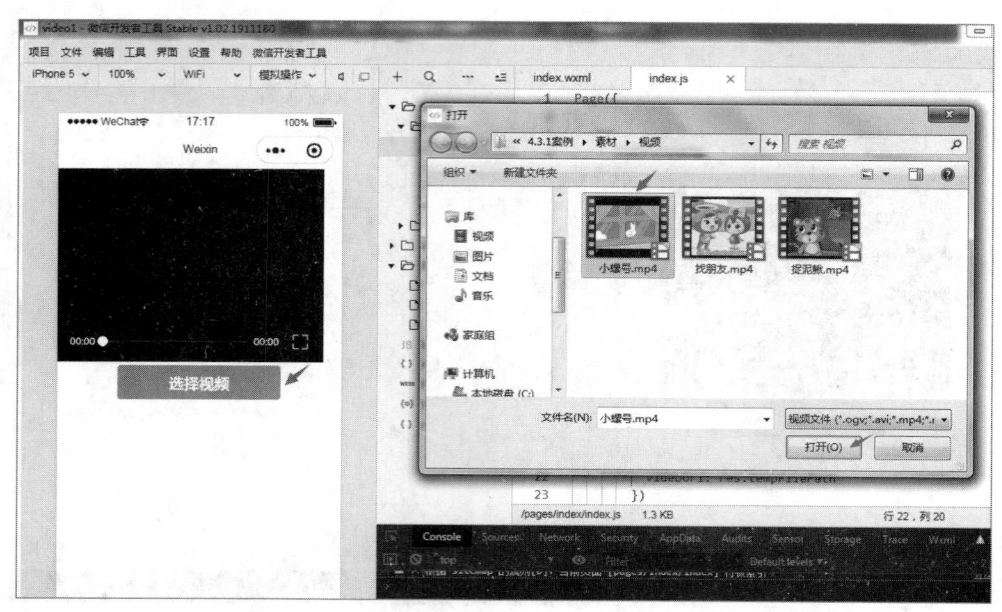

图 6-3-8

步骤 **8**：保存项目，调试运行小程序。点击模拟器视图中的播放按钮即可播放视频，效果如图 6-3-9 所示。

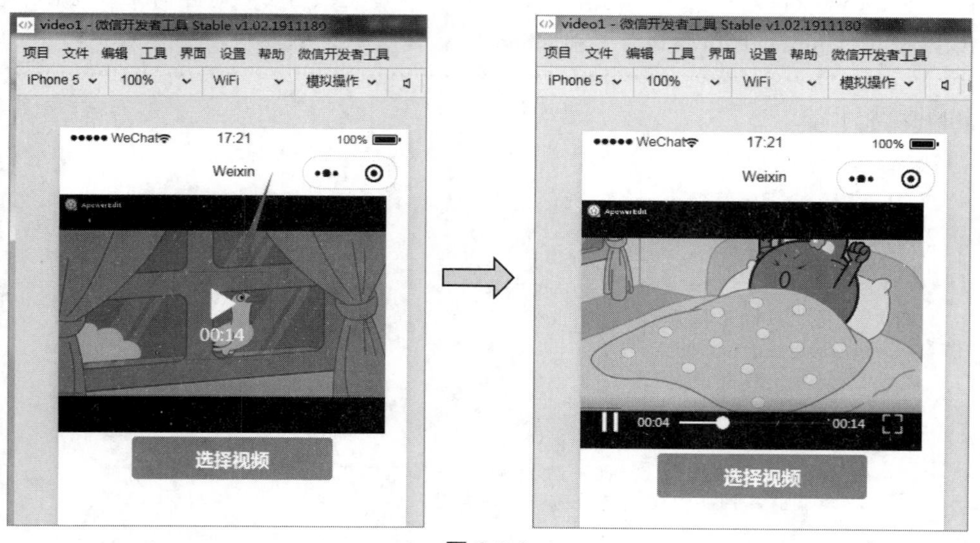

图 6-3-9

相关知识

1. 小程序的 video 组件有许多属性可以设置，可以通过查阅微信小程序官方文档进行学习。

2. video 组件中的 src 属性不支持本地路径，但是支持本地临时路径，所以案例中通过 API 函数 wx:chooseVideo() 得到一个视频的本地临时路径，具体说明如图 6-3-10 所示。

属性	类型	默认值	必填	说明	最低版本
src	string		是	要播放视频的资源地址，支持网络路径、本地临时路径、云文件 ID（2.3.0）	1.0.0

图 6-3-10

3. 若需要让此项目上线运行的话，则需发布该项目，当提示代码包太大时，请将“/video1/视频”文件夹下的视频素材删除即可，不然会提示代码包超过限制的大小，如图 6-3-11 所示。

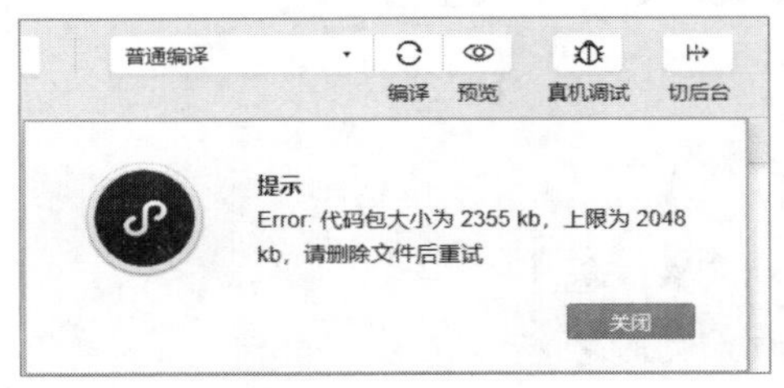

图 6-3-11

拓展训练

1. 通过真机调试播放视频的功能，在手机上测试该案例，制作微信小程序播放手机拍摄的视频文件。

2. 制作微信小程序播放视频文件功能，具体包括选择视频文件、开始播放、暂停播放等功能控制，效果如图 6-3-12 所示。

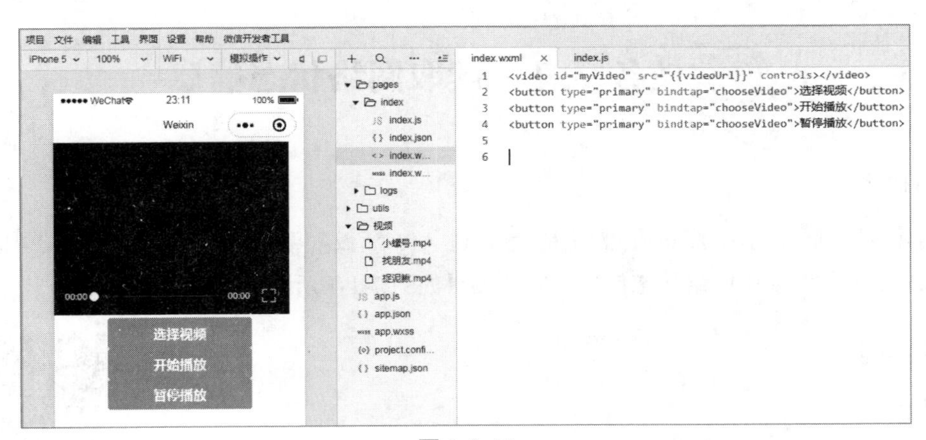

图 6-3-12

单 元 小 结

本单元主要学习了微信小程序中的几个多媒体组件和 API 的使用，为后面自主查看官方文档使用更多的组件和 API 函数打下良好的基础。

第 7 单元
微信小程序 API 应用

技能目标

- 使用 API 函数显示手机网络信息
- 使用 API 函数显示手机系统信息
- 使用 API 函数查询天气情况信息
- 使用 API 函数显示手机位置地图
- 使用 API 函数实现微信小程序支付

微信小程序作为前端框架，处理的数据往往需要从后台服务器中获取，处理的结果也需要保存到后台服务器数据库中，微信小程序为了更好地与后台进行交互，提供了丰富的微信原生 API，可以方便地完成微信小程序的后端功能交互，如前端与后台数据交互、获取用户信息、本地存储、支付功能等。本单元介绍微信小程序提供的常见 API 函数。

任务 7.1　读取网络状态信息

任务描述

小明了解到微信小程序的很多功能是通过 API 函数实现，下面借助微信 API 接口 wx.getNetworkType 获取手机网络状态信息，实现效果如图 7-1-1 所示。

任务准备

扫码看课。

读取网络状态信息

任务实施

步骤 1：新建一个项目，输入项目名称等信息，如图 7-1-2 所示。

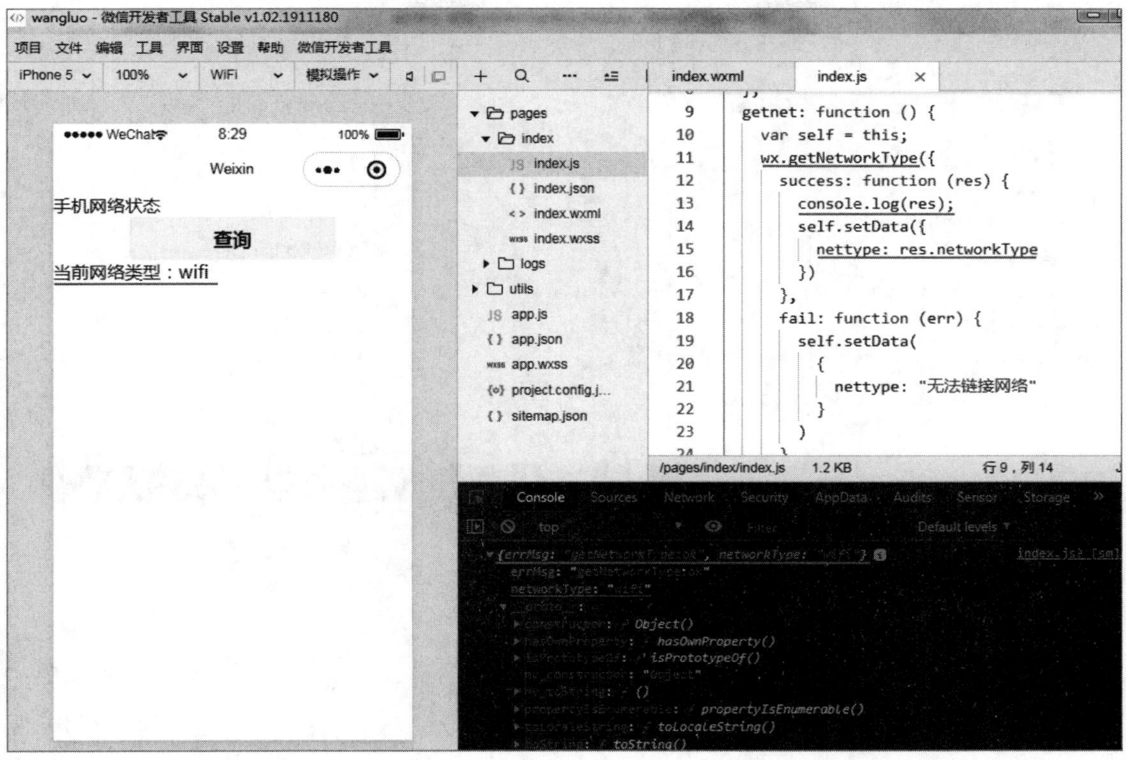

图 7-1-1

图 7-1-2

步骤 2 ：打开页面 index.wxml，清空此文件附带的代码，接着添加 3 个 <view> 组件、1 个 <button> 按钮组件，如图 7-1-3 所示。

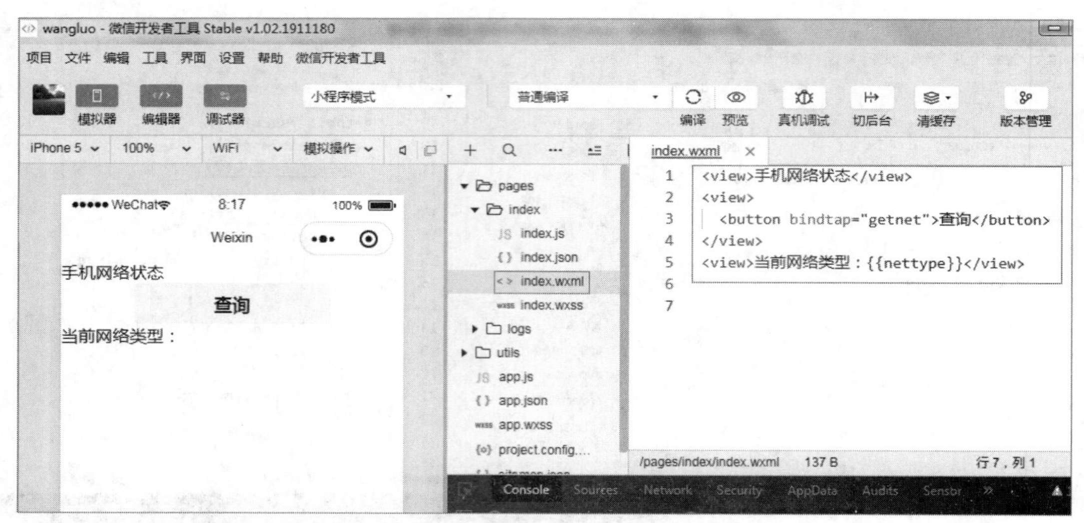

图 7-1-3

关键代码如下：

```
<view> 手机网络状态 </view>
<view>
  <button bindtap="getnet"> 查询 </button>
</view>
<view> 当前网络类型：{{nettype}}</view>
```

步骤 3：打开 pages/index/index.js 文件，清除自带的代码，使用 page 方法初始化页面，如图 7-1-4 所示。

图 7-1-4

步骤 4：使用 page() 函数初始化 index.js 页面，自动生成页面生命周期函数控制代码，接着定义数据变量，如图 7-1-5 所示。

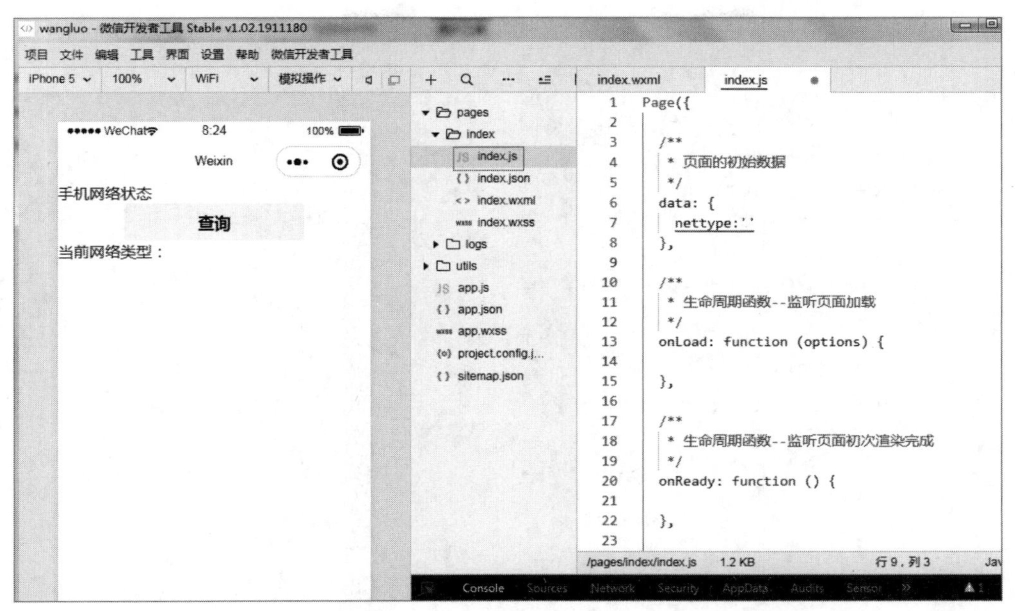

图 7-1-5

关键代码如下：

```
nettype:''
```

步骤 5：编写此页面中按钮单击时的响应事件 getnet 函数代码。打开 pages/index/index.js 页面；接着定义函数 getnet，实现通过 API 获取手机网络状态信息，具体通过 wx.getNetworkType 发送获取网络状态信息请求后，并在请求返回成功后分析所得到的详细数据 res.data，然后把解释后的数据保存起来传递到前端页面显示，主要代码如图 7-1-6 所示。

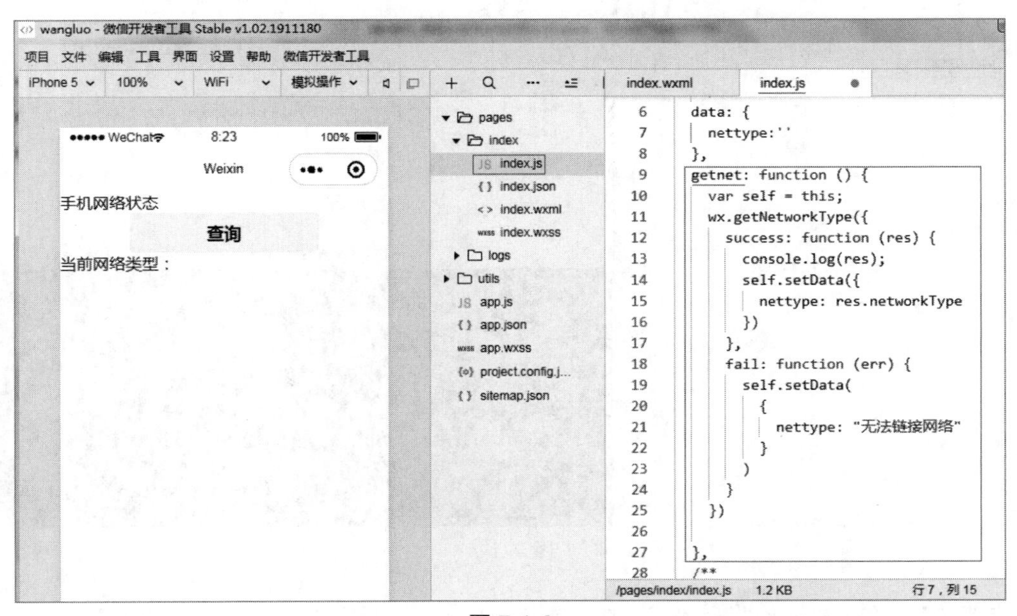

图 7-1-6

关键代码如下：

```
getnet: function () {
    var self = this;
    wx.getNetworkType({
      success: function (res) {
        console.log(res);
        self.setData({
          nettype: res.networkType
        })
      },
      fail: function (err) {
        self.setData(
          {
            nettype: "无法链接网络"
          }
        )
      }
    })
  },
```

步骤 6：保存项目，调试运行小程序。在页面上点击按钮即可实现查询显示手机当前网络状态的信息，如图 7-1-7 所示。

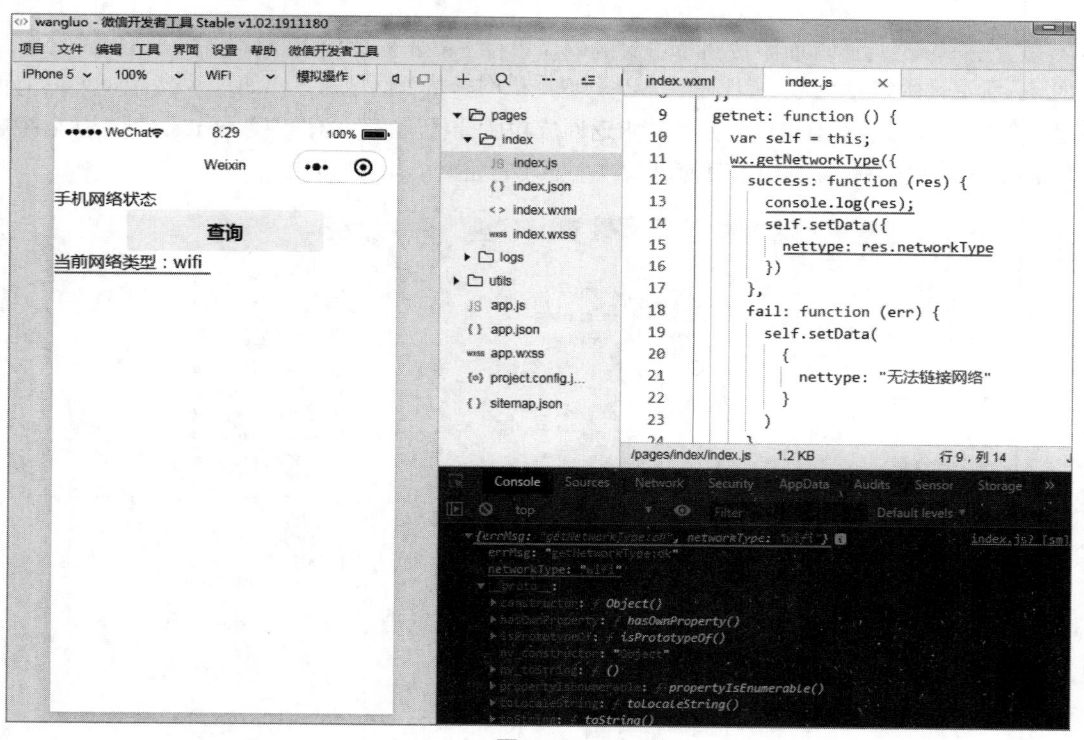

图 7-1-7

步骤 7：在手机上预览小程序。在工具栏中单击“预览”图标，生成“扫描二维码预览”，接着打开手机微信“扫一扫”功能，即可查询手机当前网络状态的信息，如图 7-1-8 所示。

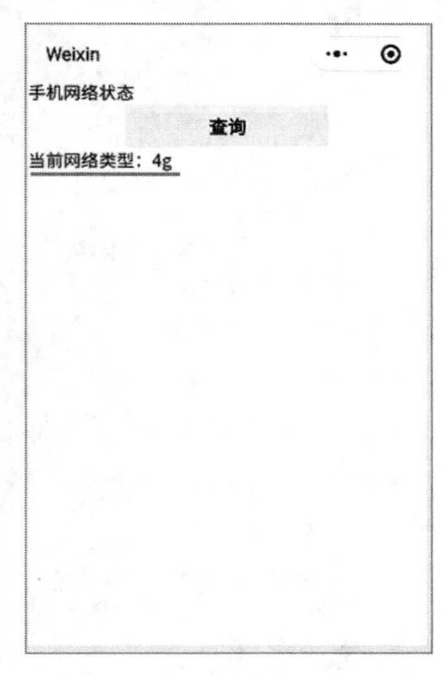

图 7-1-8

相关知识

1. API 函数 wx.getNetworkType 用于获取系统信息，如图 7-1-9 所示。

属性	类型	默认值	必填	说明
success	function		否	接口调用成功的回调函数
fail	function		否	接口调用失败的回调函数
complete	function		否	接口调用结束的回调函数（调用成功、失败都会执行）

图 7-1-9

2. 关于 wx.getNetworkType 获取系统信息，使用方法、格式，具体请查阅微信小程序开发文档。

拓展训练

1. 使用 API 函数显示网络状态信息，要求实现的效果如图 7-1-10 所示。

2. 使用 API 函数 wx.makePhoneCall 制作“一键拨号”功能。

（1）新建一个项目，打开 index.wxml 文件，添加一个 <button> 按钮组件，如图 7-1-11 所示。

（2）打开 index.js 文件，编写单击按钮时的响应事件函数 call，自定义函数 call 中调用微信 API 函数 wx.makePhoneCall 进行手机号码拨号，代码如图 7-1-12 所示。

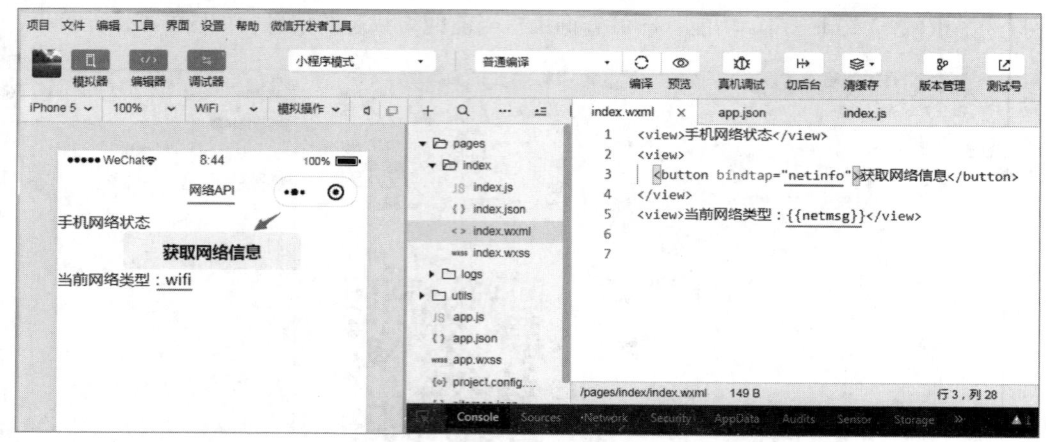

图 7-1-10

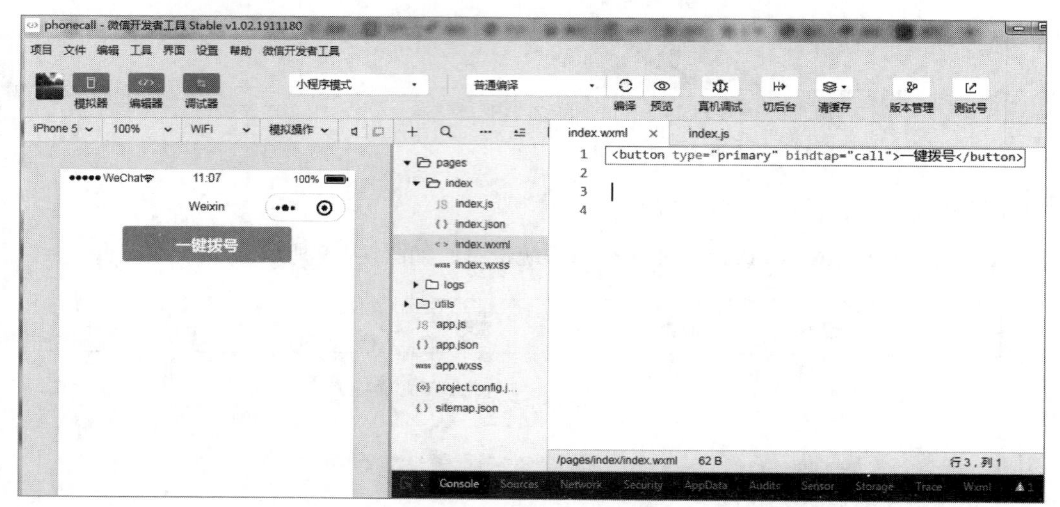

图 7-1-11

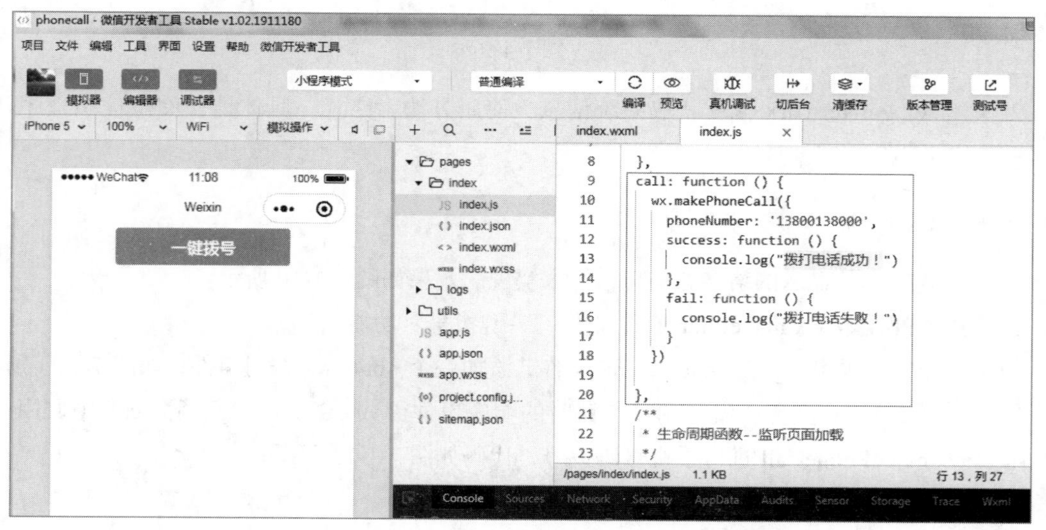

图 7-1-12

（3）在手机上测试拨号功能，如图 7-1-13 所示。

图 7-1-13

3. 制作一个小程序，页面上有一个输入框、一个按钮，当在输入框中输入完手机号码之后，点击“拨号”按钮即可实现手机号码拨号功能，效果如图 7-1-14 所示。

图 7-1-14

（1）打开 index.wxss 文件，设置样式文件，如图 7-1-15 所示。

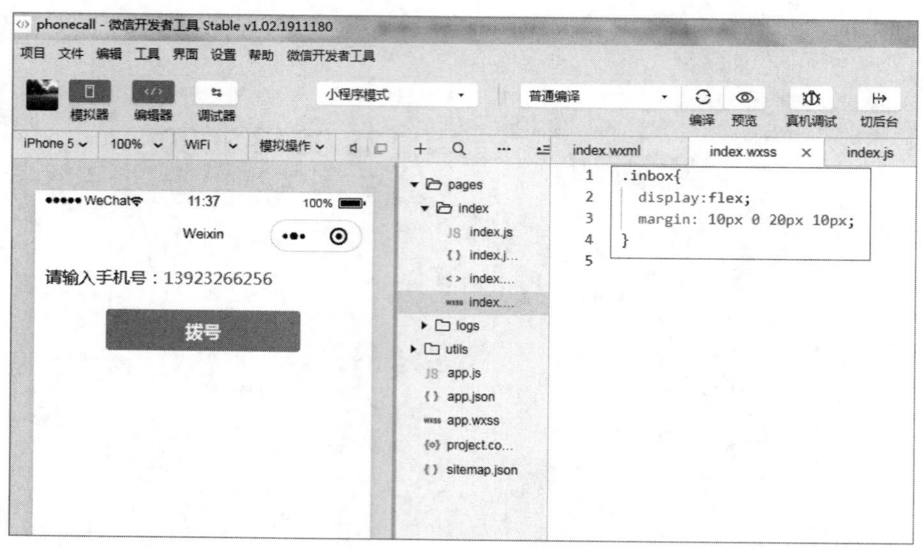

图 7-1-15

（2）打开 index.js 文件，编写单击按钮时响应事件的函数代码，包括输入号码响应函数 inputfn、点击按钮时拨号函数 searchfn。在 searchfn 函数中调用 call 函数，在 call 函数中调用微信 API 函数 wx.makePhoneCall 进行手机号码拨号，代码如图 7-1-16 所示。

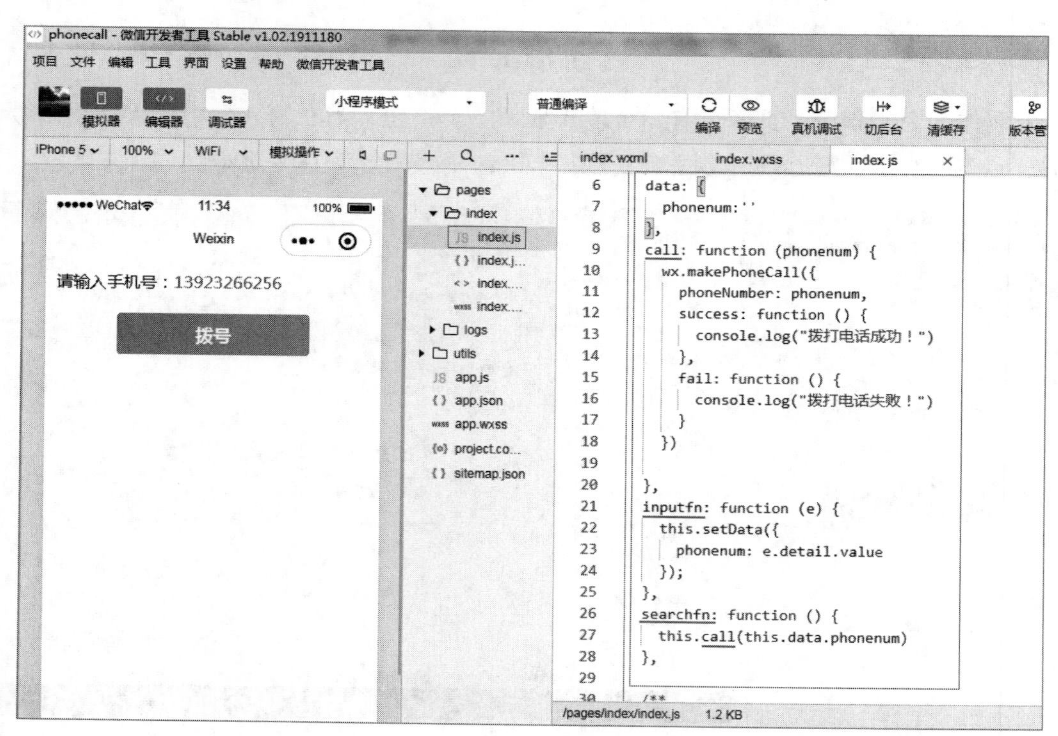

图 7-1-16

（3）在手机上测试，首先输入手机号码，然后点击“拨号”按钮，进行手机拨号，如图 7-1-17 所示。

图 7-1-17

任务 7.2　读取手机系统信息

任务描述

前面内容中了解到微信小程序很多功能通过 API 方式实现，前面也学习了如何使用微信小程序 API，下面借助微信 API 接口 wx.getSystemInfo 获取手机系统信息，实现效果如图 7-2-1 所示。

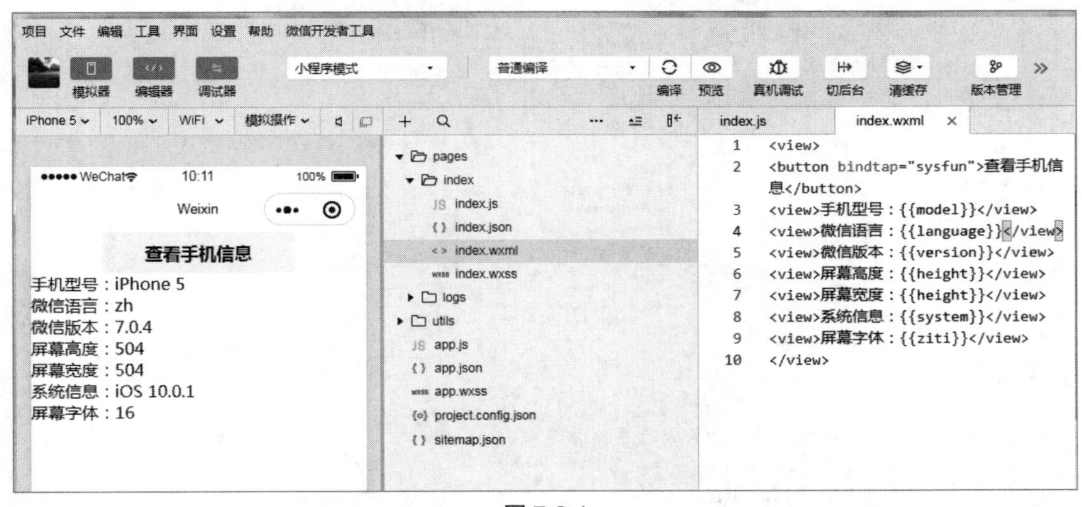

图 7-2-1

任务准备

扫码看课。

任务实施

步骤 1 ：新建一个项目，输入项目名称等信息，如图 7-2-2 所示。

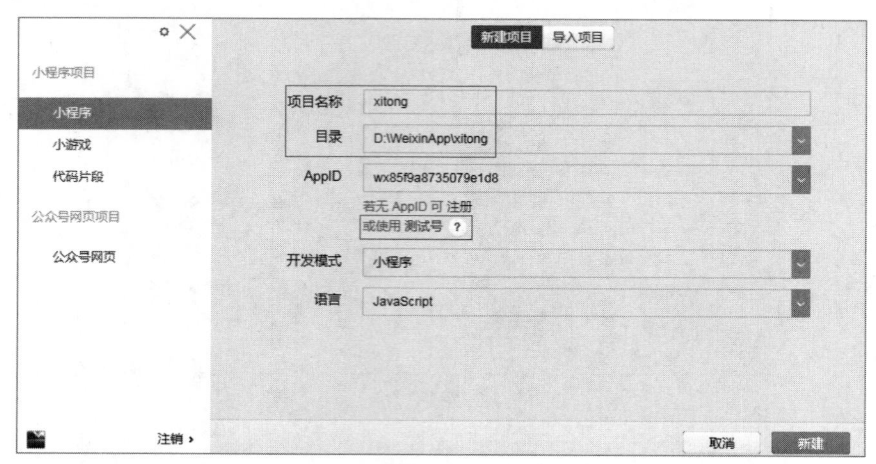

图 7-2-2

步骤 2 ：打开页面 index.wxml，清空此文件附带的代码，接着添加 7 个 <view> 组件、1 个 <button> 按钮组件，如图 7-2-3 所示。

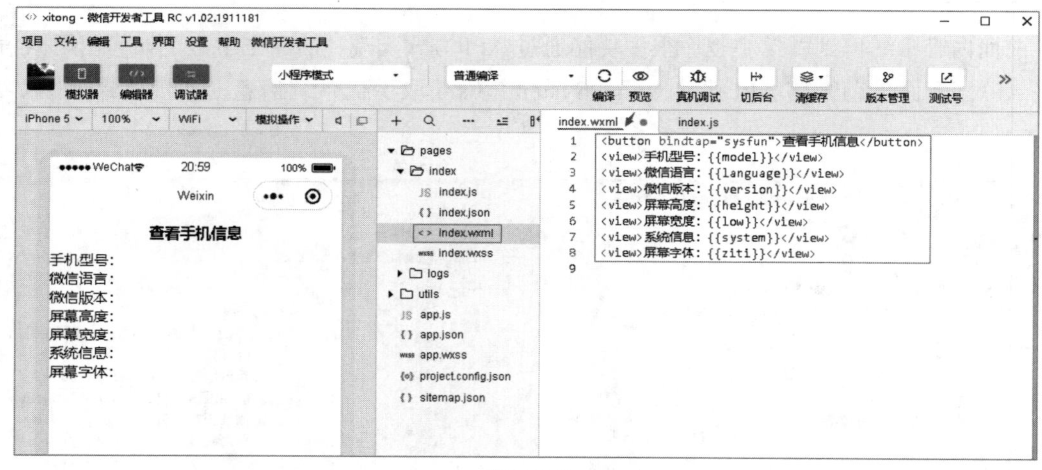

图 7-2-3

关键代码如下：

```
<button bindtap="sysfun"> 查看手机信息 </button>
<view> 手机型号: {{model}}</view>
<view> 微信语言: {{language}}</view>
<view> 微信版本: {{version}}</view>
```

```
<view>屏幕高度：{{height}}</view>
<view>屏幕宽度：{{low}}</view>
<view>系统信息：{{system}}</view>
<view>屏幕字体：{{ziti}}</view>
```

步骤 3：打开 pages/index/index.js 文件，清除自带的代码，使用 page 方法初始化页面，如图 7-2-4 所示。

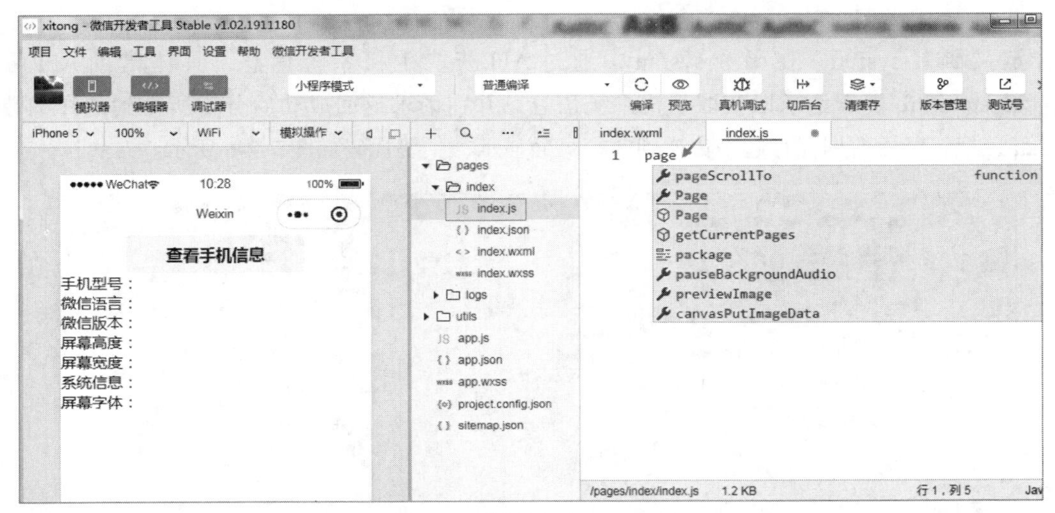

图 7-2-4

步骤 4：使用 page 函数初始化 index.js 页面，自动生成页面生命周期函数控制代码，接着定义数据变量，如图 7-2-5 所示。

图 7-2-5

关键代码如下：

```
    model:",
    language:",
    version:",
    height:",
    low:",
    system:",
    ziti:"
```

步骤 5：编写此页面中单击时按钮的响应事件代码。打开 pages/index/index.js 页面；接着定义函数 sysfun，在函数 sysfun 中通过 API 获取手机系统信息，具体借助 API 函数 wx.getSystemInfo 发送请求以获取手机系统信息，并在请求返回成功后分析所得到的详细数据 res.data，把解释后数据保存起来传递到前端页面显示，主要代码如图 7-2-6 所示。

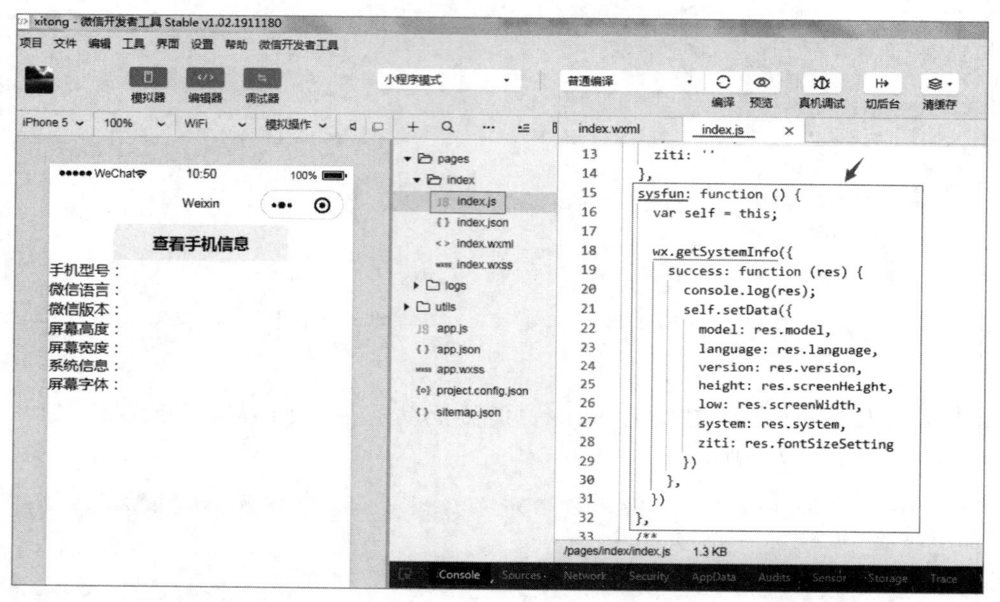

图 7-2-6

关键代码如下：

```
sysfun: function () {
    var self = this;
    wx.getSystemInfo({
      success: function (res) {
        console.log(res);
        self.setData({
          model: res.model,
          language: res.language,
          version: res.version,
          height: res.screenHeight,
          low: res.screenWidth,
          system: res.system,
          ziti: res.fontSizeSetting
        })
```

```
        },
    })
},
```

步骤 6 ：保存项目，调试运行小程序。在页面上点击按钮即可实现获取显示手机系统信息，如图 7-2-7 所示。

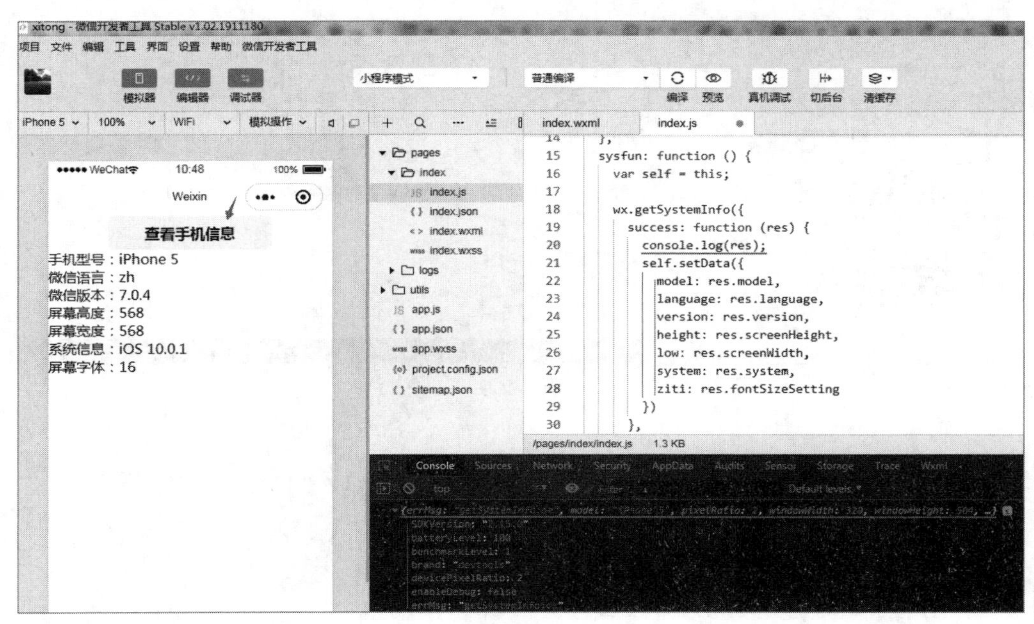

图 7-2-7

相关知识

1. API 函数 wx.getSystemInfo 用于获取手机系统信息，如图 7-2-8 所示。

属性	类型	说明
brand	string	设备品牌
model	string	设备型号。新机型刚推出一段时间会显示unknown，微信会尽快进行适配。
pixelRatio	number	设备像素比
screenWidth	number	屏幕宽度，单位px
screenHeight	number	屏幕高度，单位px
windowWidth	number	可使用窗口宽度，单位px
windowHeight	number	可使用窗口高度，单位px
statusBarHeight	number	状态栏的高度，单位px
language	string	微信设置的语言
version	string	微信版本号

图 7-2-8

2. 关于 wx.getSystemInfo 获取系统信息，使用方法、格式，具体请查阅微信小程序开发文档。

拓展训练

使用 API 函数实现显示手机系统信息，如图 7-2-9 所示。

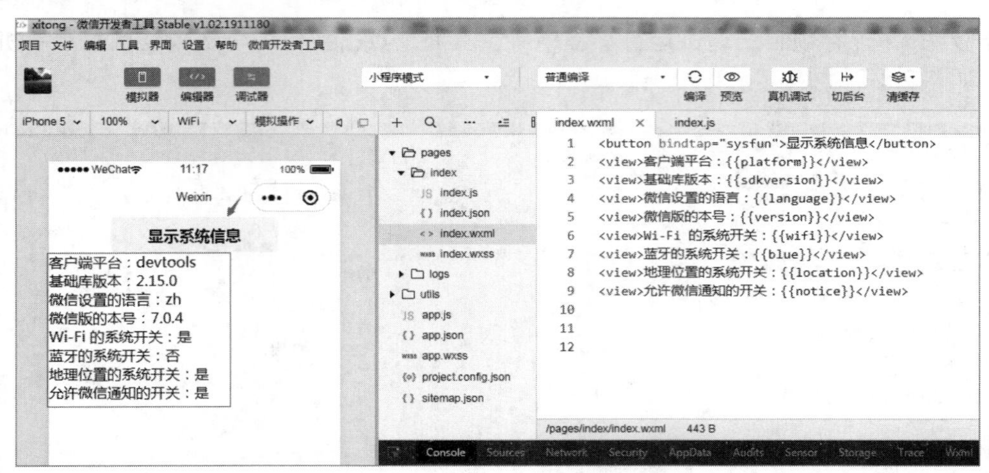

图 7-2-9

任务 7.3　显示今天天气信息

任务描述

制作微信小程序时经常需要与后台进行网络交互访问，对网络服务器的数据进行查询、存放等操作，小明了解到微信小程序提供了强大的网络访问功能 API 函数。下面借助微信 API 接口 wx.request 发起请求，进行网络访问，从网络服务器上查询今天的天气信息，并把今天的天气信息显示出来，如图 7-3-1 所示。

图 7-3-1

任务准备

扫码看课。

显示今天天气信息

任务实施

步骤 1：新建一个项目，输入项目名称等信息，如图 7-3-2 所示。

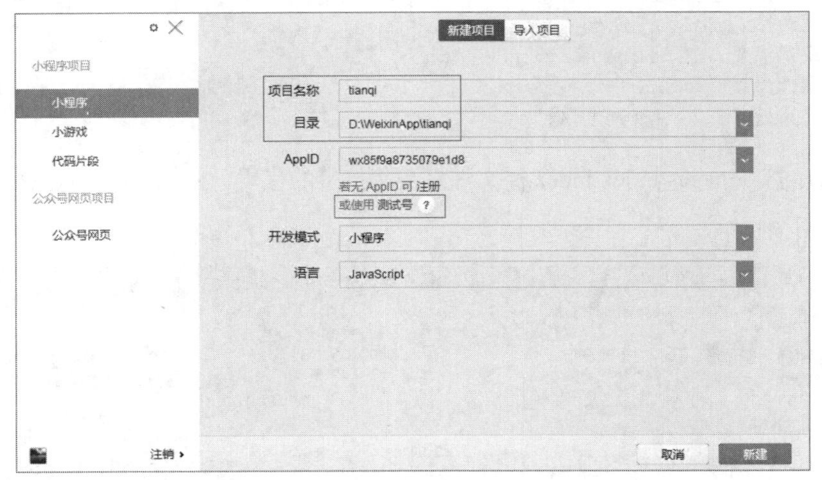

图 7-3-2

步骤 2：打开页面 index.wxml，清空此文件附带的代码，接着添加 8 个 <view> 组件、1 个 <button> 按钮组件，如图 7-3-3 所示。

图 7-3-3

关键代码如下：

```
<view>
 <button bindtap="getinfo">获取天气情况</button>
</view>
<view>城市: {{city}}</view>
<view>日期: {{date}}</view>
<view>风力: {{fengli}}</view>
<view>风向: {{fengxiang}}</view>
<view>最高温度: {{high}}</view>
<view>最低温度: {{low}}</view>
<view>天晴情况: {{type}}</view>
```

步骤 3：打开 pages/index/index.js 文件，清除自带的代码，使用 page 方法初始化页面，如图 7-3-4 所示。

图 7-3-4

步骤 4：使用 page 函数初始化 index.js 页面，自动生成页面生命周期函数控制代码，接着定义数据变量，如图 7-3-5 所示。

关键代码如下：

```
city:",
date:",
fengli:",
fengxiang:",
high:",
low:",
type:"
```

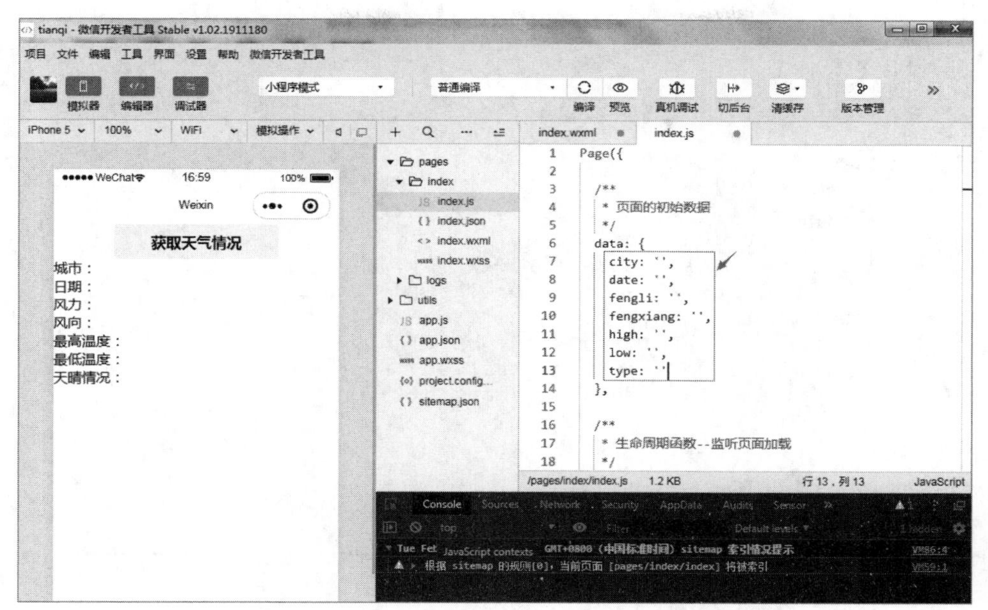

图 7-3-5

步骤 5：编写此页面中单击按钮时的响应事件代码。打开pages/index/index.js页面；定义函数getinfo实现从网络上查询天气情况信息，在函数getinfo中借助API函数wx.request发送网络请求，在发送网络访问请求后，并在请求返回成功后分析所得到的详细数据res.data，把解释后的数据保存起来传递到前端页面显示，主要代码如图7-3-6所示。

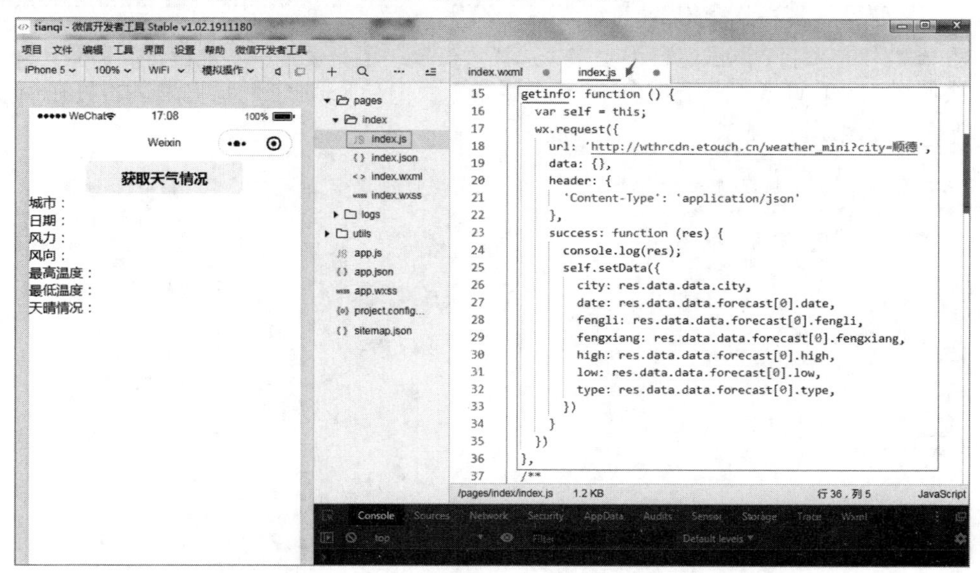

图 7-3-6

关键代码如下：

```
getinfo: function () {
    var self = this;
    wx.request({
```

```
    url: 'http://wthrcdn.etouch.cn/weather_mini?city=顺德',
    data: {},
    header: {
      'Content-Type': 'application/json'
    },
    success: function (res) {
      console.log(res);
      self.setData({
        city: res.data.data.city,
        date: res.data.data.forecast[0].date,
        fengli: res.data.data.forecast[0].fengli,
        fengxiang: res.data.data.forecast[0].fengxiang,
        high: res.data.data.forecast[0].high,
        low: res.data.data.forecast[0].low,
        type: res.data.data.forecast[0].type,
      })
    }
  })
},
```

小贴士

根据城市名称，使用下面接口以查询获取指定城市名称的天气信息，查询天气信息接口是 http://wthrcdn.etouch.cn/weather_mini?city= 城市名称，调用此接口即可返回指定城市的JSON 格式的天气信息数据，然后分析 JSON 格式数据、并把信息保存到相应的变量。当然网络上的其他天气 API 接口也可以调用，实现相同功能。API 函数 wx.request 是发送微信小程序网络访问的请求，要注意设置 url 的参数，以及对返回的 JSON 格式数据进行处理。

步骤 6：保存项目，调试运行小程序。选择“设置→项目设置→本地设置”命令，勾选“不检验合法域名、web-view（业务域名）、TLS 版本以及 HTTPS 证书”复选框，即可在模拟器上运行小程序，如图 7-3-7 所示。

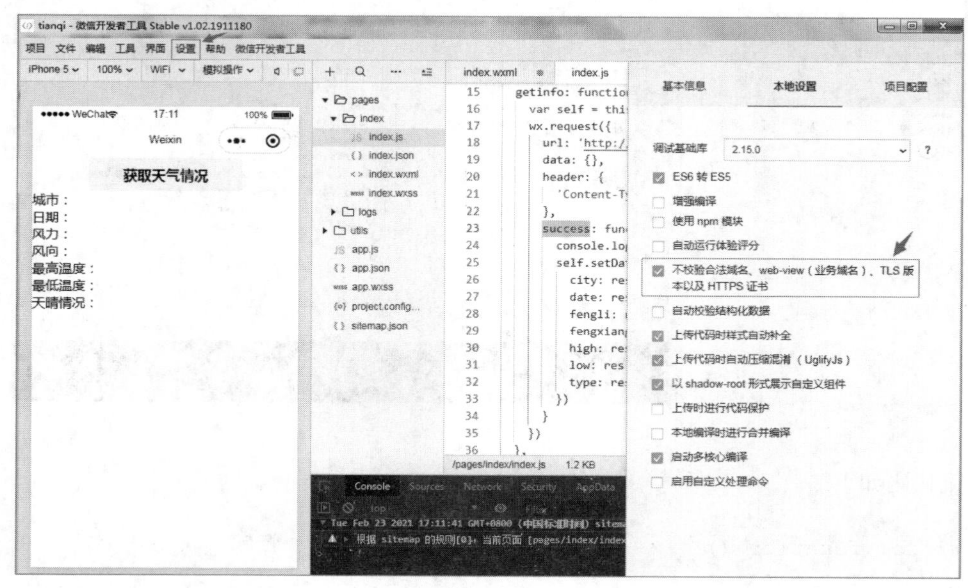

图 7-3-7

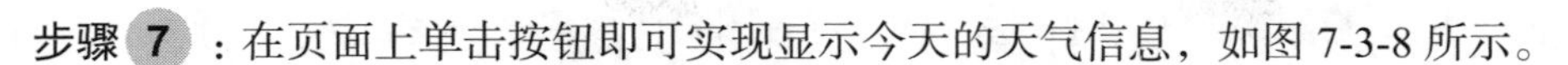
步骤 7 ：在页面上单击按钮即可实现显示今天的天气信息，如图 7-3-8 所示。

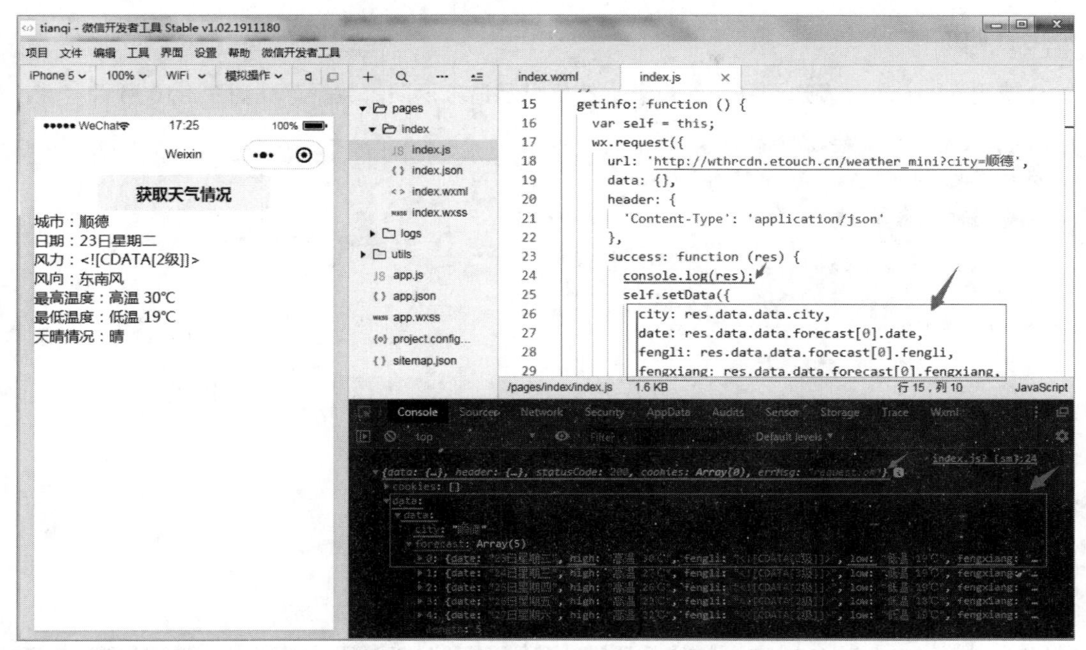

图 7-3-8

相关知识

1. API 函数 wx.request 发起 HTTPS 网络请求。在开发阶段，它的 URL 地址可以设置“http://...”格式，但在调试运行时，需在开发工具中选择“设置→项目设置→本地设置”命令，勾选“不检验合法域名、web-view（业务域名）、TLS 版本以及 HTTPS 证书”复选框。此 API 函数的主要参数设置如图 7-3-9 所示。

属性	类型	默认值	必填	说明
url	string		是	开发者服务器接口地址
data	string/object/ArrayBuffer		否	请求的参数
header	Object		否	设置请求的 header，header 中不能设置 Referer。content-type 默认为 application/json
timeout	number		否	超时时间，单位为毫秒
method	string	GET	否	HTTP 请求方法
dataType	string	json	否	返回的数据格式
responseType	string	text	否	响应的数据类型

图 7-3-9

2.wx.request 发送网络请求，使用方法、格式可查阅微信小程序开发文档。

拓展训练

1. 使用 wx.request 发送网络访问请求，然后显示请求返回的数据，如图 7-3-10 所示。

图 7-3-10

（1）新建项目，清空 index.wxml 原有代码，编写图 7-3-11 所示代码。

图 7-3-11

（2）在 index.js 页面编写单击按钮时响应的函数 getinfo，借助 wx.request 发送网络访问请求，如图 7-3-12 所示。

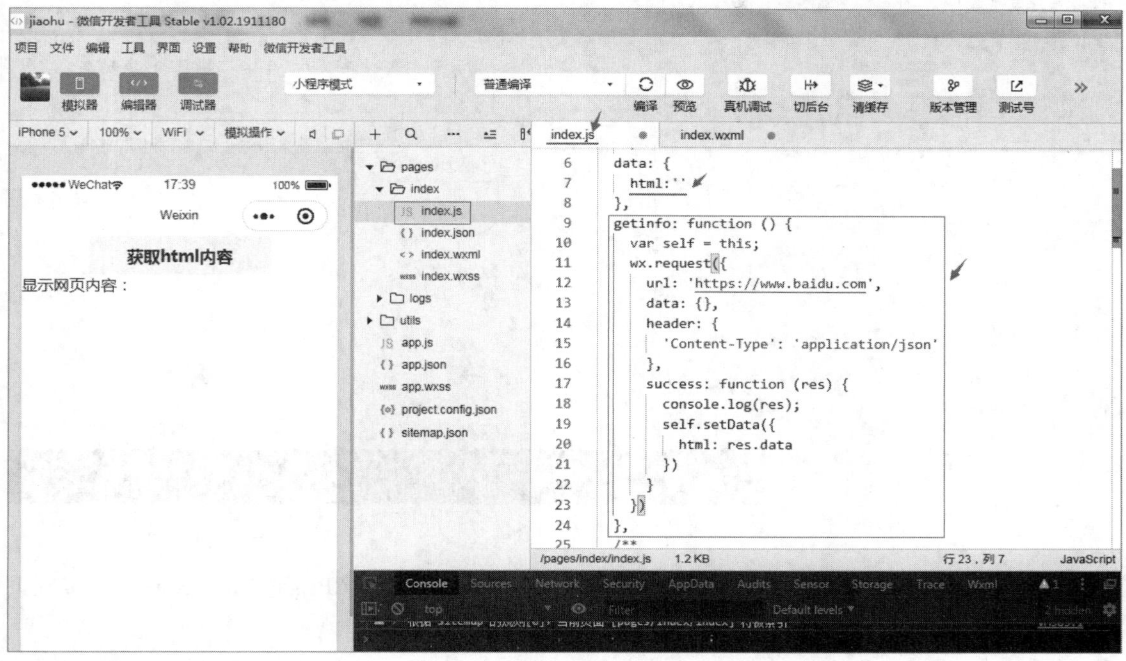

图 7-3-12

2. 使用 API 函数实现页面跳转、切换，如图 7-3-13 所示。

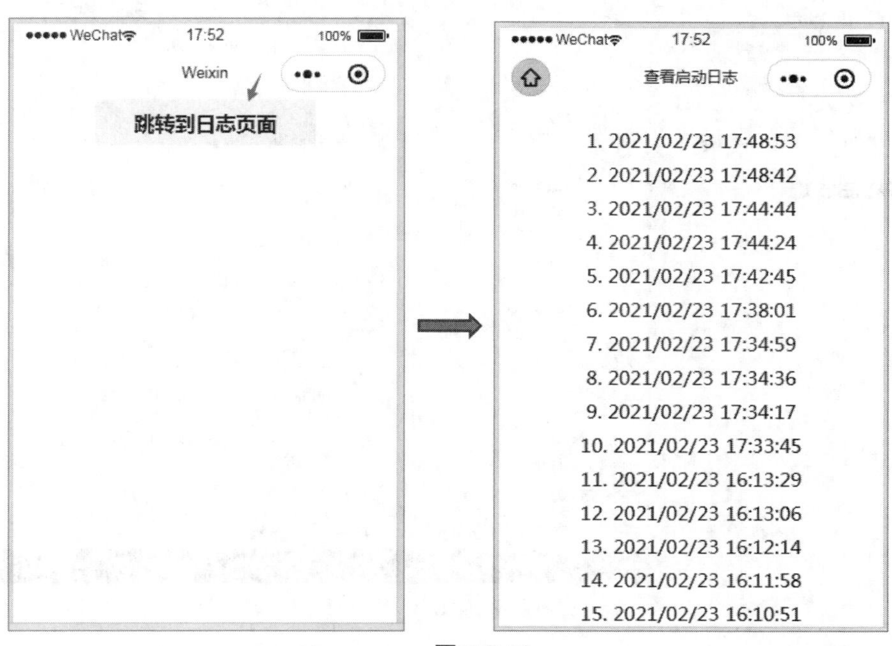

图 7-3-13

（1）新建项目，清空 index.wxml 原有代码，编写图 7-3-14 所示代码。

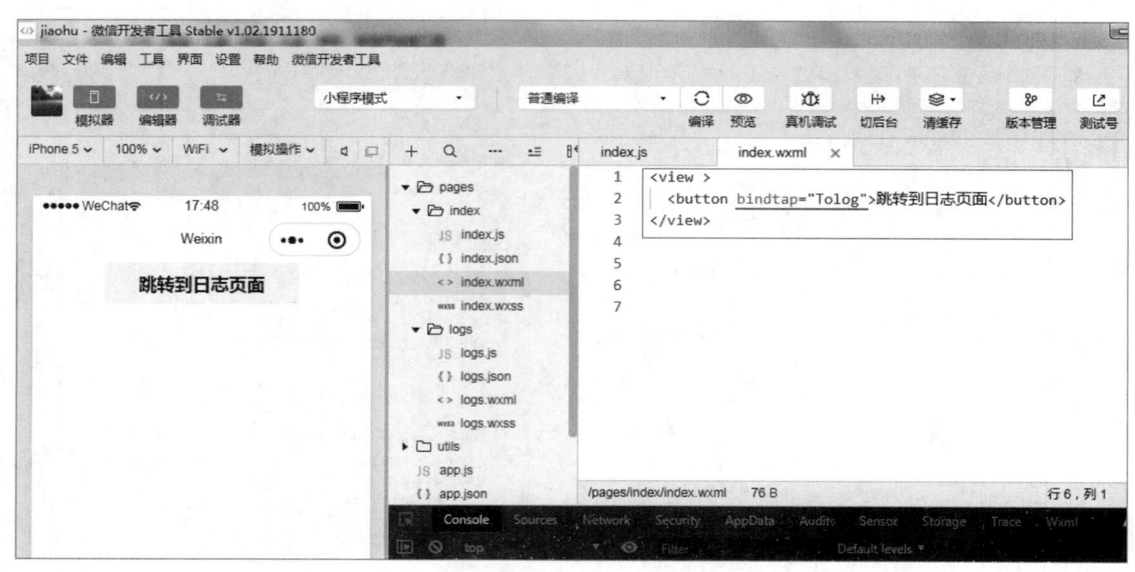

图 7-3-14

（2）在 index.js 页面编写单击按钮时响应的函数 Tolog，借助 API 函数 wx.redirectTo 实现页面跳转，如图 7-3-15 所示。

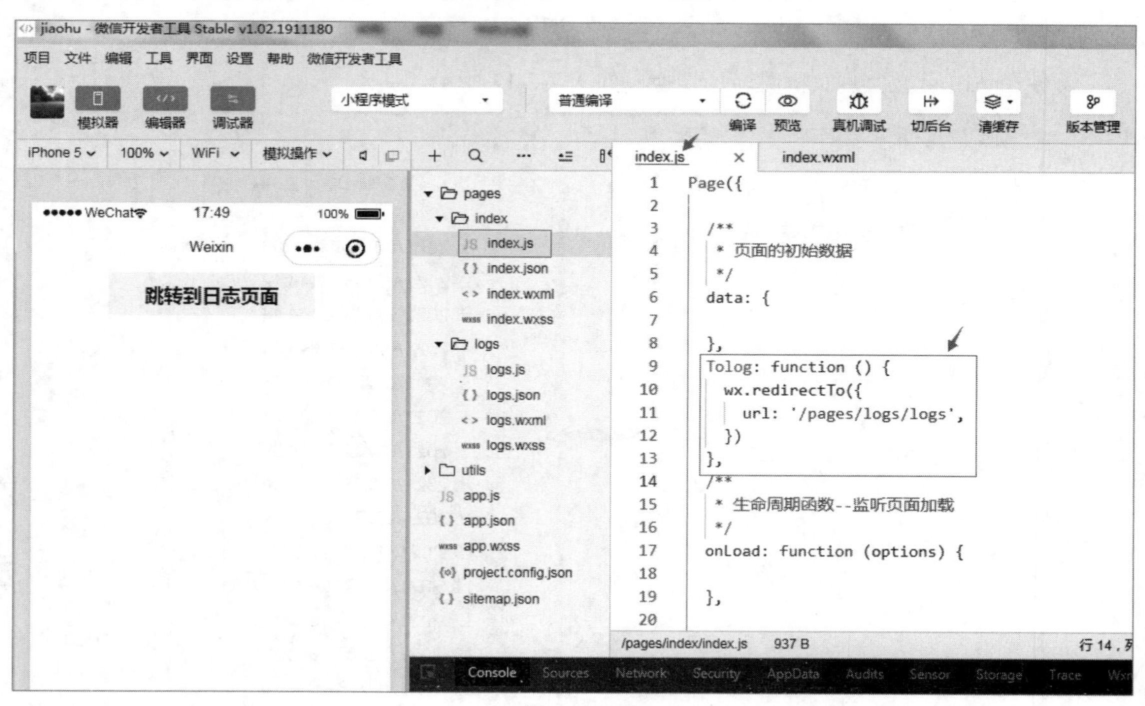

图 7-3-15

3. 使用 API 函数制作小程序，实现输入城市名称后能够查询显示该城市的天气信息，如图 7-3-16 所示。

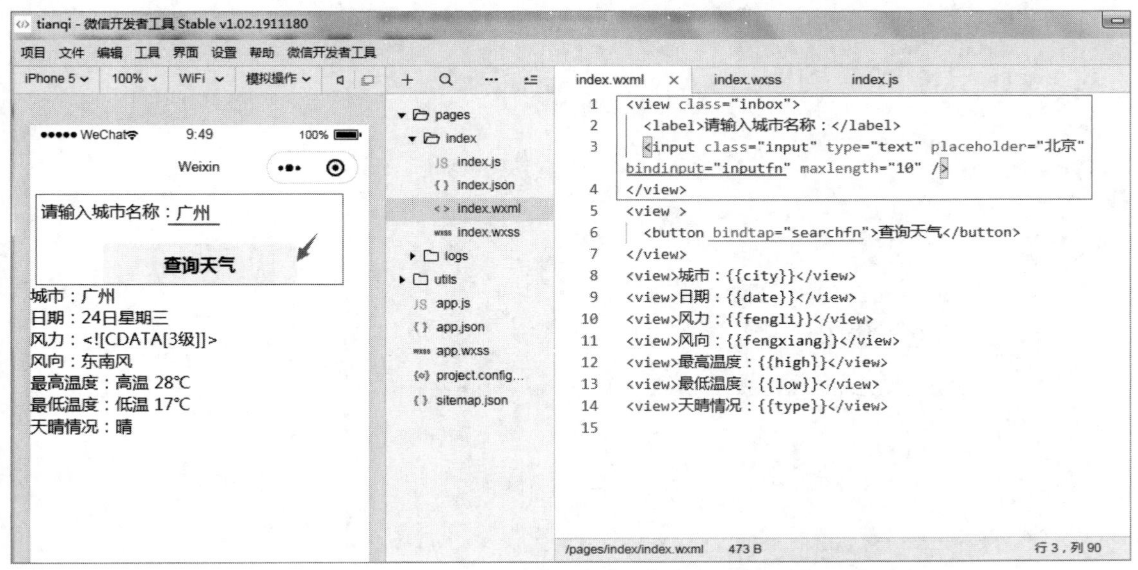

图 7-3-16

（1）打开 index.wxml 文件，在案例基础上，添加输入城市名称的输入框，以及给输入框、查询天气按钮分别绑定响应事件 inputfn、searchfn 函数，关键代码如下：

```
    <view class="inbox">
      <label>请输入城市名称: </label>
      <input class="input" type="text" placeholder=" 北京 " bindinput="inputfn" maxlength="10" />
    </view>
    <view >
      <button bindtap="searchfn"> 查询天气 </button>
    </view>
    <view> 城市: {{city}}</view>
    <view> 日期: {{date}}</view>
    <view> 风力: {{fengli}}</view>
    <view> 风向: {{fengxiang}}</view>
    <view> 最高温度: {{high}}</view>
    <view> 最低温度: {{low}}</view>
    <view> 天晴情况: {{type}}</view>
```

（2）在 index.wxss 文件中定义样式，关键代码如下：

```
    .inbox{
      display:flex;
      margin: 10px 0 20px 10px;
    }
```

（3）在 index.js 文件中定义查询事件 searchfn、信息显示等功能函数，关键代码如下：

```
data: {
    city: ",
    date: ",
    fengli: ",
    fengxiang: ",
    high: ",
    low: ",
    type: ",
    selectcity:"
  },
  getinfo: function (selectcity) {
    var self = this;
    wx.request({
      url: 'http://wthrcdn.etouch.cn/weather_mini?city=' + selectcity,
      data: {},
      header: {
        'Content-Type': 'application/json'
      },
      success: function (res) {
        console.log(res);
        self.setData({
          city: res.data.data.city,
          date: res.data.data.forecast[0].date,
          fengli: res.data.data.forecast[0].fengli,
          fengxiang: res.data.data.forecast[0].fengxiang,
          high: res.data.data.forecast[0].high,
          low: res.data.data.forecast[0].low,
          type: res.data.data.forecast[0].type,
        })
      }
    })
  },
  inputfn:function(e)
  {
    this.setData({
      selectcity:e.detail.value
    });
  },
  searchfn:function()
  {
    this.getinfo(this.data.selectcity)
  },
```

4. 使用 API 制作微信小程序，实现显示最近一周的天气信息的功能，如图 7-3-17 所示。

5. 注册一个百度开发者账号，通过微信小程序调用百度 API，实现查询手机归属地的功能。

图 7-3-17

任务 7.4　手机地理位置定位

任务描述

用户经常需要通过微信把本人所在的地理位置分享给好友，或者访问好友分享的地理位置，这些功能可以通过微信提供的 API 函数完成与地理位置有关的操作。API 函数 wx.openLocation 是根据微信内置地图查看指定经纬度的地理位置信息，API 函数 wx.getLocation 则可以获取手机当前所在地理位置的经纬度信息，本任务制作小程序访问地理位置效果，如图 7-4-1 所示。

图 7-4-1

任务准备

扫码看课。

手机地理位置定位

任务实施

步骤 1：新建一个项目，输入项目名称等信息，如图 7-4-2 所示。

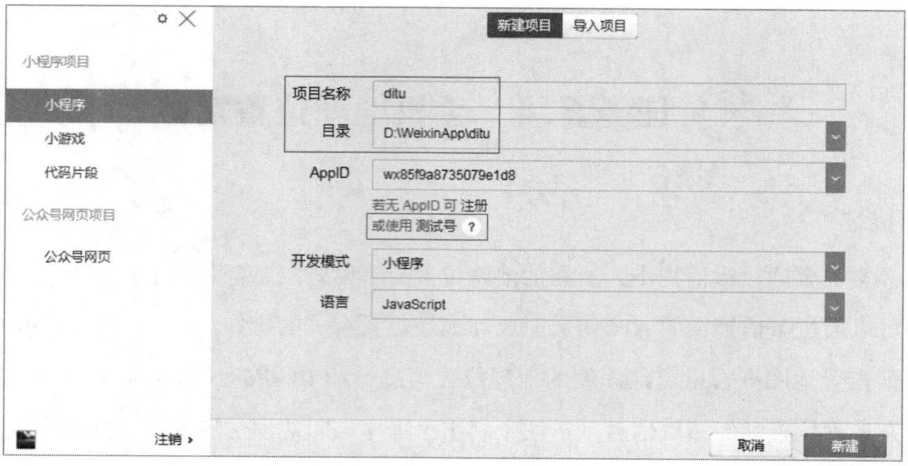

图 7-4-2

步骤 2：打开页面 index.wxml，清空此文件附带的代码，接着添加 2 个 <button> 按钮组件，如图 7-4-3 所示。

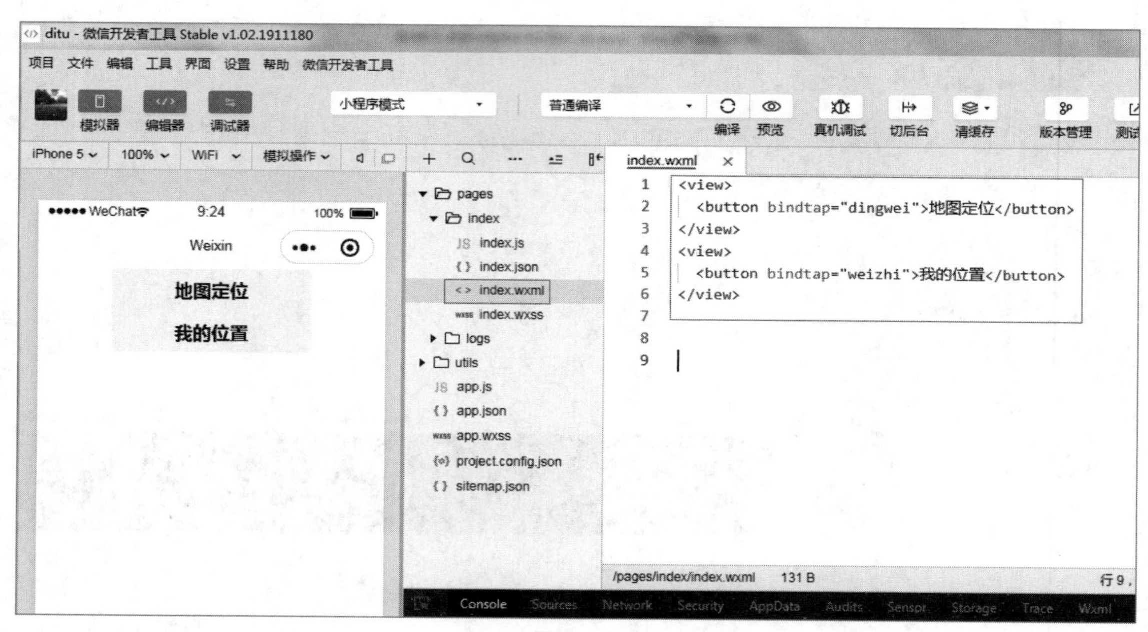

图 7-4-3

关键代码如下：

```
<view>
  <button bindtap="dingwei"> 地图定位 </button>
</view>
<view>
  <button bindtap="weizhi"> 我的位置 </button>
</view>
```

步骤 3：打开 pages/index/index.js 文件，清除自带的代码，使用 page 方法初始化页面，如图 7-4-4 所示。

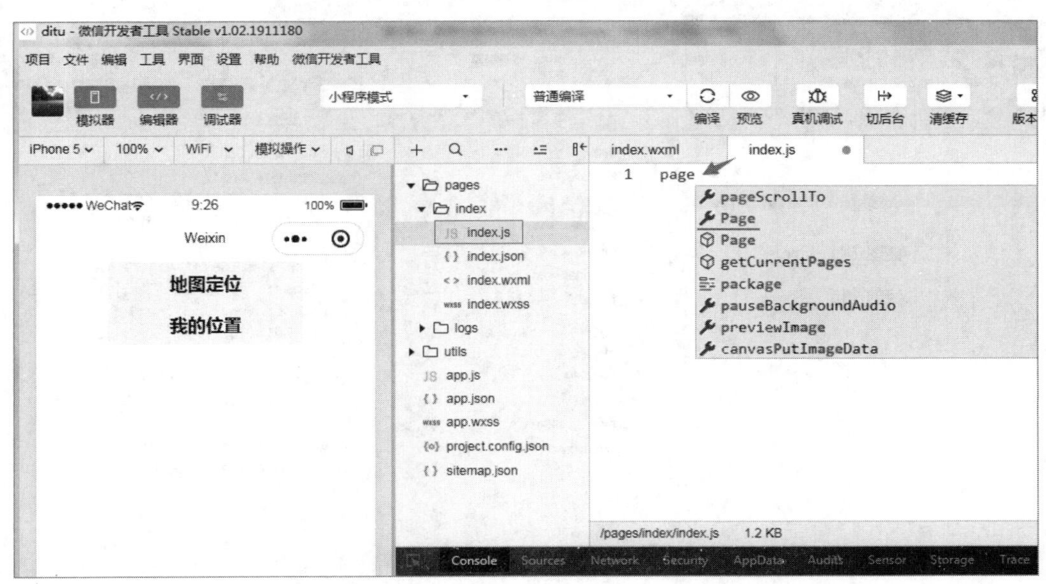

图 7-4-4

步骤 4：使用 page 函数初始化 index.js 页面，自动生成页面生命周期函数控制代码，如图 7-4-5 所示。

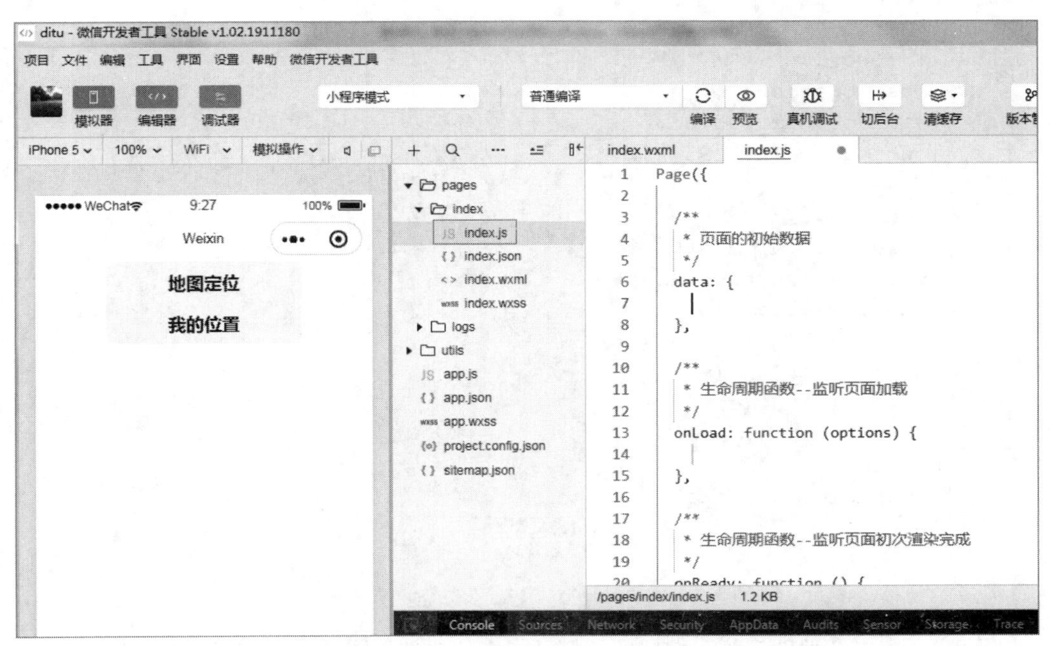

图 7-4-5

步骤 5：编写此页面中两个按钮单击时的响应事件代码。打开 pages/index/index.js 页面；定义函数 dingwei，并在其中借助微信 API 函数 wx.openLocation，实现打开查看“指定经纬度”

的地图，如图 7-4-6 所示。

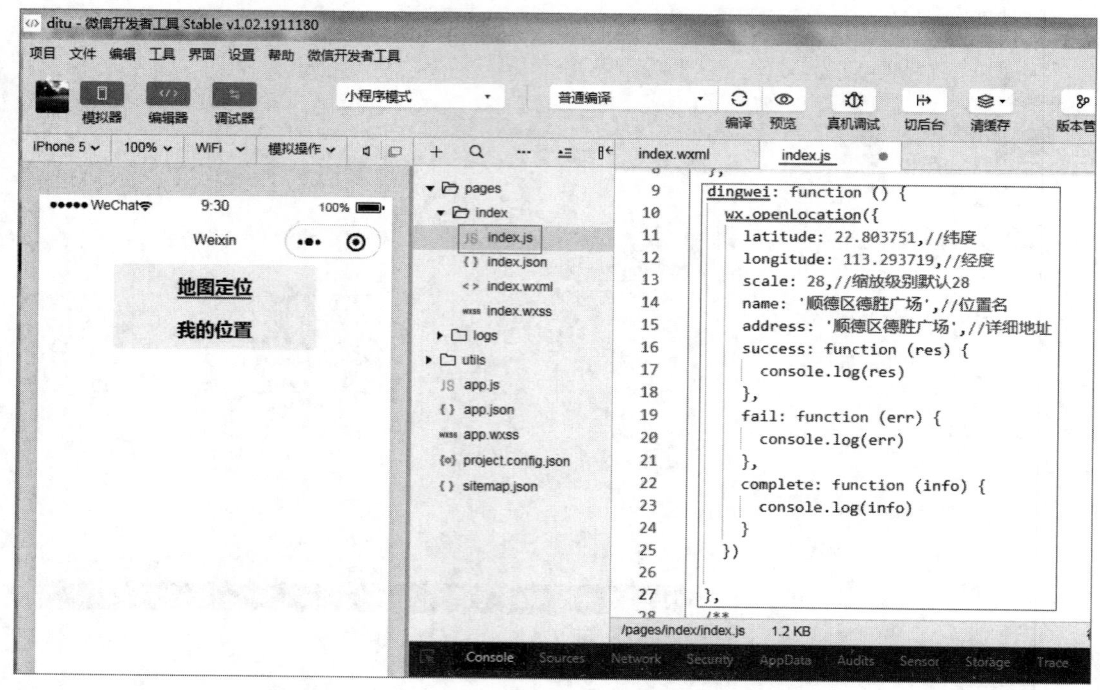

图 7-4-6

关键代码如下：

```
dingwei: function () {
    wx.openLocation({
      latitude: 22.803751,            // 纬度
      longitude: 113.293719,          // 经度
      scale: 28,                      // 缩放级别默认 28
      name: '顺德区德胜广场',          // 位置名
      address: '顺德区德胜广场',       // 详细地址
      success: function (res) {
        console.log(res)
      },
      fail: function (err) {
        console.log(err)
      },
      complete: function (info) {
        console.log(info)
      }
    })
  },
```

步骤 6：点击“地图定位”按钮即可打开指定位置的地图信息，如图 7-4-7 所示。

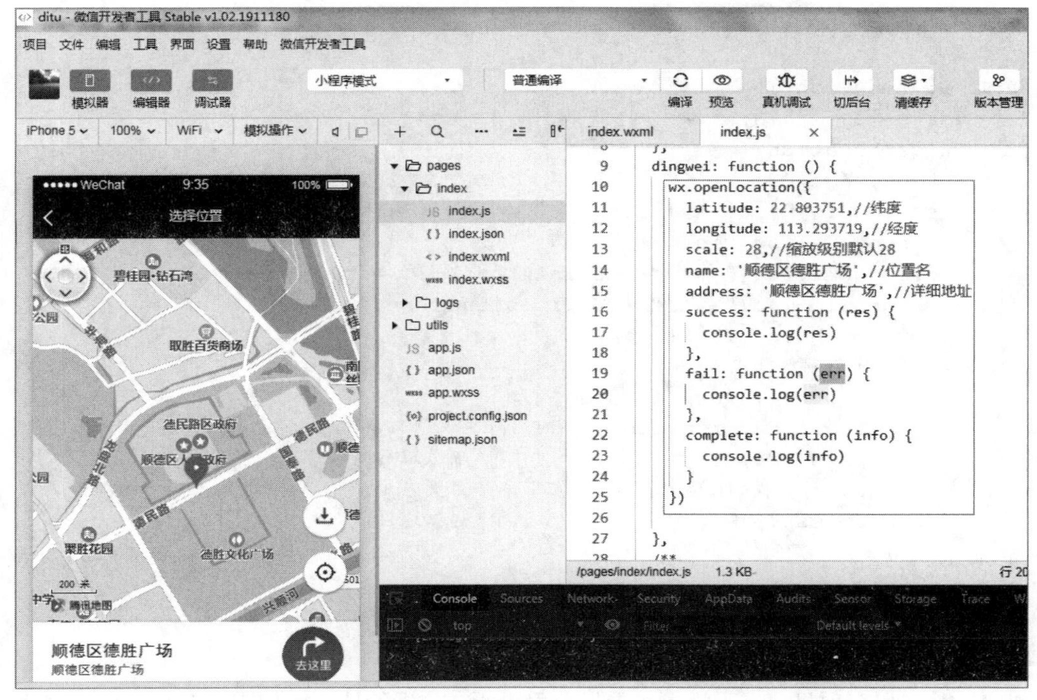

图 7-4-7

步骤 7 ：读取手机所在位置的经纬度信息并显示地图位置。打开 pages/index/index.js 页面；定义函数 weizhi，并在其中借助 API 函数 wx.getLocation 获取手机目前所在位置的经纬度；接着根据手机的经纬度，再使用 API 函数 wx.openLocation 打开微信内置地图以显示手机目前所在地理位置的地图信息，代码如图 7-4-8 所示。

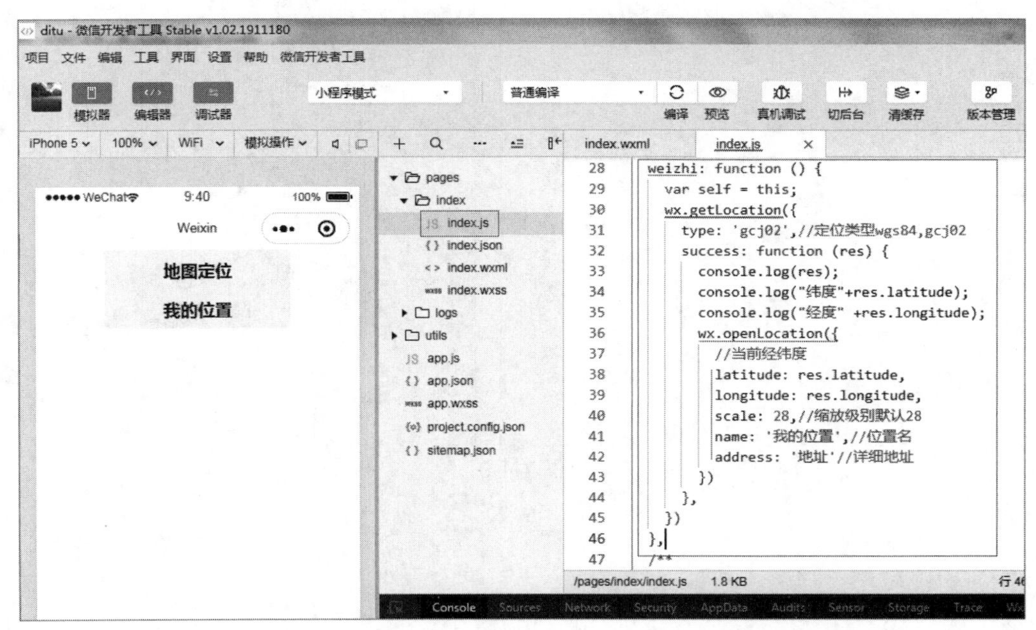

图 7-4-8

关键代码如下：

```
weizhi: function () {
    var self = this;
    wx.getLocation({
      type: 'gcj02',                          //定位类型 wgs84,gcj02
      success: function (res) {
        console.log(res);
        console.log("纬度"+res.latitude);
        console.log("经度" +res.longitude);
        wx.openLocation({
          //当前经纬度
          latitude: res.latitude,
          longitude: res.longitude,
          scale: 28,                          //缩放级别默认 28
          name: '我的位置',                    //位置名
          address: '地址'                      //详细地址
        })
      },
    })
  },
```

步骤 8 ：保存项目，在手机上查看目前手机所在位置的地图，如图 7-4-9 所示。

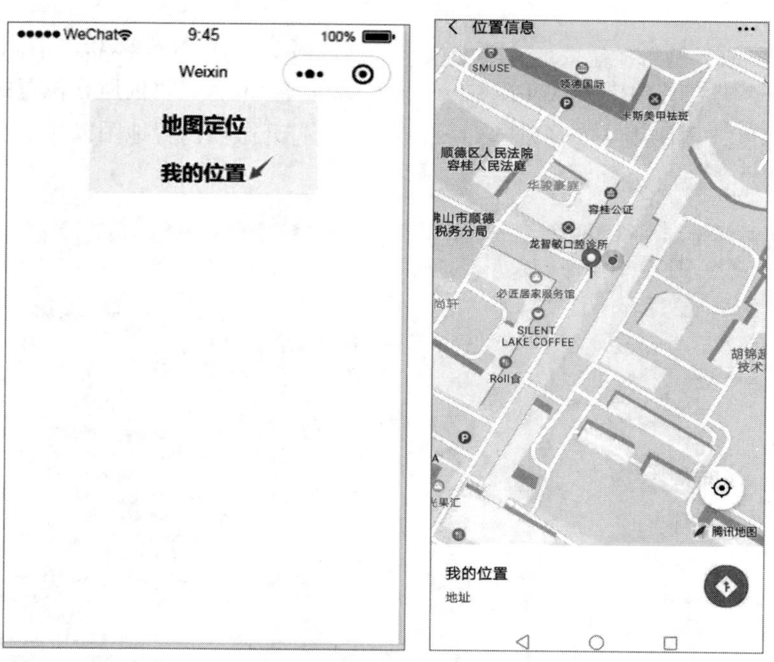

图 7-4-9

相关知识

1. API 函数 wx.openLocation 使用微信内置地图查看位置，如图 7-4-10 所示。

属性	类型	默认值	必填	说明
latitude	number		是	纬度，范围为-90~90，负数表示南纬。使用 gcj02 国测局坐标系
longitude	number		是	经度，范围为-180~180，负数表示西经。使用 gcj02 国测局坐标系
scale	number	18	否	缩放比例，范围5~18
name	string		否	位置名
address	string		否	地址的详细说明
success	function		否	接口调用成功的回调函数
fail	function		否	接口调用失败的回调函数
complete	function		否	接口调用结束的回调函数（调用成功、失败都会执行）

图 7-4-10

2. API 函数 wx.getLocation 获取当前地理位置的经纬度、速度等，如图 7-4-11 所示。

属性	类型	说明
latitude	number	纬度，范围为 -90~90，负数表示南纬
longitude	number	经度，范围为 -180~180，负数表示西经
speed	number	速度，单位 m/s
accuracy	number	位置的精确度
altitude	number	高度，单位 m
verticalAccuracy	number	垂直精度，单位 m（Android 无法获取，返回 0）
horizontalAccuracy	number	水平精度，单位 m

图 7-4-11

3.wx.openLocation、wx.getLocation 函数的使用方法、格式，可查阅微信小程序开发文档。

拓展训练

使用 API 函数 wx.openLocation、wx.getLocation 制作显示手机目前所在位置的地图，如图 7-4-12 所示。

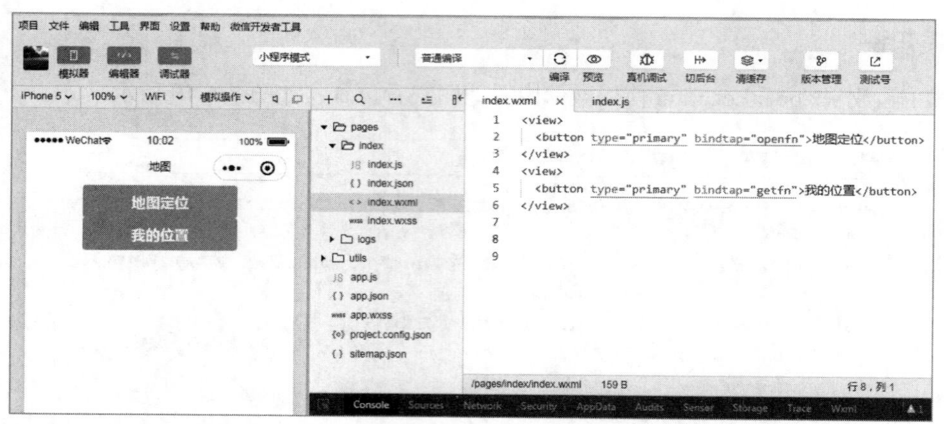

图 7-4-12

任务 7.5 微信小程序支付

任务描述

要实现微信支付支持，首先应在公众平台上申请“接入微信支付”，申请接入微信支付成功后，才能实现在小程序内销售商品时的收款需求。在申请小程序“接入微信支付”时，填写申请信息，注册商户号，以及准备好支付必备材料之后，再调用微信的 API 函数 wx.requestPayment 实现支付，如图 7-5-1 所示。

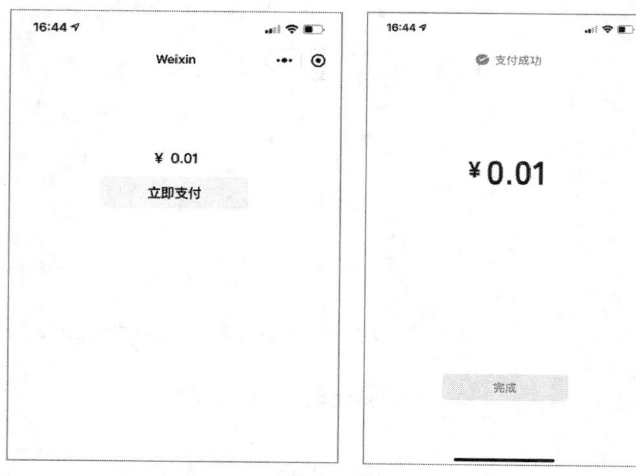

图 7-5-1

任务准备

微信小程序支付

1. 扫码看课。

2. 任务素材：小程序的 AppID、APPsecret、支付商户号（mch_id）、商户密钥（key）、付款用户的 openid。

任务实施

步骤 1 ：申请接入微信支付。打开网址 https://pay.weixin.qq.com，单击“接入微信支付”，如图 7-5-2 所示。

图 7-5-2

步骤 2 ：选择“注册微信支付商户号”，如图 7-5-3 所示。

图 7-5-3

任务 3 ：按照操作指引准备好相关注册资料，完成“商户号”注册。单击“继续填写”，进入商户信息填写界面，如图 7-5-4 所示。

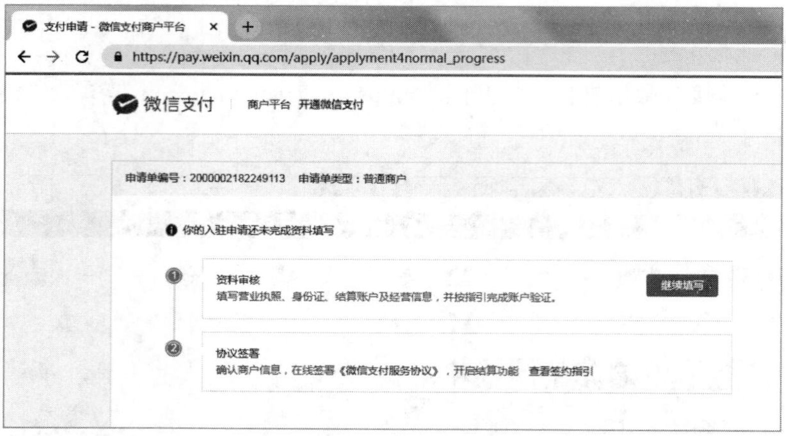

图 7-5-4

步骤 4 ：填写、上传商户资料，完成注册，如图 7-5-5 所示。

图 7-5-5

步骤 5 ：准备好商户号等资料后，新建小程序项目。

步骤 6 ：打开 index.wxss 文件，在页面中添加一个文本和一个按钮组件，接着定义样式文件 index.wxss，如图 7-5-6 所示。

步骤 7 ：打开 index.js 文件，编写单击按钮时响应事件函数 payTap，在自定义函数 payTap 中调用微信 API 函数 wx.request() 从服务器中获取支付函数 wx.requestPayment 需要用到的参数 timeStamp、nonceStr、package、signType、paySign；接着把 wx.request 返回的数据放入到支付 API 函数 wx.requestPayment() 中，以完成支付，如图 7-5-7 所示。

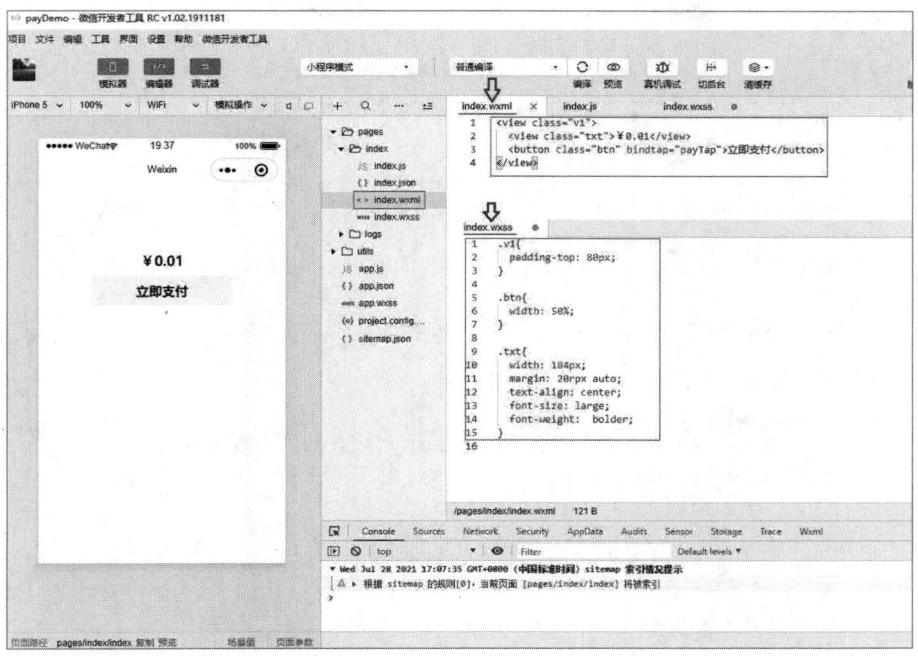

图 7-5-6

```
Page({
  /**
   * 页面的初始数据
   */
  data: {

  },
  payTap:function(){
    wx.request({
      url: '',
      data: {
        sum_money:1
      },
      method:"POST",
      header: {
        'Content-Type': 'application/x-www-form-urlencoded'
      },

      success:function(res){
        console.log(res)
        let payData=res.data.data
        console.log(payData)
        wx.requestPayment({
          timeStamp: `payData.time`,
          nonceStr: payData.nonce_str,
          package: "prepay_id="+payData.prepay_id,
          signType: 'MD5',
          paySign: payData.sign,
        })
      }
    })
  },
```

图 7-5-7

小贴士

支付 API 函数 wx.requestPayment() 中所需参数 timeStamp、nonceStr、package、signType、paySign 一般需要由服务端生成，因此在调用支付前要通过函数 wx.request() 发送网络请求从后台获取这些参数数据。如何生成服务端支付参数可参考微信支付官方指引：https://pay.weixin.qq.com/wiki/doc/api/wxa/wxa_api.php?chapter=7_10&index=1。

关键代码如下：

```
payTap:function(){
    wx.request({
      url: '',
      data: {
        sum_money:0.01          //提供支付金额给服务端，生成支付数据
      },
      method:"POST",
      header: {
        'Content-Type': 'application/x-www-form-urlencoded'
      },

      success:function(res){
        let payData=res.data.data   //payData 数据由服务端返回
        wx.requestPayment({
          timeStamp: payData. timeStamp,
          nonceStr: payData. nonceStr,
          package: "prepay_id="+payData. package,
          signType: 'MD5',
          paySign: payData. paySign,
        })
      }
    })
  },
```

步骤 8：保存项目，调试小程序支付功能。点击“立即支付”按钮后会出现微信“输入支付密码”的弹框，输入正确的密码后即可支付成功，如图 7-5-8 所示。

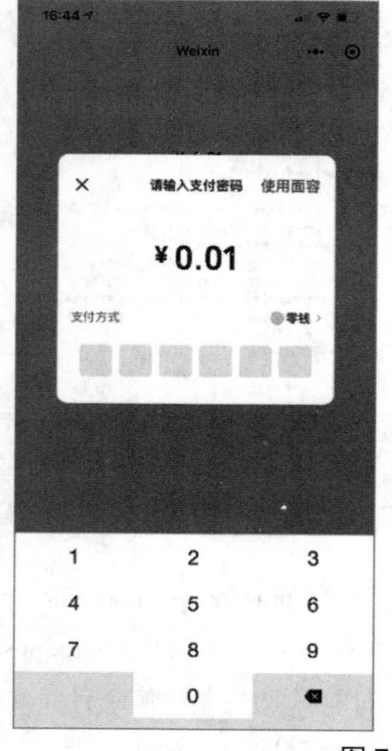

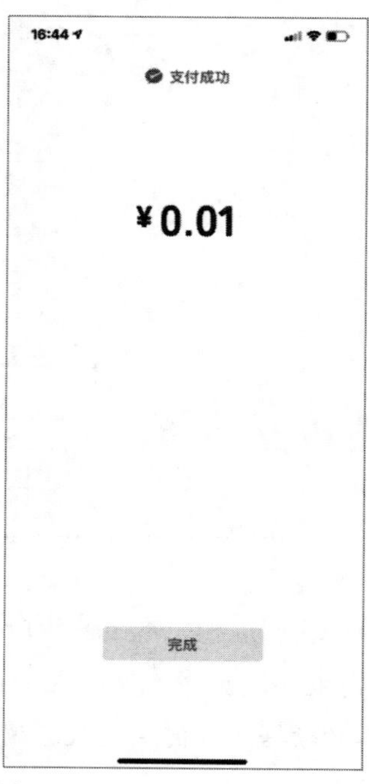

图 7-5-8

相关知识

1. 小程序申请“接入微信支付”流程。

（1）提交资料。在线提交营业执照、身份证、银行账户等基本信息，并按指引完成账户验证。

（2）签署协议。微信支付团队会在 1~2 个工作日内完成审核，审核通过后在线签约，即可体验各项产品的功能。

（3）绑定场景。如需自行开发完成收款，需将商户号与 AppID 进行绑定，或开通微信收款商业版（免开发）完成收款。

2. 申请条件。

（1）个体工商户。需要营业执照、对公银行账户 / 法人对私账户、法人身份证。

（2）企业。需要营业执照、组织机构代码证、对公银行账户、法人身份证。

（3）党政、机关、事业单位、民办非企业、社会团体、基金会。需要营业执照、组织机构代码证、对公银行账户、法人身份证。

3. wx.requestPayment 函数的使用方法、格式可查阅微信小程序开发文档。

4. wx.requestPayment 方法内的参数生成可查阅微信支付开发文档“https://pay.weixin.qq.com/wiki/doc/api/wxa/wxa_api.php?chapter=7_10&index=1”。

拓展训练

使用 API 函数 wx.requestPayment 实现支付。在 index.wxml 页面中添加按钮、输入框等组件，制作实现费用充值页面。其中点击“快捷金额按钮”中“10 元、20 元…”，支付相应金额，“其他金额”输入框中可以输入任意的支付金额，要求实现的效果如图 7-5-9 所示。

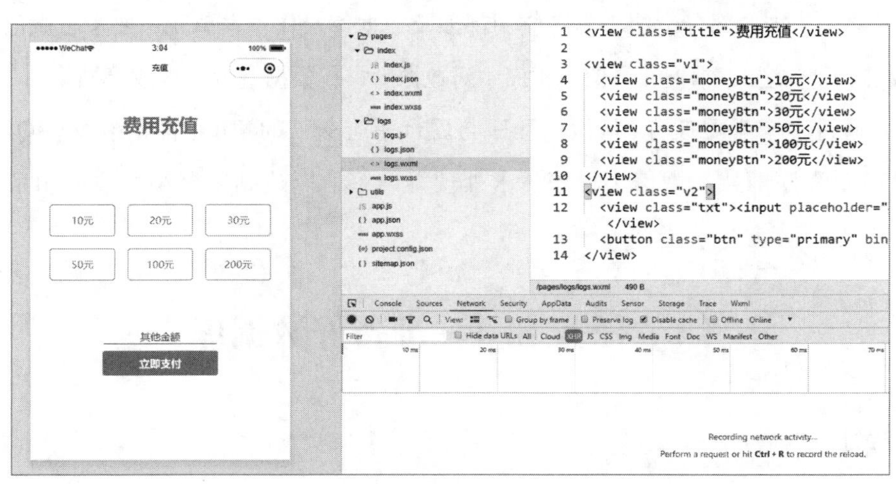

图 7-5-9

单 元 小 结

本单元主要学习了在微信小程序中通过 API 函数实现与后台进行交互、获取手机信息、小程序微信支付等功能。

第 8 单元 微信小程序与数据库系统交互

技能目标

- 认识数据库
- MySQL 数据库安装与使用
- 使用 ThinkPHP 框架读取数据
- 微信小程序与后台系统进行交互
- 微信小程序读取 MySQL 数据库中的数据

随着智能手机、平板电脑的普及，以及微信的广泛应用，微信小程序的应用也越来越火热，很多之前 PC 端的应用，现在都可以在微信或者微信小程序里面完成，近几年微信小程序应用需求是爆发式增长，绝大部分微信小程序应用都涉及数据库操作，本单元主要学习微信小程序如何与后台数据系统交互，掌握在微信小程序中对数据库进行数据查询、修改等操作。

本单元通过多个学习任务，从微信程序与后台系统交互的角度，将介绍 MySQL 数据库、ThinkPHP 5.0 程序框架、微信小程序请求处理等内容，以达到掌握小程序应用系统开发的相关技能。

任务 8.1　准备好数据库

任务描述

使用 MySQL 数据库管理工具 Navicat，或者 phpStudy 的 phpMyAdmin，实现连接到数据库服务器，创建数据库、导入数据表与查看数据记录等操作，如图 8-1-1 所示。

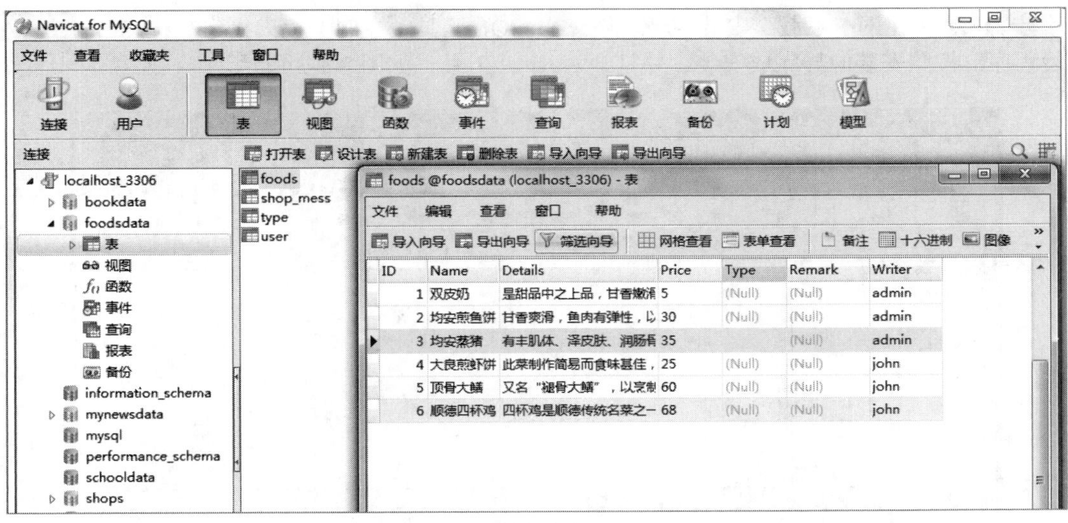

图 8-1-1

搭建 PHP 环境以及创建数据库

任务准备

1. 扫码看课。
2. 任务素材：数据库文件。

任务实施

步骤 1：下载 phpStudy 工具，搭建 PHP 与 MySQL 服务器。在网上搜索找到 phpStudy 安装程序，按照安装向导完成安装，并启动 phpStudy 服务，如图 8-1-2 所示。

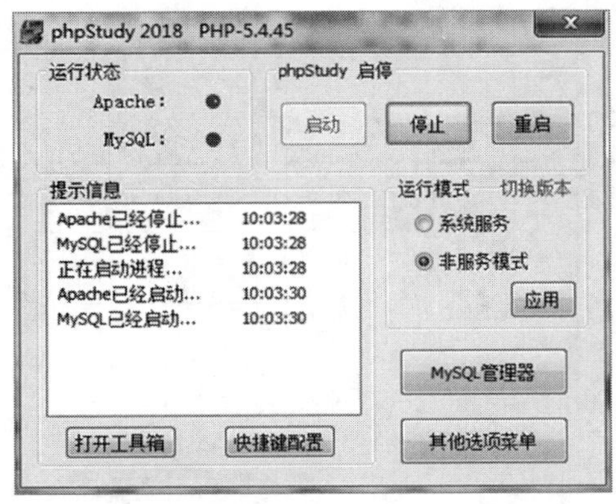

图 8-1-2

小贴士

phpStudy 是一个 PHP 调试环境的程序集成包。该程序包集成最新的 Apache+PHP+MySQL+ phpMyAdmin 等，一次性安装，无须配置即可使用，是非常方便、好用的 PHP 调试环境以及 MySQL 数据库环境。

步骤 **2** ：在网上下载、安装 Navicat for MySQL 工具。在网上搜索找到 Navicat for MySQL 安装程序，按照安装向导完成安装，并打开 Navicat 工具，如图 8-1-3 所示。

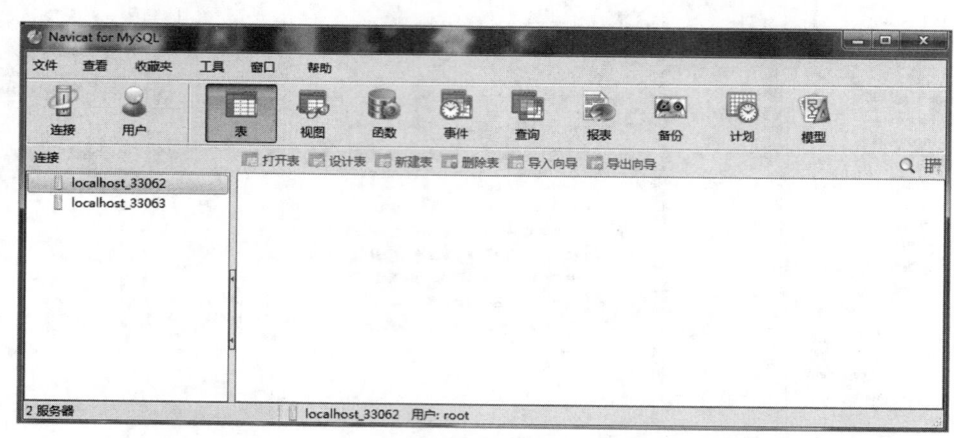

图 8-1-3

小贴士

Navicat for MySQL 是管理和开发 MySQL 数据库的图形化工具，它可同时连接 MySQL 和 MariaDB 数据库，并与阿里云、腾讯云和华为云等云数据库兼容，为数据库管理、开发和维护提供了直观而强大的图形界面。

步骤 **3** ：打开 MySQL 数据库管理工具 Navicat，连接到数据库服务器。在 Navicat 工具栏中单击“连接”图标，在弹出的“新建连接”对话框中输入 MySQL 数据库服务器的主机名、端口号、用户名、密码，如图 8-1-4 所示。

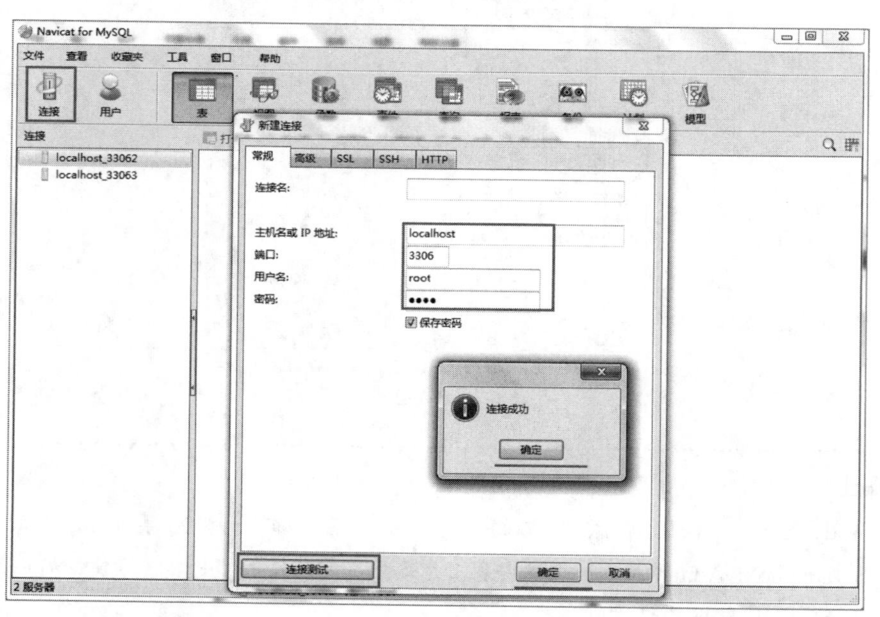

图 8-1-4

小贴士

“主机名”用 localhost 表示本机，如果连接其他数据库服务器，只需要输入对应数据库服务器的 IP 地址即可。“端口”只是指 MySQL 服务端口，默认是 3306。默认设置安装 MySQL 数据库后，用户名、密码都是 root。

步骤 4：当 Navicat 建立与 MySQL 数据库服务器连接之后，可以看到 MySQL 服务器上已有的数据库，如图 8-1-5 所示。

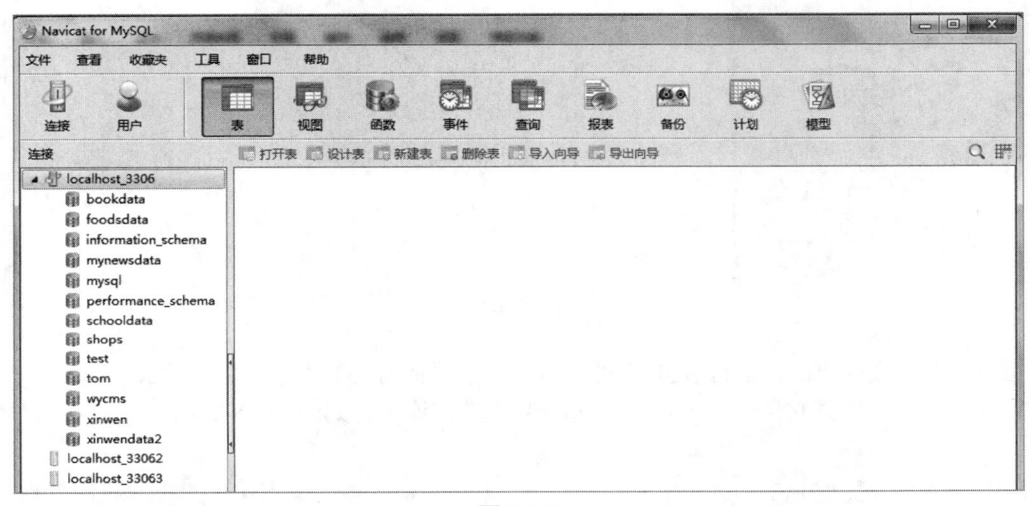

图 8-1-5

步骤 5：右击连接“localhost_3306”，在弹出的快捷菜单中选择“新建数据库”命令，在弹出的“新建数据库”对话框中输入“数据库名”为“foodsData”，如图 8-1-6 所示。

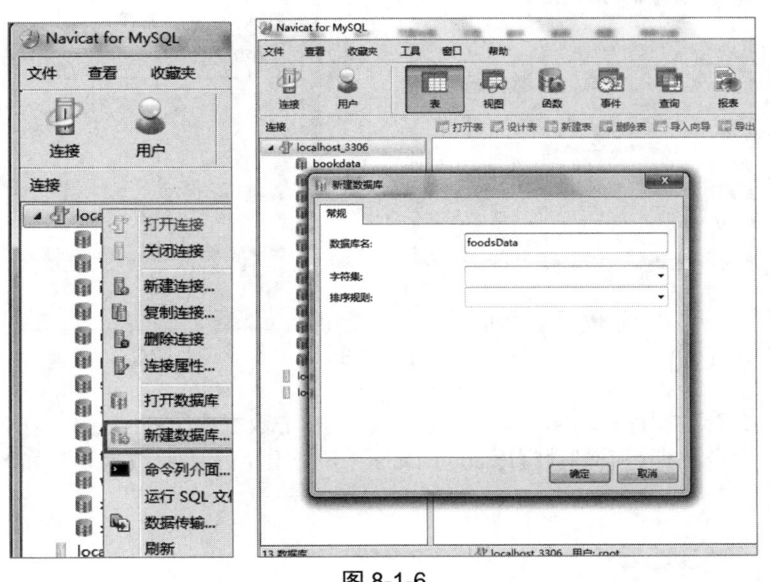

图 8-1-6

步骤 6 ：右击新建的数据库“foodsData”，在弹出的快捷菜单中选择“运行 SQL 文件”命令，如图 8-1-7 所示。

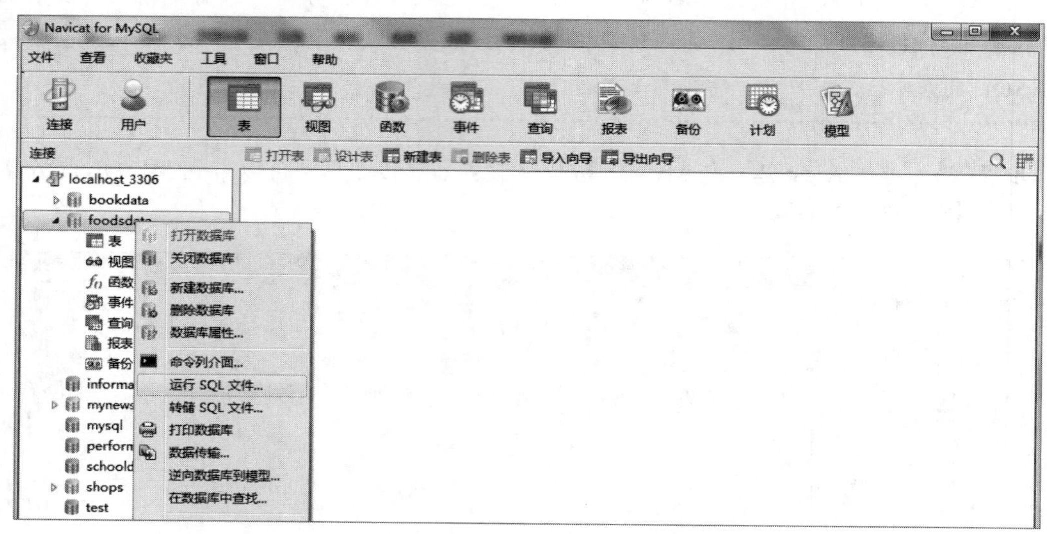

图 8-1-7

步骤 7 ：在弹出的“运行 SQL 文件”对话框中选择需要导入的数据文件 foodsdata.sql，单击“开始”按钮，将素材文件“foodsdata.sql”导入数据库中，如图 8-1-8 所示。

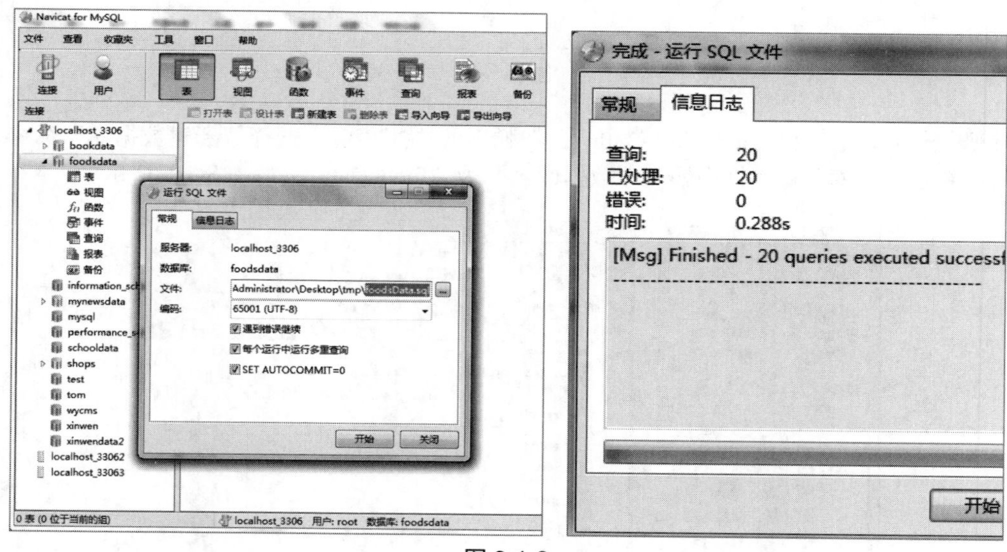

图 8-1-8

步骤 8 ：查看数据库 foodsData 中的数据表。右击数据库 foodsData，在弹出的快捷菜单中选择“刷新”命令，即可看到数据库 foodsData 中刚才导入了哪些数据表，如图 8-1-9 所示。

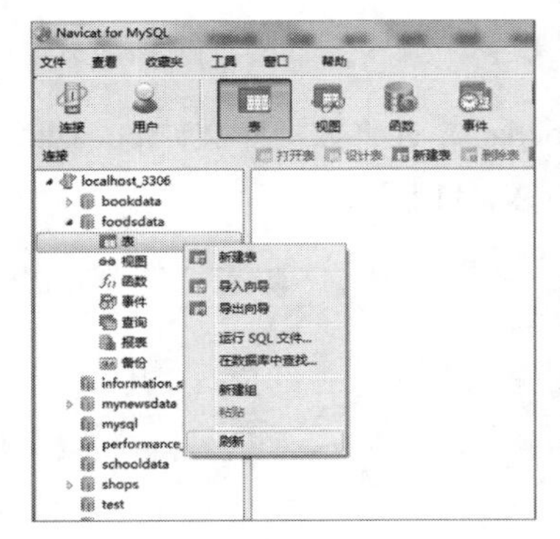

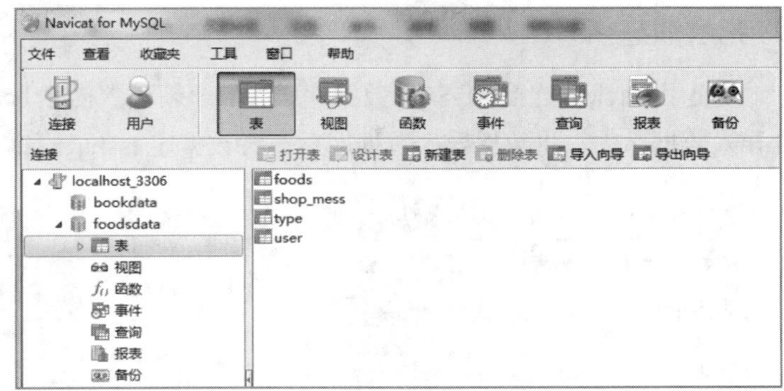

图 8-1-9

步骤 9 ：查看数据记录。在 Navicat 显示数据表列表窗口中，右击数据表 foods，在弹出的快捷菜单中选择“打开表”命令即可打开查看数据表 foods 的数据记录，如图 8-1-10 所示。

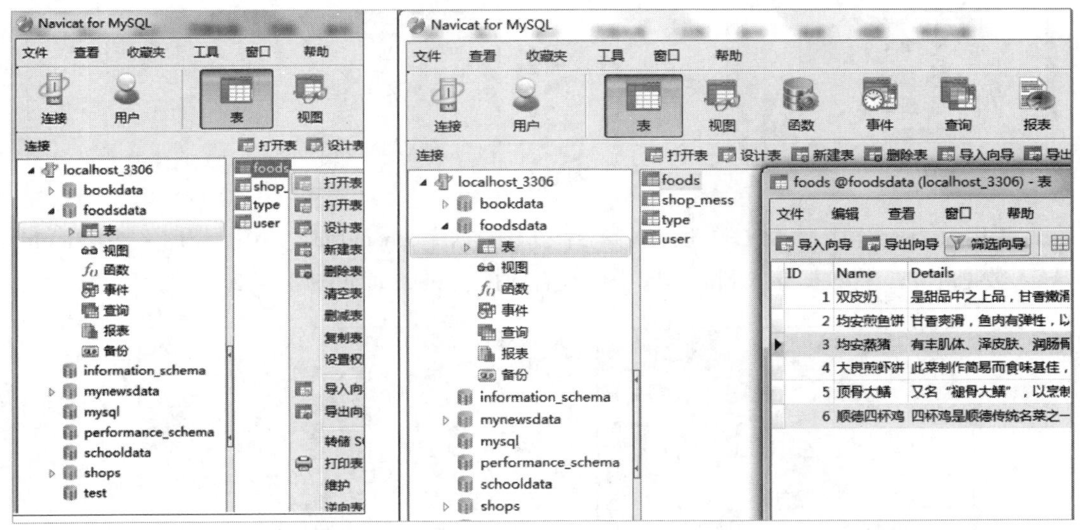

图 8-1-10

相关知识

1. 认识数据库。

数据库是“按照数据结构来组织、存储和管理数据的仓库”。是一个存储在计算机内的、有组织的、可共享的、统一管理的大量数据的集合。计算机中的数据库与现实生活中的工厂仓库、学校图书库、超市仓库的作用类似，数据库可方便地对数据、信息进行存取、管理。

2. 常见关系数据库。

关系型数据库有 MySQL、SQL Server、Oracle、Sybase、DB2 等。关系型数据库是目前最受欢迎的数据库管理系统，技术比较成熟。MySQL 是目前最受欢迎的开源 SQL 数据库管理系统，与其他大型数据库 Oracle、DB2、SQL Server 等相比，MySQL 虽然有其不足之处，但丝毫没有减少其受欢迎的程度。对于个人或中小型企业来说，MySQL 的功能已经够用了。

拓展训练

1. 使用 Navicat 连接 MySQL 数据库服务器，新建数据库 bookdata，并将数据库文件 bookdata.sql 导入数据库中，将数据导入数据库后查看数据表 tushu，如图 8-1-11 所示。

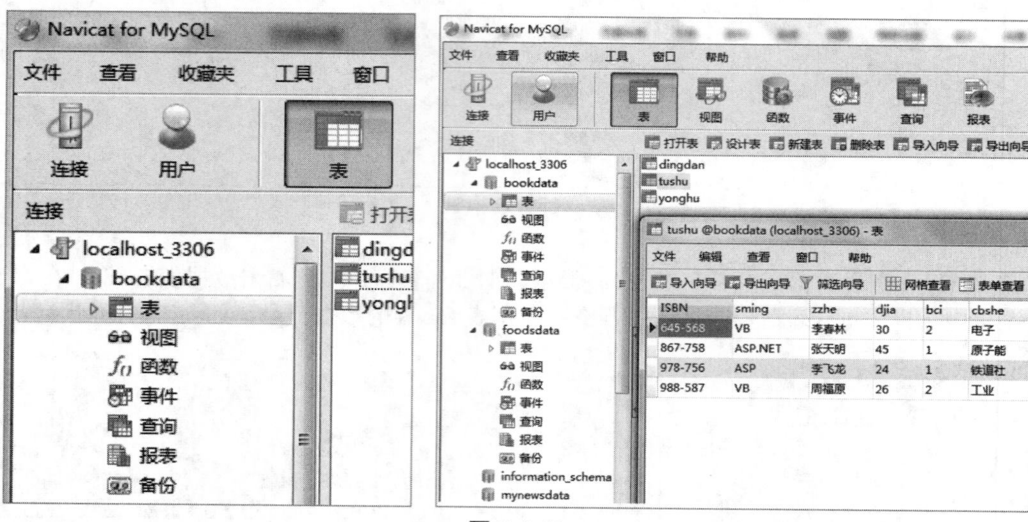

图 8-1-11

2. 使用 Navicat 连接 MySQL 数据库服务器，新建数据库 schooldata，并将数据库文件 schooldata.sql 导入数据库中，将数据导入到数据库中后查看数据表 news，如图 8-1-12 所示。

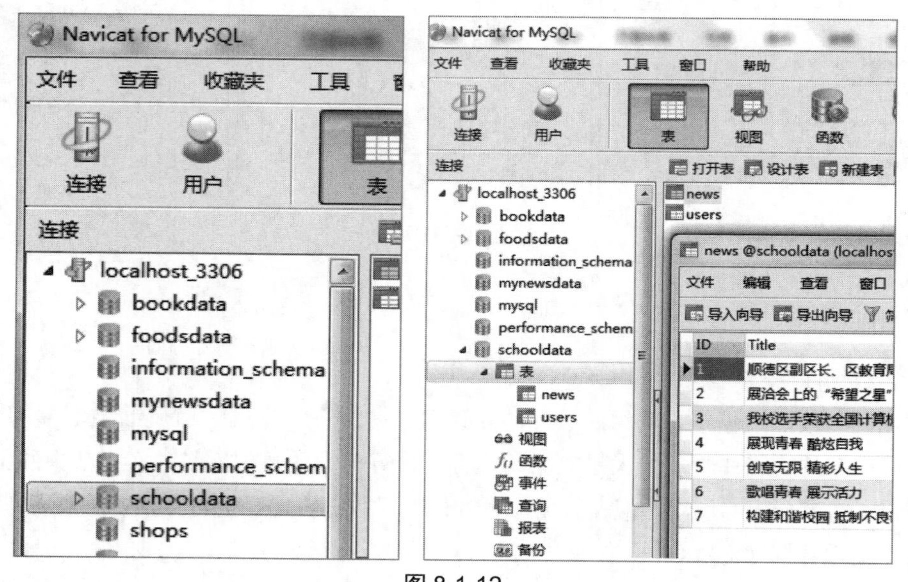

图 8-1-12

3. 使用 Navicat 连接 MySQL 数据库服务器，将数据库 schooldata 中的数据表 news 导出为文本格式的文件，如图 8-1-13 所示。

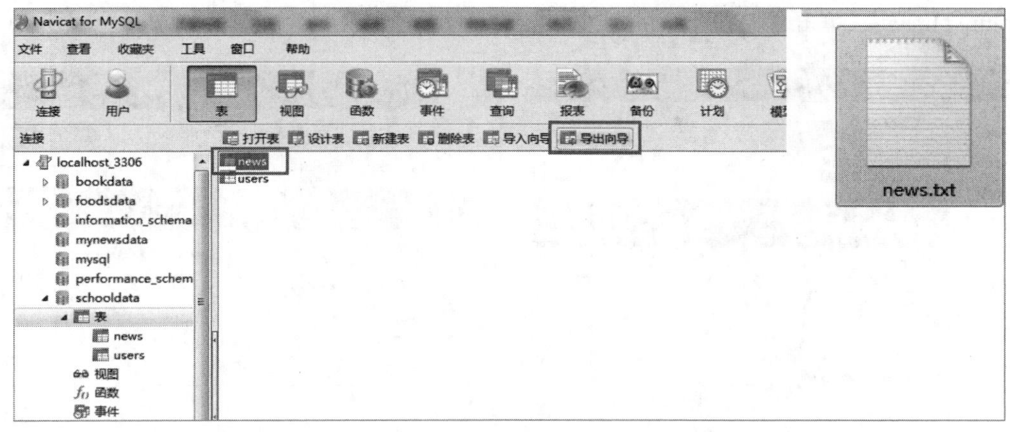

图 8-1-13

任务 8.2　下载 ThinkPHP 框架部署后台系统

任务描述

小明同学在学习后台系统开发过程中了解到，使用 ThinkPHP 框架进行开发系统可以大大提高开发效率，也提高了系统的安全性、健壮性。下面学习如何下载 ThinkPHP 框架，以及如何设置、使用 ThinkPHP 框架开发后台系统，ThinkPHP 5.0 框架主要文件如图 8-2-1 所示。

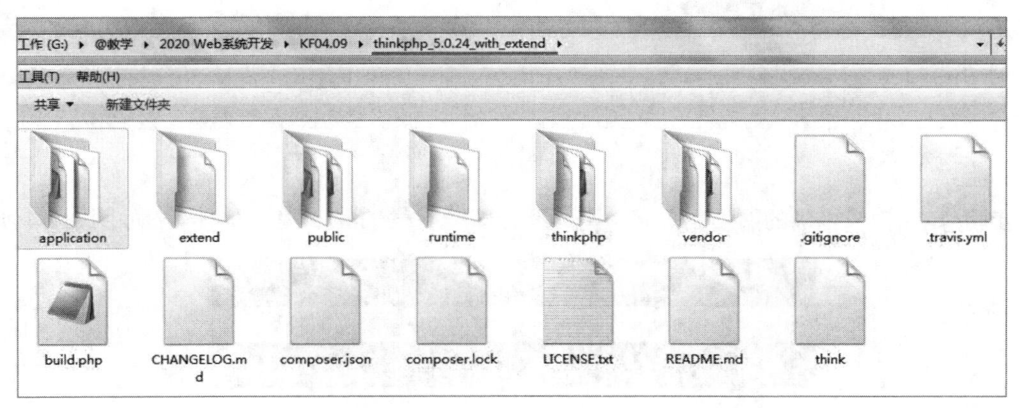

图 8-2-1

任务准备

1. 扫码看课。
2. 任务素材：ThinkPHP 5.0 框架。

下载ThinKPHP
框架部署后台
系统

任务实施

步骤 1：登录 ThinkPHP 官方网站下载 ThinkPHP 5.0 框架。打开浏览器，输入地址 http://

www.thinkphp.cn/，单击“下载”栏目，如图 8-2-2 所示。

图 8-2-2

步骤 2：在图8-2-1中单击“Download”按钮，输入ThinkPHP网站账号，如果没有账号，单击“注册”按钮注册一个新的ThinkPHP网站账号即可；注册好用户账号之后，输入新注册的用户名、密码，如图8-2-3所示。

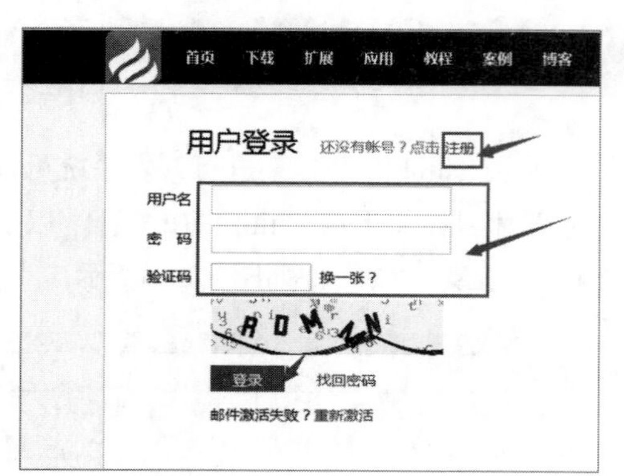

图 8-2-3

步骤 3：输入正确的网站用户名、密码后，即可下载 ThinkPHP 5.0 框架，如图 8-2-4 所示。

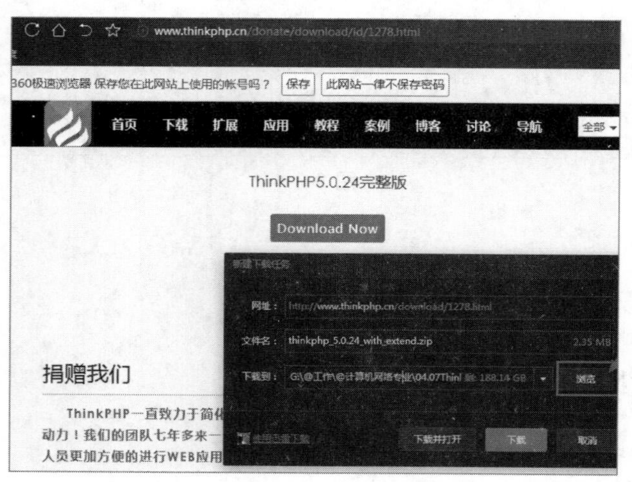

图 8-2-4

步骤 4：找到下载好的 ThinkPHP 5.0 框架压缩文件，并查看框架压缩文件，如图 8-2-5 所示。

) 查看(V)　工具(T)　帮助(H)

打开 ▼　电子邮件　新建文件夹

名称	修改日期	类型	大小
thinkphp_5.0.24_with_extend	2020/4/7 20:50	文件夹	
tmp	2020/4/7 20:31	文件夹	
thinkphp_5.0.24_with_extend.zip	2020/4/7 20:49	WinRAR ZIP 压缩...	2,403 KB
ThinkPhp5.0与小程序应用介绍.ppt	2020/4/7 20:36	Microsoft Power...	2,063 KB
任务.docx	2020/4/7 20:49	Microsoft Word ...	501 KB

图 8-2-5

步骤 5：把解压后的 thinkphp_5.0.24_with_extend 文件夹复制，接着粘贴到 phpStudy 的站点运行根目录下，如图 8-2-6 所示。

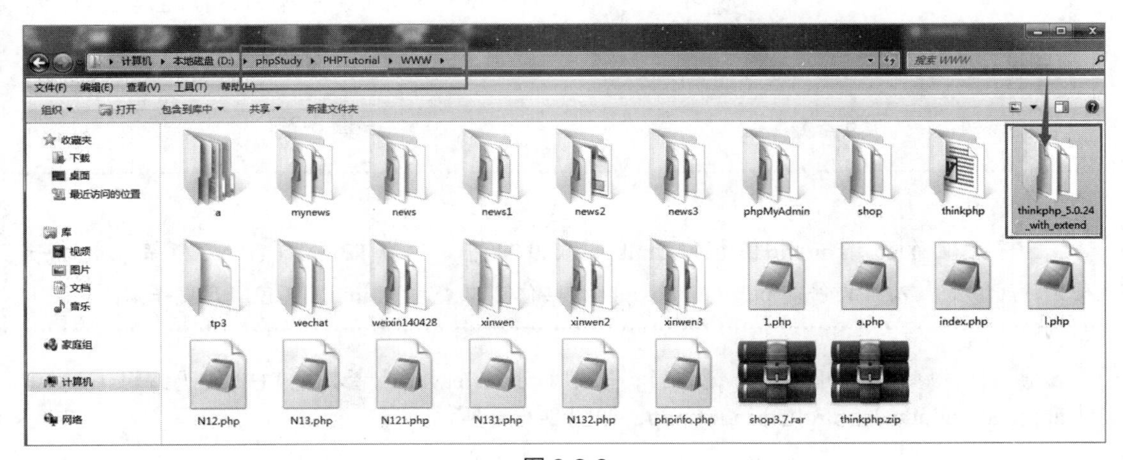

图 8-2-6

步骤 6：将图 8-2-6 显示的文件夹名字“thinkphp_5.0.24_with_extend”（框架文件夹）重命名为 foods，如图 8-2-7 所示。

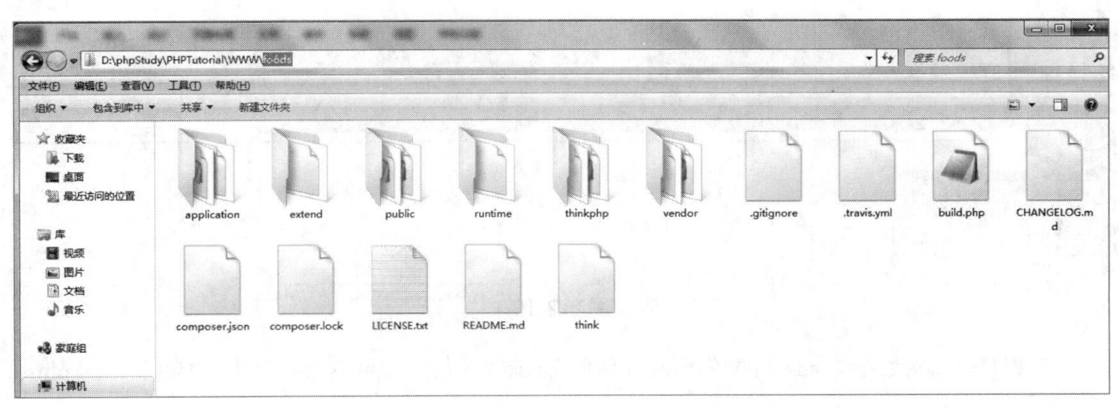

图 8-2-7

步骤 7：打开 phpStudy，启动 Apache 服务，以便测试 ThinkPHP 框架初始运行情况，如图 8-2-8 所示。

步骤 8：运行 ThinkPHP 框架。打开浏览器，在地址栏中输入访问 ThinkPHP 5.0 框架入口的地址，接着按【Enter】键即可访问，本地访问地址为 http://localhost/foods/public/index.php，如图 8-2-9 所示。

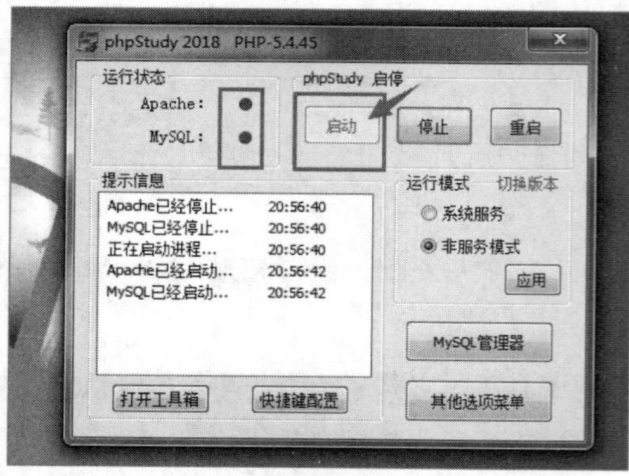

图 8-2-8

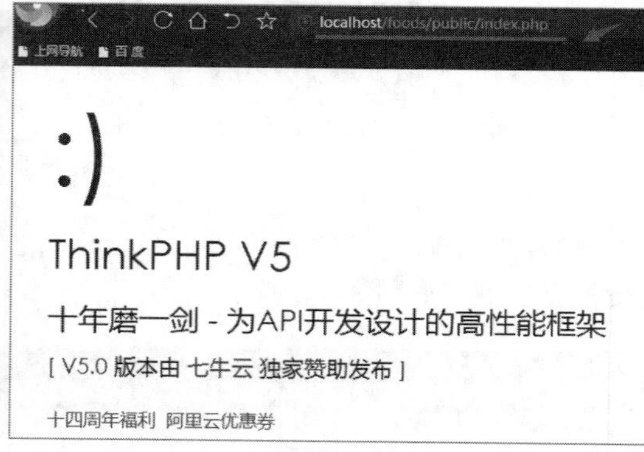

图 8-2-9

> **小贴士**
>
> 为了方便称呼，ThinkPHP 框架 thinkphp_5.0.24 可简称为 TP 5.0，TP 5.0 框架采用统一入口访问方式，入口文件是 public\index.php，具体可以查看 ThinkPHP 官网开发手册。

步骤 9：修改 ThinkPHP 首页内容，使用 Dreamweaver 或者其他 PHP 代码编辑工具打开文件 application\index\controller\ index.php，如图 8-2-10 所示。

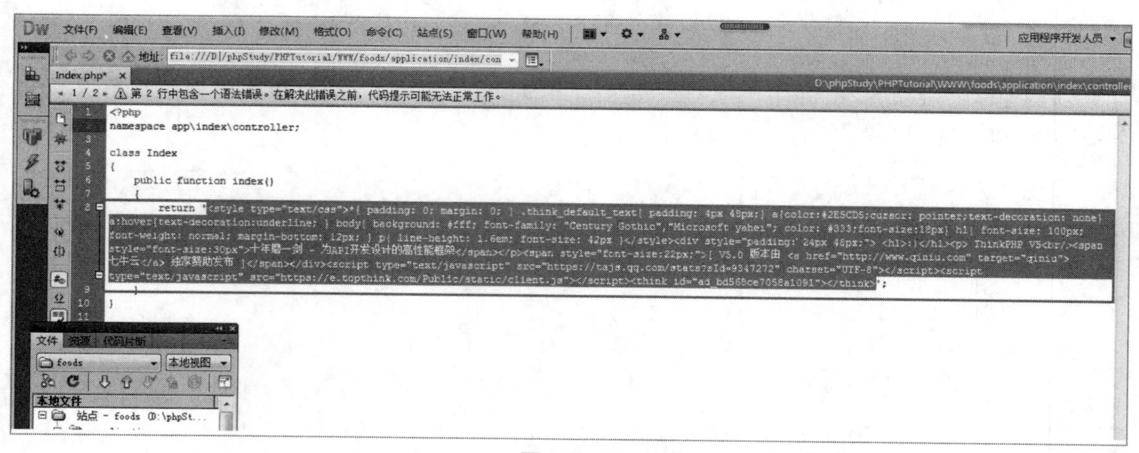

图 8-2-10

步骤 10：修改函数 index() 的内容。让访问 index() 函数，即可返回字符串“This is thinkphp”，如图 8-2-11 所示。

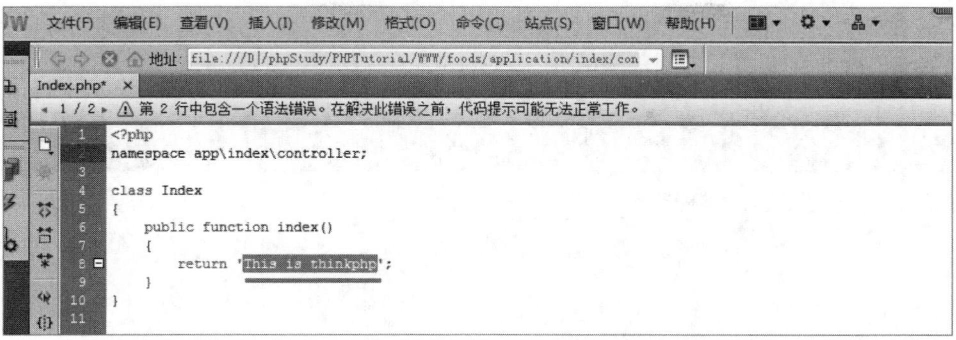

```php
<?php
namespace app\index\controller;

class Index
{
    public function index()
    {
        return 'This is thinkphp';
    }
}
```

图 8-2-11

步骤 11 ：再次访问 ThinkPHP 首页。在浏览器地址栏中输入地址 http://localhost/foods/public/index.php，发送访问请求之后，即可看到页面显示的内容发生了变化，如图 8-2-12 所示。

图 8-2-12

> **小贴士**
>
> 访问路径 http://localhost/foods/public/index.php，其实访问的页面是：http://localhost/foods/public/index.php/index/index/index。具体原因可查看 ThinkPHP 5.0 开发手册，路径的含义解释如图 8-2-13 所示。

图 8-2-13

相关知识

1. 认识 ThinkPHP 框架。

ThinkPHP 是一个免费开源的、简单的、面向对象的、快速轻量级 PHP 开发框架，创立于 2006 年初，遵循 Apache2 开源协议发布，是为了加快 Web 应用开发和简化企业应用开发而诞生的。

ThinkPHP 自身包含了底层架构、兼容处理、基类库、数据库访问层、模板引擎、缓存机制、插件机制、角色认证、表单处理等常用组件，并且对于跨版本、跨平台和跨数据库移植都比较方便。并且每个组件都是精心设计和完善的，应用开发过程仅仅需要关注自己的业务逻辑。

使用 ThinkPHP 框架进行开发，将大大提高后台系统开发效率，程序编写者只要关注业务逻辑即可，很多底层技术 ThinkPHP 框架已经帮开发者铺垫好，直接使用即可。

2. ThinkPHP 框架的使用文档以及开发手册可以登录 ThinkPHP 官网，访问相应教程栏目，地址是 https://www.kancloud.cn/manual/thinkphp5。

3. ThinkPHP 框架文件目录见开发文档，如图 8-2-14 所示。

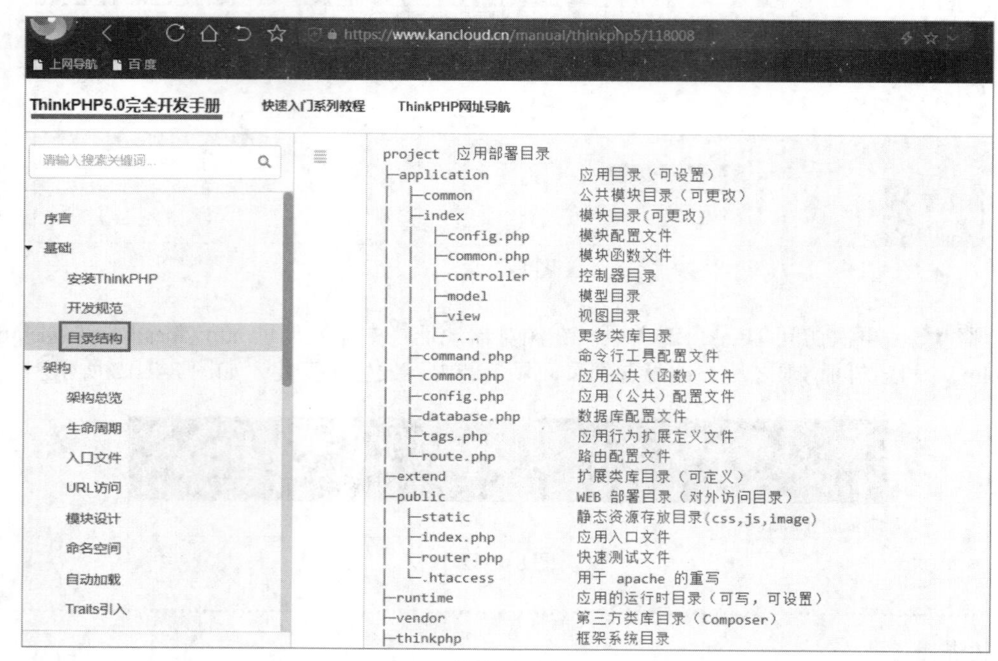

图 8-2-14

4. ThinkPHP 入口文件是 public\index.php，具体说明查看开发文档，如图 8-2-15 所示。

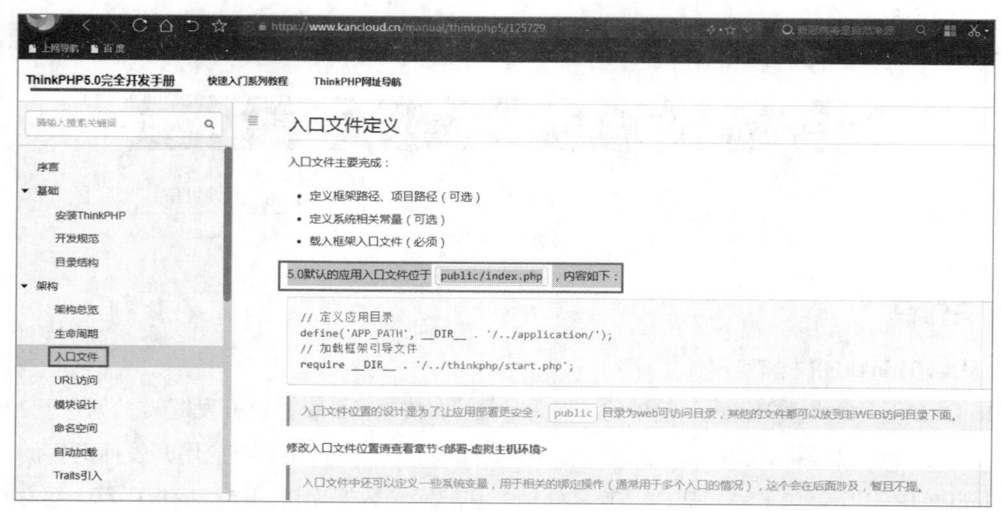

图 8-2-15

拓展训练

1. ThinkPHP 框架使用练习一。

（1）在 index\controller\index.php 控制器中，添加函数 jisuan()，如图 8-2-16 所示。

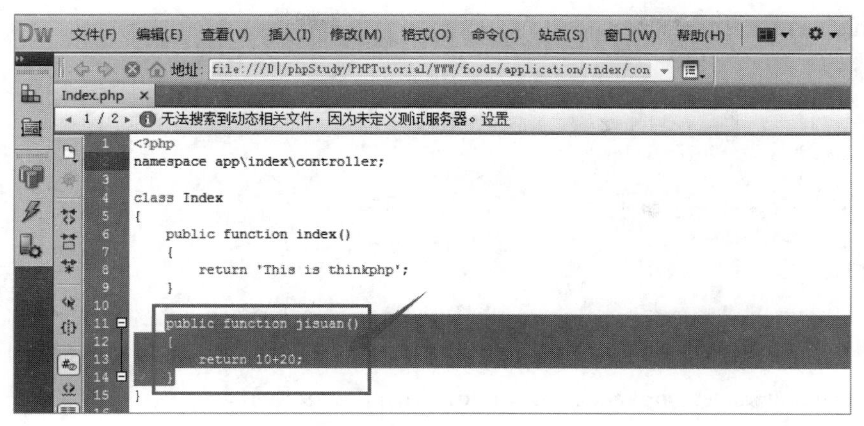

图 8-2-16

（2）程序代码如下：

```
public function jisuan()
{
    return 10+20;
}
```

（3）在浏览器中输入访问 jisuan 的正确地址，查看执行显示情况。在浏览器地址栏中输入 http://localhost/foods/public/index.php/index/index/jisuan，如图 8-2-17 所示。

图 8-2-17

2. ThinkPHP 框架使用练习二。

（1）在 index\controller\index.php 控制器中，添加 info() 函数，如图 8-2-18 所示。

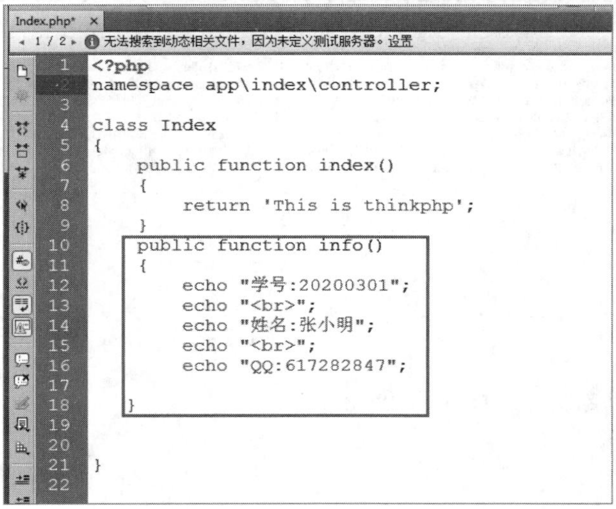

```
<?php
namespace app\index\controller;

class Index
{
    public function index()
    {
        return 'This is thinkphp';
    }
    public function info()
    {
        echo "学号:20200301";
        echo "<br>";
        echo "姓名:张小明";
        echo "<br>";
        echo "QQ:617282847";

    }


}
```

图 8-2-18

（2）info() 函数的代码如下：

```
public function info()
{
    echo "学号:20200301";
    echo "<br>";
    echo "姓名:张小明";
    echo "<br>";
    echo "QQ:617282847";
}
```

（3）在浏览器中输入访问 info 的正确地址，查看执行显示情况。在浏览器地址中输入 http://localhost/foods/public/index.php/index/index/info，如图 8-2-19 所示。

图 8-2-19

任务 8.3　读取数据库返回 Json 格式数据

任务描述

小明同学经过对 ThinkPHP 的深入学习，了解到通过 ThinkPHP 框架进行程序开发将大大提高效率。下面使用 ThinkPHP 框架读取 MySQL 数据库中的数据，转成 JSON 格式的数据，以便后面提供给微信小程序使用。本任务使用 ThinkPHP 5.0 框架读取数据库数据，如图 8-3-1 所示。

图 8-3-1

任务准备

读取数据库返回 Json 格式数据

1. 扫码看课。
2. 任务素材：数据库文件、ThinkPHP 5.0 框架。

任务实施

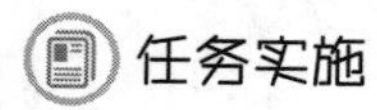

步骤 1 ：在框架配置文件中，修改框架关于对数据库访问的配置。使用 Dreamweaver 打开

foods\application\database.php，修改框架对于数据库访问的参数值。在应用程序的数据库访问配置文件中修改配置项，打开框架数据库配置文件 application\database.php，设置数据库相关参数，包括数据库存放的主机地址 hostname、数据库名字 database、数据库访问的用户名 username、数据库访问的密码 password 等，如图 8-3-2 所示。

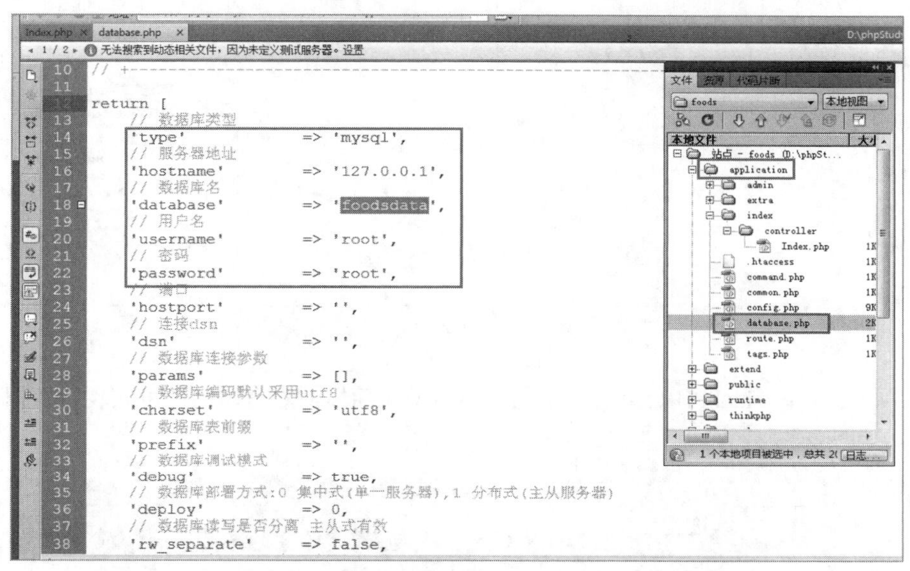

图 8-3-2

步骤 **2** ：配置应用程序的框架配置文件 application\config.php。设置 app_debug 为 true，开启程序调试模式，以便详细地显示程序的报错信息，如图 8-3-3 所示。

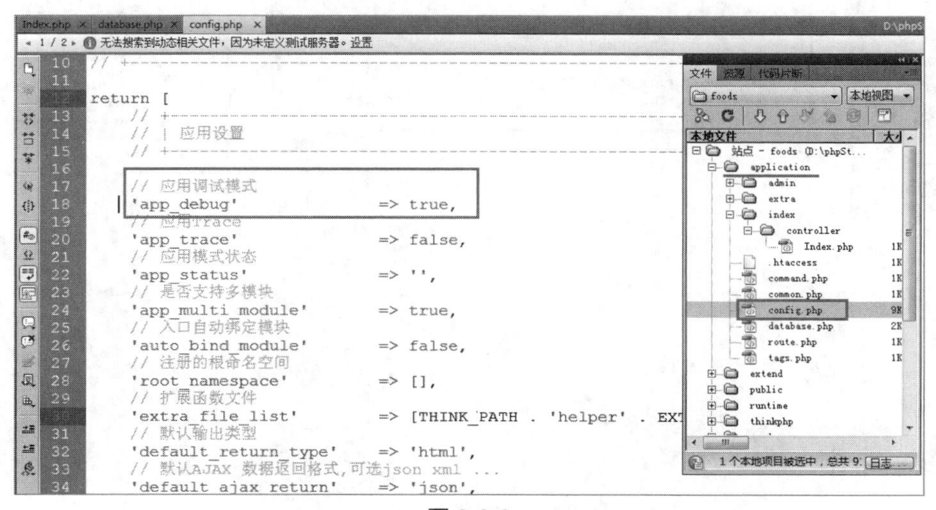

图 8-3-3

步骤 **3** ：配置好框架的数据库访问信息之后，下面使用 ThinkPHP 读取 MySQL 数据库中的数据，使用 Dreamweaver 或者其他 PHP 代码编辑工具打开文件 application\index\controller\index.php，采用继承方法调用 ThinkPHP 中定义好的 Db 类，在控制器前面加上一行引用代码“use think\Db;”，如图 8-3-4 所示。

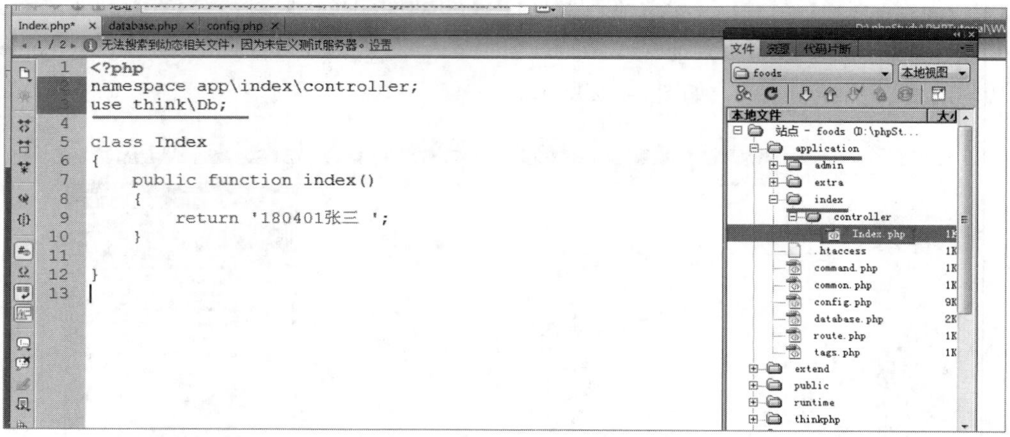

图 8-3-4

步骤 4：参照 ThinkPHP 5.0 开发手册，然后使用简短的几行语句即可实现从数据表把数据读取出来，如图 8-3-5 所示。

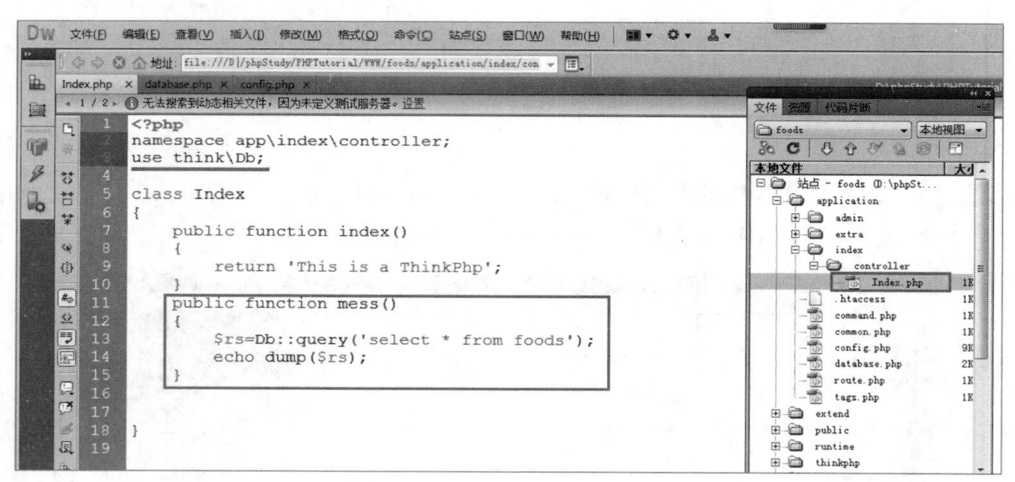

图 8-3-5

程序代码如下：

```
public function mess()
{
   $rs=Db::query('select * from foods');
   echo dump($rs);
}
```

> **小贴士**
>
> ThinkPHP 5.0 读取数据库方法（即查询数据库的数据记录）详见开发手册。

步骤 5：打开浏览器显示从数据库中读取数据的结果，在浏览器中输入访问 mess 函数的地址，数据库中数据表 foods 的记录即可显示出来，如图 8-3-6 所示。

```
localhost/foods/public/index.php/index/index/mess
上网导航　百度

array(6) {
  [0] => array(7) {
    ["ID"] => int(1)
    ["Name"] => string(9) "双皮奶"
    ["Details"] => string(482) "是甜品中之上品，甘香嫩滑，别具一格，不少港澳同胞回乡旅游、 探亲都要亲临食店品尝。“双皮奶”的制作方法是：把牛奶放
    ["Price"] => string(1) "5"
    ["Type"] => NULL
    ["Remark"] => NULL
    ["Writer"] => string(5) "admin"
  }
  [1] => array(7) {
    ["ID"] => int(2)
    ["Name"] => string(15) "均安煎鱼饼"
    ["Details"] => string(177) "甘香爽滑，鱼肉有弹性，以蚬蚧酱佐食更显鲜味。这一款传统美食，在顺德均安镇已有一百多年的历史，曾获“中华名小吃”的
    ["Price"] => string(2) "30"
    ["Type"] => NULL
    ["Remark"] => NULL
    ["Writer"] => string(5) "admin"
  }
  [2] => array(7) {
    ["ID"] => int(3)
    ["Name"] => string(12) "均安蒸猪"
    ["Details"] => string(177) "有丰肌体、泽皮肤、润肠骨等功效；可辅助治疗病后体虚、肾虚腰痛、经血淡稀、贫血诸症。中青年女性常吃此菜，有益肤美颜
    ["Price"] => string(2) "35"
    ["Type"] => NULL
    ["Remark"] => NULL
    ["Writer"] => string(5) "admin"
  }
  [3] => array(7) {
    ["ID"] => int(4)
    ["Name"] => string(15) "大良煎虾饼"
    ["Details"] => string(168) "此菜制作简易而食味甚佳，省内许多大酒店都把它列入菜谱。特点是色泽金黄，食味甘香，鲜美爽口。配料有鸡蛋、炸榄仁等。
    ["Price"] => string(2) "25"
    ["Type"] => NULL
    ["Remark"] => NULL
    ["Writer"] => string(4) "john"
  }
```

图 8-3-6

步骤 6：在控制器 index.php 文件中编写 readmess 函数，将读取出来的数据转换成 json 格式，以便能提供 json 数据给后面章节中的小程序使用。首先参照步骤 5，根据开发手册编写读取数据库语句，把数据读取出来保存在数据集变量 $rs 中，接着通过调用函数 json_encode() 把读取出来数据集 $rs 转换成 json 格式，如图 8-3-7 所示。

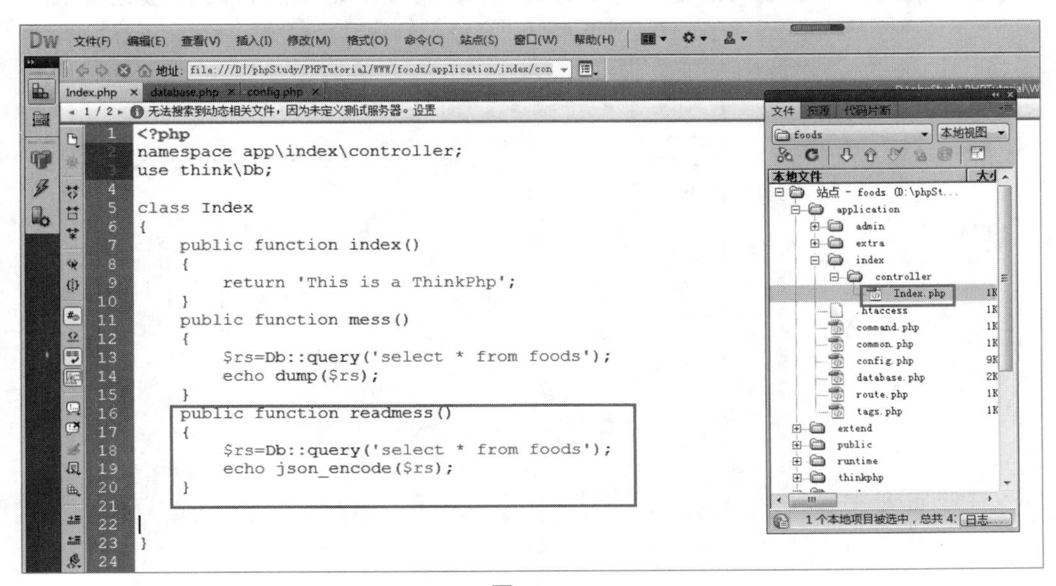

图 8-3-7

步骤 7 ：打开浏览器显示读取数据表的结果。在浏览器中输入访问 readmess 函数的地址，实现把数据库中数据表 foods 的记录以 JSON 格式显示出来，如图 8-3-8 所示。

图 8-3-8

相关知识

1. 认识 JSON 格式数据。

JSON（JavaScript Object Notation）是一种轻量级的数据交换格式。它基于 ECMAScript（欧洲计算机协会制定的 JS 规范）的一个子集，采用完全独立于编程语言的文本格式来存储和表示数据。简洁和清晰的层次结构使得 JSON 成为理想的数据交换语言。易于人阅读和编写，同时也易于机器解析和生成，并有效地提升了网络传输效率。

JSON 对象是一个无序的"'名称 / 值'对"集合。一个对象以"{"左括号开始，"}"右括号结束。每个"名称"后跟一个 : 冒号；"'名称 / 值'对"之间使用逗号分隔。

2. ThinkPHP 框架中，如何访问数据库，设置数据库访问配置参数，可以登录 ThinkPHP 官网，访问教程栏目，地址是 https://www.kancloud.cn/manual/thinkphp5。

3. 按图 8-3-9 所示修改 ThinkPHP 框架访问数据库的配置文件参数。

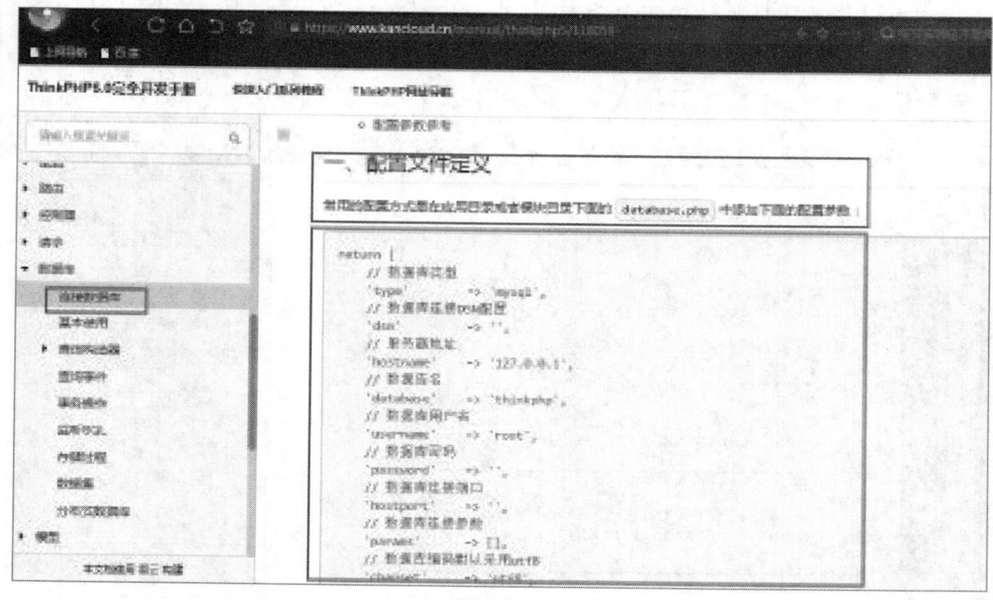

图 8-3-9

4. 按图 8-3-10 所示方法查询数据库中的数据。

图 8-3-10

拓展训练

1. 读取数据库中的数据表 type，并将数据转换成为 JSON 格式显示。

（1）在 index\controller\index.php 控制器文件中，添加函数 type()，输出显示 foodsdata 数据库中 type 数据表的数据记录，如图 8-3-11 所示。

```
<?php
namespace app\index\controller;
use think\Db;

class Index
{
    public function index()
    {
        return 'This is a ThinkPhp';
    }

    public function type()
    {
        $rs=Db::query('select * from type');
        echo dump($rs);
    }

}
```

```
array(5) {
  [0] => array(2) {
    [1] => string(1) "1"
    ["鸡肉类"] => string(9) "鸡肉类"
  }
  [1] => array(2) {
    [1] => string(1) "2"
    ["鸡肉类"] => string(9) "水果类"
  }
  [2] => array(2) {
    [1] => string(1) "3"
    ["鸡肉类"] => string(9) "蔬菜类"
  }
  [3] => array(2) {
    [1] => string(1) "4"
    ["鸡肉类"] => string(9) "小吃类"
  }
  [4] => array(2) {
    [1] => string(1) "5"
    ["鸡肉类"] => string(9) "甜品类"
  }
}
```

图 8-3-11

（2）在 index\controller\index.php 控制器文件中，添加函数 readtype()，将数据表 type 中的数据记录读取出来，并把数据记录转换成 JSON 格式显示，如图 8-3-12 所示。

2. 读取数据库中数据表 shop_mess 的记录，并将数据记录转换成为 JSON 格式。

（1）在 index\controller\index.php 控制器文件中，添加函数 liuyan()，输出 foodsdata 数据库中数据表 shop_mess 的数据记录，如图 8-2-13 所示。

```
<?php
namespace app\index\controller;
use think\Db;

class Index
{
    public function index()
    {
        return 'This is a ThinkPhp';
    }

    public function type()
    {
        $rs=Db::query('select * from type');
        echo dump($rs);
    }
    public function readtype()
    {
        $rs=Db::query('select * from type');
        echo json_encode($rs);
    }
}
```

[{"1":"1","\u9e21\u8089\u7c7b":"\u9e21\u8089\u7c7b"},{"1":"2","\u9e21\u8089\u7c7b":"\u6c34\u679c\u7c7b"},{"1":"3","\u9
{"1":"4","\u9e21\u8089\u7c7b":"\u5c0f\u5403\u7c7b"},{"1":"5","\u9e21\u8089\u7c7b":"\u751c\u54c1\u7c7b"}]

图 8-3-12

```
<?php
namespace app\index\controller;
use think\Db;

class Index
{
    public function index()
    {
        return 'This is a ThinkPhp';
    }
    public function liuyan()
    {
        $rs=Db::query('select * from shop_mess');
        echo dump($rs);
    }
}
```

图 8-3-13

（2）在 index\controller\index.php 控制器文件中，添加函数 liuyanjson()，将数据表 shop_mess 中的数据记录读取出来，并转换成 JSON 格式显示，如图 8-3-14 所示。

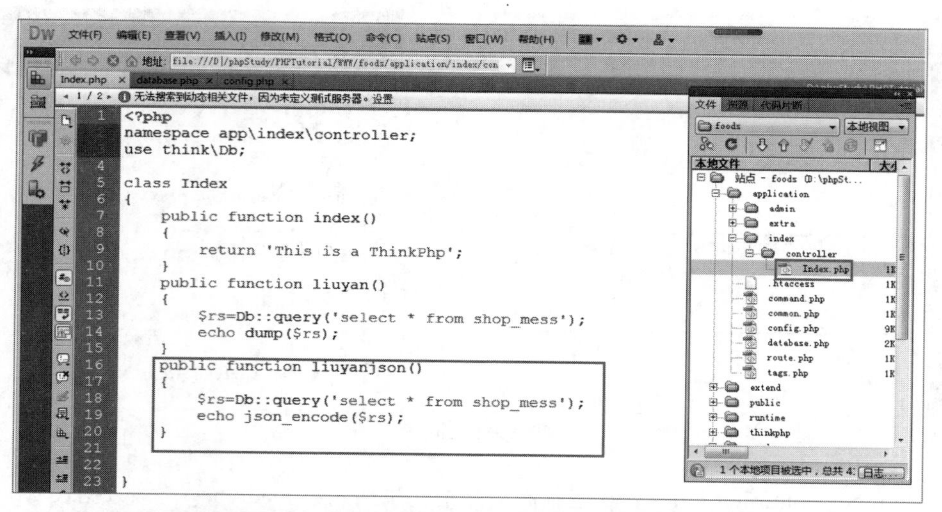

图 8-3-14

任务 8.4　小程序与后台系统交互从数据库读取数据

任务描述

小明同学已掌握了如何使用 ThinkPHP 框架快速开发后台系统，下面学习如何在微信小程序中发送请求，与后台系统进行交互。本任务学习在小程序中读取 MySQL 数据库中的数据并在小程序页面上显示出来，如图 8-4-1 所示。

1、双皮奶、admin
2、均安煎鱼饼、admin
3、均安蒸猪、admin
4、大良煎虾饼、john
5、顶骨大鳝、john
6、顺德四杯鸡、john

图 8-4-1

任务准备

1. 扫码看课。

2. 任务素材：数据库文件、ThinkPHP 5.0 框架。

微信小程序读取 MySQL 数据

任务实施

步骤 **1** ：新建一个微信小程序项目，命名为 foods，设置保存路径、AppID 等，如图 8-4-2 所示。

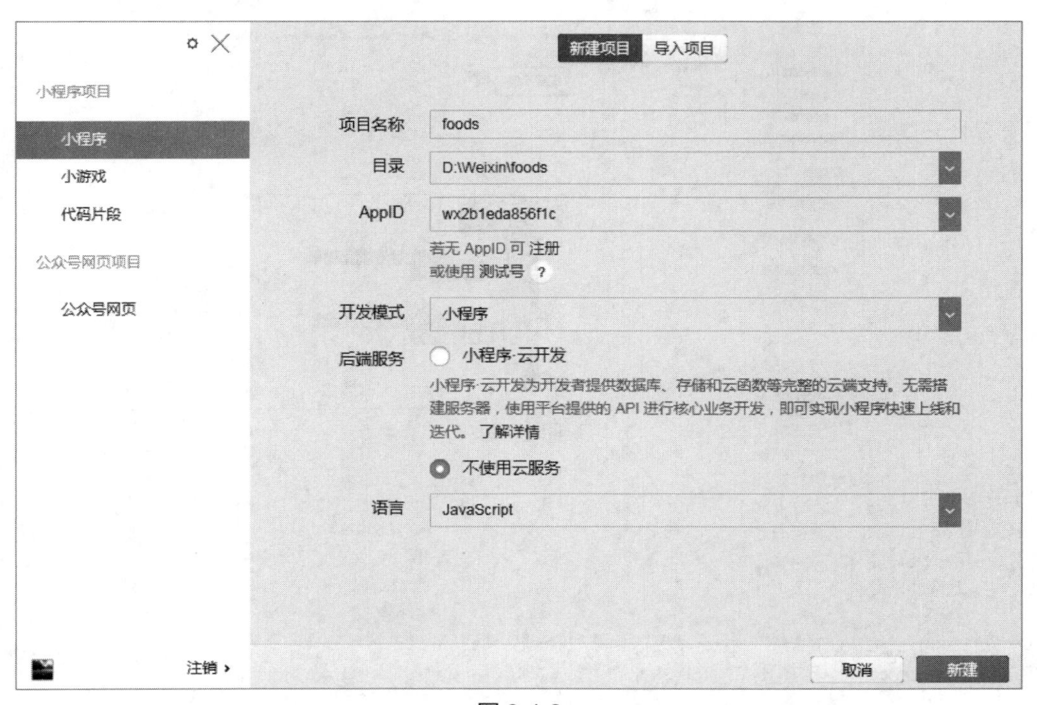

图 8-4-2

步骤 **2** ：打开新建的微信小程序项目，如图 8-4-3 所示。

步骤 **3** ：查看 app.json 配置示例，在示例中查看关于 tabBar 的设置，选中且复制示例中 tabBar 的设置代码，如图 8-4-4 所示。

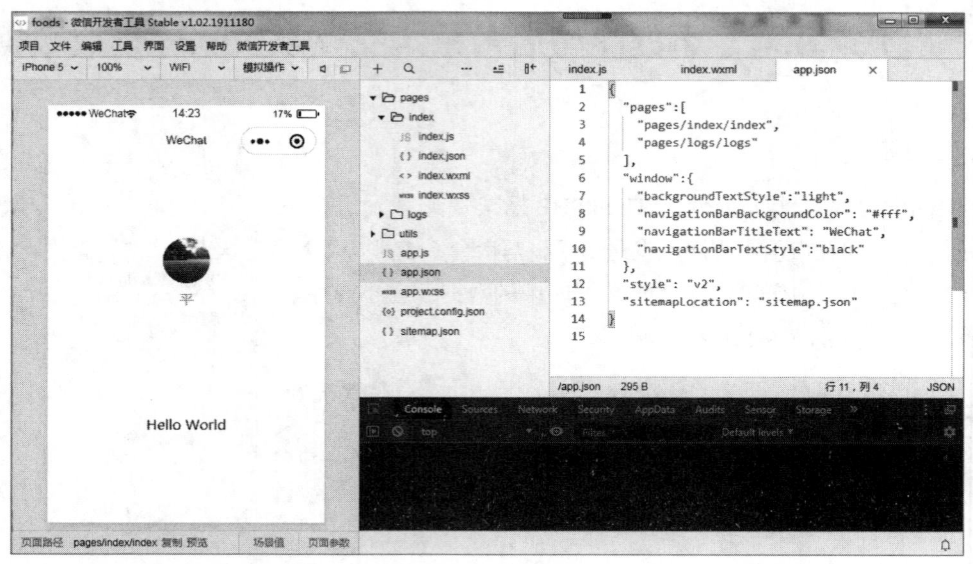

图 8-4-3

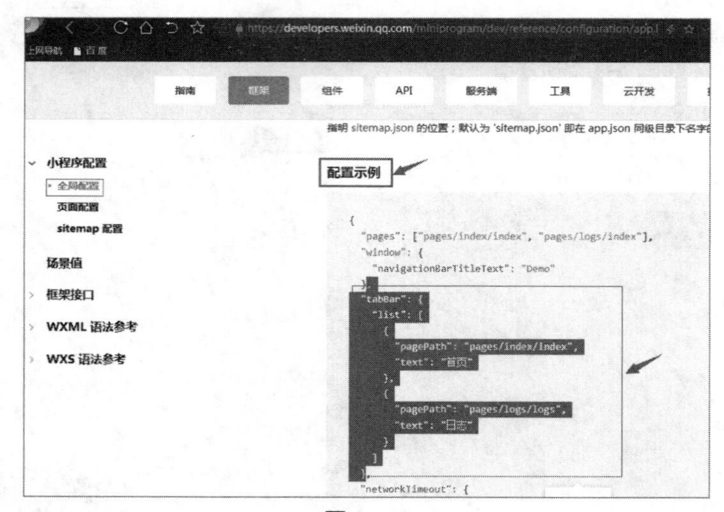

图 8-4-4

代码如下：

```
"tabBar": {
  "list": [
    {
      "pagePath": "pages/index/index",
      "text": "首页"
    },
    {
      "pagePath": "pages/logs/logs",
      "text":"日志"
    }
  ]
}
```

步骤 4 ：将官方开发文档中关于 tabBar 配置示例的代码复制、粘贴到本项目 app.json 文件中，保存项目后，在小程序底部即可查看到 tabBar 导航栏菜单，如图 8-4-5 所示。

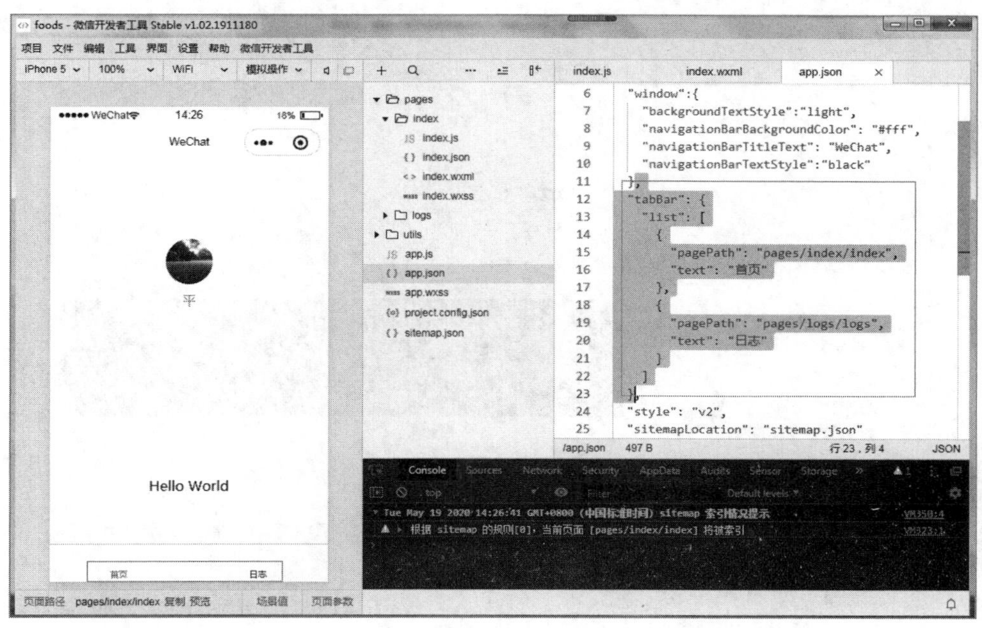

图 8-4-5

步骤 5 ：打开页面 index.js，清空此文件附带的代码，如图 8-4-6 所示。

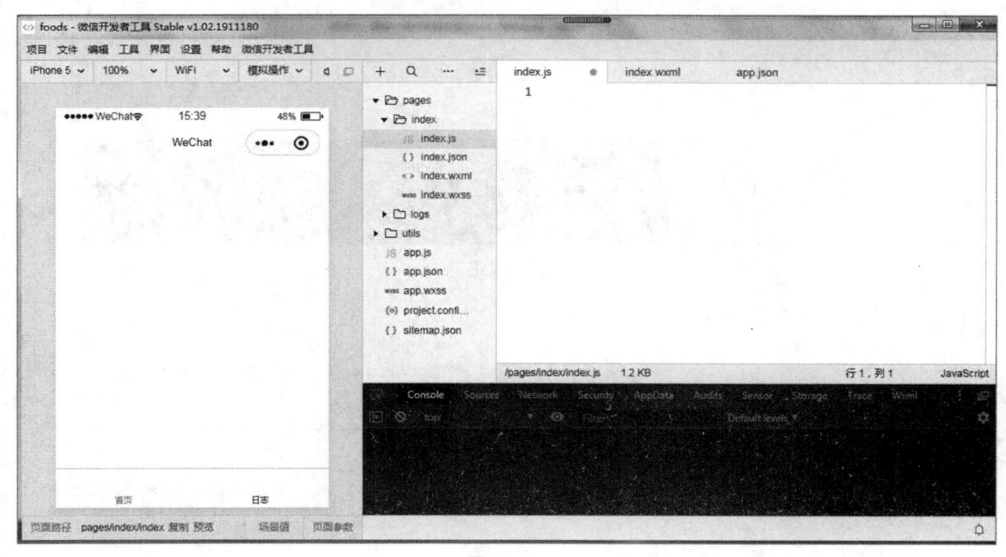

图 8-4-6

步骤 6 ：在 index.js 文件中，使用 page 方法初始化页面，如图 8-4-7 所示。

步骤 7 ：在 onload 方法中，编写代码，当此页面加载时小程序发送 wx.request 请求，将从指定 URL 地址的后台系统中读取 JSON 格式数据，如图 8-4-8 所示。

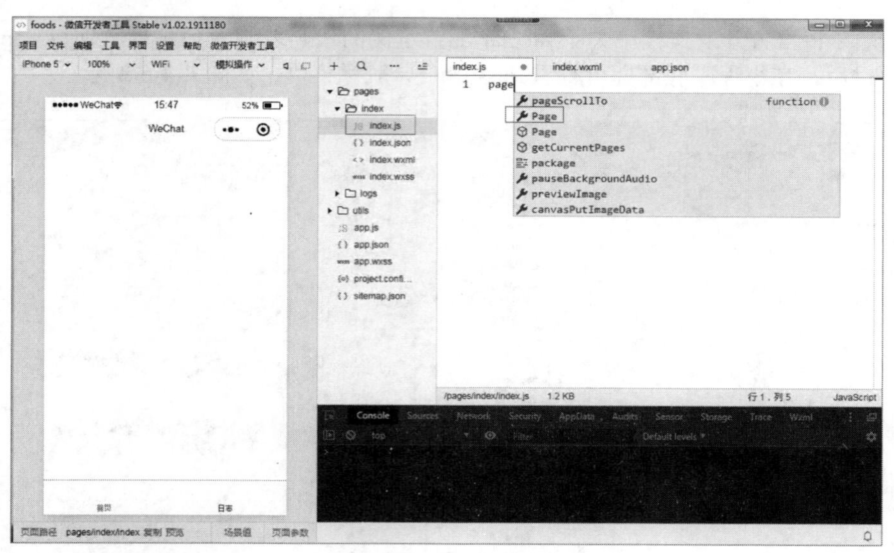

图 8-4-7

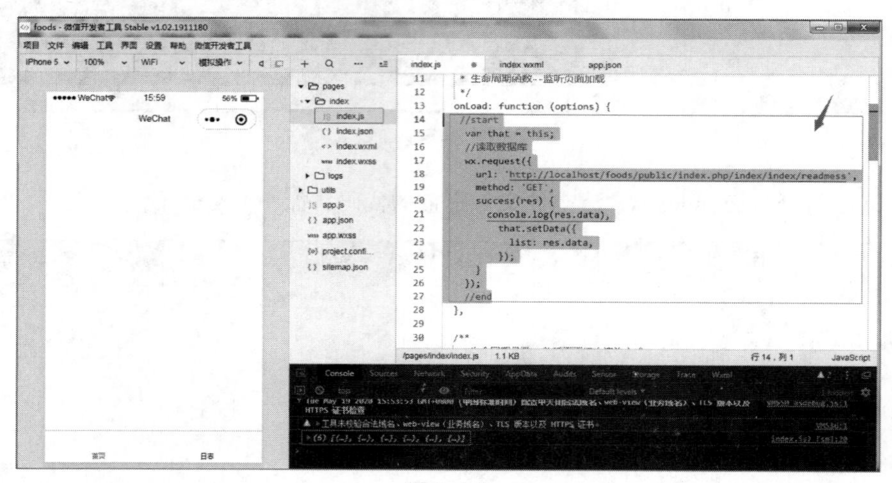

图 8-4-8

代码如下：

```
var that = this;
    //读取数据库
    wx.request({
      url:'http://localhost/foods/public/index.php/index/index/readmess',
      method:'GET',
      success(res) {
        console.log(res.data),
          that.setData({
            list: res.data,
          });
      }
    });
```

步骤 8 ：打开 index.wxml 页面，清空此页面之前的内容，编写程序代码，以呈现 index.js 页面装载的 list 数据集，如图 8-4-9 所示。

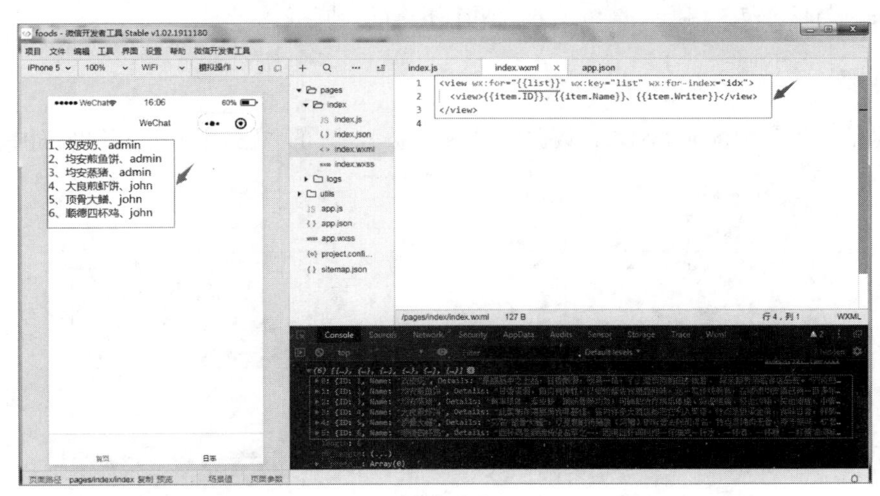

图 8-4-9

代码如下：

```
<view wx:for="{{list}}" wx:key="list" wx:for-index="idx">
  <view>{{item.ID}}、{{item.Name}}、{{item.Writer}}</view>
</view>
```

步骤 9 ：保存项目。

相关知识

1. 微信小程序请求 API 接口函数 wx.request，它能发起 HTTPS 网络请求，通过它开发人员实现让微信小程序与后台系统进行交互，比如此任务中 wx.request 访问后台 PHP 程序以读取 MySQL 数据库中的数据，使用前请先阅读微信小程序开发手册。

2. 有关参数。

（1）URL 为后台服务器的访问地址，一般可以分成两部分。

① https:// 域名 ID →请求的域名 。

② index.php →请求的功能接口。

（2）通过请求的域名进入服务器中，通过请求的功能接口进行数据传输。

（3）data 为传递的参数。

例如，将上述示例代码的 data 传入数据接口中，请求的功能接口应按如下代码写：

```
$name = $_GET['a'];
$password = $_GET['b'];
```

（4）success 为接口调用成功的回调函数。

① res 中传递回来的是 index.php 传递的参数。

②调用特定参数的方式为：res.data.name。

（5）fail 和 complete 分别为接口调用失败的回调函数和接口调用结束的回调函数（调用成功、失败都会执行）。

3. 本案例与任务 7.3 相似，请留意分析两个案例的异同点。

拓展训练

1. 在微信小程序中读取 MySQL 数据库中的 shop_mess 的数据，并在小程序页面中呈现出来，如图 8-4-10 所示。

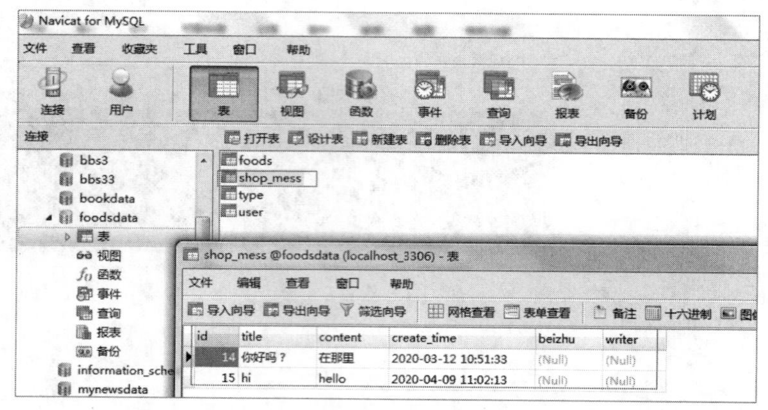

图 8-4-10

2. 在微信小程序中读取 MySQL 数据库中数据表 user 的数据，并在小程序页面中呈现出来，如图 8-4-11 所示。

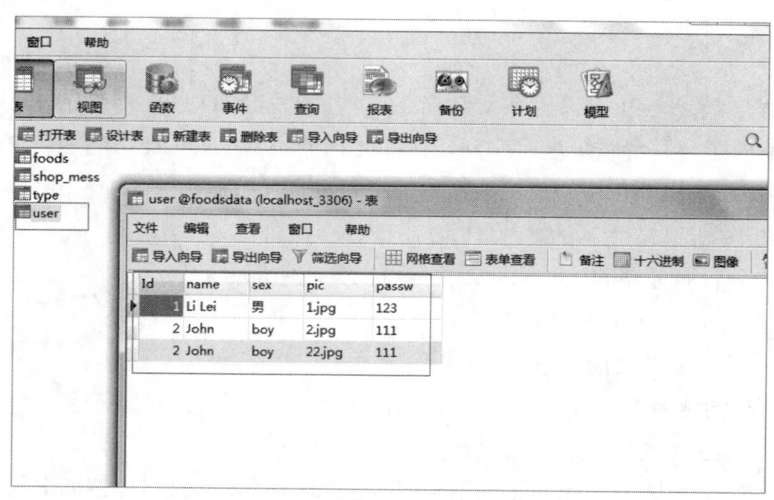

图 8-4-11

单 元 小 结

本单元主要学习了如何实现让微信小程序与后台系统进行交互，通过 wx.request 发送访问后台系统的请求。也掌握了微信小程序读取 MySQL 数据库中数据的实现过程。

第 9 单元
发挥智能手机功能

技能目标

- 通过小程序选择手机的相片
- 通过小程序调用照相机拍照
- 通过小程序实现录音
- 通过小程序扫描条形码
- 通过小程序拍照、录音上传到服务器

如今，微信小程序的功能越来越强大，越来越多的用户开始使用微信小程序，很主要的原因是微信小程序能方便地调用智能手机摄像头进行拍照、扫描二维码、扫描条形码、扫描图片；小程序也能方便地利用智能手机录音、利用智能手机定位以及调用智能手机的传感器等解决实际工作、生产、生活中的问题。本单元介绍微信小程序如何发挥好智能手机常用的功能。

任务 9.1　小程序拍摄照片

任务描述

调用微信 API 函数 wx.chooseImage 实现轻松地调用相机，或者选择相册，小程序如何在智能手机上调用相机，或选择相册的工作完全交给微信底层实现，开发者只需调用 API 函数即可实现拍照的目的，下面借助微信 API 接口 wx.chooseImage 进行拍照，如图 9-1-1 所示。

任务准备

扫码看课。

小程序拍摄照片

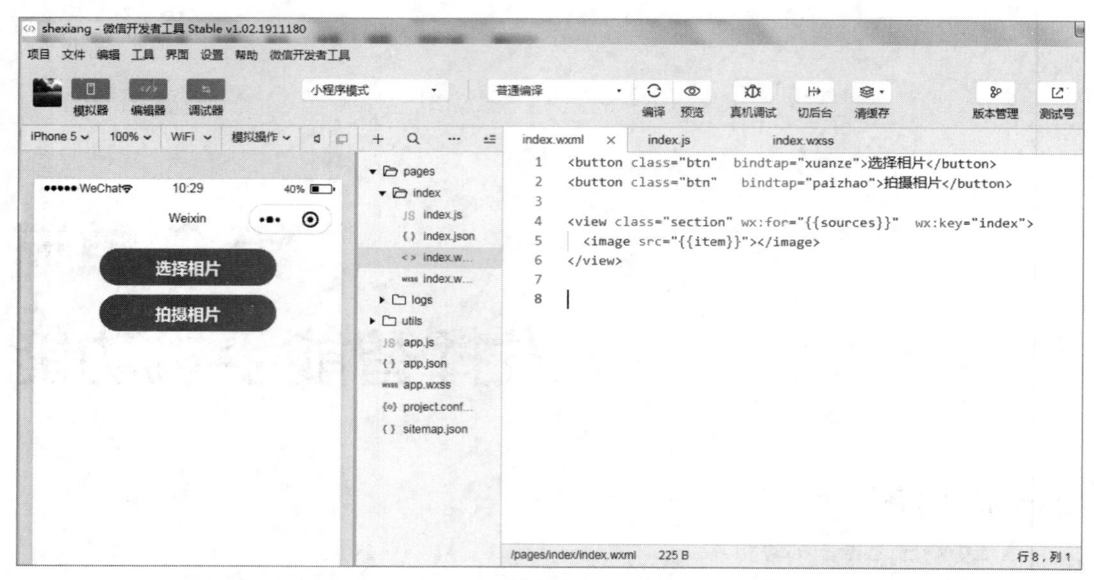

图 9-1-1

任务实施

步骤 1：新建一个项目，输入项目名称等信息，如图 9-1-2 所示。

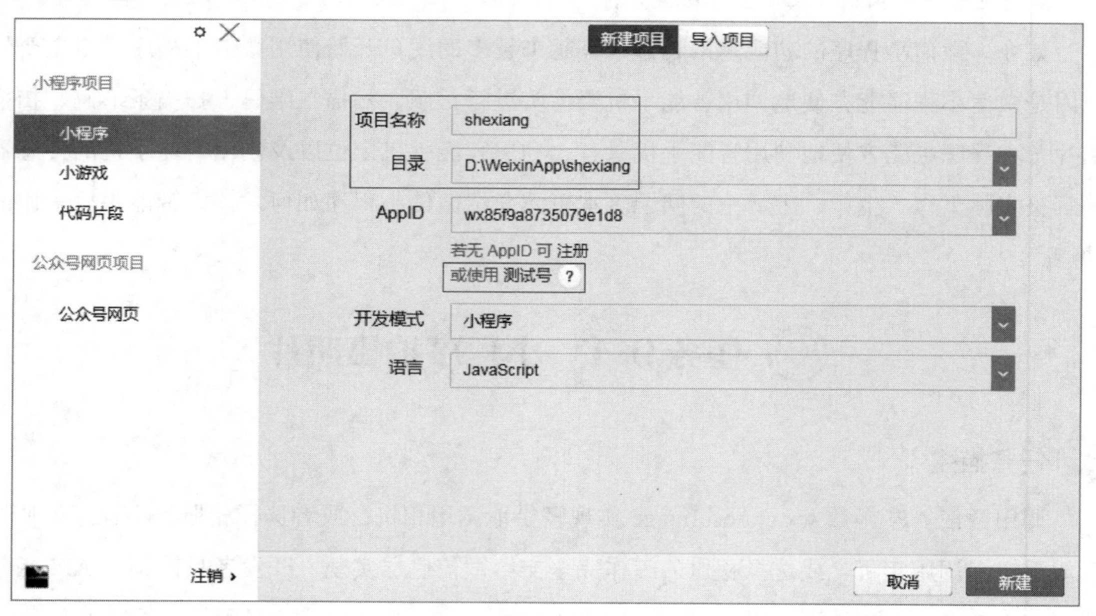

图 9-1-2

步骤 2：打开页面 index.wxml，清空此文件附带的代码，添加 2 个 <button> 按钮组件、1 个 <view> 组件、1 个 <image> 组件，如图 9-1-3 所示。

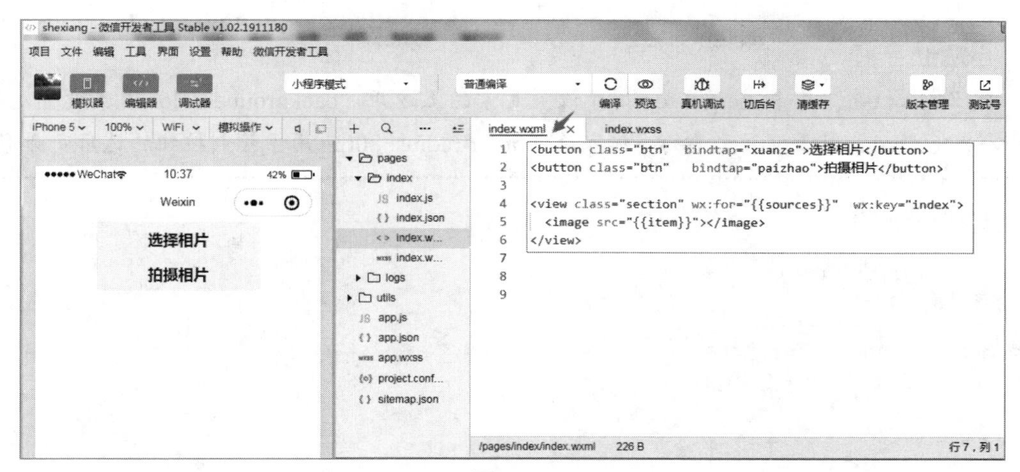

图 9-1-3

关键代码如下：

```
<button class="btn"  bindtap="xuanze">选择相片</button>
<button class="btn"  bindtap="paizhao">拍摄相片</button>
<view class="section" wx:for="{{sources}}"  wx:key="index">
  <image src="{{item}}"></image>
</view>
```

小贴士

2 个 <button> 按钮组件对应绑定选择相片、拍摄相片的功能函数；而 <view> 组件与 <image> 组件用于显示相片。

步骤 3：打开 pages/index/index.wxss 文件，清除自带的代码，定义按钮样式，如图 9-1-4 所示。

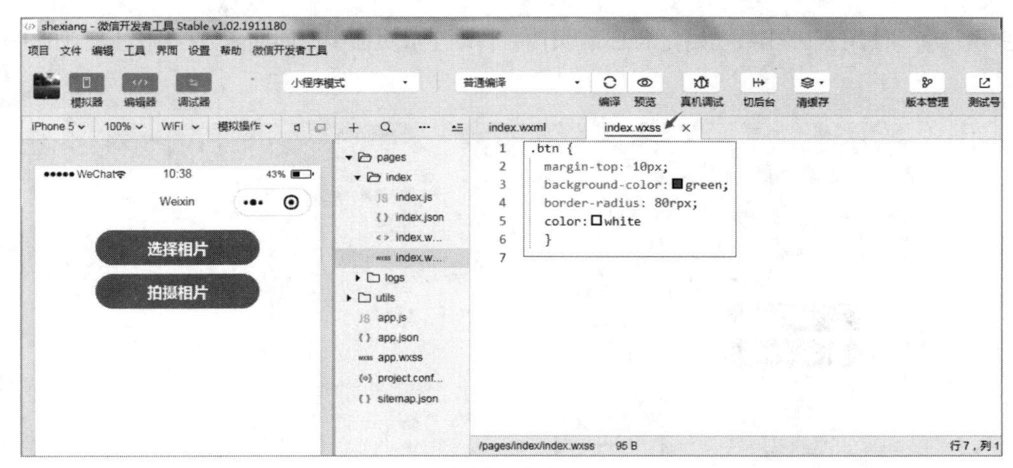

图 9-1-4

小贴士

定义样式btn，其中margin-top用于设置元素的上边距，background-color用于设置元素的背景颜色，color用于设置元素的字体颜色，border-radius: 80rpx用于控制按钮的边角变圆形。

关键代码如下：

```
.btn {
  margin-top: 10px;
  background-color:green;
  border-radius: 80rpx;
  color:white
  }
```

步骤 4 ：打开pages/index/index.js文件，清除自带的代码，使用page方法初始化页面，如图9-1-5所示。

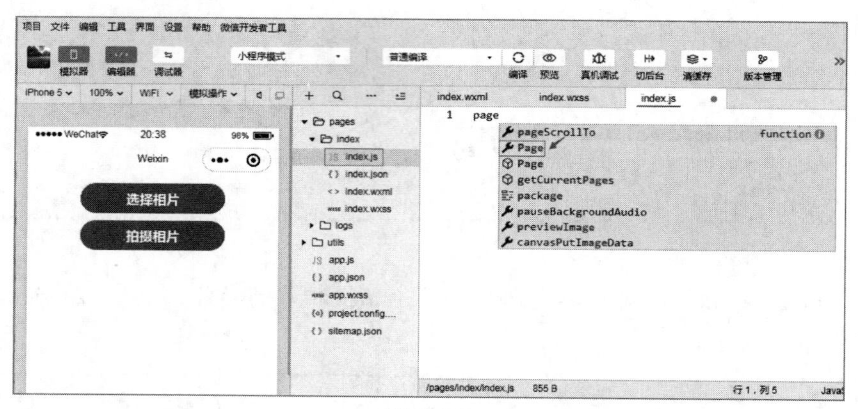

图 9-1-5

步骤 5 ：使用page函数初始化index.js页面，自动生成页面生命周期函数控制代码，如图9-1-6所示。

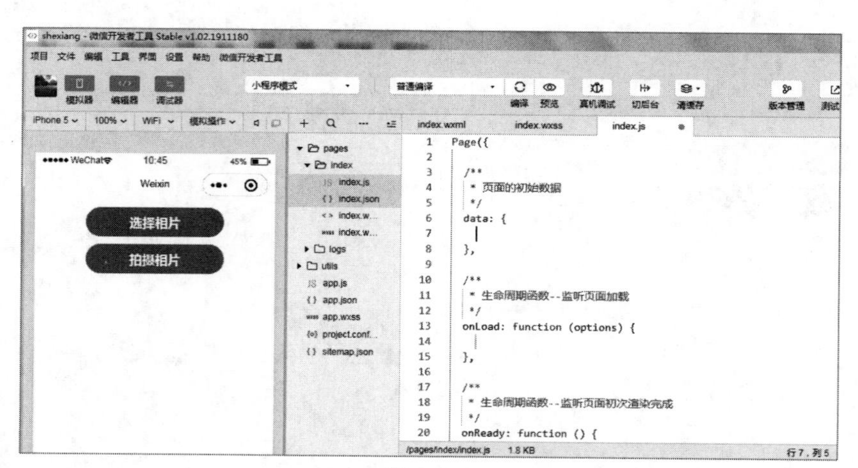

图 9-1-6

步骤 6：在 index.js 页面中，定义单击“选择相片”按钮时的响应事件代码。首先打开 pages/index/index.js 页面；接着定义函数 xuanze；然后在函数 xuanze 中小程序借助微信 API 函数 wx.chooseImage 发起选择相片请求，让手机微信底层打开相册供用户选择相片，选中相片后会执行 success 回调函数，在 success 回调函数中编写后续的操作代码，如图 9-1-7 所示。

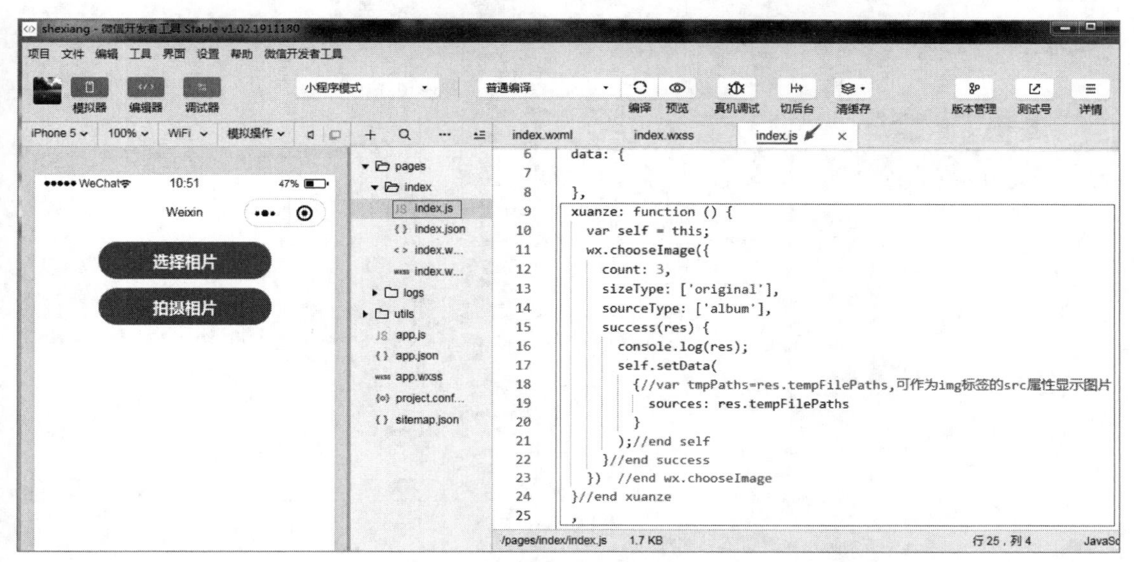

图 9-1-7

关键代码如下：

```
xuanze: function () {
    var self = this;
    wx.chooseImage({
      count: 3,
      sizeType: ['original'],
      sourceType: ['album'],
      success(res) {
        console.log(res);
        self.setData(
          {//var tmpPaths=res.tempFilePaths, 可作为 img 标签的 src 属性显示图片
             sources: res.tempFilePaths
           }
        );       //end self
      }          //end success
    })           //end wx.chooseImage
  }              //end xuanze
  ,
```

步骤 7：在 index.js 页面中定义单击“拍摄相片”按钮时的响应事件代码。首先打开 pages/index/index.js 页面；接着定义函数 paishe；然后在函数 paishe 中小程序借助微信 API 函数 wx.chooseImage 发起拍摄相片的请求，让手机微信底层打开相机供用户拍照，拍完相片之后会执

行 success 回调函数，在 success 回调函数中编写后续的操作代码，如图 9-1-8 所示。

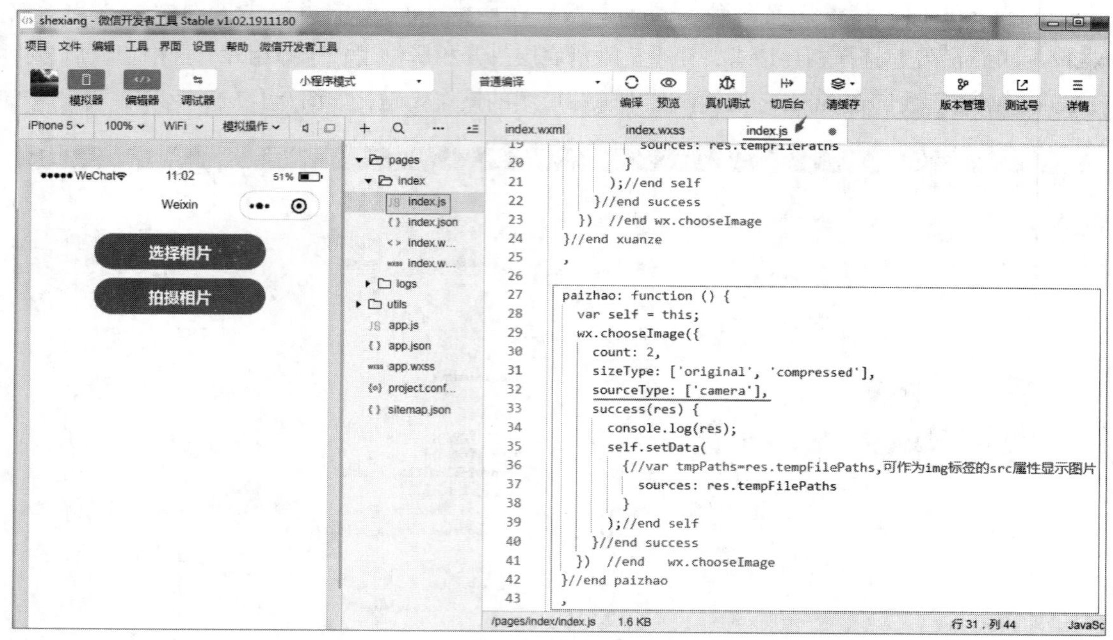

图 9-1-8

关键代码如下：

```
paizhao: function () {
    var self = this;
    wx.chooseImage({
      count: 2,
      sizeType: ['original', 'compressed'],
      sourceType: ['camera'],
      success(res) {
        console.log(res);
        self.setData(
         {//var tmpPaths=res.tempFilePaths, 可作为 img 标签的 src 属性显示图片
            sources: res.tempFilePaths
          }
        );         //end self
      }            //end success
    })             //end wx.chooseImage
  }                //end paizhao
  ,
```

步骤 8：保存项目，调试运行小程序。在真实手机设备上测试小程序选择相片的功能，如图 9-1-9 所示。

图 9-1-9

步骤 9：在真实手机设备上测试，测试小程序拍摄相片的功能，如图 9-1-10 所示。

图 9-1-10

相关知识

1. wx.chooseImage 函数从本地相册选择图片或调用相机拍照，其属性及其说明如表 9-1-1 所示。

表 9-1-1

序号	属性	类型	默认值	必填	说明
1	count	number	9	否	最多可以选择的图片张数
2	sizeType	Array.<string>	['original', 'compressed']	否	所选图片的尺寸
3	sourceType	Array.<string>	['album', 'camera']	否	选择图片的来源
4	success	function		否	接口调用成功的回调函数
5	fail	function		否	接口调用失败的回调函数
6	complete	function		否	接口调用结束的回调函数

2.“count: 3”设置最多可选择的相片数量。

3. 拍照完成后都会执行 success 的回调函数，在回调函数中可以编写拍照完后接下来的业务处理流程。

4. 当用户从相册选择相片或者直接用相机拍摄相片，在完成操作后，图片的临时路径都可以通过 filePath=res.tempFilePaths[0] 来获取。

5. 文件的上传可以调用微信 API 函数 wx.uploadFile。

拓展训练

1. 使用微信 API 函数 wx.chooseImage，要求制作选择相片、拍摄照片等效果，设置 count 数值为 9，如图 9-1-11 所示。

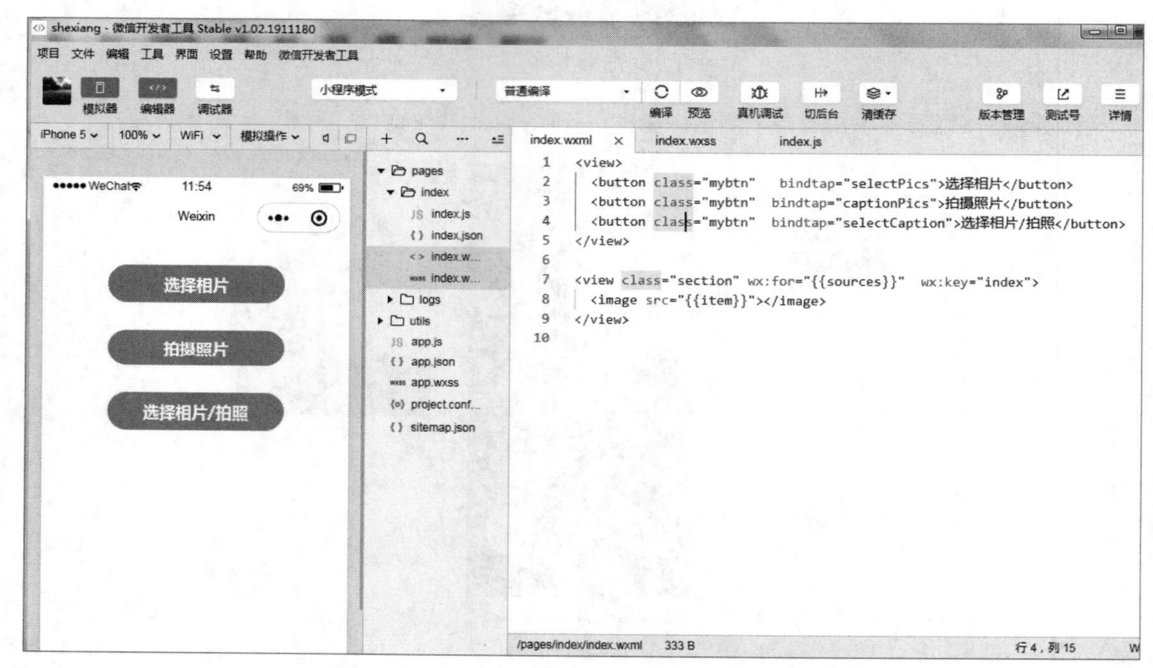

图 9-1-11

2. 使用 camera 系统相机组件实现拍照功能。

任务 9.2　小程序上传图片

任务描述

使用 API 函数 wx.chooseImage 选择或者拍摄相片，且使用 API 函数 wx.uploadFile 通过小程序发送上传文件的请求，并与后台服务程序（此任务中使用 PHP 作为后台，接收、处理保存文件的请求）结合起来实现图片上传与保存到服务器中，如图 9-2-1 所示。

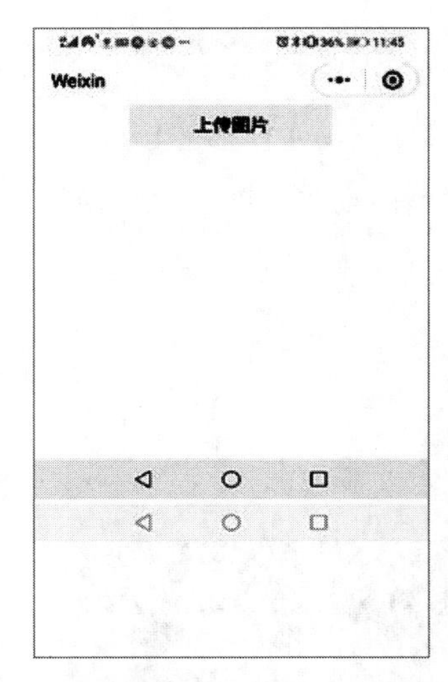

图 9-2-1

任务准备

扫码看课。

小程序上传图片

任务实施

步骤 1：新建一个项目，输入项目名称等信息，如图 9-2-2 所示。

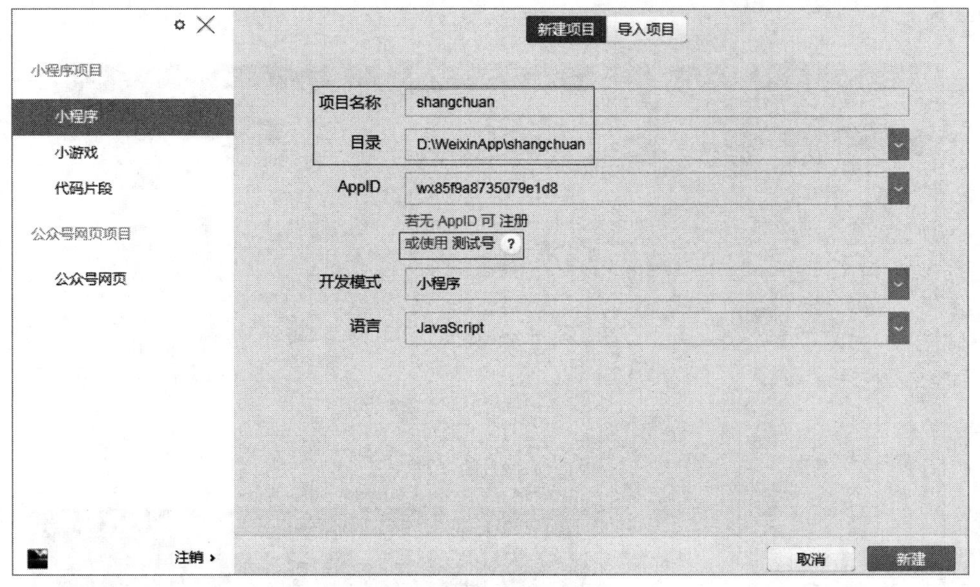

图 9-2-2

步骤 2：打开 index.wxml 页面，清空此文件附带的代码，接着添加 1 个 <button> 按钮组件，如图 9-2-3 所示。

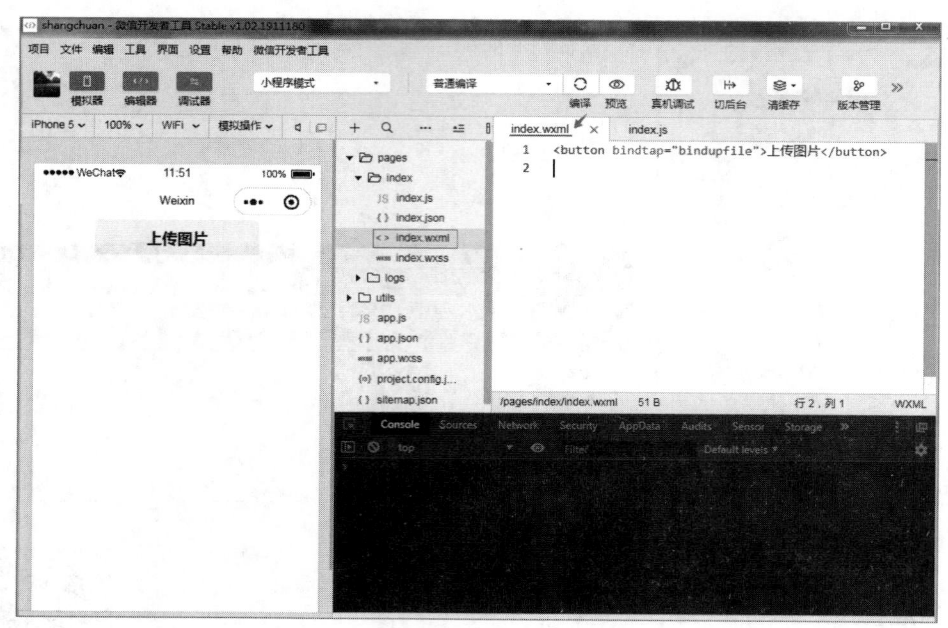

图 9-2-3

关键代码如下：

```
<button bindtap="bindupfile"> 上传图片 </button>
```

步骤 3 ：打开 pages/index/index.js 文件，清除自带的代码，使用 page 方法初始化页面，如图 9-2-4 所示。

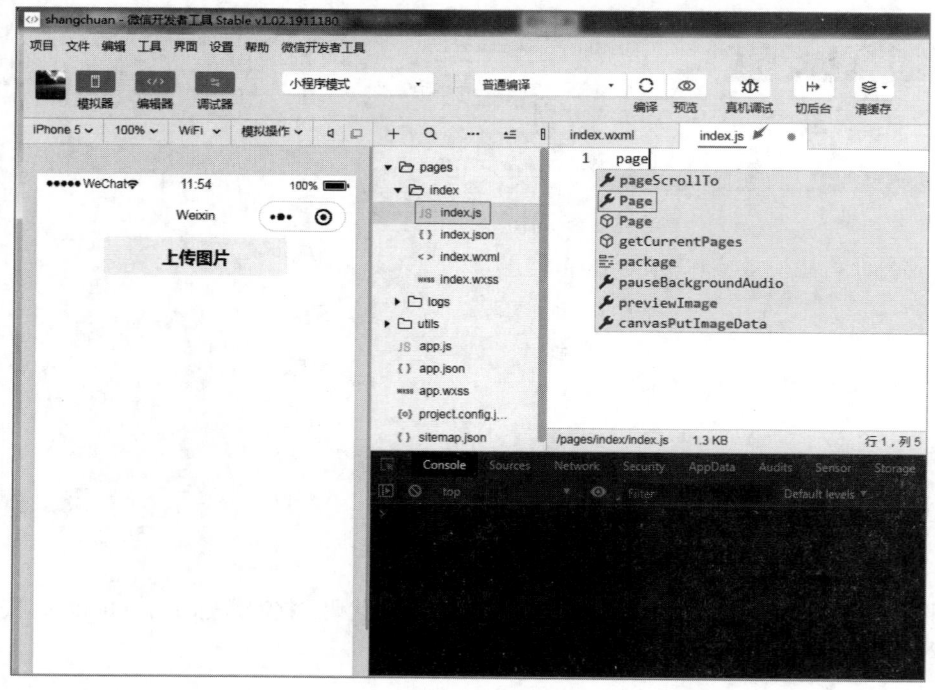

图 9-2-4

步骤 4：编写此页面中单击按钮时的响应事件代码。打开 pages/index/index.js 页面；接着定义函数 bindupfile，该函数主要实现通过 API 函数获取选择的相片，然后上传相片到服务器中。具体通过 API 函数 wx.chooseImage 从手机中选择相片或者拍照；再使用 API 函数 wx.uploadFile 通过小程序发送上传文件的请求（POST 请求），并与后台服务程序（此案例使用 PHP 作为后台接收、处理保存文件的请求）结合起来实现图片上传与保存。主要代码如图 9-2-5 所示。

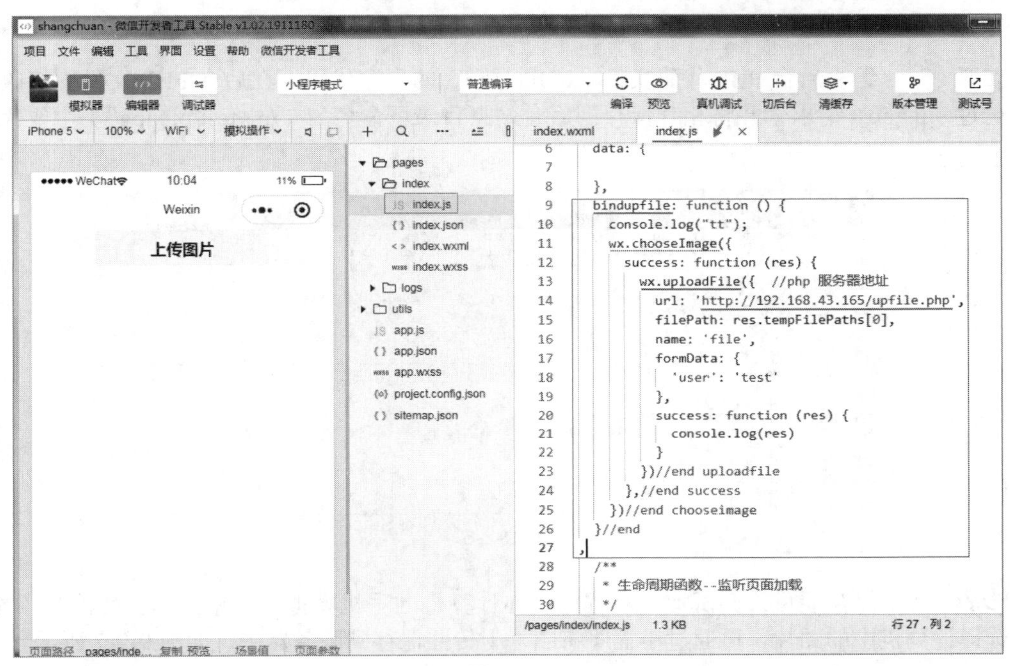

图 9-2-5

关键代码如下：

```
bindupfile: function () {
    console.log("tt");
    wx.chooseImage({
      success: function (res) {
        wx.uploadFile({  //php 服务器地址
          url: 'http://192.168.43.165/upfile.php',
          filePath: res.tempFilePaths[0],
          name: 'file',
          formData: {
            'user': 'test'
          },
          success: function (res) {
            console.log(res)
          }
        })        //end uploadfile
      },          //end success
    })            //end chooseimage
  }               //end
,
```

小贴士

文件上传 API 函数 wx.uploadFile 中保存 url 地址，在 PHP 服务器上使用 cmd、ipconfig/all 命令查看服务器地址，比如“192.168.43.165”。另外，在开发阶段，若测试小程序上传图片效果时，最好让手机与开发计算机连接到同一个有线网络；如果是接入无线网络的话，都接入到同一个无线 SSID 下，以便在同一个网络中测试上传相片的效果。

步骤 5：编写后台 PHP 代码文件“upfile.php”的程序代码。在后台 PHP 文件中接收小程序发送过来的 post 请求，并将相片保存到后台站点目录下命名为“/mytest/pic.jpg”。主要代码如图 9-2-6 所示。

```
<!DOCTYPE html PUBLIC "-//W3C//DTD XHTML 1.0 Transitional//EN"
"http://www.w3.org/TR/xhtml1/DTD/xhtml1-transitional.dtd">
<html xmlns="http://www.w3.org/1999/xhtml">
<head>
<meta http-equiv="Content-Type" content="text/html; charset=utf-8" />
<title>无标题文档</title>
</head>

<body>
<?php
echo "k";
if(!empty($_FILES['file'])) {
    var_dump($_FILES['file']);
    move_uploaded_file($_FILES['file']['tmp_name'],$_SERVER['DOCUMENT_ROOT'].
'/mytest/'.'pic.jpg');
}
?>
</body>
</html>
```

图 9-2-6

步骤 6：保存项目，调试运行小程序。在计算机的手机模拟器上单击“上传图片”按钮，接着选择计算机中的图片，再通过小程序将图片上传并保存到服务器中，如图 9-2-7 所示。

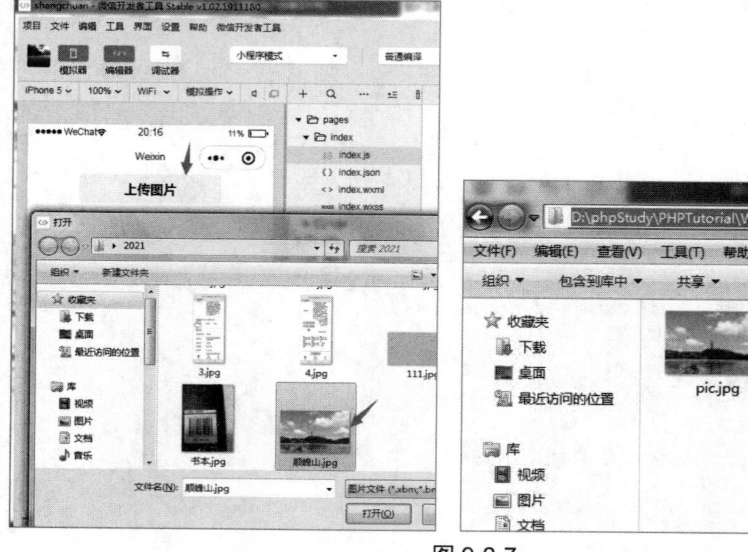

图 9-2-7

步骤 7：在真实手机设备上测试通过小程序上传与保存图片。在手机上点击“上传图片”按钮，接着选择手机上的图片，再通过小程序将图片上传并保存到服务器中，如图 9-2-8 所示。

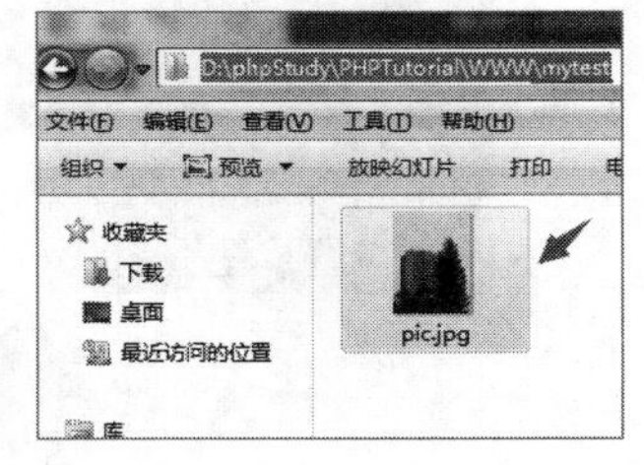

图 9-2-8

相关知识

1. 本任务中，“http://192.168.43.165/upfile.php”是后台 PHP 文件的地址。可以先打开浏览器输入地址 http://192.168.43.165/upfile.php，确保能正常访问该地址的页面。

2. wx.uploadFile 函数将本地资源上传到服务器。客户端发起一个 HTTPS 的 POST 请求，其中 content-type 为 multipart/form-data。主要属性及其说明如表 9-2-1 所示。

表 9-2-1

序号	属性	类型	必填	说　明
1	url	string	是	开发者服务器地址
2	filePath	string	是	要上传文件资源的路径（本地路径）
3	name	string	否	文件对应的 key，开发者在服务端可以通过该 key 获取文件的二进制内容
4	header	Object	否	HTTP 请求 Header，Header 中不能设置 Referer
5	formData	Object	否	HTTP 请求中其他额外的 form data
6	timeout	number		超时时间，单位为毫秒
7	fail	function		接口调用失败的回调函数
8	success	function	否	接口调用成功的回调函数

3. 关于 API 函数 wx.uploadFile 发送文件上传 POST 请求的使用方法、格式，可查阅微信小程序开发文档。

任务 9.3　小程序拍摄视频

任务描述

调用微信 API 函数 wx.chooseVideo 进行拍摄或者选择视频，小程序具体如何在智能手机上拍摄视频或者选择视频的工作完全交给微信底层去实现，开发者只要调用该 API 函数即可实现小程序拍摄或选择视频的目的，如图 9-3-1 所示。

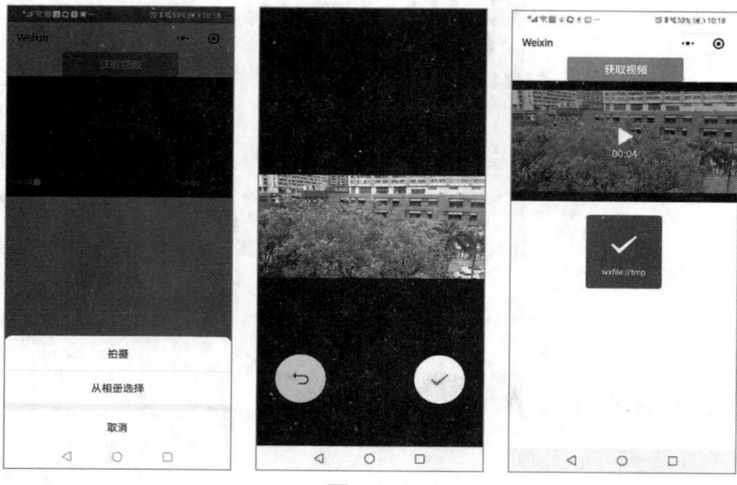

图 9-3-1

任务准备

扫码看课。

小程序拍摄视频

任务实施

步骤 1：新建一个项目，输入项目名称等信息，如图 9-3-2 所示

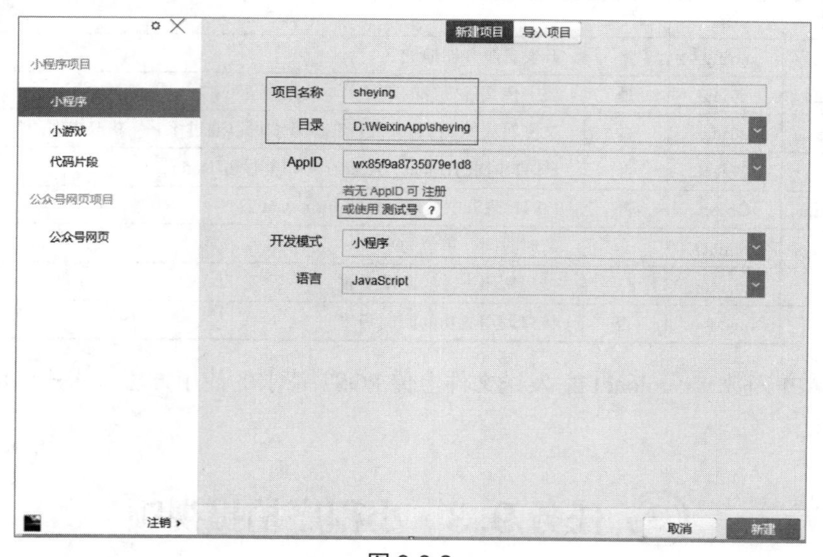

图 9-3-2

步骤 2：打开页面 index.wxml，清空此文件附带的代码，接着添加 1 个 <button> 按钮组件、1 个 <video> 视频组件，如图 9-3-3 所示。

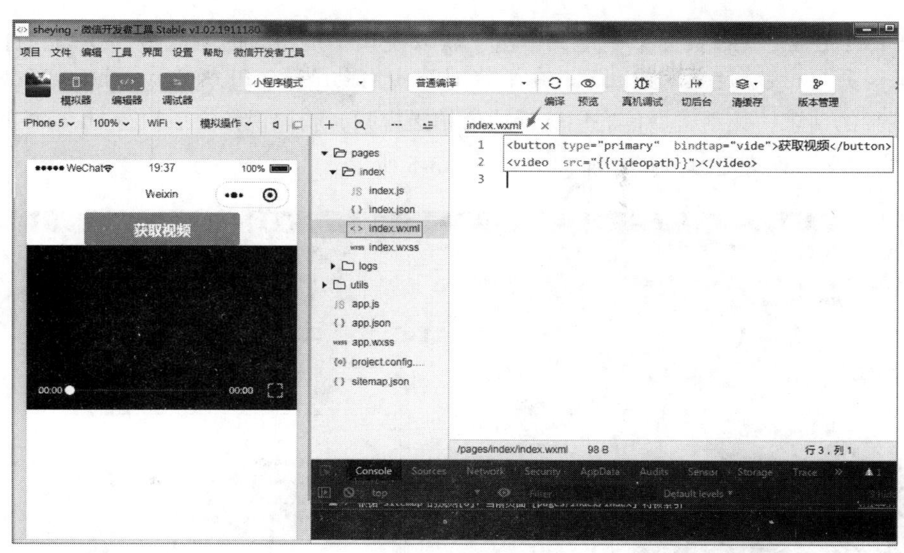

图 9-3-3

关键代码如下：

```
<button type="primary"  bindtap="vide">获取视频</button>
<video src="{{videopath}}"></video>
```

小贴士

<button> 按钮组件对应绑定选择、拍摄视频的功能函数；而 <video> 组件用于显示视频。

步骤 3：打开 pages/index/index.js 文件，清除自带的代码，使用 page 方法初始化页面，如图 9-3-4 所示。

图 9-3-4

步骤 4：在 index.js 页面中，定义单击“获取视频”按钮时的响应事件代码。打开 pages/index/index.js 页面；接着定义函数 vide，在函数 vide 中借助微信 API 函数 wx.chooseVideo 发起选择、拍摄视频的请求，让手机微信底层选择或者拍摄视频，获取视频之后执行 success 回调函数，在 success 中定义、处理后续的操作流程，如图 9-3-5 所示。

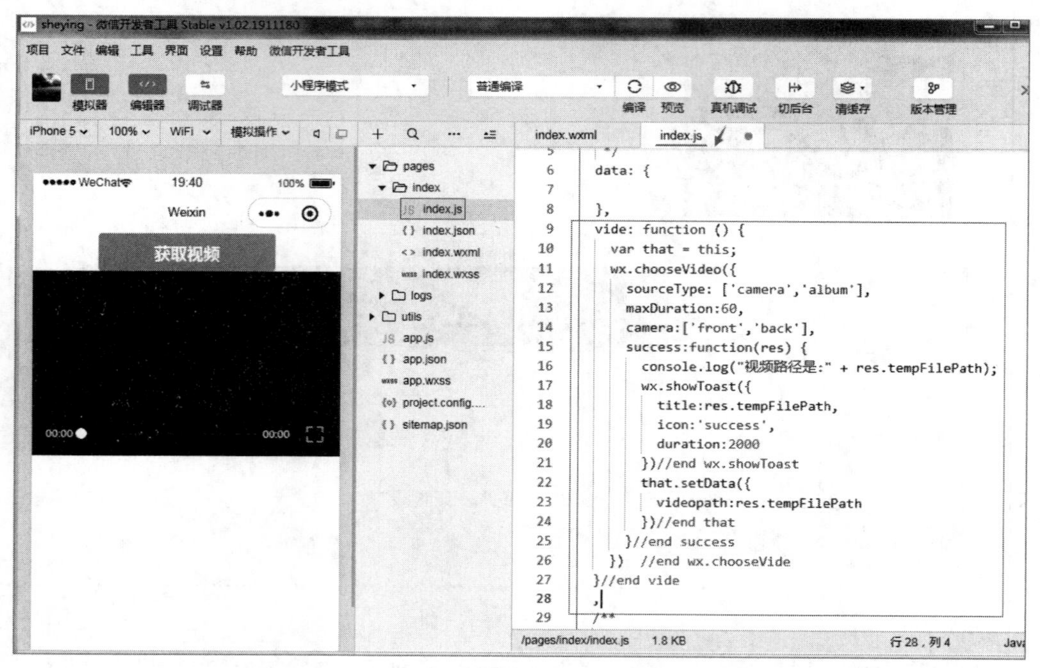

图 9-3-5

关键代码如下：

```
vide: function () {
    var that = this;
    wx.chooseVideo({
      sourceType: ['camera','album'],
      maxDuration:60,
      camera:['front','back'],
      success:function(res) {
        console.log("视频路径是：" + res.tempFilePath);
        wx.showToast({
          title:res.tempFilePath,
          icon:'success',
          duration:2000
        })        //end wx.showToast
        that.setData({
          videopath:res.tempFilePath
        })        //end that
      }           //end success
    })            //end wx.chooseVide
  }               //end vide
  ,
```

步骤 5：保存项目，调试运行小程序。在手机中测试，查看小程序选择、拍摄视频的功能效果，如图 9-3-6 所示。

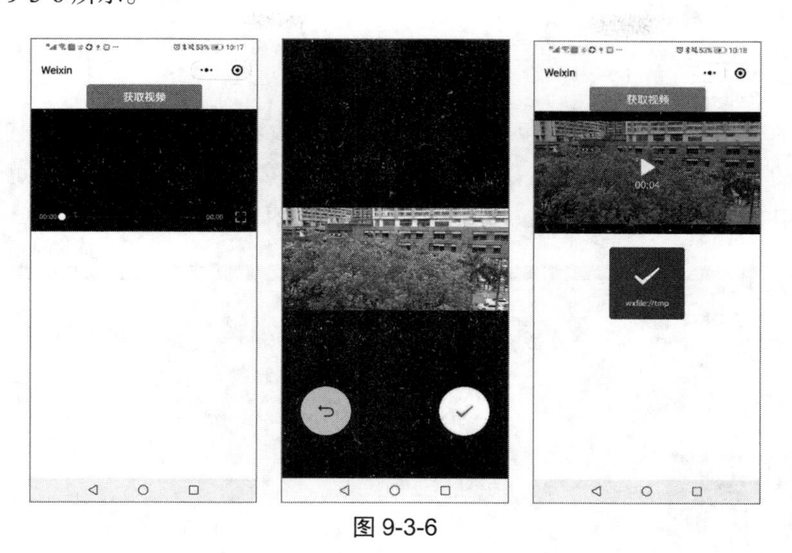

图 9-3-6

相关知识

1. API 函数 wx.chooseVideo 的功能是拍摄视频或从手机相册选择视频，其属性及其说明如表 9-3-1 所示。

表 9-3-1

序号	属性	默认值	必填	说　明
1	sourceType	['album', 'camera']	否	选择视频的来源
2	compressed	true	否	是否压缩所选择的视频文件
3	maxDuration	60	否	拍摄视频最长拍摄时间，单位为秒
4	camera	‘back’	否	默认拉起的是前置或者后置摄像头。部分 Android 手机下由于系统 ROM 不支持无法生效
5	success		否	接口调用成功的回调函数
6	fail		否	接口调用失败的回调函数
7	complete		否	接口调用结束的回调函数

2. sourceType 的合法值。“album” 表示 “从相册选择视频”，“camera” 表示 “使用相机拍摄视频”。

3. camera 的合法值。“back”表示“默认拉起后置摄像头”,“front” 表示“默认拉起前置摄像头”。

4. success 回调函数中 res 的属性。

（1）tempFilePath，选定视频的临时文件路径（本地路径）。

（2）duration，选定视频的时间长度。

（3）size，选定视频的数据量大小。

5. 小程序拍摄的视频，可以调用微信 API 函数 wx.uploadFile 实现上传、保存到后台服务器中。

任务 9.4 小程序录音

任务描述

借助微信 API 函数 wx.startRecord 让开发者轻松地开始录制音频，小程序具体如何在智能手机上录制音频的工作完全交给微信底层去实现，开发者只要调用该 API 函数即可实现开始录音的目的；并使用 API 函数 wx.playVoice 播放音频文件，如图 9-4-1 所示。

图 9-4-1

任务准备

扫码看课。

小程序录音

任务实施

步骤 1：新建一个项目，输入项目名称等信息，如图 9-4-2 所示

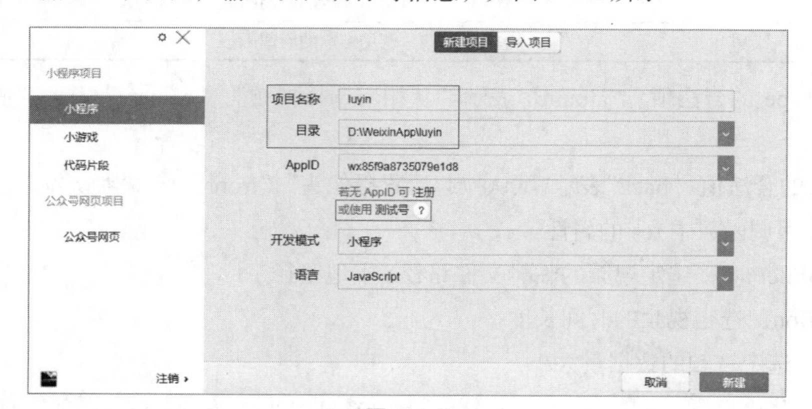

图 9-4-2

步骤 2：打开页面 index.wxml，清空此文件附带的代码，接着添加 3 个 <button> 按钮组件，如图 9-4-3 所示。

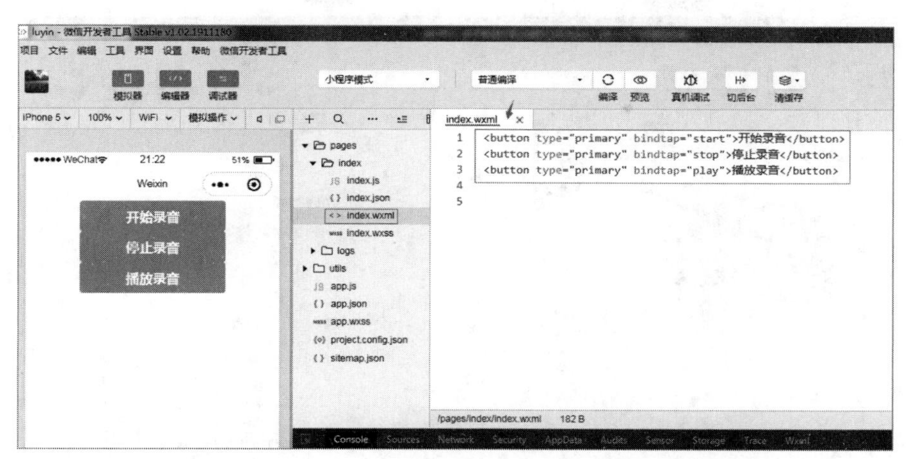

图 9-4-3

关键代码如下：

```
<button type="primary" bindtap="start"> 开始录音 </button>
<button type="primary" bindtap="stop"> 停止录音 </button>
<button type="primary" bindtap="play"> 播放录音 </button>
```

小贴士

3 个 <button> 按钮组件对应绑定“开始录音”“停止录音”“播放录音”的功能函数 start、stop、play，且在 JS 文件中也需要定义这 3 个函数。

步骤 3：打开 pages/index/index.js 文件，清除自带的代码，使用 page 方法初始化页面，如图 9-4-4 所示。

图 9-4-4

步骤 4 ：使用 page 函数初始化 index.js 页面，自动生成页面生命周期函数控制代码，并定义变量 voice 保存声音文件，如图 9-4-5 所示。

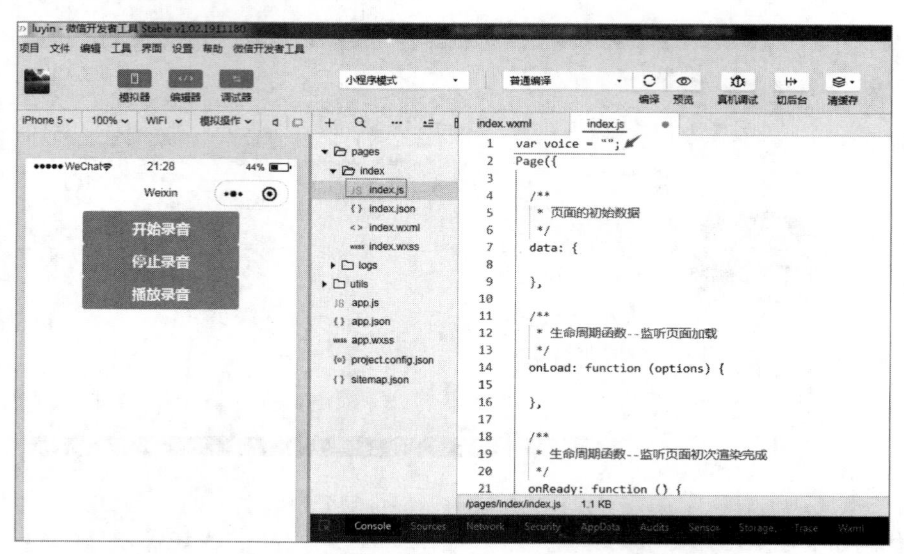

图 9-4-5

关键代码如下：

```
var voice = " ";
```

步骤 5 ：在 index.js 页面中定义单击“开始录音”按钮时的响应事件代码。打开 pages/index/index.js 页面；接着定义函数 start，在函数 start 中借助 API 函数 wx.startRecord 发起开始录制声音的请求，让手机微信底层进行录音，请求完成之后会执行 success 回调函数，在 success 中用变量 voice 保存录音的文件名，如图 9-4-6 所示。

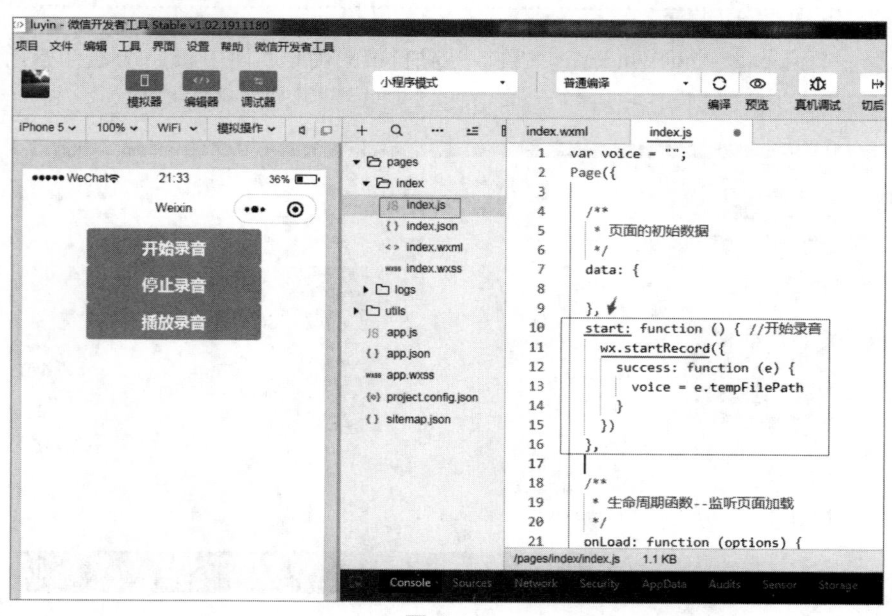

图 9-4-6

关键代码如下：

```
start: function () {      //开始录音
    wx.startRecord({
      success: function (e) {
        voice = e.tempFilePath
      }
    })
  },
```

步骤 6：在 index.js 页面中定义单击“停止录音”按钮时的响应事件代码。打开 pages/index/index.js 页面；接着定义函数 stop，在函数 stop 中借助 API 函数 wx.stopRecord 发起停止录音请求，让手机微信底层停止录音，如图 9-4-7 所示。

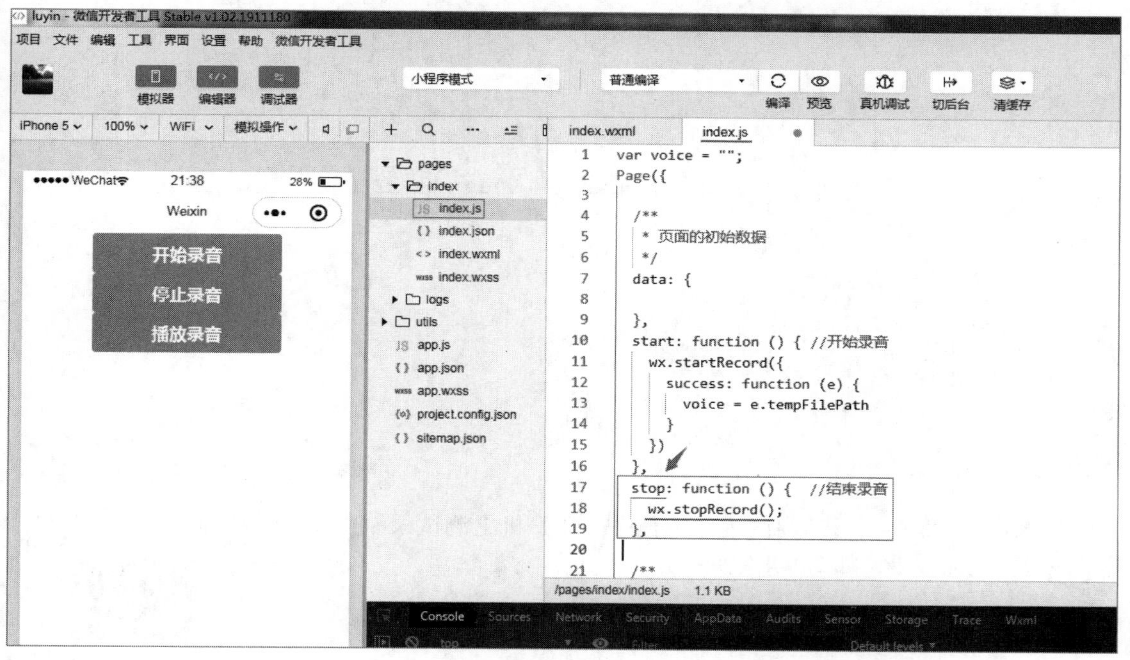

图 9-4-7

关键代码如下：

```
stop: function () {      //结束录音
    wx.stopRecord();
  },
```

步骤 7：在 index.js 页面中定义单击“播放录音”按钮时的响应事件代码。打开 pages/index/index.js 页面；接着定义函数 play，在函数 play 中借助 API 函数 wx.playVoice 发起播放声音文件的请求，如图 9-4-8 所示。

图 9-4-8

关键代码如下：

```
play: function () {     //播放声音文件
  wx.playVoice({
    filePath: voice
  })
},
```

步骤 8：保存项目，调试运行小程序。在手机上测试录制声音、播放录音的功能效果，如图 9-4-9 所示。

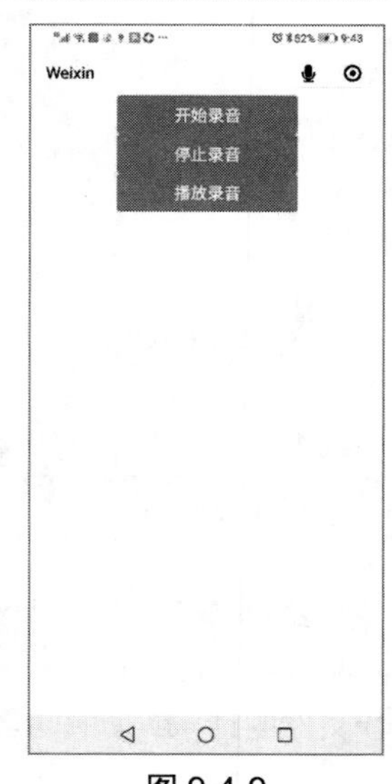

图 9-4-9

相关知识

1. wx.startRecord，开始录音，录音超过 1 分钟时自动结束录音。当用户离开小程序时，此接口无法调用。

2. wx.stopRecord，停止录音。

3. wx.playVoice，开始播放语音。同时只允许一个语音文件正在播放，如果前一个语音文件还没播放完，将中断前一个语音播放。

拓展训练

1. 使用微信 API 函数制作小程序录制声音、停止录制、播放声音效果，如图 9-4-10 所示。

2. 将录制的声音文件上传到后台服务器中保存。

图 9-4-10

任务 9.5　小程序扫描条码

任务描述

通过微信 API 函数 wx.scanCode 打开客户端扫码界面进行扫描条码，下面借助微信 API 函数 wx.scanCode 实现小程序扫描教材封底的条形码，如图 9-5-1 所示。

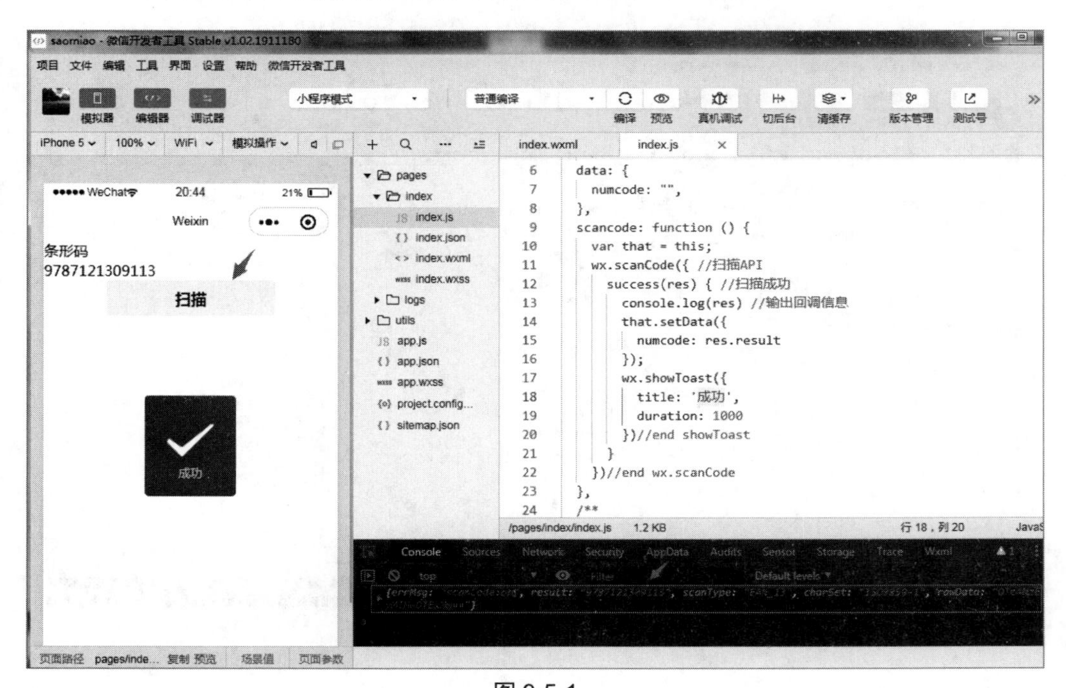

图 9-5-1

任务准备

扫码看课。

小程序扫描条码

任务实施

步骤 1 ：新建一个项目，输入项目名称等信息，如图 9-5-2 所示。

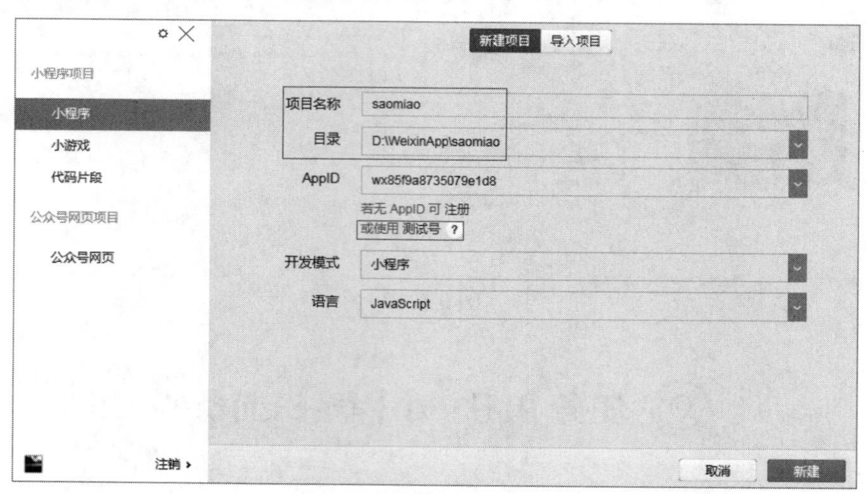

图 9-5-2

步骤 2 ：打开页面 index.wxml，清空此文件附带的代码，接着添加 1 个 <text> 文本组件、1 个 <input> 输入框组件、1 个 <button> 按钮组件，如图 9-5-3 所示。

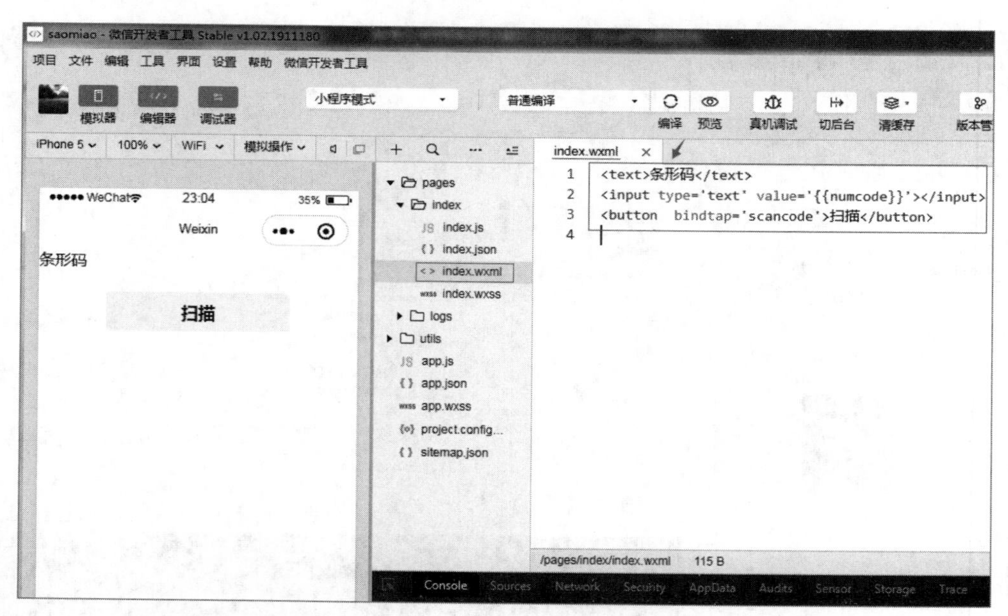

图 9-5-3

关键代码如下：

```
<text> 条形码 </text>
<input type='text' value='{{numcode}}'></input>
<button  bindtap='scancode'> 扫描 </button>
```

> **小贴士**
>
> 1 个 <button> 按钮组件对应绑定扫描的功能函数；而 <input> 输入框组件用于显示扫描出来的条形码。

步骤 3：打开 pages/index/index.js 文件，清除自带的代码，使用 page 方法初始化页面，如图 9-5-4 所示。

图 9-5-4

步骤 4：使用 page 函数初始化 index.js 页面，自动生成页面生命周期函数控制代码，并定义变量 numcode 保存扫描出来的条形码结果，如图 9-5-5 所示。

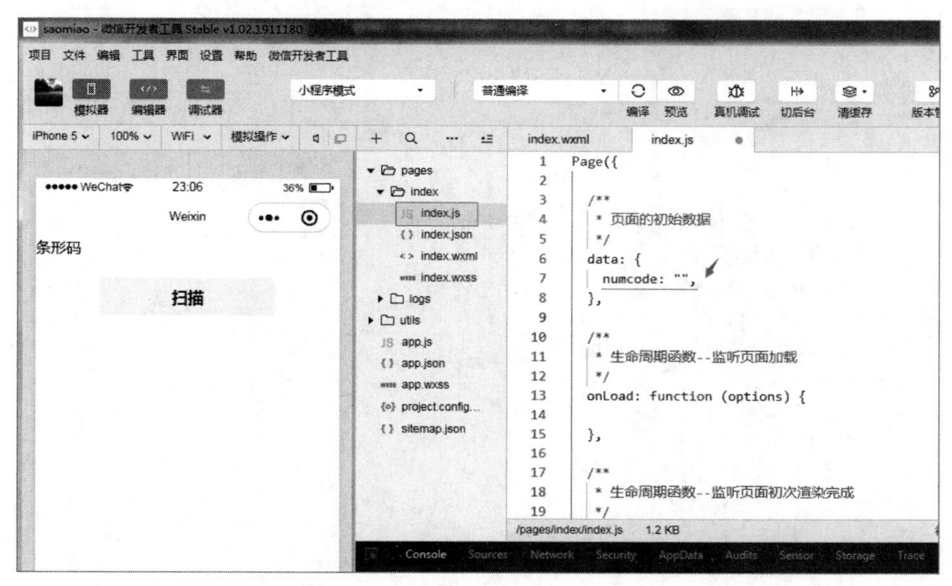

图 9-5-5

关键代码如下：

```
numcode: "",
```

步骤 5：在 index.js 页面中定义单击“扫描”按钮时的响应事件代码。打开 pages/index/index.js 页面；接着定义函数 scancode，在函数 scancode 中借助 API 函数 wx.scanCode 发起扫码的请求，让手机微信底层打开客户端扫码界面进行扫描条码，扫码成功之后会执行 success 回调函数，在 success 中分析扫码后返回参数 res 的信息，如图 9-5-6 所示。

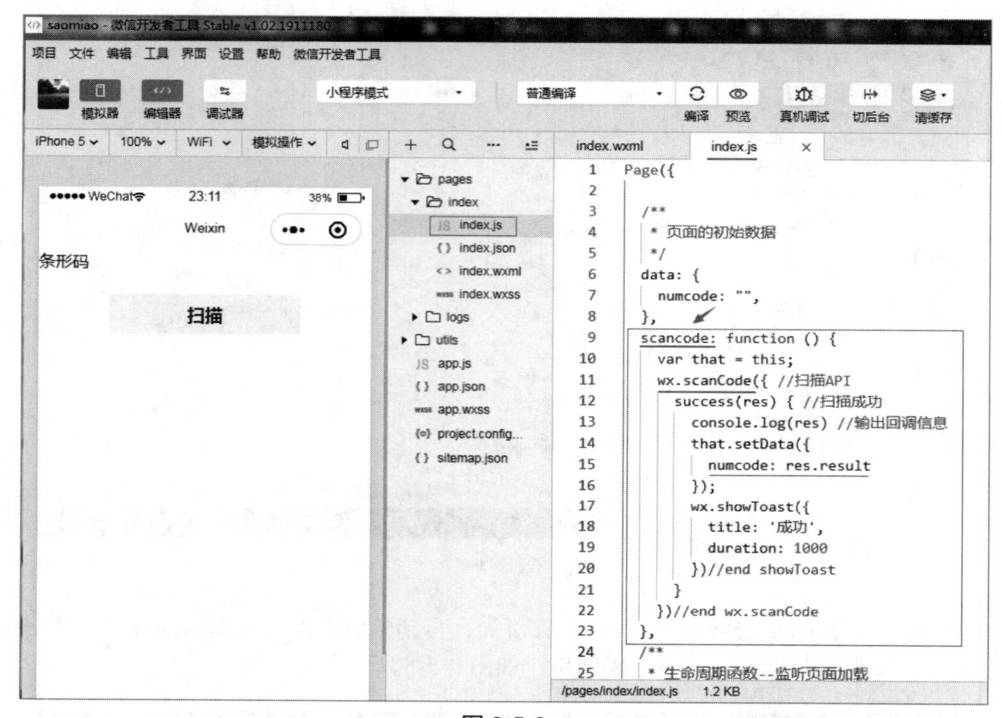

图 9-5-6

关键代码如下：

```
scancode: function () {
  var that = this;
  wx.scanCode({                 //扫描API
    success(res) {              //扫描成功
      console.log(res)          //输出回调信息
      that.setData({
        numcode: res.result
      });
      wx.showToast({
        title: '成功',
        duration: 1000
      })                        //end showToast
    }
  })                            //end wx.scanCode
},
```

步骤 6：保存项目，调试运行小程序扫码功能。查看小程序扫描教材封底的条形码效果，如图 9-5-7 所示。

图 9-5-7

相关知识

1. wx.scanCode 函数的功能是调用客户端扫码界面进行扫码，其属性及说明如表 9-5-1 所示。

表 9-5-1

序号	属性	类型	默认值	必填	说　明
1	onlyFromCamera		false	否	是否只能从相机扫码，不允许从相册选择图片
2	scanType		['barCode', 'qrCode']	否	扫码类型
3	success	function		否	接口调用成功的回调函数
4	fail	function		否	接口调用失败的回调函数
5	complete	function		否	接口调用结束的回调函数

2. scanType 的合法值。

（1）barCode，一维码。

（2）qrCode，二维码。

（3）datamatrix，Data Matrix 码。

（4）pdf417，PDF417 条码。

3. success 回调函数，返回 res 参数的属性。

（1）result，所扫码的内容。

（2）scanType，所扫码的类型。

（3）charSet，所扫码的字符集。

（4）path，当所扫的码为当前小程序二维码时，会返回此字段，内容为二维码携带的 path。

（5）rawData，原始数据，base64 编码。

拓展训练

1. 使用微信 API 函数 wx.scanCode，制作扫描“快递单条形码”的小程序，如图 9-5-8 所示。

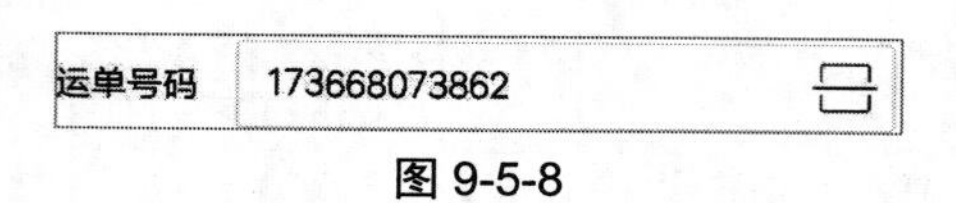

图 9-5-8

2. 制作扫描校卡的小程序。

单 元 小 结

本单元学习了微信小程序通过 API 函数发挥智能手机的功能、作用，具体由微信底层处理实现相关的功能。

第 10 单元 form 表单收集信息

技能目标

- 掌握 radio 组件的应用
- 掌握 slider 组件的应用
- 掌握 input 组件的应用
- 掌握 form 组件的应用
- 学会弹框 wx.showToast 以及使用全局变量

通过前面章节的学习，了解了微信小程序的 JS 程序设计、基础组件应用，若要对小程序项目开发需要应用到的知识有深入了解，还需要掌握更多的表单处理技能，以及需要熟练地掌握常用于表单中的组件。

本单元将学习 radio、slider、input、form 等组件在开发中的应用，引导读者掌握更多的组件应用技能。

任务 10.1　radio 组件制作单选按钮

任务描述

列出课程信息，允许用户选中其中一门功课，并正确地提示选择的结果，如图 10-1-1 所示。

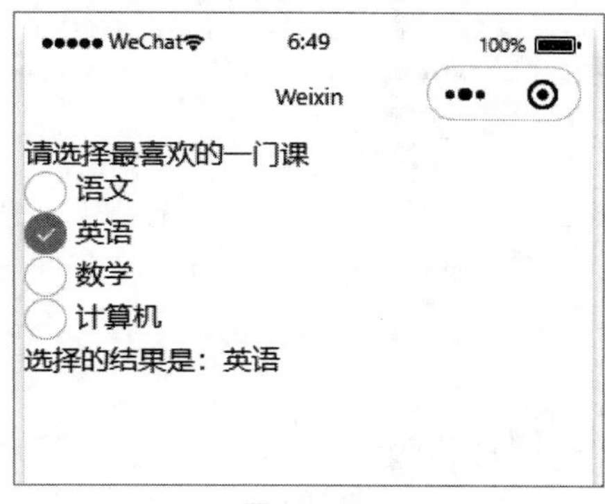

图 10-1-1

任务准备

扫码看课。

radio 组件制作单选按钮

任务实施

步骤 1：打开 index.js 文件，定义一个二维数组 items 表示可选择的课程信息，定义变量 msg 表示选中的课程，如图 10-1-2 所示。

```
1  Page({
2    data: {
3      items: [
4        {value: '1', name: '语文'},
5        {value: '2', name: '英语'},
6        {value: '3', name: '数学'},
7        {value: '4', name: '计算机'},
8      ],
9      msg:"",
10   },
```

图 10-1-2

> **小贴士**
>
> 二维数组本质上是以数组作为数组元素的数组，即“数组的数组”。二维数组又称矩阵。

步骤 2：打开 index.js 文件，定义带参函数 radioChange(e)，实现提取选项内容的功能，如图 10-1-3 所示。

```
10  },
11  radioChange(e) {
12    var vitems = this.data.items;
13    var vcho = this.data.cho;
14    for (let i = 0, len = vitems.length; i < len; ++i) {
15      vitems[i].checked = vitems[i].value === e.detail.value;
16      if(vitems[i].checked){
17        vcho=vitems[i].name;
18      }
19    }
20    this.setData({
21      items:vitems,
22      msg:"选择的结果是："+vcho
23    })
24  },
25  /**
```

图 10-1-3

小贴士

等同符“===”与等值符“==”的区别：

（1）“===”称为等同符，又称严格等，当两边值的类型相同时，直接比较值是否相等，若类型相同且值也相同返回 true，若值不同则返回 false；若类型不相同，直接返回 false。

（2）“==”称为等值符，当等号两边的类型相同时，直接比较值是否相等；若不相同，则先转化为类型相同，再比较值是否相等。

步骤 3 ：打开页面 index.wxml，添加一个组件 <radio-group bindchange="radioChange">，把数组 items 的内容以选项 radio 的形式呈现，如图 10-1-4 所示。

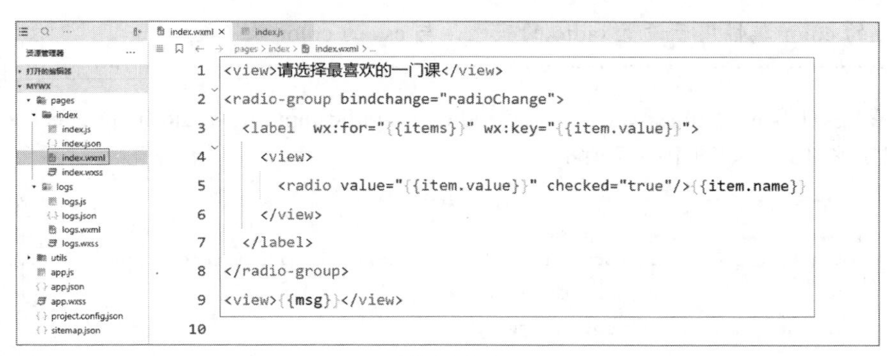

```
<view>请选择最喜欢的一门课</view>
<radio-group bindchange="radioChange">
  <label  wx:for="{{items}}" wx:key="{{item.value}}">
    <view>
      <radio value="{{item.value}}" checked="true"/>{{item.name}}
    </view>
  </label>
</radio-group>
<view>{{msg}}</view>
```

图 10-1-4

小贴士

对于 radio 的 value 属性。当该 radio 选中时，radio-group 的 change 事件会携带 radio 的 value。

步骤 4 ：在模拟器上调试执行效果，如图 10-1-5 所示。

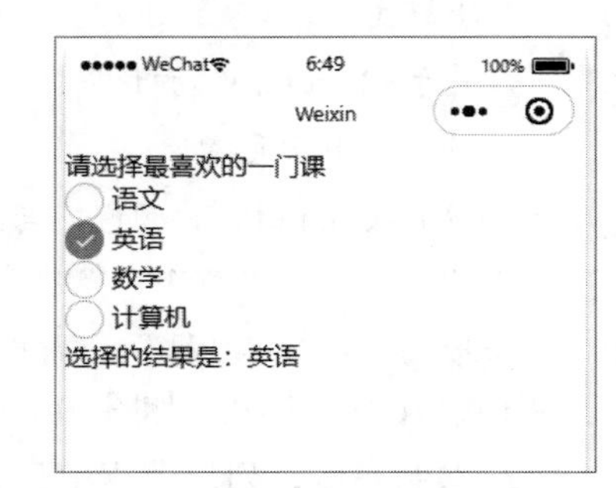

图 10-1-5

相关知识

1. 微信小程序 <radio> 单选项目组件，制作单选按钮。

2. radio-group 单项选择器，内部可以由多个 radio 组成。

拓展训练

1. 参照案例，列出课程信息，允许用户选中其中一门课程，并正确提示选择的结果，被选中的选项以自定义的样式（color="red"）呈现，提高人机交互的效果。

提示步骤：

步骤 1 ：打开页面 index.wxml，创建一个组件 <radio-group bindchange="radioChange">，把数组 items 的内容以选项 radio 的形式呈现，设置 <radio> 组件的 color 属性值，如图 10-1-6 所示。

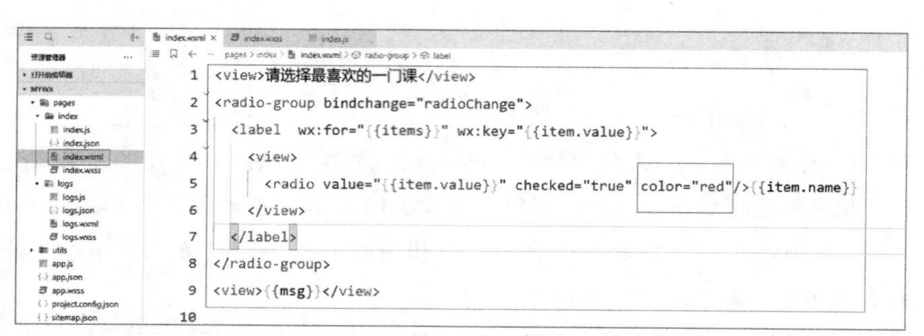

图 10-1-6

小贴士

radio 的 color 属性用于设置 radio 的颜色，与 css 的 color 效果类似。

步骤 2：打开页面 index.wxss，设置 radio .wx-radio-input.wx-radio-input-checked::before{} 属性值，自定义样式，如图 10-1-7 所示。

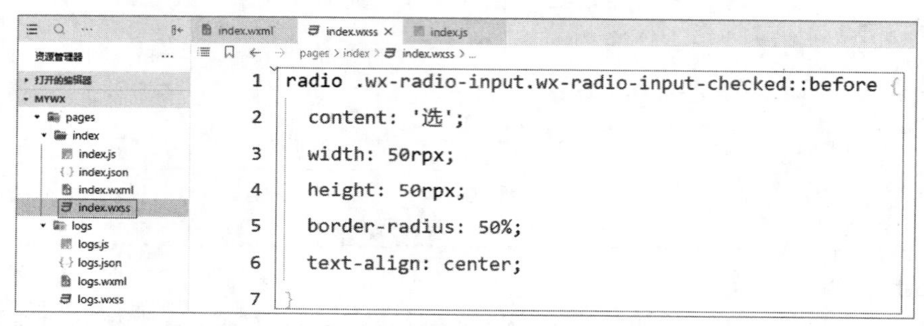

图 10-1-7

小贴士

关于“::before”的说明：

（1）使用伪元素。

（2）设置 radio 的颜色，与 css 的 color 效果类似。

步骤 3：在模拟器中，调试选择的内容，发现当前选中按钮的样式为自定义样式，如图 10-1-8 所示。

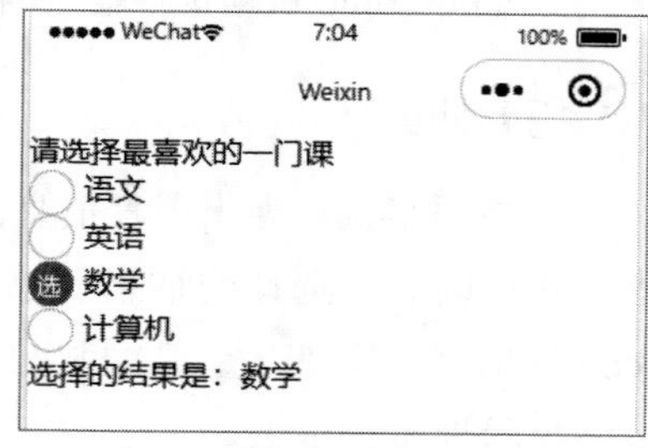

图 10-1-8

2. 参照案例，列出课程信息，允许用户选中其中的一门课程，并正确提示选择的结果，被选中的选项以自定义的样式呈现，未选中的选项也以自定义的样式呈现，提高人机交互效果。

提示步骤：

步骤 1：打开页面 index.wxss，设置 radio.wx-radio-input::before{} 属性值，自定义样式，如图 10-1-9 所示。

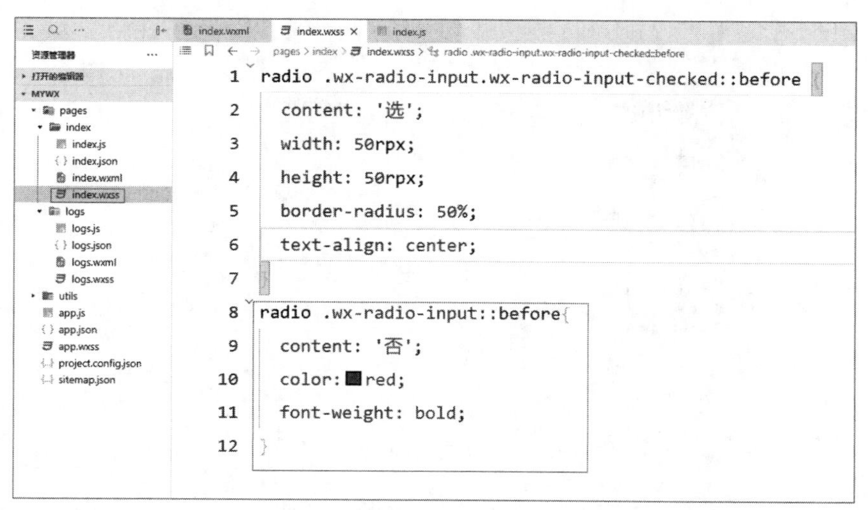

图 10-1-9

步骤 2 ：在模拟器中，调试选择的内容，发现未选中的按钮样式为自定义样式，如图 10-1-10 所示。

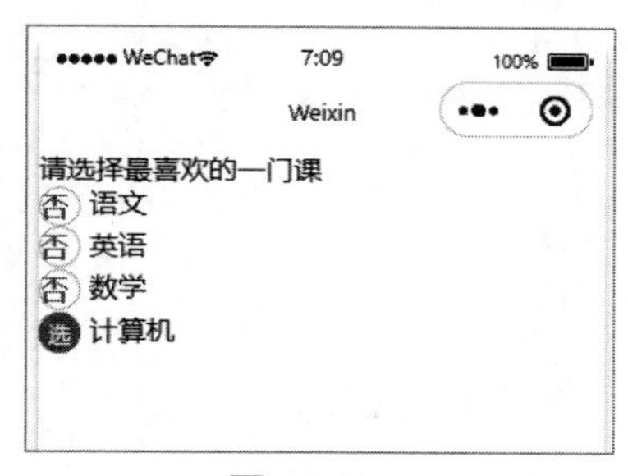

图 10-1-10

任务 10.2　slider 组件制作拖动效果

任务描述

使用 slider 组件，拖动 slider 组件的滑块时，控制另一个自定义对象随滑块移动，如图 10-2-1 所示。

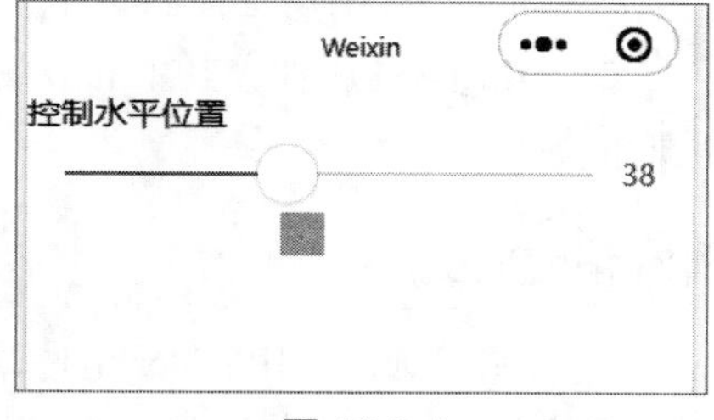

图 10-2-1

任务准备

扫码看课。

slider 组件制作拖动效果

任务实施

步骤 1 ：打开 index.js 文件，定义变量 eleft，定义函数 change(e)，实现提取 e 参数值的功能，如图 10-2-2 所示。

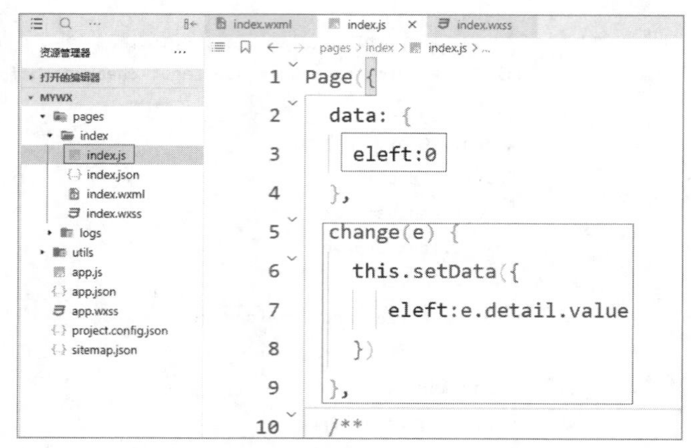

图 10-2-2

步骤 2 ：打开页面 index.wxml，添加 slider 组件，设置 bindchange 绑定 change 事件，如图 10-2-3 所示。

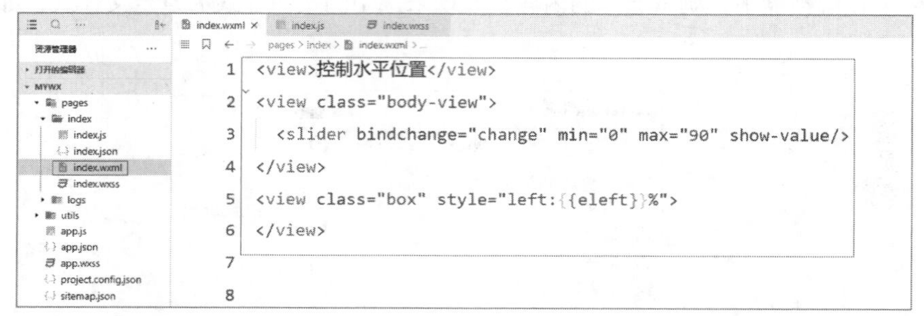

图 10-2-3

> 小贴士
>
> bindchange="change" 的功能是当 slider 组件的滑块被拖动时，执行 change() 函数。

相关知识

1. <slider> 是滑动选择器组件。

2. <slider> 的属性，其中 min 设置最小值，max 设置最大值，step 设置步长，value 设置当前取值等。

拓展训练

1. 参照案例，使用 slider 组件，拖动 slider 组件的滑块时，更改分数的变化，并实现根据分数的等级提示不同的信息。提示要求：小于 60 分提示“加油”；大于或等于 60 分且小于 70 分显示“及格”；大于或等于 70 分且小于 80 分显示“良好”；其他情况显示“优秀”，如图 10-2-4 所示。

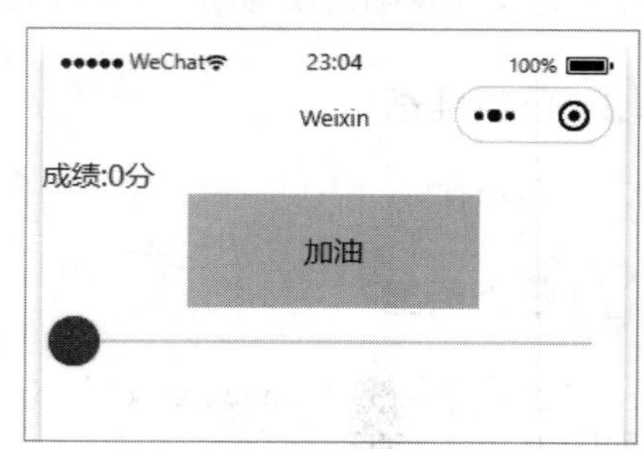

图 10-2-4

提示步骤：

步骤 1 ：打开 index.js 文件，定义变量 score，定义函数 run(e)，实现提取 e 参数值的功能，如图 10-2-5 所示。

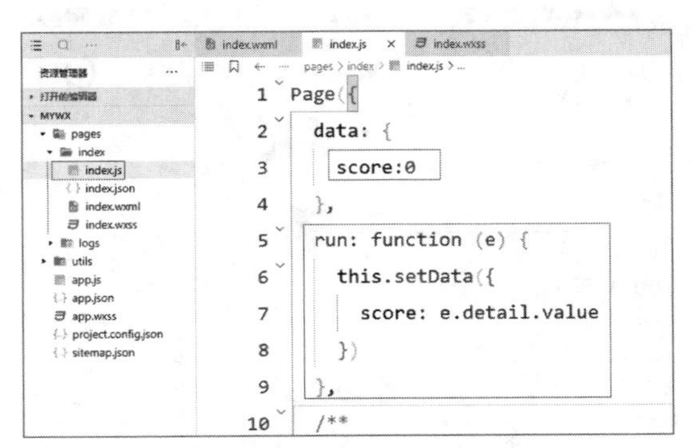

图 10-2-5

步骤 2 ：打开页面 index.wxml，使用 if 条件渲染，根据 score 的值，显示对应的信息；添加 slider 组件，设置 bindchange 绑定 run 事件，slider 组件的值设置为 score，如图 10-2-6 所示。

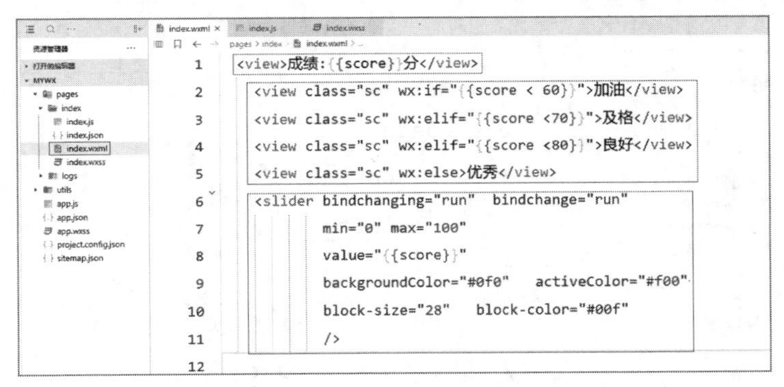

图 10-2-6

> **小贴士**
>
> slider 的 value 属性显示 slider 的当前取值。

步骤 3 ：打开页面 index.wxss，设置合适的样式，如图 10-2-7 所示。

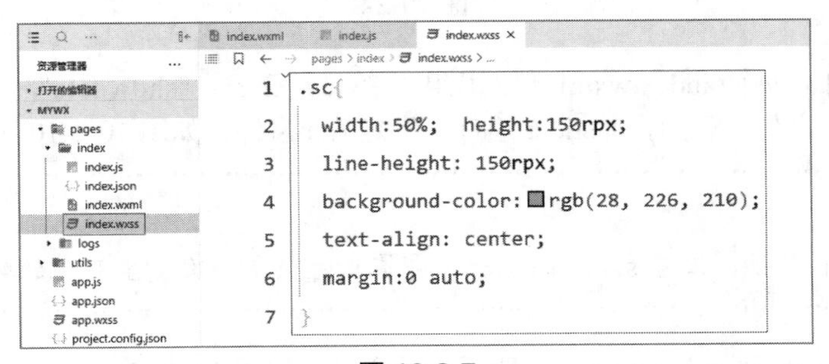

图 10-2-7

2. 参照案例，添加 slider 组件，拖动 slider 组件的滑块时，显示收入的目标值，如图 10-2-8 所示。

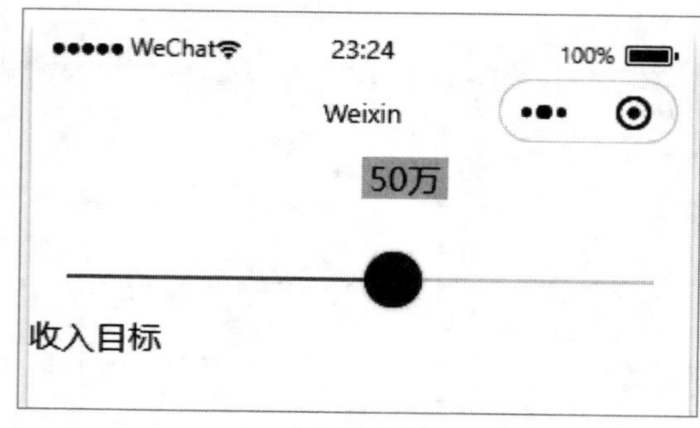

图 10-2-8

提示步骤：

步骤 1：打开 index.js 文件，定义变量 score、vleft，定义函数 run(e)，实现提取 e 参数值的功能，如图 10-2-9 所示。

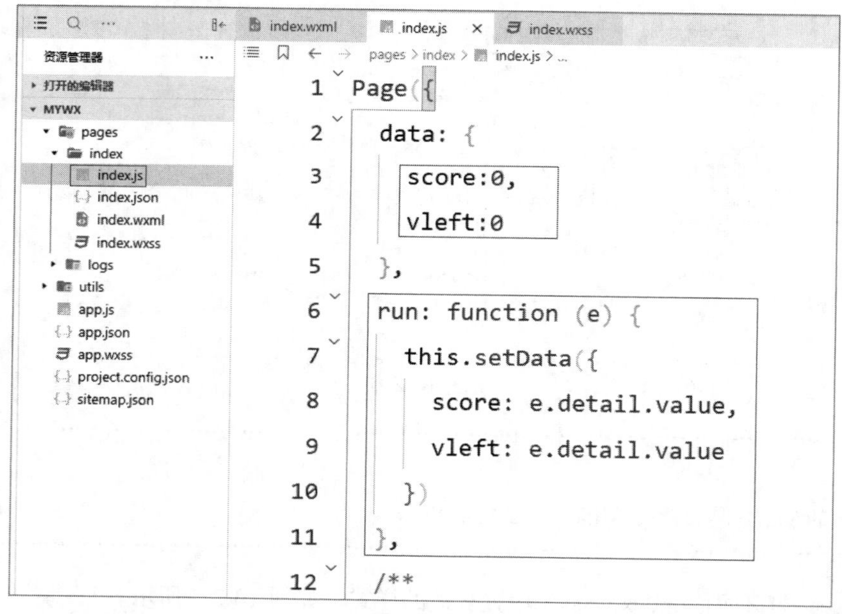

图 10-2-9

步骤 2：打开页面 index.wxml，使用组件 <view class= "showdata"> 显示 {{score}}，用 {{score}} 控制组件的左边框；添加 slider 组件，绑定 run 事件，如图 10-2-10 所示。

小贴士

slider 的 step 属性，设置 slider 的步长，即拖动时数值一次发生变化的数量。

步骤 3：打开页面 index.wxss，设置适当的样式，如图 10-2-11 所示。

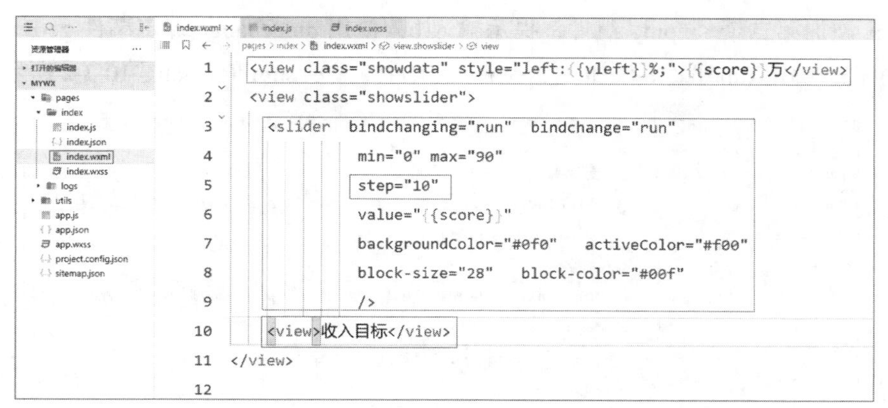

图 10-2-10

```
.showdata{
  width:100rpx;
  background-color: rgb(28, 226, 210);
  text-align: center;
  position: absolute;
}
.showslider{
  position: absolute;
  top:100rpx;
  height:100rpx;
  width:100%;
}
```

图 10-2-11

任务 10.3　input 组件接收用户信息

任务描述

使用两个 input 输入框组件，让用户输入两个数，点击“求和”按钮实现计算两个数和的功能，如图 10-3-1 所示。

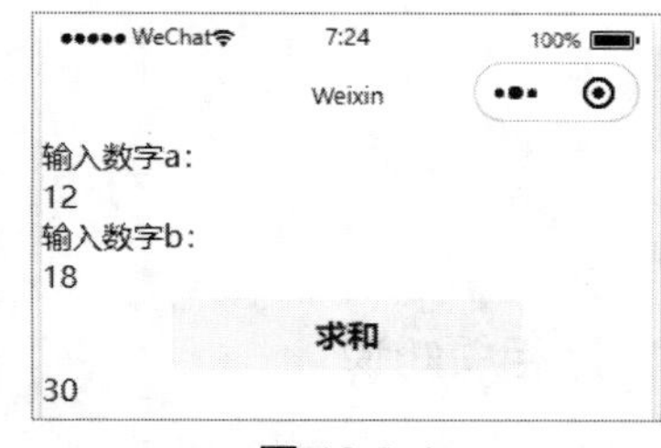

图 10-3-1

任务准备

扫码看课。

input 组件接收用户信息

任务实施

步骤 1：打开页面 index.wxml，添加一个 <input> 组件，提示输入 a，使用 bindchange 绑定事件 getA；添加第二个 <input> 组件，提示输入 b，使用 bindchange 绑定事件 getB；添加一个 <button> 组件，绑定 run 事件；添加一个 <view> 组件，显示 sum 值，如图 10-3-2 所示。

图 10-3-2

> **小贴士**
>
> 当 input 输入的数值发生变化时，触发 bindchange 绑定的事件。

步骤 2：打开 index.js 文件，定义 sum、a、b 等变量，定义函数 getA(e)，实现提取 e 参数值的功能，如图 10-3-3 所示。

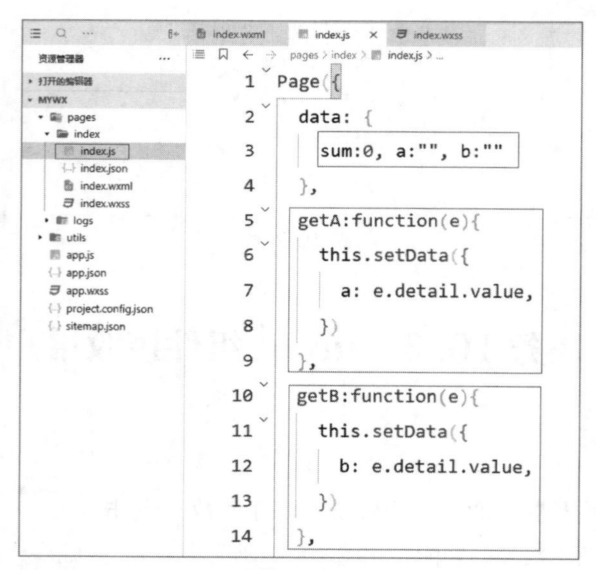

图 10-3-3

相关知识

1. <input> 是输入框组件。

2. <input> 属性，其中 value 是输入框的初始内容，type 是 input 的类型，password 指定“是否密码类型”，maxlength 为最大输入长度等。

拓展训练

1. 参照案例，在 index 页面，提供 1 个 input 组件，让用户输入用户名，点击按钮后，跳转到 index2 页面，并在 index2 页面显示刚输入的用户名信息。

提示步骤：

步骤 1：打开 app.json 文件，添加“pages/index2/index”，创建子页面 index2，如图 10-3-4 所示。

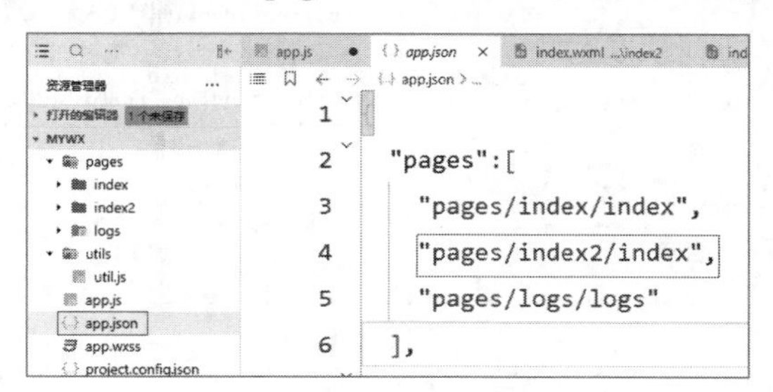

图 10-3-4

> **小贴士**
>
> 在 app.json 文件的 pages 中，可设置一个数组，每一项都是字符串，用于指定小程序由哪些页面组成。每一项代表对应页面的“路径＋文件名”信息。
>
> 数组的第一项代表小程序启动时的首页面。
>
> 当添加一个新项时，资源管理器会自动添加一个子页面文件夹，文件夹内自动生成 .json、.js、.wxml、.wxss 四个文件。

步骤 2：打开 app.js 文件，定义全局变量 username，如图 10-3-5 所示。

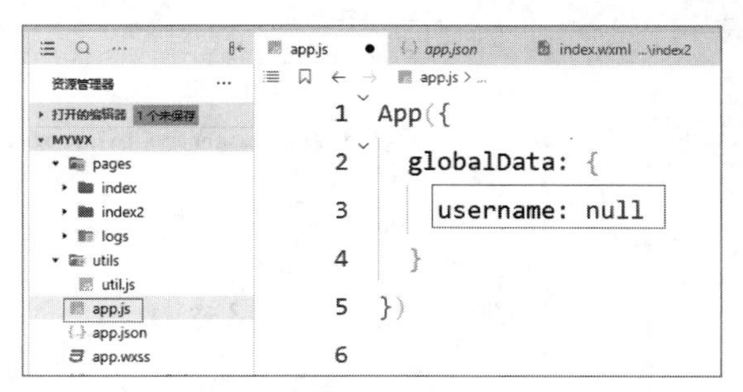

图 10-3-5

> **小贴士**
>
> 全局变量的定义。在 app.js 文件中，存在下列配置项：
>
> ```
> App({
>   globalData: {
>     username: null
>   }
> })
> ```
>
> 在 globalData 中，可自定义全局变量。

步骤 3：打开页面 index.wxml，添加一个 <input> 组件，绑定 getNA 事件；添加一个 <button> 组件，绑定 run 事件，如图 10-3-6 所示。

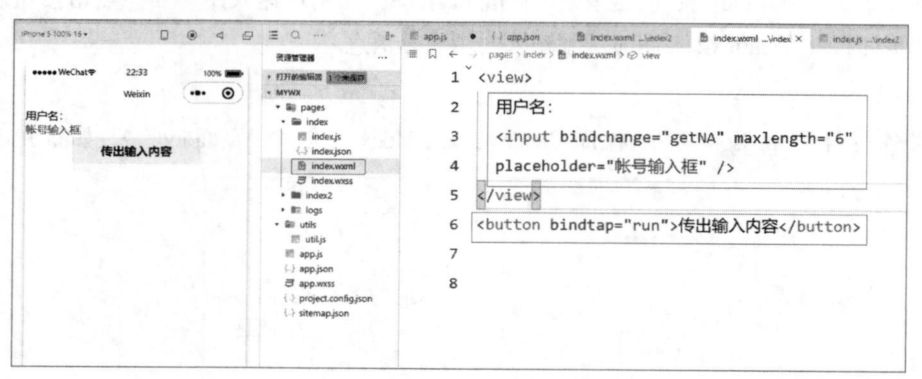

图 10-3-6

步骤 4：打开 index.js 文件，定义常量 app=getApp()；定义变量 a；定义函数 getNA(e)，实现获取 e 参数赋值给全局变量 username 的功能；定义函数 run(e)，实现跳转到 index2 页面的功能，如图 10-3-7 所示。

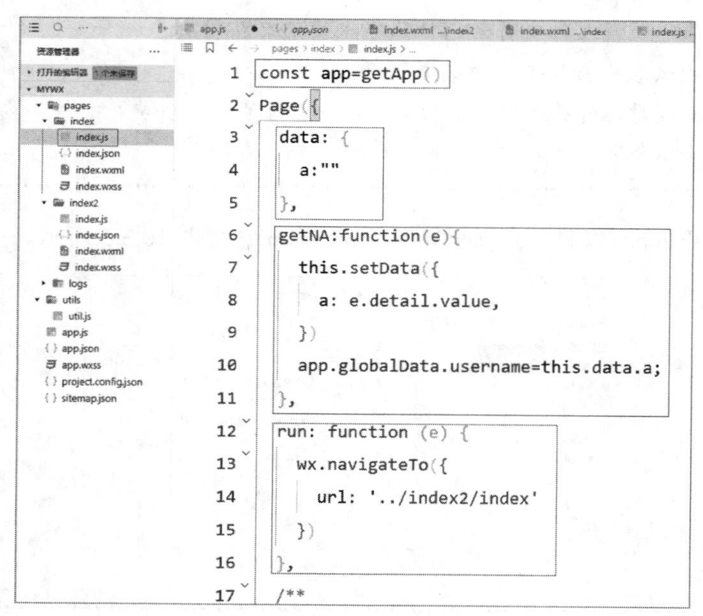

图 10-3-7

> **小贴士**
>
> 全局变量的调用。在子页面的 .js 文件中，定义常量值 const app=getApp()，可以在页面中，通过 app.globalData.username 调用全局变量 username。

步骤 5：打开index2页面的index.js文件，定义常量app=getApp()；定义变量uname；在

onLoad函数中实现获取全局变量username重新渲染变量uname的功能，如图10-3-8所示。

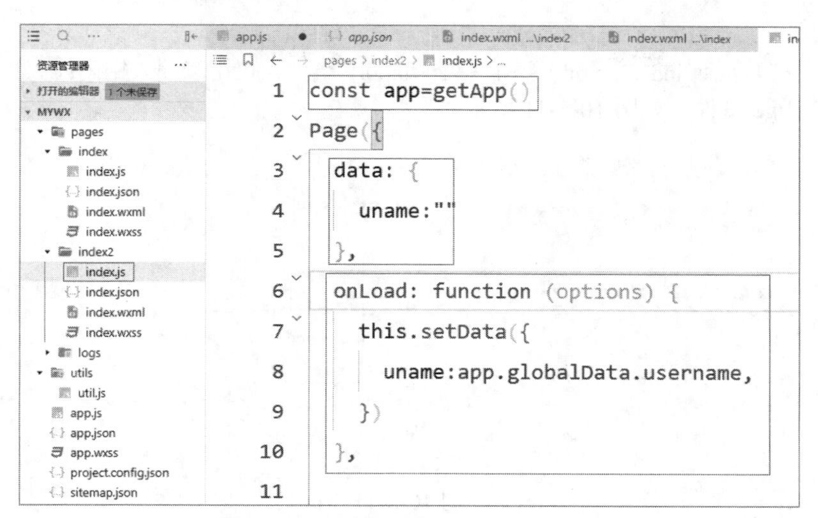

图 10-3-8

步骤 6 ：打开 index2 页面的 index.wxml 文件，添加 <text> 组件，显示变量 uname，如图 10-3-9 所示。

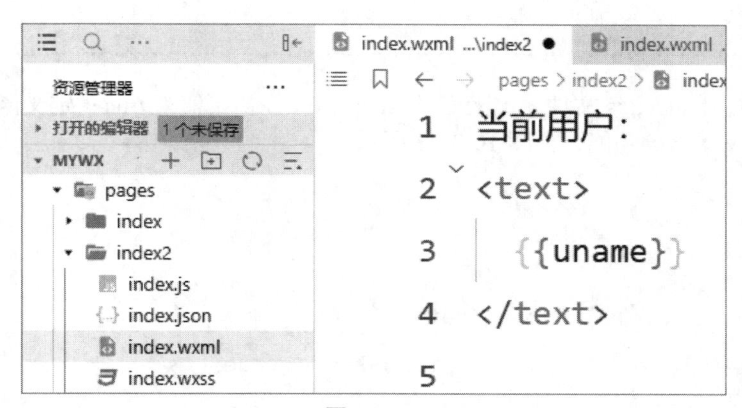

图 10-3-9

步骤 7 ：在模拟器中，首先输入用户名，接着点击按钮，然后跳转到新页面，就能成功显示上一页输入的用户名，如图 10-3-10 所示。

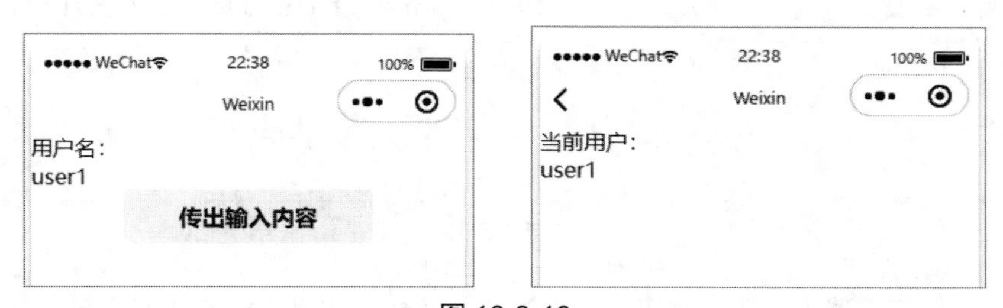

图 10-3-10

2. 参照案例，提供 1 个 input 组件，允许用户输入密码，点击按钮，可以切换明文显示密码或密文显示密码。

提示步骤：

步骤 1：打开页面 index.wxml，添加一个 <input> 组件，仅用于输入密码；添加一个 <button> 组件，绑定 change 事件，如图 10-3-11 所示。

图 10-3-11

> **小贴士**
>
> <input> 组件显示密文。password 全局变量的调用；在 <input> 组件中，属性 password 值为 true 时，输入的内容则为密文。

步骤 2：打开 index.js 文件，定义变量 isPassword，初始值为 true；定义函数 change()，实现 isPassword 取反运算的功能，如图 10-3-12 所示。

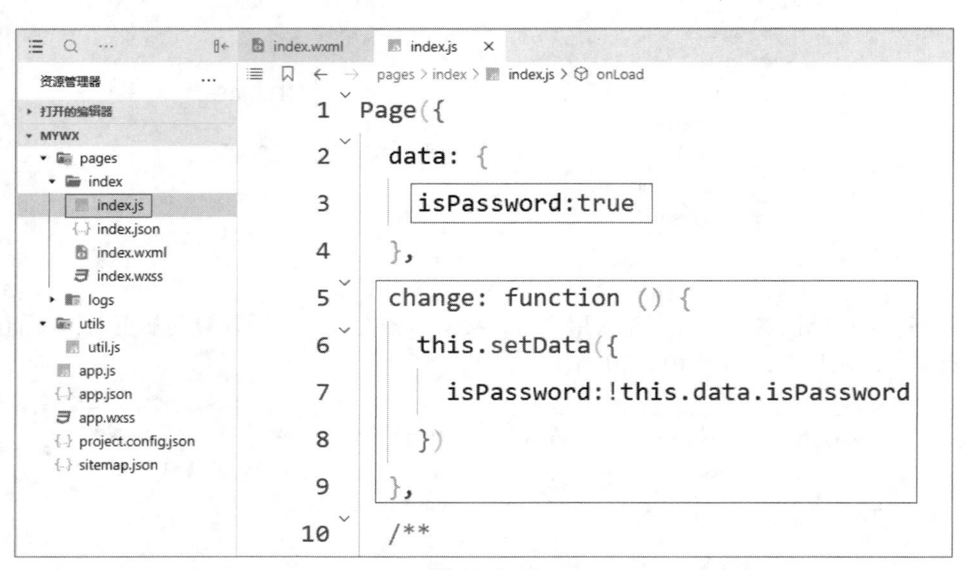

图 10-3-12

步骤 3：在模拟器中，输入密码，点击按钮，切换明文显示密码或密文显示密码，观察运行效果，如图 10-3-13 所示。

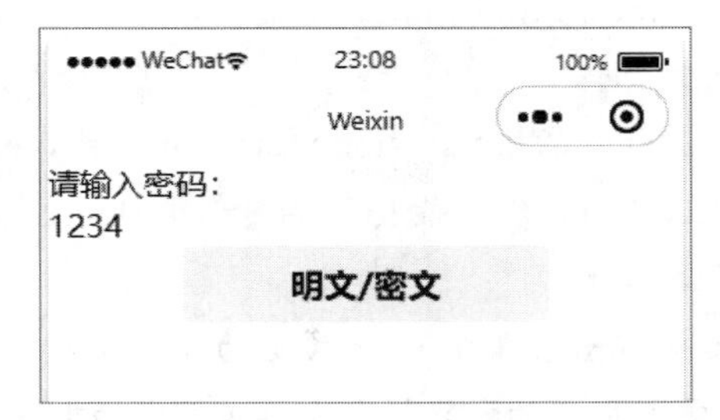

图 10-3-13

任务 10.4　使用 form 输入用户信息

任务描述

设计一个表单功能，可输入用户名和密码，点击“登录”按钮时，弹框显示提交的信息，点击“重置”按钮时，消除已输入的内容，如图 10-4-1 所示。

图 10-4-1

任务准备

扫码看课。

使用 form 输入用户信息

任务实施

步骤 1：打开页面index.wxml，添加一个<form>表单组件；用input输入框组件提供输入用户名和输入密码的功能；用<button>按钮组件提供提交和重置的功能，如图10-4-2所示。

```
1  <view class="box">
2    <form catchsubmit="formSubmit" catchreset="formReset">
3      <view>用户名</view>
4      <input  name="inputname" placeholder="输入用户名" />
5      <view>密码</view>
6      <input  name="inputpw" password placeholder="输入密码" />
7    <view>
8      <button  type="primary" formType="submit">登录</button>
9      <button  formType="reset">重置</button>
10   </view>
11   </form>
12 </view>
```

图 10-4-2

小贴士

<form> 组件的格式：<form catchsubmit="formSubmit" catchreset="formReset">…</form>。

表单组件的作用：能将表单内部用户输入的switch、input、checkbox、slider、radio、picker等值提交。

当点击 form 表单中 form-type 为 submit 的 button 组件时，会将表单组件中的 value 值进行提交，需要提交的内容须在表单组件中加上 name 属性。

步骤 2 ：打开 index.js 文件，定义函数 formSubmit(e)，实现获取 e 参数，并使用弹框 API 函数 wx.showToast 显示有用信息，如图 10-4-3 所示。

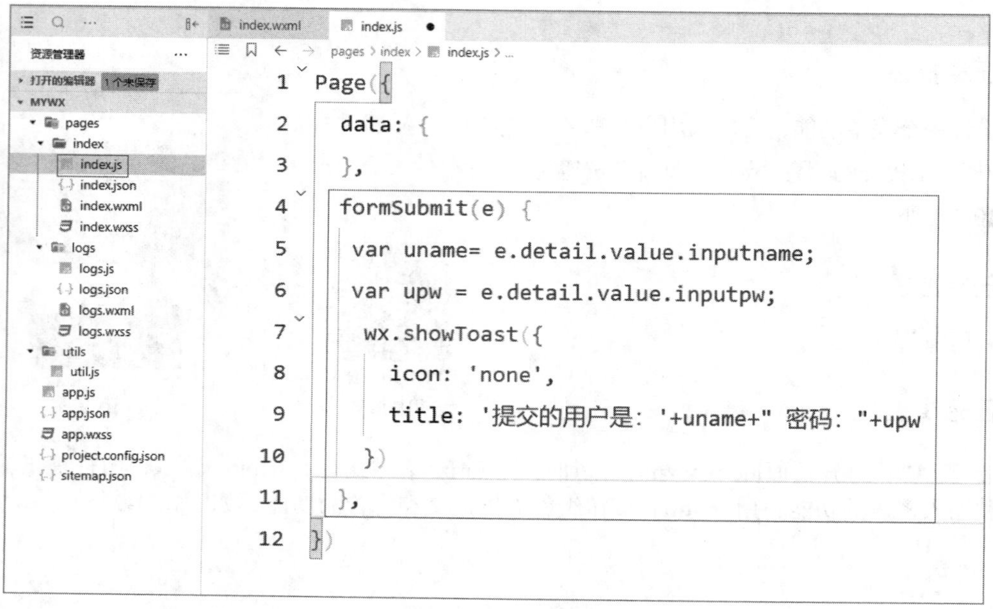

```
1  Page({
2    data: {
3    },
4    formSubmit(e) {
5     var uname= e.detail.value.inputname;
6     var upw = e.detail.value.inputpw;
7      wx.showToast({
8        icon: 'none',
9        title: '提交的用户是：'+uname+" 密码："+upw
10     })
11   },
12 })
```

图 10-4-3

小贴士

当表单提交后，执行的函数是 formSubmit(e)，参数 e 传送的是表单内指定 name 的组件的输入值。

相关知识

1. <form> 是表单组件。以 <form> 开头，以 </form> 结尾，在表单容器中可以装载各种组件，例如：

```
<form bindsubmit="formSubmit" bindreset="formReset">
  ...
   <view class="btn-area">
       <button formType="submit">Submit</button>
```

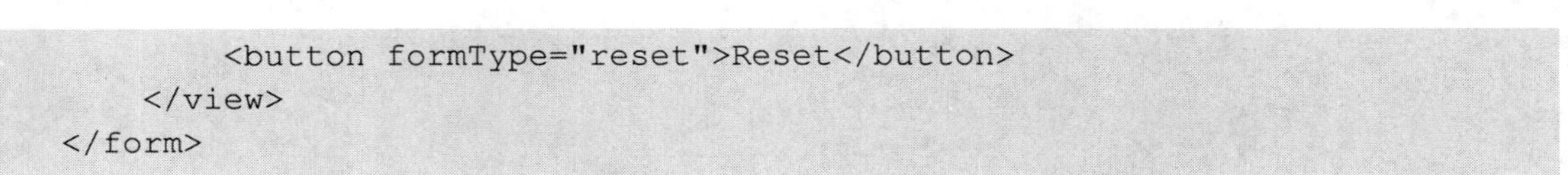

```
        <button formType="reset">Reset</button>
    </view>
</form>
```

2. 表单 Form 的应用很广泛，可以利用 form 设计登录注册，也可以设计一种答题问卷的形式等。

3. form 表单，将表单内 "input"、"checkbox"、"slider"、"radio"、"switch" 等组件输入的值进行提交，数据的格式为 "name:value"，所以表单中控件都需要添加 name 属性，否则找不到对应控件的值。

拓展训练

设计一个订单功能，展示商品图、商品名称、价格，仅可允许输入数量，点击"提交订单"按钮时，弹框显示提交的信息，如图 10-4-4 所示。

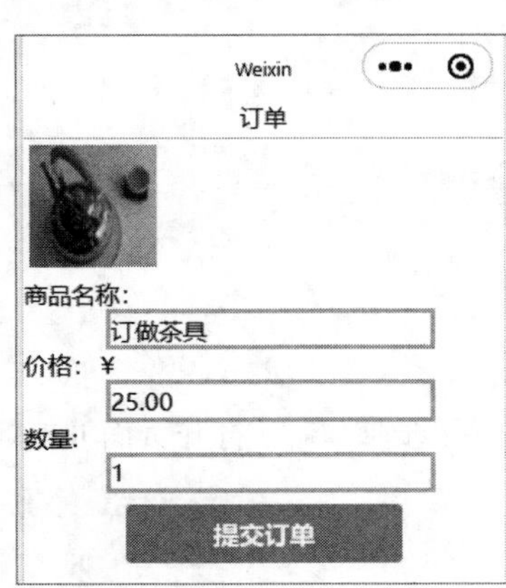

图 10-4-4

提示步骤：

步骤 1：打开页面 index.wxml，添加一个 <form> 组件；页面展示商品图和商品信息，用 <input> 输入商品名称、商品价格，用 <input> 组件输入数量；用 <button> 组件实现提交表单，如图 10-4-5 所示。

```
1   <view class="tit">订单</view>
2   <image src="../../images/02.jpg"></image>
3   <form catchsubmit="formSubmit" catchreset="formReset">
4     <view class="goods">
5       <text>商品名称: </text>
6       <input name="gname" value="{{gna}}" disabled></input>
7       <input id="inputgid" type="text" name="gid" value="{{gid}}" disabled></input>
8       价格: ¥
9       <input type="text" name="gprice" value="{{gpr}}" disabled></input>
10      数量:
11      <input type="text" name="gcount" value="{{gco}}"></input>
12    </view>
13    <button  type="primary" formType="submit">提交订单</button>
14  </form>
```

图 10-4-5

> **小贴士**
>
> <form> 表单组件相当于一个容器，其中装载的 <input> 输入框、<button> 按钮、checkbox 复选框、radio 单选按钮等组件，都会被提交传递给下一个页面。

步骤 2：打开 index.js 文件，定义变量，记录商品信息，定义 formSubmit(e) 函数，获取提交信息，弹框显示提交的数据，如图 10-4-6 所示。

```
Page({
  data: {
    gid:"n1102", gna:"订做茶具",   gpr:"25.00", gco:1,
  },
  formSubmit(e) {
   console.log(e.detail.value);
   var gn= this.data.gna;
   var gp = this.data.gpr;
   var gc = this.data.gco;
    wx.showToast({
      icon: 'none',
      title: '提交订单: '+gn+" 价格: "+gp+" 数量: "+gc
    })
  },
}
```

图 10-4-6

步骤 3：打开页面 index.wxss，设置适当的样式，如图 10-4-7 所示。

```
.tit{
  height:60rpx;  text-align: center;
  border-bottom: 1rpx solid rgb(206, 204, 204);
}
image{
  width:200rpx;  height:200rpx;  margin:10rpx;
}
button{
  margin-top:20rpx;
}
input{
  width:500rpx;  margin-left:130rpx;
  border:3px solid rgb(201, 201, 201);
}
#inputgid{
  display:none;
}
```

图 10-4-7

单 元 小 结

本单元学习了 radio、slider、input、form 等组件在案例中的应用知识，引导读者掌握更多的组件应用技能。在任务中，详细讲解了 radio、slider、input 等组件的事件绑定及控制变量的应用技巧，讲解了 form 表单组件在提交信息方面的应用案例。

第 11 单元
微信小程序发布

技能目标

- 掌握小程序上传、审核发布流程
- 了解小程序发布过程中的注意事项

任务　小程序上传审核发布上线

任务描述

小明同学掌握了小程序基础知识，成功制作了一个小程序，现在想要将小程序发布到互联网上，让大家都能够使用，于是尝试将小程序发布。

任务准备

扫码看课。

小程序上传审核发布上线

任务实施

步骤 1：在 mp.weixin.qq.com 官网查看微信小程序开发者 ID（即 AppID）。登录官网后台，单击“开发 \ 开发管理 \ 开发设置”即可查看开发者 ID，如图 11-1-1 所示。

步骤 2：新建一个项目，输入项目名称、目录、AppID 等信息，如图 11-1-2 所示。

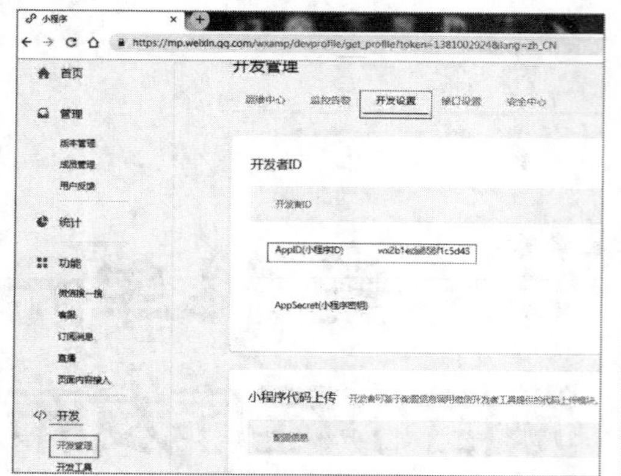

图 11-1-1

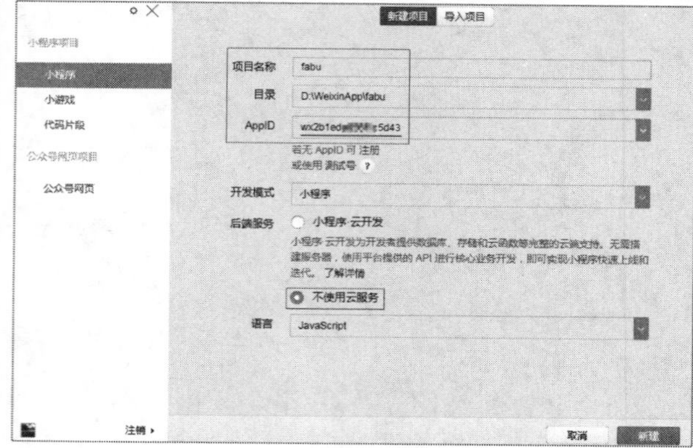

图 11-1-2

> **小贴士**
>
> 新建或者打开项目需要输入 AppID 信息，才能上传、发布所开发的小程序。

步骤 3 ：设置小程序。打开 app.json 文件，设置导航菜单等，如图 11-1-3 所示。

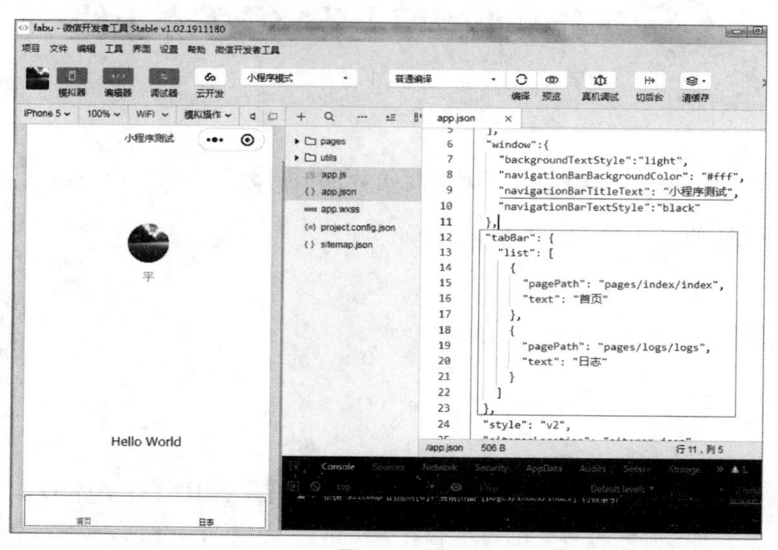

图 11-1-3

关键代码如下 ：

```
"tabBar": {
  "list": [
    {
      "pagePath": "pages/index/index",
      "text": " 首页 "
    },
    {
      "pagePath": "pages/logs/logs",
      "text": " 日志 "
    }
```

```
    ]
  },
```

步骤 4：在开发者工具中找到"上传"图标，然后单击"上传"按钮，如图 11-1-4 所示。

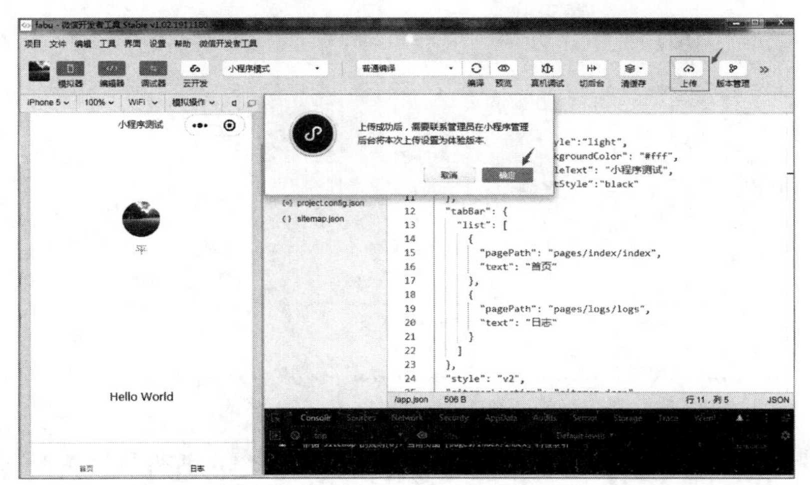

图 11-1-4

小贴士

微信小程序允许上传的代码包限制大小为 2 048 KB，需要注意项目文件的大小，避免在项目文件中出现太大的文件。

步骤 5：按照提示输入版本号和项目备注，如图 11-1-5 所示。

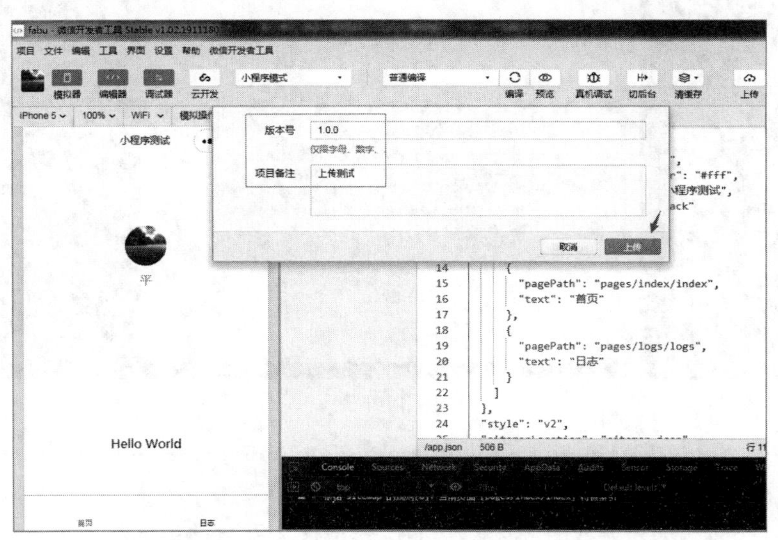

图 11-1-5

步骤 6：在"微信开发者工具"上传完毕后，登录到 https://mp.weixin.qq.com/ 小程序后台管理页面，即可查看"微信开发者工具"上传的情况，如图 11-1-6 所示。

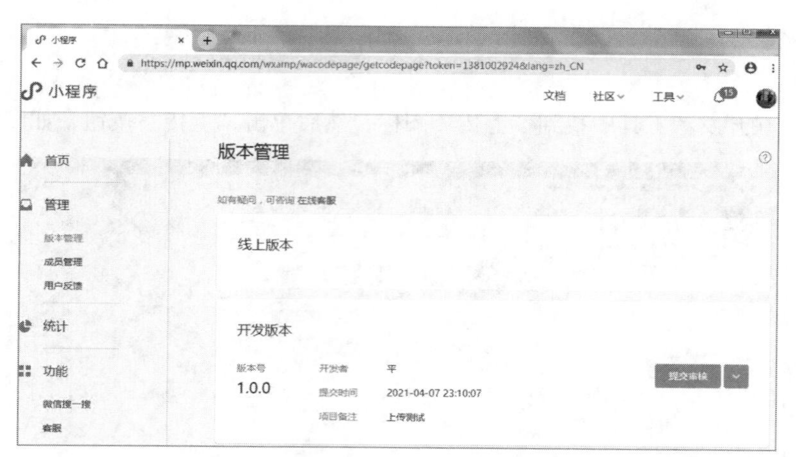

图 11-1-6

小贴士

在图 11-1-6 中按照操作指引即可完成小程序的发布流程。要想成功地发布小程序，首先编写功能相对完整的小程序，然后根据微信小程序后台管理页面的提示完成相关操作即可。

步骤 7：在图 11-1-6 中单击“提交审核”按钮，阅读相关的须知后，接着在“确认提交审核”窗口中单击“下一步”按钮，如图 11-1-7 所示。

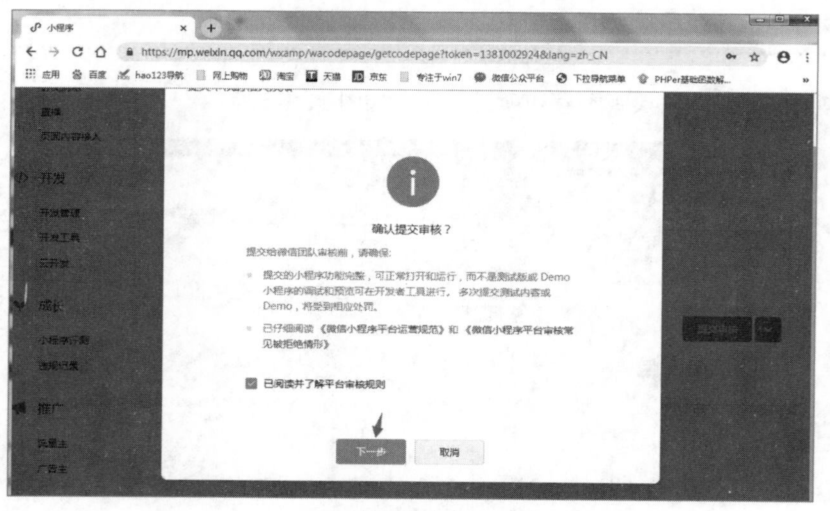

图 11-1-7

小贴士

在图 11-1-7 的相关须知中可以看出，本任务中提交审核的小程序暂时是不符合规范的（小程序功能不完整），本任务只是演示上传、审核发布小程序的一个过程，若要通过审核发布的小程序，功能必须完整。

步骤 8：在“代码提醒”窗口中，单击“继续提交”按钮，如图 11-1-8 所示。

图 11-1-8

步骤 9：填写提交审核的信息，如图 11-1-9 所示。

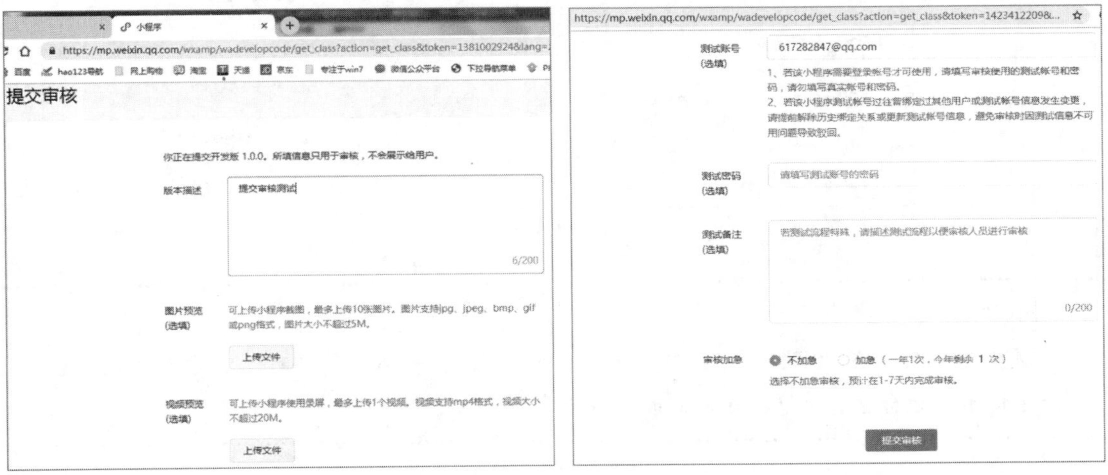

图 11-1-9

步骤 10：在图 11-1-9 中单击“提交审核”按钮后，即可完成小程序提交审核，随后可查看提交后的反馈信息，如图 11-1-10 所示。

步骤 11：在小程序后台管理页面，单击“管理 \ 版本管理”即可查看审核版本信息的详情，如图 11-1-11 所示。

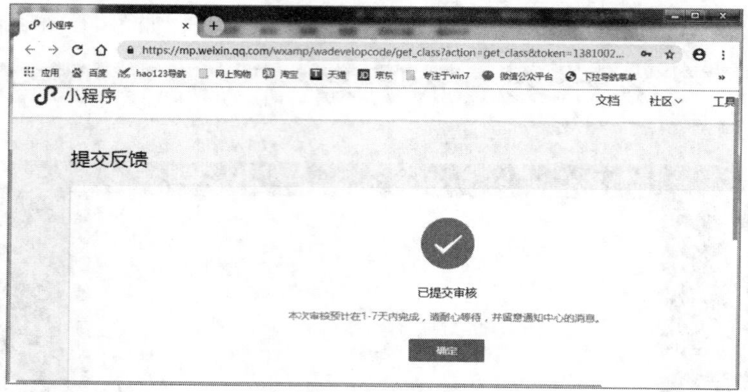

图 11-1-10

图 11-1-11

小贴士

提交完毕后，在“审核版本”中显示“审核中”，需耐心等待即可；官方审核完毕后会有微信提示，后台也有消息提示，此时可查看审核是否通过。

步骤 12：若小程序被官方审核成功通过后，单击“提交发布”按钮，即可完成小程序的发布上线，如图 11-1-12 所示。

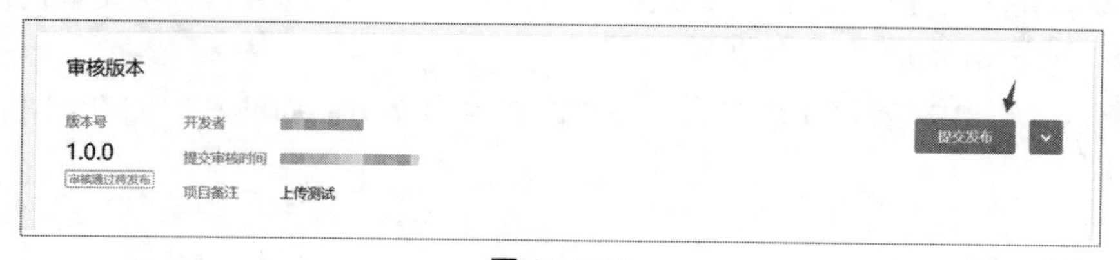

图 11-1-12

小贴士

审核通过了不代表就能在小程序中搜索到，当收到审核通过的微信通知后，还需要到后台管理页面单击“开发管理\审核版本”，单击“提交发布”按钮。

步骤 13：发布上线后，版本管理页面随即会更新刚刚发布的线上版本，如图 11-1-13 所示。

图 11-1-13

小贴士

审核通过后单击“提交发布”按钮，线上版本就会显示当前提交的版本，在微信小程序中即可搜索到刚发布的小程序。

步骤 14：在手机微信中搜索发布的微信小程序，即可看到刚刚发布的微信小程序，如图 11-1-14 所示。

图 11-1-14

相关知识

1. 本任务演示了微信小程序上传、审核、发布上线的一整套操作流程，在该过程中需要填写小程序的一些相关信息，根据后台管理页面指引的提示填写即可。

2. 若小程序代码大小超过 2 MB 时，上传会报错，如图 11-1-15 所示。

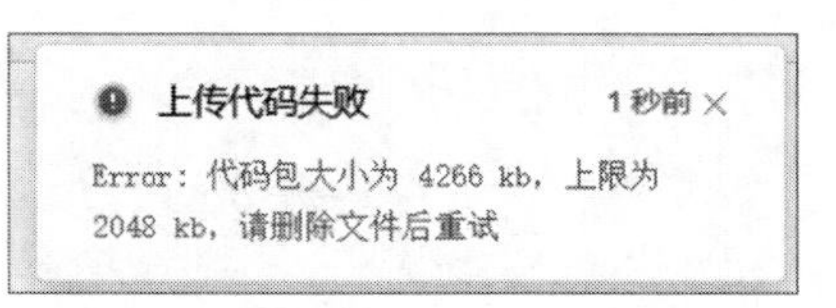

图 11-1-15

3. 发布小程序时若需要调用后台数据交互地址，则与后台交互的地址需要用 https+ 域名形式，而在调试模式下后台系统的地址可以不是 https。

4. 小程序第一个版本必须选择“全量发布”模式发布。

单 元 小 结

本单元学习了微信小程序上传、审核、发布的一整套操作流程以及注意事项。

参 考 文 献

[1] 高洪涛 . 从零开始学微信小程序开发 [M]. 北京：电子工业出版社，2017.
[2] 周文洁 . 微信小程序开发零基础入门 [M]. 北京：清华大学出版社，2018.
[3] 杜春涛 . 微信小程序开发案例教程 [M]. 北京：中国铁道出版社，2019.